情報処理技術者試験学習書

[対応試験：FE]

出るとこだけ！
基本情報技術者
テキスト&問題集
2021年版

矢沢久雄

本書内容に関するお問い合わせについて

このたびは翔泳社の書籍をお買い上げいただき、誠にありがとうございます。弊社では、読者の皆様からのお問い合わせに適切に対応させていただくため、以下のガイドラインへのご協力をお願い致しております。下記項目をお読みいただき、手順に従ってお問い合わせください。

● ご質問される前に

弊社Webサイトの「正誤表」をご参照ください。これまでに判明した正誤や追加情報を掲載しています。

正誤表　https://www.shoeisha.co.jp/book/errata/

● ご質問方法

弊社Webサイトの「刊行物Q&A」をご利用ください。

刊行物Q&A　https://www.shoeisha.co.jp/book/qa/

インターネットをご利用でない場合は、FAXまたは郵便にて、下記"翔泳社 愛読者サービスセンター"までお問い合わせください。
電話でのご質問は、お受けしておりません。

● 回答について

回答は、ご質問いただいた手段によってご返事申し上げます。ご質問の内容によっては、回答に数日ないしはそれ以上の期間を要する場合があります。

● ご質問に際してのご注意

本書の対象を越えるもの、記述個所を特定されないもの、また読者固有の環境に起因するご質問等にはお答えできませんので、予めご了承ください。

● 郵便物送付先およびFAX番号

送付先住所　〒160-0006　東京都新宿区舟町5
FAX番号　　03-5362-3818
宛先　　　　（株）翔泳社 愛読者サービスセンター

※著者および出版社は、本書の使用による情報処理技術者試験合格を保証するものではありません。
※ 本書に記載されたURL等は予告なく変更される場合があります。
※ 本書の出版にあたっては正確な記述に努めましたが、著者および出版社のいずれも、本書の内容に対してなんらかの保証をするものではなく、内容やサンプルに基づくいかなる運用結果に関してもいっさいの責任を負いません。
※ 本書に掲載されている画面イメージなどは、特定の設定に基づいた環境にて再現される一例です。
※ 本書に記載されている会社名、製品名はそれぞれ各社の商標および登録商標です。
※ 本書では ™、®、© は割愛させていただいております。

はじめに

　皆さん、こんにちは。本書の著者の矢沢久雄と申します。私は、長年にわたって、様々な IT 企業や学校に出向いて、基本情報技術者試験の対策講座で講師を務めてまいりました。いつか自分の講座の内容を本にしたいと思っていたところ、このたび翔泳社さんより、その機会をいただくことができました。とても嬉しく思っています。

　基本情報技術者試験は、IT エンジニアが職業人として仕事をして行く上で、免許に相当するぐらい重要な試験です。そのため、IT 企業への就職を目指す学生さんや、IT 企業の新入社員さんたちが、試験の合格を目指して一生懸命勉強しています。中堅社員さんやベテラン社員さんの中にも、試験にチャレンジしている人が、たくさんいらっしゃいます。

　国家試験なので、試験に出題されるテーマは、きちんと決められています。過去に実施された試験問題と解答は、すべて公開されています。したがって、試験に合格するには、できるだけ多くの過去問題を解いて、知らないことがあれば調べ、できないことがあれば繰り返し練習すればよいのです。ただし、それを自分一人でできるようになるには、前段階として、しっかりと基礎知識を習得しておく必要があります。

　私の講座の内容は、自分一人で過去問題を解けるようになるための基礎知識を提供するものです。IT を本格的に学ぶのは初めて、という受講者を対象にしています。独学ではわかりにくいテーマに重点を置いて、基礎概念や用語の意味から実際の試験問題の解法まで、とことんていねいに指導しています。本書は、私の講座を紙上で再現したものです。皆さんの試験合格の一助となれば幸いです。

2021 年 1 月吉日
矢沢久雄

本書の使い方

　本書の著者は、長年にわたって、基本情報技術者試験の対策講座で講師を勤めてきました。その講義では、受験者に「わかるから楽しい」と感じていただくことを目的にしています。楽しければ、自ら進んで学習を続けられ、必ず試験に合格できるからです。本書は、このコンセプトを引きついでいます。

◎なぜ？ がわかる
各章の冒頭のセクションでは、その章で習得する内容がなぜ必要なのかについて解説します。

◎ここに注目！
本書に掲載されている、数多くの図、表、例題の攻略のポイントをつぶやきます。吹き出しは要チェックです。

◎人気講座を再現
著者による大人気の試験対策講座を紙面に再現しています。豊富な例題を解きながら理解を深めていきます。

◎テクノロジ重点
最小限の労力で合格を勝ち取るため、独自の構成を採用しています。午後試験にも通用する基礎力を養います。

巻頭特集
令和3年度で実施される 「CBT方式」について徹底解説！

　令和3年度の基本情報技術者試験は、コンピュータを使ったCBT（Computer Based Testing）方式で実施されることになりました。ただ、中には「CBTって何？」「これまでの試験とどう違うの？」と、疑問を持たれる人も多いことでしょう。そこで本書では、巻頭特集として、CBT方式について徹底解説しています。CBTの概要や受験の申し込み手続き、試験当日の流れなどを知りたい人は、ぜひ本特集をご覧ください。なお、詳細はプロメトリック株式会社のWebページにも示されていますので、併せて確認することをオススメします。
【URL】http://pf.prometric-jp.com/testlist/fe/index.html

第1章
◆ 基本情報技術者試験への取り組み方について確認します

　基本情報技術者試験の制度や問題構成など、受験の際に必ず知っておくべき情報を提供します。また、代表的な問題解法テクニックを、例題をまじえて紹介します。さらに、学習の方法やスケジュールについてもレクチャーします。

◆まず試験全体について
　見ていきましょう

◆情報の入手方法を
　知りましょう

◆テクニックを学んで
　得点力をアップします

第2章～第8章
◆ テクノロジ系分野の重要項目をていねいに解説します

　当たり前のことですが、基本情報技術者試験に合格するには、合格点を取らねばなりません。試験の出題分野の配分は、毎回ほぼ同じです。したがって、得点をアップするには、苦手分野を1つでも多く克服する必要があります。本書は、多くの受験者が苦手としているテクノロジ系の分野に重点を置いて、基礎からていねいに解説します。

◆なぜ学ぶのか？から
　始めましょう

◆難しい概念も、ていねいな
　解説で理解できます

◆難関のアルゴリズムだって
　順を追っていけば大丈夫

第9章～第10章

◆ マネジメント系とストラテジ系については問題を解くコツ（要点）と計算問題の対策で攻略します

基本情報技術者試験の出題分野には、テクノロジ系だけでなく、マネジメント系とストラテジ系があります。本書は、マネジメント系とストラテジ系に関して、用語や計算問題に重点を置いて解説します。つかみどころのない問題にどう対処したらよいか、などについても詳しく説明しています。

◆なぜ？を考えることが対策へのヒントになります

◆アローダイアグラムの問題はほぼ毎回のように出題されます

◆会計の知識も少しだけ必要になります

第11章

◆ 実際の試験問題（1回分全問）と解答を掲載しています

令和元年度秋期基本情報技術者試験の午前試験と午後試験の全問と解答・解説を掲載しています。実際の試験を受ける前に、それぞれを2時間30分の制限時間内に解答する練習をしておきましょう。

◆実際の試験問題を見てみましょう

◆正しい解答を確認しましょう

◆解説を読んで理解しましょう

巻末付録 01

試験によく出る問題と用語 TOP100 ランキング

基本情報技術者試験では、過去の試験と同じテーマの問題が、何度も出題されています。そこで、1 つ目の巻末付録として、著者が試験問題を徹底的に分析して明らかにした「試験によく出る問題と用語 TOP100 ランキング」を紹介しています。これは、現行の試験制度となった平成 21 年度春期から令和元年秋期の午前試験の問題を、独自に調査したものです。TOP100 に目を通しておくことで、得点を確実にアップできます。

巻末付録 02

午後問題の解法と擬似言語の読み方

基本情報技術者試験では、午前試験だけでなく、午後試験でも 60 点以上取る必要があります。また、午後試験で合格点を取るためには、「擬似言語」を読めることが必須です。そこで、2 つ目の巻末付録として、午後試験の構成や配点、選択問題を選ぶコツなど、午後問題の解法ポイントおよび擬似言語の読み方について紹介しています。しっかりと目を通して、午後試験への対応力を高めましょう。

■読者特典ダウンロードページ

本書の読者の方に限り、以下の特典をダウンロード提供いたします。
- 試験によく出る用語の解説[*1]
- シラバス Ver.6.0 で追加された用語の解説
- *1 用語の解説は巻末付録 01 に掲載したものです。
- 2021 年 5 月までに情報処理推進機構（IPA）より公表された試験問題については、その解説も Web にて公開予定[*2]
- *2 詳細は下記特典提供サイトにてご案内します。

◆特典提供サイト

https://www.shoeisha.co.jp/book/present/9784798168616

※会員特典データのダウンロードには、SHOEISHA iD（翔泳社が運営する無料の会員制度）への会員登録が必要です。詳しくは、Web サイトをご覧ください。
※会員特典データに関する権利は著者および株式会社翔泳社が所有しています。許可なく配布したり、Web サイトに転載することはできません。
※会員特典データの提供は予告なく終了することがあります。あらかじめご了承ください。
※PDF ファイルをダウンロードする際には、アクセスキーの入力を求められます。アクセスキーは本書のいずれかの章扉ページに記載されています。Web サイトに示される記載ページを参照してください。
※PDF のダウンロード期限は 2022 年 3 月末までです。

vii

Contents

はじめに ……………………………………………………………………… iii
本書の使い方 ………………………………………………………………… iv

巻頭特集　CBT方式って何？ …………………………………… 001
- 01　CBT方式とは？ ……………………………………………… 002
- 02　受検の手続きはどうなるの？ ……………………………… 012
- 03　試験当日の流れ ……………………………………………… 016

第1章　受験ガイダンス ………………………………………… 021
- 1-0　なぜ基本情報技術者試験を受けるのか？ ………………… 022
- 1-1　基本情報技術者試験の内容 ………………………………… 024
- 1-2　情報処理推進機構のWebページから入手できる情報 …… 027
- 1-3　問題解法テクニック ………………………………………… 032
- 1-4　学習方法と学習スケジュール ……………………………… 035

第2章　2進数 ……………………………………………………… 037
- 2-0　なぜ2進数を学ぶのか？ …………………………………… 038
- 2-1　10進数と2進数の変換 ……………………………………… 044
- 2-2　2進数と16進数および8進数の変換 ……………………… 047
- 2-3　2の補数表現と小数点形式 ………………………………… 052
- 2-4　シフト演算と符号拡張 ……………………………………… 059

| 2-5 | 2進数の練習問題 | 064 |
| 2-6 | 2進数の練習問題の解答・解説 | 068 |

第3章 論理演算 — 073

3-0	なぜ論理演算を学ぶのか？	074
3-1	論理演算とベン図の関係	079
3-2	論理演算で条件を結び付ける	082
3-3	論理演算によるマスク	088
3-4	論理演算による加算	094
3-5	論理演算の練習問題	101
3-6	論理演算の練習問題の解答・解説	106

第4章 データベース — 113

4-0	なぜデータベースを学ぶのか？	114
4-1	E-R図	123
4-2	関係データベースの正規化	127
4-3	SQL	133
4-4	トランザクション処理	148
4-5	データベースの練習問題	156
4-6	データベースの練習問題の解答・解説	163

第5章 ネットワーク — 169

5-0	なぜネットワークを学ぶのか？	170
5-1	ネットワークの構成とプロトコル	175
5-2	OSI基本参照モデル	183
5-3	ネットワークの識別番号	189
5-4	IPアドレス	194
5-5	ネットワークの練習問題	205
5-6	ネットワークの練習問題の解答・解説	210

ix

第6章　セキュリティ 215

6-0　なぜセキュリティを学ぶのか？ 216

6-1　技術を悪用した攻撃手法 222

6-2　セキュリティ技術 228

6-3　セキュリティ対策 237

6-4　セキュリティ管理 246

6-5　セキュリティの練習問題 250

6-6　セキュリティの練習問題の解答・解説 255

第7章　アルゴリズムとデータ構造 259

7-0　なぜアルゴリズムとデータ構造を学ぶのか？ 260

7-1　基本的なソートのアルゴリズム 270

7-2　基本的なサーチのアルゴリズム 279

7-3　基本的なデータ構造 288

7-4　アルゴリズムとデータ構造の練習問題 300

7-5　アルゴリズムとデータ構造の練習問題の解答・解説 306

第8章　テクノロジ系の計算問題 311

8-0　なぜテクノロジ系の計算問題が出題されるのか？ 312

8-1　基礎理論の計算問題 321

8-2　コンピュータシステムの計算問題 326

8-3　技術要素の計算問題 335

8-4　開発技術の計算問題 339

8-5　テクノロジ系の計算問題の練習問題 347

8-6　テクノロジ系の計算問題の練習問題の解答・解説 352

第9章　マネジメント系とストラテジ系の要点 357

9-0　なぜマネジメント系とストラテジ系の要点を学ぶのか？ 358

9-1 マネジメント系の要点 ………………………………………… 366

9-2 ストラテジ系の要点 …………………………………………… 371

9-3 マネジメント系とストラテジ系の要点の練習問題 ………………… 379

9-4 マネジメント系とストラテジ系の要点の練習問題の解答・解説 ………… 384

第10章 マネジメント系とストラテジ系の計算問題 …… 389

10-0 なぜマネジメント系とストラテジ系の計算問題が出題されるのか？ ……… 390

10-1 マネジメント系の計算問題 ………………………………… 395

10-2 ストラテジ系の計算問題 …………………………………… 405

10-3 マネジメント系とストラテジ系の計算問題の練習問題 ……………… 416

10-4 マネジメント系とストラテジ系の計算問題の練習問題の解答・解説 …… 422

第11章 令和元年度 秋期 基本情報技術者試験 問題と解答 …… 429

11-0 なぜ試験問題の全問を解くのか？ …………………………… 430

11-1 午前試験の問題 …………………………………………… 431

11-2 午前試験の解答 …………………………………………… 467

11-3 午前試験の解説 …………………………………………… 468

11-4 午後試験の問題 …………………………………………… 490

11-5 午後試験の解答 …………………………………………… 579

11-6 午後試験の解説 …………………………………………… 583

巻末付録01 試験によく出る問題と用語 TOP100 ランキング …… 609

01 なぜ試験によく出る問題と用語 TOP100 が大事なのか？ ……………… 610

02 発表！試験によく出る問題と用語 TOP100 ランキング ………………… 612

03 試験によく出る問題を一気見！ ………………………………… 618

04 試験によく出る問題の解答・解説 ……………………………… 637

05 試験によく出る用語の解説 …………………………………… 659

xi

巻末付録02　午後問題の解法と擬似言語の読み方 ……………… 677

01	なぜ午後問題の解法と擬似言語の読み方を学ぶのか？ ……………… 678
02	午後問題の解法 ……………………………………………………… 682
03	擬似言語の読み方 …………………………………………………… 686
04	擬似言語の練習問題 ………………………………………………… 700
05	擬似言語の練習問題の解答・解説 ………………………………… 703

索引 ………………………………………………………………………… 705

CBT方式って何?

　令和3年度の基本情報技術者試験は、コンピュータを使ったCBT (Computer Based Testing) 方式で実施されます。巻頭特集では、CBT方式の内容、受験手続き、試験当日の流れなどを説明します。従来の試験とは、異なる部分が多いので、十分に注意してください。

01　CBT方式とは？
02　受験の手続きはどうなるの？
03　試験当日の流れ

※この巻頭付録の内容は、本書執筆時点（2020年12月現在）の情報をもとに作成しています。今後、内容に変更が生じる場合もありますので、実際に受験するときには、情報処理推進機構（https://www.jitec.ipa.go.jp/）およびプロメトリック株式会社（http://pf.prometric-jp.com/testlist/fe/index.html）のWebページで、最新情報を確認してください。
※この特集に掲載した画像はすべて、プロメトリック株式会社の提供によるものです。

アクセスキー　**8**　(数字のはち)

巻頭特集 01 CBT方式とは?

はじめに

　まずは、CBT方式の内容を知っておきましょう。詳細は、プロメトリック株式会社のWebページ（http://pf.prometric-jp.com/testlist/fe/index.html）に示されていますので、**受験する前に必ず目を通しておいてください**。ここでは、ポイントを説明します。

CBT=コンピュータを使った試験

　CBTとは、「**Computer Based Testing**」の略称です。CBT方式では、試験会場に設置されたコンピュータの画面に問題が表示され、同じ画面に表示された解答群の中から答えを選びます。**基本情報技術者試験には、午前試験と午後試験がありますが、どちらもCBT方式で実施されます**。図0.1は、CBT方式のコンピュータの画面の例です。問題の部分は、非公開であるため、ぼかしてあります。**午前試験の画面では、左側に問題が1問ずつ表示され、右側に解答群が表示されます。午後試験の画面では、左側に問題文と複数の設問が表示され、右側に解答群が表示されます**。さらに、右側の上部には、「共通に使用される擬似言語の記述形式」「E-R図の表記ルール」「Javaプログラムで使用するAPIの説明」「アセンブラ言語の仕様」「表計算ソフトの機能・用語」という項目があり、それらをクリックすると、それぞれの資料を画面に表示できます。

●図0.1 CBT方式のコンピュータの画面の例

(1) 午前試験の画面

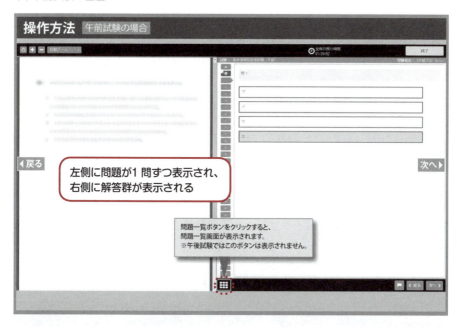

(2) 午後試験の画面

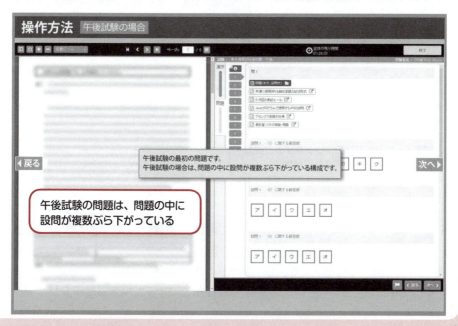

午前試験の画面の操作方法

　試験当日に戸惑わないように、あらかじめ画面の操作方法を知っておきましょう。試験の開始方法と終了方法は、この巻頭特集の後半部にある「03 試験当日の流れ」で説明します。ここでは、試験開始後の画面の操作方法を説明します。

　まず、午前試験の画面です。**午前試験は、全部で 80 問あり、すべてに解答します（選択問題はありません）**。画面の左側に問題が 1 問ずつ示され、右側にア、イ、ウ、エの選択肢があります。問題を読んで、選択肢をクリックして正解を選びます。画面右下には、「次へ」ボタン、「戻る」ボタン、および旗マークのボタンがあります。「次へ」ボタンをクリックすると、次の問題に進みます。「戻る」ボタンをクリックすると前の問題に戻ります。**旗マークのボタンをクリックすると、後で問題を見直すための印として、問題番号に旗マークのアイコンが付きます。旗マークのボタンを再度クリックすると、その問題に付けられたアイコンが消えます**（図 0.2）。

● 図 0.2　午前試験の画面の操作方法（その 1）

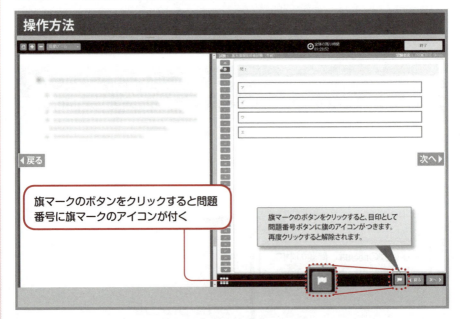

　画面の中央部には、縦方向に問題番号が並んでいます。問題番号をクリックす

れば、任意の問題に進むことができます。**問題番号は、「解答済み」と「未解答」が異なるアイコンで示されています**（図0.3）。

● 図0.3　午前試験の画面の操作方法（その2）

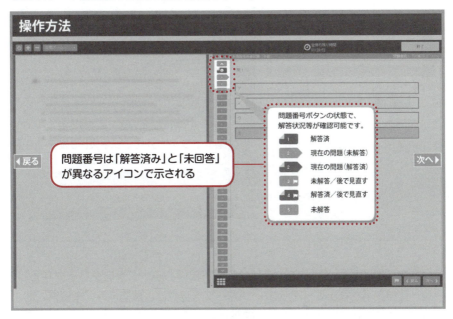

　画面の左上にあるツールバーには、手の形のボタン、「＋」ボタン、「－」ボタン、およびテキストの表示サイズを変更するメニューがあります。これらを使って、テキストをドラッグしたり、テキストを拡大・縮小したりできます（図0.4）。

● 図0.4　午前試験の画面の操作方法（その3）

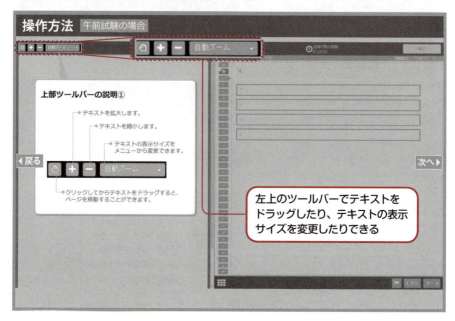

　縦方向に問題番号が並んでいる部分の最下部にあるボタンをクリックすると、問題一覧が表示されます（図0.5）。問題一覧を見れば、解答済み、未解答、および旗マークのアイコン付きの問題を確認できます（図0.6）。

● 図0.5 午前試験の画面の操作方法（その4）

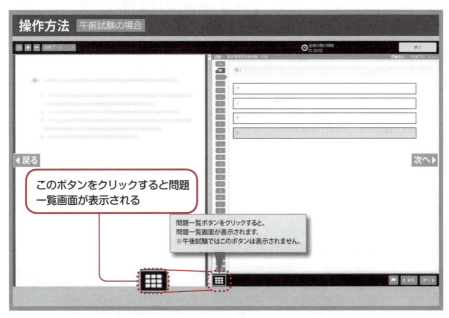

● 図0.6 午前試験の画面の操作方法（その5）

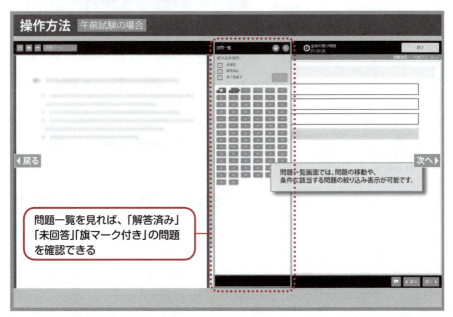

午後試験のコンピュータ画面の操作方法

　次は、午後試験の画面です。**午後試験は、全部で11問あり、問1と問6は必ず解答、問2〜問5は4問中2問を選択、問7〜問11は5問中1問を選択します。** これらの問題の構成に関しては、第1章の「受験ガイダンス」で詳しく説明します。

　問題の選択は、画面の左側に示された注意事項と問題一覧を見て、画面の右側にある問題番号のボタンをクリックして行います。問題の選択を変更する場合は、選択済みの問題番号を再度クリックして選択を解除してから、別の問題をクリックします。画面の中央上部にある「選択」と「問題」をクリックすると、問題を選択する画面と、問題に解答する画面を切り替えられます（図0.7）。

● 図0.7　午後試験の画面の操作方法（その1）

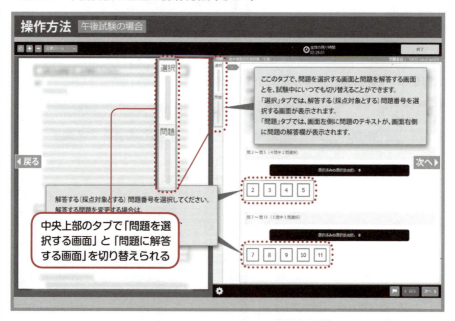

　午後試験は、1問が複数ページで構成され、問題のテキストの中に複数の設問があります。そのため、**問題を解くには、ページの移動が必要になります。** 画面の上部のあるツールバーには、現在のページ番号が表示され、ページを移動するボタンがあります（図0.8）。参照資料の表示に切り替えるボタンもあります。

● 図0.8　午後試験の画面の操作方法（その2）

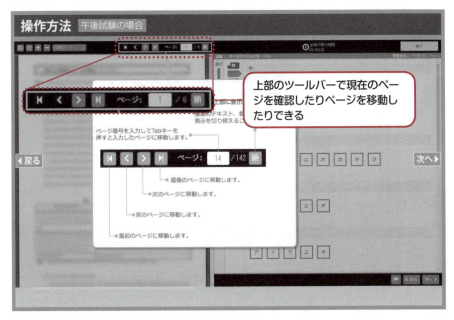

　画面の上部のあるツールバーの左端には、問題のサムネイル（縮小されたページ）を表示するボタンがあります。これらのサムネイルも、ページの移動に役立ちます（図0.9）。画面の中央部にあるスクロールバーを使って、ページを移動することもできます（図0.10）。

●図0.9　午後試験の画面の操作方法（その3）

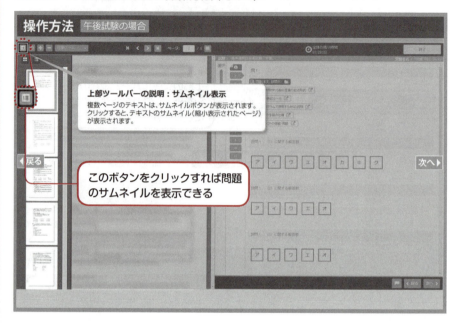

●図0.10　午後試験の画面の操作方法（その4）

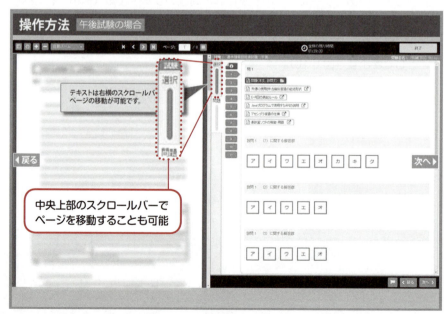

午後試験の問題は、長文なので、問題のテキストの中で重要と思われる部分に何らかの印を付けたい場合があります。**問題のテキストをドラッグすると、テキストに印（ハイライト表示）を付けることができます。**印を付けた部分をクリックすると、印が消えます（図0.11）。

●図0.11　午後試験の画面の操作方法（その5）

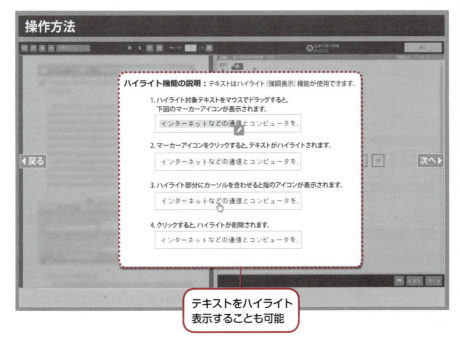

受験の手続きはどうなるの？

はじめに

　試験がCBT方式に変更されたことに伴い、受験手続き（試験の日時と会場の予約方法など）にも変更があります。**詳細は、プロメトリック株式会社のWebページ（http://pf.prometric-jp.com/testlist/fe/index.html）に示されています**。ここでは、ポイントを説明します。

受験申し込みと受験日

　従来の基本情報技術者試験では、情報処理推進機構にWebページまたは郵便で申し込みましたが、**令和3年度の基本情報技術者試験では、プロメトリック株式会社にWebページで申し込みます**。プロメトリック株式会社は、基本情報技術者試験だけでなく、様々なCBT方式の試験を実施している企業です。プロメトリック株式会社の試験会場は、全国各地にあります。

　従来の基本情報技術者試験の受験日は、春期と秋期それぞれ1日だけでしたが、**令和3年度の基本情報技術者試験の受験日は「上期」と「下期」に分けられ、上期が5月1日（土）〜6月27日（日）に実施される予定であり、下期が10月頃〜令和4年1月頃に実施される見込みです**。それぞれの試験期間の中から、任意に受験日を選ぶことができます。ただし、試験会場によって受験できる日が異なるので注意してください。

> **アドバイス**
>
> 　身体の不自由等によりCBT方式で受験できない場合は、春期（4月）と秋期（10月）に実施される予定の特別措置試験（筆記による方式の試験）を受験できます。

試験問題の非公開への同意

　CBT方式では、試験期間の複数日に試験が実施されるので、試験問題は非公開であり、受験者は、以下の事項に同意する必要があります。同意しないと受験できません。**これは、実際に受験した試験問題の内容を、他人に教えてはいけないということです。**

(1) 試験問題の全部又は一部を第三者に開示（漏洩）しないこと
(2) 試験問題の全部又は一部を開示（漏洩）した場合、関係法令等に基づき損害賠償請求等の措置が取られること

試験予約の手順

　プロメトリック株式会社のオンライン受付のWebページ（http://pf.prometric-jp.com/testlist/fe/online.html）にアクセスして、試験の日時と会場を予約します。予約には、**プロメトリックID**（プロメトリック株式会社が発行するID）が必要です。プロメトリックIDを取得していない場合は、「プロメトリックID取得」をクリックして、取得手続きを行ってください。その際に、**取得の際に登録した名前、苗字、プロメトリックID、パスワードを忘れないように注意してください。**プロメトリックIDを取得したら、「試験予約・確認・変更・Web領収証」をクリックして予約を行ってください（図0.12）。

●図0.12　プロメトリック株式会社のオンライン受付のWebページ

　試験の予約は、図0.13に示した（1）～（10）手順で行います。（2）の手順で、**プロメトリックID**が必要になります。（8）の手順では、**支払方法として、クレジットカード、コンビニ、Pay-easyが選択できます**。（10）の手順で、確認書を印刷して、内容（試験日、集合時間、試験会場情報、当日必要なもの）を確認してください。予約が完了すると、予約完了メールが送信されるので、内容を確認してください。

●**図0.13　試験予約の手順**

(1)ポリシー同意
(2)ログイン
(3)試験予約
(4)個人情報の確認／各認定団体の確認事項や同意事項の確認画面
(5)試験会場・日時選択
(6)試験時間の選択
(7)予約内容の確認
(8)支払方法の選択
(9)支払方法の確認
(10)予約完了メールおよび確認書の印刷

合格発表と合格証書

　午前試験と午後試験の両方の受験が完了した月の翌月下旬に、合格者の受験番号（プロメトリックID）が、情報処理推進機構のWebページに掲載される予定です。合格者には、合格証書が簡易書留で送付されます。

巻頭特集 03 試験当日の流れ

■ はじめに

　試験当日の流れを知っておきましょう。詳細は、プロメトリック株式会社のWebページ(http://pf.prometric-jp.com/testlist/fe/exam_procedure.html)に示されていますので、**受験する前に必ず目を通しておいてください**。ここでは、ポイントを説明します。

■ 試験会場で受付を行う

　試験会場には、**試験開始時刻の15分前までに入って、受付を行ってください**。受付では、規定の本人確認書類で本人確認を行った後で、受験規定の用紙が渡されるので、目を通してください（図0.14）。受験規定の内容に同意し、試験会場の記録用紙に署名を行うと、試験監督員から、着席する番号が記載されたID番号票が渡されます。

■ 試験室に入手する

　試験監督員の案内に従って、試験室に入室し、ID番号票に記載された番号の座席に着席します（図0.15）。机の上には、コンピュータと、試験中に使用可能なメモ用紙とシャープペンシルが用意されています。試験中は、メモを取るときや計算を行うときに、これらのメモ用紙とシャープペンシルを使えます。**もしも、メモ用紙が足りなくなった場合は、試験監督員に伝えて、追加のメモ用紙をもらうことができます。試験中に使用したメモ用紙とシャープペンシルは、持ち帰れません。**

●図0.14　試験会場の受付のイメージ　　●図0.15　試験室のイメージ

座席番号と試験内容を確認する

　コンピュータは、起動された状態になっています。**コンピュータの画面上に表示された最後のハイフン以降の数字と座席番号が一致していることを確認してから、「試験開始」ボタンをクリックします**（図0.16）。試験内容の確認画面が表示されたら、「姓」「名」「試験名」「言語（日本語）」を確認し、誤りがなければ「確認」ボタンをクリックします（図0.17）。

●図0.16　座席番号を確認する画面の例

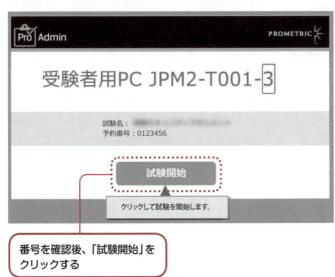

番号を確認後、「試験開始」を
クリックする

※ここでは、「3」が座席番号です。

●図0.17　試験内容を確認する画面の例

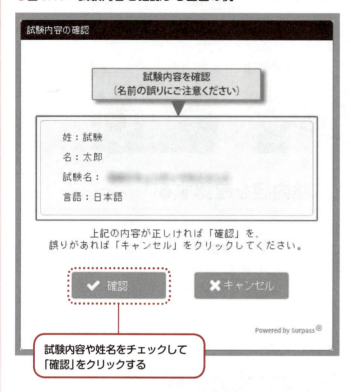

試験を開始する

　試験の注意事項等が表示された画面になるので、内容を確認します。ここで、「開始」ボタンをクリックすると、いよいよ試験が開始されます（図0.18）。試験の残り時間は、画面の上部に表示されます。これ以降の画面の操作方法は、この巻頭付録の前半部で示した通りです。

● 図0.18　注意事項等が表示された画面の例

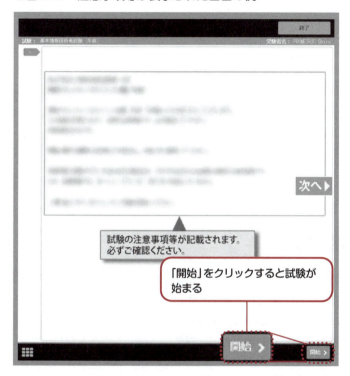

試験を終了する

　残り時間がゼロになると、自動的に試験が終了します。制限時間より前に終了したい場合は、画面の上部にある「終了」ボタンをクリックします。いずれの場合も、試験終了画面が表示されるので、その画面の上部にある「終了」ボタンをクリックすることで、試験が終了します（図0.19）。

● 図0.19　試験終了画面の例

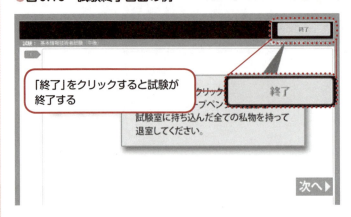

試験室を退室する

　ID番号票、メモ用紙、シャープペンシル、および試験室に持ち込んだすべての私物を持って、試験室を退室します。試験監督員に、ID番号票、メモ用紙、シャープペンシルを返却し、もう一度、本人確認のために本人確認書類を提示します。試験会場の記録用紙に「退室時刻」を記入して、試験のすべてが終了となります。

おわりに…受験者へのアドバイス

　CBT方式の対策として、**コンピュータの画面で問題を解く練習をすることをお勧めします**。情報処理推進機構のWebページからダウンロードした過去問題のPDFファイル（入手方法は、第1章の「受験ガイダンス」で説明します）をコンピュータの画面に表示して、実際の試験と同様にメモ用紙とシャープペンシルを使って問題を解くのです。**特に、問題が長い午後問題は、画面に表示したものを解く練習をしておくべきです**。

　試験がCBT方式になっても、試験の出題範囲は従来と同様です。したがって、**過去問題を解くことが、最も効果的かつ効率的な学習方法です**。本書の学習を終了すれば、過去問題を解く知識が十分に得られます。頑張って学習してください！

第 1 章

受験ガイダンス

この章では、試験制度や問題構成など、基本情報技術者試験を受験する際に、必ず知っておくべき情報を提供します。さらに、代表的な問題解法テクニックと例題を紹介します。

- **1-0** なぜ基本情報技術者試験を受けるのか？
- **1-1** 基本情報技術者試験の内容
- **1-2** 情報処理推進機構のWebページから入手できる情報
- **1-3** 問題解法テクニック
- **1-4** 学習方法と学習スケジュール

アクセスキー （大文字のキュー）

Section 1-0

なぜ 基本情報技術者試験を受けるのか?

ITエンジニアの国家試験

医師には医師国家試験があり、美容師には美容師国家試験があるように、ITエンジニアにも国家試験があります。それが、**情報処理技術者試験**です。

情報処理技術者試験を受ける理由は、医師国家試験や美容師国家試験を受ける理由と同じです。特定の分野の専門知識を持ち、職業人として仕事を行う資格があることを示すためです。

基本情報技術者試験の位置付け

IT業界には様々な職種があるため、情報処理技術者試験も、いくつかの試験区分に分けられています。その中で**基本情報技術者試験**は、図1.1のように最も基礎に位置付けられています。試験に合格すれば、ITエンジニアに必要とされる基礎知識を持っていることを示せます。

●図1.1　情報処理技術者試験の試験区分（情報処理推進機構の試験要綱Ver 4.6より）

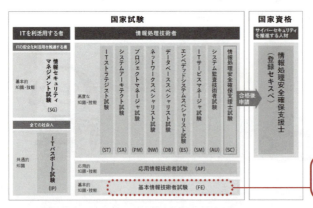

情報処理技術者試験とITSSの対応

経済産業省が定めた **ITSS**（IT Skill Standard、ITスキル標準）というものがあります。これは、個人のIT関連能力を7つのレベルに分類したものです。表1.1に、ITSSのレベル、能力、および判定方法を示します。

●表1.1　個人のIT関連能力を7段階に分類したITSS

レベル	能　力	判定方法
レベル7	国内のハイエンドプレイヤーかつ世界で通用するプレイヤーである	実務経験
レベル6	国内のハイエンドプレイヤーである	実務経験
レベル5	企業内のハイエンドプレイヤーである	実務経験
レベル4	高度な知識と技能を有する	高度試験
レベル3	応用的な知識と技能を有する	応用情報技術者試験
レベル2	基本的な知識と技能を有する	基本情報技術者試験
レベル1	最低限求められる基礎知識を有する	ITパスポート試験

> 基本情報技術者試験に合格すればレベル2です

上位のレベル7、6、5は、実務経験で判定されます。「プレイヤー」とは、単に知識を持っているだけでなく、実際に業務を行っている人という意味です。世界（レベル7）、国内（レベル6）、企業内（レベル5）の順ですから、経験のあるシステムの規模が大きいほどレベルが高くなります。

IT企業に所属して何らかのプロジェクトに関わっていれば、レベル7、6、5のどれかに該当するのではないかと思われるかもしれませんが、そうではありません。ハイエンドプレイヤー、つまりリーダ的な存在としてプロジェクトに関わっていなければ、レベル7、6、5にはならないのです。

ハイエンドプレイヤーではないなら、レベル4、3、2、1のいずれかになります。これらは、実務経験ではなく、情報処理技術者試験に合格しているかどうかで判定されます。ITパスポート試験に合格すれば、レベル1だと判定されます。しかし、レベル1では、最低限の知識を有することだけしか示せません。ITの専門家として業務を行うなら、知識だけでなく技能を有することも示す必要があります。そのためには、基本情報技術者試験に合格して、少なくともレベル2以上にならなければなりません。

1.0　なぜ基本情報技術者試験を受けるのか？　**023**

Section 1-1 基本情報技術者試験の内容

問題の構成と配点

　基本情報技術者試験の問題構成と配点を図1.2に示します。試験は、午前と午後に分けて実施されます。これらは、試験の名称であり、受験する時間帯を示すものではありません。午前試験を午後の時間帯に受験することも、午後試験を午前の時間帯に受験することも可能です。制限時間は、どちらも2時間30分（150分）です。ここに示したのは、令和2年度の試験から適用されたものです。令和元年度秋期以前の過去問題では、午後試験の構成と配点が異なります。

●図1.2　基本情報技術者試験の問題構成と配点

【午前試験】

問題番号	内容	配点
1～50	テクノロジ系	各1.25点
51～60	マネジメント系	各1.25点
61～80	ストラテジ系	各1.25点

※各分野の問題数には、年度によって若干の違いがあります。

> 午前試験は、各分野がすべて同じ配点なので、解きやすい問題から着手しましょう！

【午後試験】

問題番号	内容	配点
1	情報セキュリティ	20点
2～5	ソフトウェア・ハードウェア、データベース、ネットワーク、ソフトウェア設計から3問出題　マネジメント系、ストラテジ系から1問出題	各15点
6	データ構造およびアルゴリズム	25点
7～11	ソフトウェア開発（C言語、Java、Python、アセンブラ言語、表計算ソフトが各1問出題）	25点

> 午後試験は、時間との勝負です。配点を考慮して、問題を解く順序と解答時間の目安をあらかじめ決めておきましょう！

※問1と問6は、必須です。
※問2～問5は、2問を選択します。問7～問11は、1問を選択します。

問題は、すべて多肢選択式です。午前試験、午後試験とも、選択肢の中から正しい答えを選びます。午前試験では、基礎知識や用語の意味を問う数行程度の短い問題が出題されます。午後試験では、午前試験と同様のテーマを具体的な事例に当てはめた数ページの長い問題が出題されます。

午前試験、午後試験、どちらも100点満点で、合格の基準点は、どちらも60点です。**平均点ではなく、午前試験と午後試験それぞれで60点以上を取らなければならない**ことに注意してください。

プログラミング言語と擬似言語

午後試験の問7〜問11（1問選択）は、プログラミング言語で記述されたプログラムの内容を読み取る問題です。選択できるプログラミング言語の種類は、C言語、Java、Python、アセンブラ言語、表計算ソフトです。問題を解くために、**いずれかのプログラミング言語を読めるようになっておく必要があります。**

本書では、プログラミング言語の読み方を説明しません。プログラミング言語の経験がない受験者は、いずれかのプログラミング言語の教材を入手して学習してください。それぞれのプログラミング言語の特徴を表1.2に示します。

●表1.2　基本情報技術者試験で選択できるプログラミング言語

言語	特徴
C言語	UNIXというOSを記述するために開発された
Java	Webシステムを作るためによく使われる
Python	プログラミング教育や人工知能で使われる
アセンブラ言語	組み込みシステムで使われる
表計算ソフト	自動的に計算を行う表を作成する

午後試験で、いずれか1つを選択します

午後試験の問6は、**擬似言語**で記述されたプログラムを読み取る問題です。この擬似言語は、基本情報技術者試験独自の言語なので、試験問題に仕様が示されています。ただし、試験当日に仕様を読んでいるようでは、時間が足りなくなってしまうので、あらかじめ擬似言語の読み方を覚えておきましょう。本書の巻末付録02で、擬似言語の読み方を説明します。問6は、必須問題なので、擬似言語の読み方を覚えておくことは必須課題です。擬似言語は、表計算ソフトの問題でも使われます。問1〜問5のテクノロジ系の問題で使われることもあります。

1-1　基本情報技術者試験の内容　025

問題を解く順序と解答時間の目安

【午前試験】

午前試験の解答時間の目安は、1問当たり150分÷80問＝約2分です。ただし、問題によって、30秒で解けるものも、5分程度かかるものもあります。**80問すべての解答が必須なのですから、1問当たり約2分ではなく、80問で150分と考えてください。**

午前試験は、多くの受験者が、時間が余ったと言います。ただし、苦手な問題に苦戦して多くの時間を使ってしまうと、焦りを感じて、できる問題もできなくなってしまいます。落ち着いて、解きやすい問題から着手しましょう。そして、すべての問題に解答して、時間が余ったら、必ず見直しをしましょう。**うっかり間違いもあるので、自信がある問題であっても、必ず見直しをしてください。**

【午後試験】

午後試験の解答時間の目安は、**15点の問題が150分÷100点×15点＝22.5分**であり、**20点の問題が150分÷100点×20点＝30分**で、**25点の問題が150分÷100点×25点＝37.5分**です。

午後試験は、多くの受験者が、時間が足りなかったと言います。**学習の際には、解答時間内に問題を解く練習をしてください。**試験が近づいたら、1回分の午後試験の問題を150分で解く練習もしてください。問1と問6は、必須です。問2から問5は、4問中2問選択です。問7から問11は、5問中1問選択です。実際の試験で、問題の選択に無駄な時間を使うことがないように、問題を選択する練習もしておきましょう。

ここが大事

午後試験の解答時間の目安

問1 ……………… 30分

問2～問5 ……… 1問当たり22.5分

問6～問11 …… 1問当たり37.5分

Section 1-2 情報処理推進機構のWebページから入手できる情報

受験案内

　情報処理技術者試験は、経済産業省が認定するものであり、試験の運営は、**独立行政法人情報処理推進機構（IPA：Information technology Promotion Agency）** によって行われています。情報処理推進機構のWebページから、試験に関する様々な情報を入手できます。

　任意のWebブラウザを使って情報処理推進機構のWebページ（https://www.ipa.go.jp/）にアクセスしたら、ページの上部にある「情報処理技術者試験 情報処理安全確保支援士試験」をクリックしてください（図1.3）。

●図1.3　情報処理推進機構のWebページ

　情報処理技術者試験のWebページに切り換わったら、画面の右側を見てください。ここにあるメニュー（図1.4）から、試験の実施日、受験申込み、試験要項、過去問題などの情報を入手できます。

　はじめに、「スケジュール、手数料など」（①）をクリックして、試験の実施日を確認しておきましょう。令和3年度の基本情報技術者試験は、上期（5月1日（土）～6月27日（日）の予定）と下期（10月頃～令和4年1月頃の見込み）の2つの期間で実施されます。それぞれの期間で受験できるのは、午前試験、午後試験とも、1回だけです。受験日に合わせて、学習スケジュールを立てましょう。

　次に、「受験申込み」（②）をクリックして、申込みの受付開始日と申込み方法

を確認しておきましょう。令和3年度の基本情報技術者試験は、プロメトリック株式会社のWebページ（http://pf.prometric-jp.com/testlist/fe/index.html）から申し込みます。申し込みの手順は、本書の巻頭特集「CBT方式って何？」を参照してください。

●図1.4　情報処理技術者試験のWebページにあるメニュー

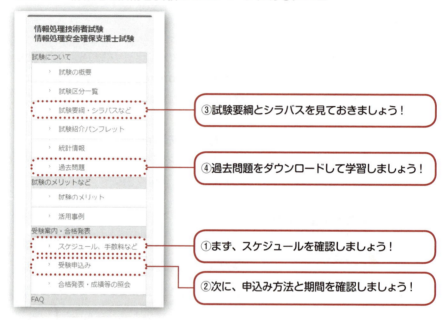

試験要綱とシラバス

　初めて受験する人は、情報処理技術者試験のWebページにあるメニュー（図1.4）から「試験要綱・シラバスなど」（③）をクリックして、基本情報技術者試験の**試験要綱**と**シラバス**（syllabus＝細目）に、ざっと目を通しておきましょう。それによって、**試験に出題される問題の分野とテーマが、とても限られたものであることがわかります。**

　基本情報技術者試験は、国家試験です。出題者が自由に問題を作っているわけではありません。あらかじめ定められた試験要綱とシラバスに沿って、問題が作られているのです。過去に実施された問題（過去問題）を見ると、同じテーマの問題が、何度も出題されていることがわかります。試験要綱とシラバスに従って

問題が作られているのですから、これは当然のことです。

たとえば、令和元年度秋期午前問15にRAID（レイド）に関する問題が出題されました。どうして、RAIDというテーマで問題が出題されたのでしょう。それは、シラバスの中にRAIDという用語が示されているからです（図1.5）。

●図1.5　試験問題は、試験要綱とシラバスに従って作られている

【試験問題】

> 問15　RAIDの分類において，ミラーリングを用いることで信頼性を高め，障害発生時には冗長ディスクを用いてデータ復元を行う方式はどれか。
>
> ア　RAID1　　イ　RAID2　　ウ　RAID3　　エ　RAID4

どうして「RAID」に関する問題が出るのか？

【シラバス】

> (6) RAID
> 　複数の磁気ディスク装置をまとめて一つの装置として扱い，信頼性や速度を向上させる技術であるRAIDの種類と代表的な特徴，NAS, SANなどストレージ関連技術の特徴を理解する。
>
> 用語例　RAID0, RAID1, RAID2, RAID3, RAID4, RAID5, RAID6, ストライピング，ミラーリング，パリティ

シラバスに「RAID」に関する知識が示されているからです！

RAIDは、Redundant Array of Inexpensive（またはIndependent）Disksの略語で、複数のハードディスクを使ってシステムの信頼性や速度を向上させる技術です。RAIDには、その形式によって、RAID0 ～ RAID6という分類があります。複数のハードディスクに同じデータを格納する形式をミラーリングと呼び、RAID1に分類されます。この問題の正解は、選択肢アです。

試験要綱とシラバスを暗記する必要はありません。ざっと目を通して、試験に出題される問題のテーマが、とても限られたものであることを知ってください。そうすれば、安心して学習でき、やる気も出てきます。

1-2　情報処理推進機構のWebページから入手できる情報　　029

過去問題

　試験の問題は、試験要綱とシラバスに従って作られていて、同じテーマの問題が何度も出題されています。したがって、**試験に合格するために最も効率的で効果的な学習方法は、できるだけ多くの過去問題を解くことです。**

　情報処理推進機構の Web ページにあるメニュー（図 1.4）から「**過去問題**」（④）をクリックすると、過去問題が一覧表示されたページに切り換わります（図 1.6）。平成 16 年度春期以降の過去問題と解答を入手でき、平成 21 年度春期以降は現行の試験制度と示されていますが、令和 2 年度の試験から午後問題の構成と配点が変わっています。ただし、午後試験のプログラミング言語で COBOL が廃止され Python が採用されたこと以外に出題範囲は変わりませんので、できるだけ新しい過去問題を解くとよいでしょう。

●図1.6　過去問題が一覧表示されたページ

過去問題と解答は、PDF ファイルで提供されています。試験の年度を選んだら、図 1.7 のように「問題」の部分を右クリックして表示されるメニューから「名前を付けてリンク先を保存」を選んでください（これは、Google Chrome の場合です。他の Web ブラウザにも、同様のメニューがあるはずです）。問題の PDF ファイルをダウンロードできます。解答の PDF ファイルも、同様の手順でダウンロードできます。

●**図1.7　過去問題と解答をダウンロードする**

試験区分	問題冊子／解答例／採点講評 ※		配点
	午前	午後	
情報セキュリティマネジメント試験（SG）	問題 解答	問題 解答 講評	
基本情報技術者試験（FE）	問題 解答	問題	
応用情報技術者試験（AP）	問題 解答	問題	

新しいタブで開く(T)
新しいウィンドウで開く(W)
シークレット ウィンドウで開く(G)
名前を付けてリンク先を保存(K)…
リンクのアドレスをコピー(E)

ここを選択して、PDF ファイルをダウンロードします！

　ダウンロードした PDF ファイルをダブルクリックすると、PDF ファイルの閲覧ソフトである Adobe Acrobat Reader が起動して、ファイルの内容が表示されます。Adobe Acrobat Reader の「ファイル」メニューから「印刷」を選べば、PDF ファイルをプリンタで印刷できます。

　もしも、お手元のパソコンの中に Adobe Acrobat Reader がない場合は、Adobe 社の Web ページ（https://acrobat.adobe.com/jp/ja/acrobat/pdf-reader.html）からインストールしてください。この Web ページに、インストール方法も示されています。Adobe Acrobat Reader は、無料です（有料版もあります）。

Section 1-3 問題解法テクニック

問題解法テクニックを意識して問題を解く

　多くの過去問題を解くと、様々な解法テクニックが見えてきます。図1.8に、代表的な問題解法テクニックを示します。**これらのテクニックを意識して問題を解けば、得点が確実にアップします。**

● 図1.8　代表的な問題解法テクニック

> ◎選択肢に〇、△、×を付けて正誤を評価する！
> ◎ヒッカケはないので、裏をかかず素直なものを選ぶ！
> ◎意味不明な選択肢は、不正解なので選ばない！
> ◎わからない用語は、言葉の意味から推測する！
> ◎具体例や、具体的な数値を想定して考える！

（これらのテクニックを意識して、問題を解きましょう！）

　基本情報技術者試験の問題は、すべて選択問題です。もしも正解を選べないなら、誤りと思われる選択肢に×を付けて消して行きましょう。残ったものが正解です。

　明確に×とは判断できない選択肢には△を付けて、何ら誤りがないと思われる選択肢には〇を付けます。そうして、裏をかかずに、〇、△、×の中で、最も無難な印を付けた選択肢を選んでください。

　問題文の中にわからない用語がある場合は、英語でも日本語でも、それが何であるかを、言葉の意味から推測してください。その際に、選択肢の説明文も、大いにヒントにしてください。

　データがN個ある、という問題の場合は、Nに具体的な数値を想定して、それに当てはまる選択肢を選んでください。問題に具体例が示されている場合は、それを想定してください。

問題解法テクニックを使って解ける問題の例（その1）

第1章 受験ガイダンス

　問題解法テクニックを使って解ける問題の例を、いくつか紹介しましょう。はじめは、選択肢に○、△、×を付けて正誤を評価する、というテクニックで解ける問題の例です（例題1.1）。

● **例題1.1　選択肢に○、△、×を付けて正誤を評価しよう（R01 秋 問56）**

> **問56**　システムの移行計画に関する記述のうち，適切なものはどれか。
>
> ○**ア**　移行計画書には，移行作業が失敗した場合に旧システムに戻す際の判断基準が必要である。
> ×**イ**　移行するデータ量が多いほど，切替え直前に一括してデータの移行作業を実施すべきである。
> △**ウ**　新旧両システムで環境の一部を共有することによって，移行の確認が容易になる。
> ×**エ**　新旧両システムを並行運用することによって，移行に必要な費用が低減できる。

　選択肢アは、旧システムに戻す際の判断基準を設けるのですから、何も悪いことではありません。評価は、○です。選択肢イは、データ量が多ければ、移行に時間がかかるので、直前に一括というのは不適切です。評価は、×です。選択肢ウは、新旧両システムを共有することで移行の確認が容易になるかどうかわかりません。評価は、△です。選択肢エは、新旧両システムを並行運用したら、費用が増加するでしょう。評価は、×です。基本情報技術者試験には、めったにヒッカケ問題が出ないので、最も無難な正誤の評価を付けた選択肢アを選んでください。実際の正解も、選択肢アです。

1-3　問題解法テクニック　　**033**

問題解法テクニックを使って解ける問題の例（その2）

次は、わからない用語は、言葉の意味から推測する、というテクニックで解ける問題の例です。もしも、「**クラウドファンディング**」という用語がわからなかったら、言葉の意味から何であるかを考えてください（例題1.2）。

●**例題1.2　「クラウドファンディング」という言葉の意味を考えよう（R01 秋 問72）**

問72　インターネットを活用した仕組みのうち，クラウドファンディングを説明したものはどれか。

ア　Web サイトに公表されたプロジェクトの事業計画に協賛して，そのリターンとなる製品や権利の入手を期待する不特定多数の個人から小口資金を調達すること

イ　Web サイトの閲覧者が掲載広告からリンク先の EC サイトで商品を購入した場合，広告主からその Web サイト運営者に成果報酬を支払うこと

ウ　企業などが，委託したい業務内容を，Web サイトで不特定多数の人に告知して募集し，適任と判断した人々に当該業務を発注すること

エ　複数のアカウント情報をあらかじめ登録しておくことによって，一度の認証で複数の金融機関の口座取引情報を一括して表示する個人向け Web サービスのこと

「クラウド」は、インターネットを利用しているという意味でしょう。「ファンディング」は、ファンド（fund ＝資金）を得るという意味でしょう。したがって、「クラウドファンディング」は、インターネットを利用して資金を調達することだと推測できます。この説明に該当するのは、「Web サイトに公表された事業計画」や「小口資金を調達する」と示された選択肢アが最も適切です。実際の正解も、選択肢アです。

アドバイス

IT 用語の多くは、英語です。意味のわからない言葉は、英和辞典で調べましょう。

034　第 1 章　受験ガイダンス

Section 1-4 学習方法と学習スケジュール

最も効率的で効果的な学習方法

　すでに説明したように、試験に合格するための最も効率的で効果的な学習方法は、できるだけ多くの過去問題を解くことです。本書の学習を終了すれば、過去問題を解く知識は十分に得られています。あとは、ひたすら過去問題を解き続けてください。

　新たな問題を解くことと、できなかった問題を復習することを並行して行いましょう。新たな問題を解き、できなかったら印を付けておきます。できなかった問題は、できるようになるまで何度も繰り返し解いてください。**できなかった問題で立ち止まらず、新たな問題にも取り組んで、どんどん学習を進めましょう**（図1.9）。

●図1.9　最も効率的で効果的な学習方法

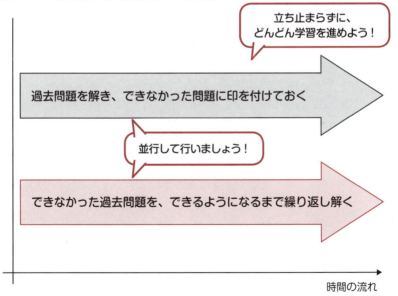

試験当日までの学習スケジュール

　受験を決めたら、試験当日までの学習スケジュールを立てましょう。初めて受験する場合、少なくとも3か月程度の学習期間が必要です。

　上期試験は、5月1日（土）～6月27日（日）に実施される予定なので、2月初旬～3月下旬から学習を始めてください。下期試験は、10月頃～令和4年1月頃に実施される見込みなので、7月頃～10月頃に学習を始めてください。

第 2 章

2進数

この章では、コンピュータの内部で使われている数値表現である2進数の仕組みを学習します。2進数で数えることから始めて、2進数で小数点数や負数を表す方法まで、実際に紙の上に書いて練習してください。

- **2-0** なぜ2進数を学ぶのか？
- **2-1** 10進数と2進数の変換
- **2-2** 2進数と16進数および8進数の変換
- **2-3** 2の補数表現と小数点形式
- **2-4** シフト演算と符号拡張
- **2-5** 2進数の練習問題
- **2-6** 2進数の練習問題の解答・解説

アクセスキー **1** （数字のいち）

Section 2-0

なぜ 2進数を学ぶのか？

■ コンピュータの内部では2進数が使われている

　コンピュータの内部では、私たち人間が慣れ親しんでいる10進数ではなく、2進数が使われています。したがって、**コンピュータの内部に関する問題を解くためには、2進数を学んでおく必要があります**。具体的には、ディジタル回路やデータの形式などに関する問題です。

■ 2進数の苦手を克服する方法

　もしも、2進数が苦手なら、2進数で数える練習から始めましょう。**2進数**は、0と1だけで数を表します。0、1と数えたら、次に10に桁上がりします。**2進数では、10を「じゅう」ではなく、「いちぜろ」と読む約束になっています**。10進数と区別するためです。1010なら、「いちぜろいちぜろ」と読みます。

●表2.1　0～15個のリンゴを10進数と2進数で数える

リンゴ	10進数	2進数	リンゴ	10進数	2進数
	0	0	🍎🍎🍎🍎🍎🍎🍎🍎	8	1000
🍎	1	1	🍎🍎🍎🍎🍎🍎🍎🍎🍎	9	1001
🍎🍎	2	10	🍎🍎🍎🍎🍎🍎🍎🍎🍎🍎	10	1010
🍎🍎🍎	3	11	🍎🍎🍎🍎🍎🍎🍎🍎🍎🍎🍎	11	1011
🍎🍎🍎🍎	4	100	🍎🍎🍎🍎🍎🍎🍎🍎🍎🍎🍎🍎	12	1100
🍎🍎🍎🍎🍎	5	101	🍎🍎🍎🍎🍎🍎🍎🍎🍎🍎🍎🍎🍎	13	1101
🍎🍎🍎🍎🍎🍎	6	110	🍎🍎🍎🍎🍎🍎🍎🍎🍎🍎🍎🍎🍎🍎	14	1110
🍎🍎🍎🍎🍎🍎🍎	7	111	🍎🍎🍎🍎🍎🍎🍎🍎🍎🍎🍎🍎🍎🍎🍎	15	1111

0～1111の2進数を紙の上に書いてみましょう

表2.1は、0〜15個のリンゴを、10進数と2進数で数えた様子です。2進数に慣れるまでは、0、1、10、・・・、1111と紙の上に何度も書いて練習してください。

ビットとバイト

2進数の1桁のことを**ビット**と呼びます。ビット（bit）は、binary digit（2進数の数字）の略語です。2進数の8桁のことを**バイト**と呼びます。バイト（byte）は、「かじる」を意味するbiteをもじって作られた造語です。**8ビット＝1バイトです。** これは、12＝1ダースと呼ぶことに似ています（図2.1）。

●図2.1　8ビットをまとめて1バイトと呼ぶ

10101010	…2進数で8桁　＝8ビット　＝1バイト
1010101010101010	…2進数で16桁＝16ビット＝2バイト
10101010101010101010101010101010	…2進数で32桁＝32ビット＝4バイト

【ビットとバイトの使いわけ】

試験問題では、データをビット単位で示す場合と、バイト単位で示す場合があります。たとえば、ネットワークを流れるデータの伝送速度は、ビット単位で示します。伝送するファイルのサイズは、バイト単位で示します。例題2.1のように、**ビット単位とバイト単位が混在した問題では、どちらかに単位を揃えて計算してください。** この問題の正解は、選択肢エです。

●例題2.1　ビット単位とバイト単位が混在した問題の例（H28 春 問31）

> **問31**　64kビット／秒の回線を用いて10^6バイトのファイルを送信するとき，伝送におよそ何秒掛かるか。ここで，回線の伝送効率は80%とする。
>
> **ア**　19.6　　**イ**　100　　**ウ**　125　　**エ**　156

伝送の速度はビット単位

ファイルのサイズはバイト単位

2-0　なぜ2進数を学ぶのか？　**039**

ビット数と符号化

コンピュータの内部では、あらゆる情報を2進数の数値で表しています。たとえば、文字、画像、音声などを、数値で表しています。このように、本来なら数値でない情報を、数値に置き換えて表したものを**符号**や**コード**（**code**）と呼びます。

【表せる符号の数】

ビット数によって、表せる符号の数が決まります。1ビットで表せる符号は、0と1の2通りです。2ビットで表せる符号は、00、01、10、11の4通りです。3ビットで表せる符号は、000、001、010、011、100、101、110、111の8通りです。

それでは、4ビットで表せる符号は、何通りでしょう。2進数は、1桁が0と1の2通りです。4ビットあれば、それぞれの桁が2通りに変化できるので、全部で$2 \times 2 \times 2 \times 2 = 2^4 = 16$通りの符号が表せます。**Nビットなら、$2^N$通りです**。

表2.2に、ビット数と表せる符号の数を示します。8ビット＝1バイトでは、256通りの符号が表せます。これは、半角英数記号と半角カナを表すのに、ちょうどよい数です。そのため、**1バイトを半角1文字に割り当てた文字コードがよく使われます**。

●**表2.2　ビット数と表せる符号の数**

ビット数	表せる符号の数
1	0、1の2通り
2	00〜11の4通り
3	000〜111の8通り
4	0000〜1111の16通り
5	00000〜11111の32通り
6	000000〜111111の64通り
7	0000000〜1111111の128通り
8(1バイト)	00000000〜11111111の256通り

Nビットで表せる符号の数は、2^N通りです

【簡単な計算でビットパターンを求める】

　例題2.2は、32ビットで表せる符号の数と、24ビットで表せる符号の数を比較する問題です。「ビットパターン」とは、2進数の0と1で作られる数値のパターン、つまり符号のことです。

●例題2.2　表現できるビットパターンの個数（H28 秋 問4）

> **問4**　32ビットで表現できるビットパターンの個数は，24ビットで表現できる個数の何倍か。
>
> **ア**　8　　　　**イ**　16　　　　**ウ**　128　　　　**エ**　256

　Nビットで表せる符号の数は、2^N通りです。したがって、32ビットで表せる符号の数は2^{32} = 4294967296通りで、24ビットで表せる符号の数は2^{24} = 16777216通りです。ただし、4294967296 ÷ 16777216という計算をしたのでは、あまりにも面倒です。簡単に答えが得られるように、計算方法を工夫しましょう。

　桁数が1ビット増えると、表現できる符号の数が2倍になります。32ビットと24ビットは、32 − 24 = 8ビット違うので、表現できる符号の数が2 × 2 × 2 × 2 × 2 × 2 × 2 × 2 = 256倍（2倍を8回）違います。この計算なら、簡単に答えが得られます。正解は、選択肢エです。

▍データを格納する入れ物のサイズ

　コンピュータの内部では、データを格納する入れ物のサイズ（桁数）が、あらかじめ決まっています。入れ物のサイズに満たない桁数のデータを格納する場合は、上位桁を0で埋めます。たとえば、図2.2のように2進数の10というデータを格納する場合、4ビットの入れ物なら0010になり、8ビットの入れ物なら00000010になり、16ビットの入れ物なら0000000000000010になります。

●図2.2　入れ物のサイズを一杯に使ってデータを格納する

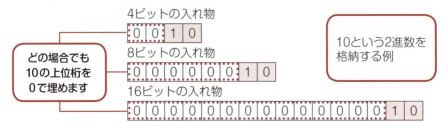

　紙の上であれば、0、1、10、11、100 のように、だんだん桁数が増えていく2進数を書けますが、**実務では、このような2進数は使われません**。なぜなら、2進数を使うのは、コンピュータの内部の様子を示すときだからです。コンピュータの内部では、データを格納する入れ物のサイズが決まっています。したがって、たとえば4ビットの入れ物を使うなら、常に4ビット使って、0000、0001、0010、0011、0100 と数えます。

大きな数と小さな数を表す接頭辞

　たとえば、ハードディスクの記憶容量を表すときには、100Gバイトの G（ギガ）のように、大きな数を表す接頭辞が使われます。メモリのアクセス時間を示すときには、10n 秒の n（ナノ）のように、小さな数を表す接頭辞が使われます（表2.3）。試験問題でも、これらの接頭辞がよく使われるので、意味を覚えておきましょう。

　大きな数を表す接頭辞は、**k（キロ）** = 1,000 = 10^3 を基準として、k の 1,000 倍が **M（メガ）** = 10^6、M の 1,000 倍が **G（ギガ）** = 10^9、G の 1,000 倍が **T（テラ）** = 10^{12} です。1,000 倍ごとに接頭辞があります。10^6 = 100 万のことを**ミリオン（million）**と呼ぶこともあります。

　小さな数を表す接頭辞は、**m（ミリ）** = 1/1,000 = 10^{-3} を基準として、m の 1/1,000 が **μ（マイクロ）** = 10^{-6}、μ の 1/1,000 が **n（ナノ）** = 10^{-9} で、n の 1/1,000 が **p（ピコ）** = 10^{-12} です。1/1,000 ごとに接頭辞があります。

●表2.3　大きな数と小さな数を表す接頭辞

大きな数を表す			小さな数を表す	
接頭辞(読み方)	意味		接頭辞(読み方)	意味
k(キロ)	10^3		m(ミリ)	10^{-3}
M(メガ)	10^6		μ(マイクロ)	10^{-6}
G(ギガ)	10^9		n(ナノ)	10^{-9}
T(テラ)	10^{12}		p(ピコ)	10^{-12}

大きな数は k を
小さな数は m を
基準にすると
覚えやすいでしょう

16進数と8進数の役割

　桁数が多い2進数は、紙の上に書いても、言葉で伝えても、わかりにくいものです。たとえば、誰かに電話で「データの値は、2進数で010010110110だ」と伝えたら、それを聞いた相手は、データの値を聞き違えてしまうかもしれません。

　そこで、2進数の代用表現として、**16進数**と**8進数**がよく使われます。2進数を16進数や8進数に変換すると、桁数が少なくなって、わかりやすくなるからです。たとえば、2進数の010010110110は、16進数で4B6（よんびーろく）であり、8進数で2266（にいにいろくろく）です（図2.3）。それぞれの変換方法は、すぐ後で説明します。

●図2.3　16進数と8進数は、2進数の代用表現である

　試験問題に16進数や8進数が出題されたときは、「**本来なら2進数で示したいところだが、間違いやすいので16進数や8進数で示しているのだ**」と考えてください。

10進数と2進数の変換

10進数を2進数に変換する

　10進数を2進数に変換したり、2進数を16進数に変換したりすることを**基数変換**と呼びます。**基数**（きすう）とは、基準の数という意味です。

　10進数の基数は10で、2進数の基数は2です。これから、10進数、2進数、16進数、8進数、それぞれの基数変換の手順を示します。試験会場には、電卓を持ち込めないので、ここで示す手順を、手作業でできるように、何度も練習してください。

　まず、10進数を2進数に変換する手順です。これは、「**2で割った余りを求めることを、商が0になるまで繰り返す**」です。これによって、変換後の2進数が、下位桁から順に得られます。

　例を示しましょう。図2.4は、123という10進数を2進数に変換する手順です。1111011という2進数に変換できました。1111011は7ビットなので、もしもデータの入れ物が8ビットなら、上位桁を0で埋めて01111011にします。

●図2.4　10進数を2進数に変換する手順

10進数を2進数に変換する仕組み

　2で割った余りを求めることを、商が0になるまで繰り返すことで、10進数を2進数に変換できる仕組みを説明しましょう。難しそうに思える2進数の仕組み

は、私たち人間が慣れ親しんだ 10 進数の仕組みに当てはめて考えてみると、とてもわかりやすくなります。

たとえば、123 という 10 進数を、2 で割った余りを求めるのではなく、10 で割った余りを求めると、どうなるでしょう。図 2.5 に示したように、123 の下位桁から順に 3、2、1 が得られます。10 進数は、10 で桁上がりする数なので、10 で割った余りを求めれば、最下位桁の数字が得られるのです。これを繰り返せば、下位桁から順に 1 桁ずつ数字が得られます。同様の仕組みで、2 で割った余りを求めることを繰り返せば、2 進数の下位桁から順に 1 桁ずつ数字が得られるのです。

● 図2.5　10進数を10で割った余りを求めることを繰り返す

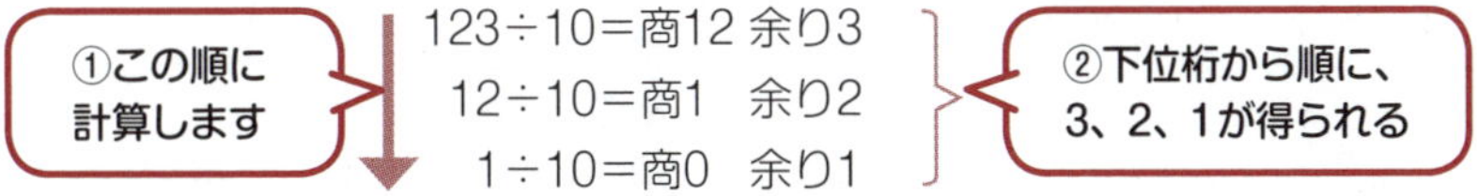

①この順に
計算します

$123 \div 10 = $ 商12 余り3
$12 \div 10 = $ 商1　余り2
$1 \div 10 = $ 商0　余り1

②下位桁から順に、
3、2、1 が得られる

2進数を10進数に変換する

今度は、2 進数を 10 進数に変換してみましょう。2 進数を 10 進数にする手順は、「**各桁の数字に、桁の重みを掛けて、集計する**」です。「**桁の重み**」とは、桁の位置が示す数の大きさのことです。

例を示します。図 2.6 は、1111011 という 2 進数を 10 進数に変換する手順です。123 という 10 進数に変換できました。

● 図2.6　2進数を10進数に変換する手順

64	32	16	8	4	2	1	……2 進数の桁の重み
×	×	×	×	×	×	×	
1	1	1	1	0	1	1	……2 進数の桁の数字
‖	‖	‖	‖	‖	‖	‖	
64	32	16	8	0	2	1	

桁の重みと、桁の数字を掛けて集計する

$64 + 32 + 16 + 8 + 0 + 2 + 1 = 123$ ……変換後の 10 進数

その結果を集計する

2-1　10進数と2進数の変換　045

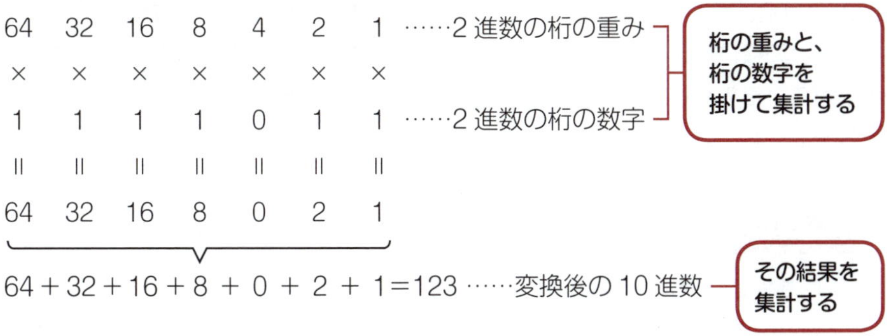

2進数を10進数に変換する仕組み

次に、前述した「各桁の数字に、桁の重みを掛けて、集計することで、2進数を10進数に変換できる」仕組みを説明します。ここでも、10進数の仕組みに当てはめて考えてみましょう。たとえば、456という10進数で、各桁の数字に、桁の重みを掛けて、集計すると、どうなるでしょう。図2.7に示したように、456が得られます。これは、**数というものは、各桁の数字に、桁の重みを掛けて、集計した値を意味しているからです。** 456は、100が4つと、10が5つと、1が6つあり、それらを集計したものです。

●図2.7　10進数で、各桁の数字に、桁の重みを掛けて、集計する

数というものが、各桁の数字に、桁の重みを掛けて、集計した値を意味しているのは、2進数でも同じです。ただし、10進数と2進数では、桁の重みが違います。10を基数とした10進数では、最下位桁の重みが1で、桁が上がると重みが10倍になります。したがって、10進数の桁の重みは、最下位桁から順に、1、10、100、1000、……（指数で表すと、10^0、10^1、10^2、10^3、……）です。

これと同様に考えて、2を基数とした2進数では、最下位桁の重みが1で、桁が上がると重みが2倍になります。したがって、2進数の桁の重みは、最下位桁から順に、1、2、4、8、……（指数で表すと、2^0、2^1、2^2、2^3、……）です。

> **アドバイス**
>
> 10^0でも2^0でも、0乗は1になります。

Section 2-2

2進数と16進数および 8進数の変換

16進数と8進数の仕組み

　16進数は、16で桁上がりする数え方です。16進数では、15までを1桁で表さなければならないので、A～Fを数字として使って、0、1、2、3、4、5、6、7、8、9、A、B、C、D、E、F、10、……と数えます。16進数のA～Fは、10進数の10～15に相当します。2進数と同様に、**16進数でも10を「いちぜろ」と読みます。5Aなら、「ごえい」と読みます。**

　8進数は、8で桁上がりする数え方です。8進数では、0、1、2、3、4、5、6、7、10、……と数えます。10進数の8と9は、使われません。2進数や16進数と同様に、**8進数でも10を「いちぜろ」、36を「さんろく」と読みます。**

　2進数の代用表現として16進数と8進数が使われるのは、相互に変換が容易だからです（図2.8）。16進数の場合は、**2進数の4桁が、16進数の1桁にピッタリ対応します。**2進数の4桁で表せる0000～1111の情報も、16進数の1桁で表せる0～Fの情報も、全部で16通りだからです。8進数の場合は、**2進数の3桁が8進数の1桁にピッタリ対応します。**2進数の3桁で表せる000～111の情報も、8進数の1桁で表せる0～7の情報も、全部で8通りだからです。

● 図2.8　2進数と16進数および8進数の対応

2進数	8進数
000	0
001	1
010	2
011	3
100	4
101	5
110	6
111	7

2進数の3桁が8進数の1桁に対応する

2進数の4桁が16進数の1桁に対応する

2進数	16進数
0000	0
0001	1
0010	2
0011	3
0100	4
0101	5
0110	6
0111	7

2進数	16進数
1000	8
1001	9
1010	A
1011	B
1100	C
1101	D
1110	E
1111	F

2進数を16進数に変換する

　2進数を16進数に変換する手順は、「**2進数を下位桁から4桁ずつ区切って、それぞれを1桁の16進数に変換する**」です。4桁ずつ区切った2進数を16進数に変換する手順は、2進数を10進数に変換する手順と同様に、「**各桁の数字に、桁の重みを掛けて、集計する**」です。ただし、集計結果が10〜15になった場合は、それをA〜Fに置き換えます。

　例を示しましょう。図2.9は、01101100という2進数を16進数に変換する手順です。下位桁から4ビットずつ0110と1100に区切り、それぞれの部分で桁の重みと、桁の数字を掛けて集計して、6Cという16進数に変換できました。

●図2.9　2進数を16進数に変換する手順

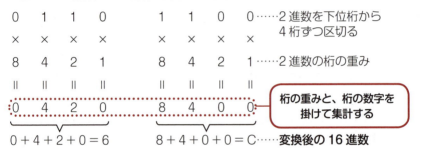

　4桁の2進数の桁の重みは、下位桁から順に1、2、4、8です。これを「**いち・にい・よん・ぱあ**」と覚えておくとよいでしょう。それによって、2進数と16進数の変換が暗算でできるようになります。たとえば、0110は、「いち・にい・よん・ぱあ」の「よん」と「にい」の桁が1なので、4＋2＝6になります。1100は、「いち・にい・よん・ぱあ」の「ぱあ」と「よん」の桁が1なので、8＋4＝12になります。10進数の12は、10から数えて10→11→12なので、16進数をA→B→Cと指折り数えて、Cであることがわかります。

2進数を8進数に変換する

2進数を8進数に変換する手順は、「**2進数を下位桁から3桁ずつ区切って、それぞれを1桁の8進数に変換する**」です。3桁ずつ区切った2進数を8進数に変換する手順は、2進数を10進数に変換する手順と同様に、「**各桁の数字に、桁の重みを掛けて、集計する**」です。3桁の2進数なので、集計した結果は0～7になります。

例を示しましょう。図2.10は、110111011という2進数を8進数に変換する手順です。下位桁から3ビットずつ110と111と011に区切り、それぞれの部分で桁の重み（いち・にい・よん）と、桁の数字を掛けて集計して、673という8進数に変換できました。

●図2.10　2進数を8進数に変換する手順

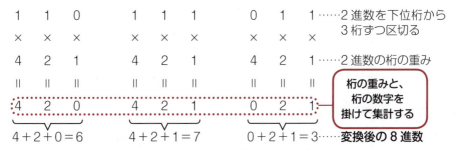

16進数を2進数に変換する

16進数を2進数に変換する手順は、「**16進数の各桁を、4桁の2進数に変換する**」です。1桁の16進数を4桁の2進数に変換するには、4桁の2進数の桁の重みである8、4、2、1を、どのように集計すれば、16進数の1桁の値になるかを考えます。

例を示しましょう。図2.11は、6Cという16進数を2進数に変換する手順です。6 = 0 + 4 + 2 + 0なので、0110という2進数になります。同様に、C = 12 = 8 + 4 + 0 + 0なので、1100という2進数になります。0110と1100を並べて書いて、01101100という2進数に変換できました。

● **図2.11　16進数を2進数に変換する手順**

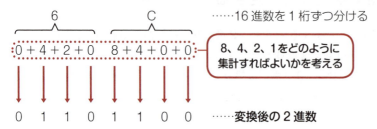

例題2.3は、LEDの点灯パターンで数字を表す「**7セグメントLED**」に関する問題です。6Dという2桁の16進数を8ビットの2進数に変換できれば、正解を選べます。

● **例題2.3　7セグメントLED 点灯回路（H24 春 問25）**

> **問25**　7セグメントLED点灯回路で、出力ポートに16進数で6Dを出力したときの表示状態はどれか。ここで、P7を最上位ビット（MSB）、P0を最下位ビット（LSB）とし、ポート出力が1のとき、LEDは点灯する。

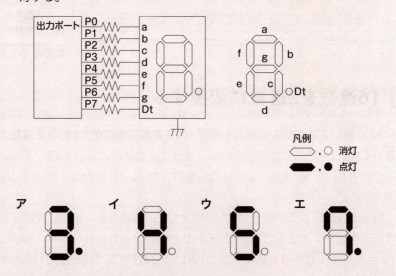

この7セグメントLEDは、7セグメント（segment＝部分）という名前ですが、小数点を表すLEDもあるので、実際には、8つのLEDから構成されていま

す。8つのLEDは、それぞれ8ビットの2進数の桁に対応付けられていて、桁の値が1なら点灯し、0なら消灯します。

16進数の6Dを2進数に変換すると、6が0110で、Dが1101なので、01101101になります。この2進数は、下位桁から順にa、b、c、d、e、f、g、Dtという LED につながっています。a、c、d、f、g という LED が点灯し、5を表す形状になります。正解は、選択肢ウです。

この問題に示されているように、**コンピュータの内部では、1本の電線で1桁の2進数が伝達されています**。電線に与える電圧を高くすることで1を表し、低くすることで0を表します。

8進数を2進数に変換する

8進数を2進数に変換する手順は、「**8進数の各桁を、3桁の2進数に変換する**」です。1桁の8進数を3桁の2進数に変換するには、3桁の2進数の桁の重みである4、2、1を、どのように集計すれば、8進数の1桁の値になるかを考えます。

例を示しましょう、図2.12は、673という8進数を2進数に変換する手順です。6 = 4 + 2 + 0なので、110という2進数になります。同様に、7 = 4 + 2 + 1なので、111という2進数になります。3 = 0 + 2 + 1なので、011という2進数になります。110と111と011を並べて書いて、110111011という2進数に変換できました。

●図2.12 8進数を2進数に変換する手順

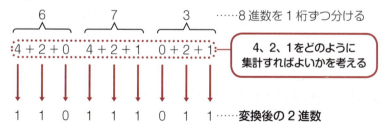

Section 2-3 2の補数表現と小数点形式

符号なし整数と符号あり整数

　8ビットの2進数で表せる情報は、00000000〜11111111の256通りです。これを10進数に変換すると、0〜255の256通りの0以上のプラスの整数になります。これを**符号なし整数**と呼びます。

　もしも、マイナスの値を表したい場合は、00000000〜11111111の256通りの情報を128通りずつの2つに分け、一方をプラスの整数とし、他方をマイナスの整数にします。これを**符号あり整数**と呼びます。

　符号なし整数と符号あり整数のどちらを使うのかは、プログラムを作るときに、データの性質に合わせて指定します。たとえば、社員数のデータなら、0以上のプラスの数だけなので、符号なし整数を使うことを指定します。利益のデータなら、プラスもマイナスもあるので、符号あり整数を使うことを指定します。

【符号ビット】

　符号あり整数を使う場合は、最上位ビットが0ならプラスの整数を表し、最上位ビットが1ならマイナスの値を表す約束になっています（すぐ後で示す2の補数表現の場合）。最上位ビットを見れば、とりあえずプラスかマイナスかがわかるので、この部分を「**符号ビット**」と呼びます。8ビットの2進数では、00000000〜01111111が0以上のプラスの整数を表し、11111111〜10000000がマイナスの整数を表します（図2.13）。

●図2.13　符号あり整数の最上位ビットを符号ビットと呼ぶ

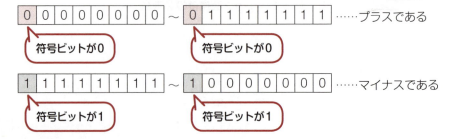

2の補数表現

符号あり整数でマイナスの数を表す方法として、**2の補数表現**があります。これは、コンピュータの内部にある入れ物のサイズが決まっていることを利用して、マイナスのマーク（－）を使わずに、0と1だけでマイナスの値を表す方法です。

2の補数表現の例を示しましょう。データの入れ物のサイズが8ビットの場合、11111111がマイナス1を表しています。なぜなら、11111111と00000001を足すと、9ビット目に桁上がりして100000000になりますが、入れ物のサイズが8ビットなので桁上がりの1が消えてしまい、00000000になるからです。00000001（イチ）と足して00000000（ゼロ）になるのですから、11111111は、マイナス1であるとみなすことができます（図2.14）。

●図2.14　2の補数表現の仕組み

マイナスの数を求める方法

2の補数表現では、ある数に足すと0になる数を求め、それをある数のマイナスの数とします。ある数に足すと0になる数は、「**反転して1を加える**」ことで求められます。反転するとは、0と1を逆にすることです。

たとえば、ある数を00000001とした場合、これを反転すると11111110になります。11111110に1を加えると、11111111になります。これが、00000001のマイナスの数、つまり－1です（図2.15）。

●**図2.15　反転して1を加えることで、マイナスの数になる**

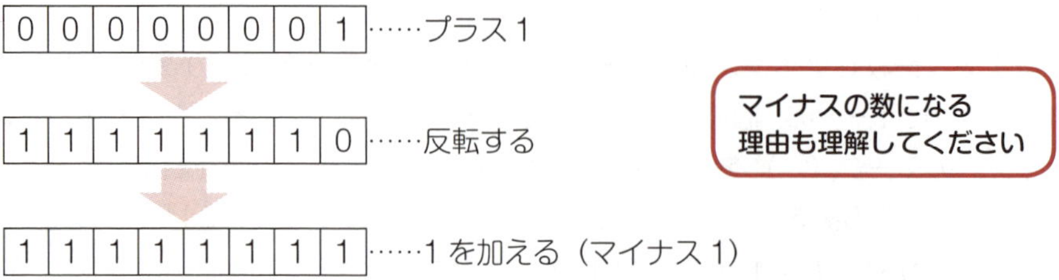

| 0 | 0 | 0 | 0 | 0 | 0 | 0 | 1 |……プラス1

↓

| 1 | 1 | 1 | 1 | 1 | 1 | 1 | 0 |……反転する

↓

| 1 | 1 | 1 | 1 | 1 | 1 | 1 | 1 |……1を加える（マイナス1）

> マイナスの数になる
> 理由も理解してください

　反転して1を加えることで、マイナスの数が求められる仕組みを説明しましょう（図2.15）。00000001と、それを反転しただけの11111110を足すとどうなるでしょう。すべての桁が1の11111111になります。それでは、00000001と、それを反転した11111110より1大きい11111111を足すとどうなるでしょう。すべての桁が1の11111111より1大きくなるので、9ビット目に桁上がりして100000000になりますが、入れ物のサイズが8ビットなので、桁上がりの1が消えてしまい00000000になります。

　つまり、**ある数を反転して1を加えた数は、ある数に足して0になる数になるのです。ある数に足して0になる数は、ある数のマイナスの数です。**

マイナスのマイナスはプラスになる

　00000001（1）を反転して1を加えると11111111（−1）になります。逆に、11111111（−1）を反転して1を加えると00000001（1）になります。マイナスのマイナスは、プラスだからです（図2.16）。

●**図2.16　反転して1を加えることで、マイナスの数になる**

| 1 | 1 | 1 | 1 | 1 | 1 | 1 | 1 |……マイナス1

↓

| 0 | 0 | 0 | 0 | 0 | 0 | 0 | 0 |……反転する

↓

| 0 | 0 | 0 | 0 | 0 | 0 | 0 | 1 |……1を加える（プラス1）

> マイナスのマイナスは
> プラスになる

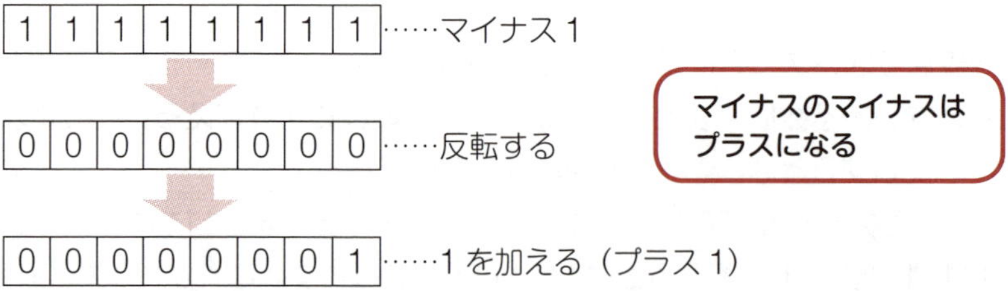

2の補数表現で表されたマイナスの数の値が知りたい場合は、反転して1を加えてプラスの数にしてください（図2.16）。たとえば、11111100は、反転して1を加えると00000100（4）なので、マイナス4だとわかります。

　符号あり整数では、符号ビットが0ならプラスの数であり、1ならマイナスの数です。8ビットの符号あり整数を10進数に変換すると、00000000〜01111111が0〜127になり、11111111〜10000000が−1〜−128になります。マイナスの値の方が、表せる値が1つ多いのは、0がプラスの範囲に入っているからです。

固定小数点形式

　コンピュータの内部で小数点数（小数点がある数）を表す場合は、小数点を意味するドット（．）を使わずに、0と1だけで表現します。そのための形式として、**固定小数点形式**と**浮動小数点形式**があります。

　固定小数点形式は、あらかじめ小数点の位置を決めておくものです。たとえば、8ビットの2進数で、上位4ビットと下位4ビットの間に小数点があると決めておけば、01011010が0101.1010を表していることになります。**実際には、01011010という整数であっても、それを0101.1010という小数点数だとみなすのです**（図2.17）。マイナスの小数点数は、2の補数表現で表します。

●図2.17　固定小数点形式の例

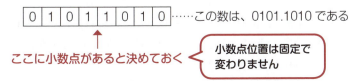

2進数の小数点以下の桁の重み

　0101.1010という2進数を10進数に変換してみましょう。小数点以下の数があっても、2進数を10進数に変換する手順は、「**各桁の数字に、桁の重みを掛けて、集計する**」です。10進数の小数点以下の桁の重みが、0.1、0.01、0.001、0.0001（10^{-1}、10^{-2}、10^{-3}、10^{-4}）であるように、**2進数の小数点以下の桁の重みは、0.5、0.25、0.125、0.0625（2^{-1}、2^{-2}、2^{-3}、2^{-4}）です**。

　2進数の桁の重みは、桁が上がると2倍になり、桁が下がると1/2になること

から、すぐに求められます（図2.18）。0101.1010という2進数を10進数に変換すると、整数部分が4 + 1 = 5で、小数点以下が0.5 + 0.125 = 0.625なので、5.625になります。

●図2.18　2進数の桁の重み

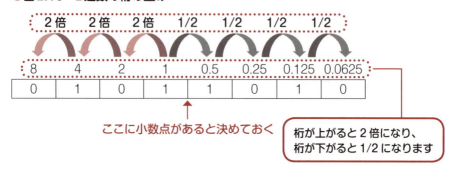

2の補数表現で表された1010.0110というマイナスの小数点数を10進数に変換する場合は、反転して1を加えて、0101.1010というプラスの小数点数にすると、0101.1010 → 4 + 1 + 0.5 + 0.125 = 5.625なので、そのマイナスの−5.625になります。

16進数の小数点数

小数点数であっても、4桁の2進数が1桁の16進数に変換されることに変わりはありません（図2.19）。たとえば、0101.1010という2進数を16進数に変換すると、0101が5で、1010がAなので、5.Aになります。

16進数の小数点以下の桁の重みは、16^{-1}、16^{-2}、16^{-3}、16^{-4}、……です。

●図2.19　16進数の桁の重み (次ページの例題2.4の16進数を例にしています)

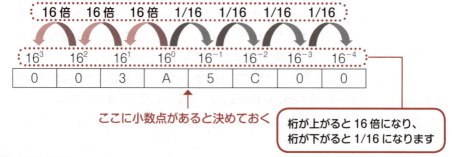

例題 2.4 は、16 進数の小数点数を 10 進数に変換する問題です。「各桁の数字に、桁の重みを掛けて、集計する」という手順で変換できます。

● 例題2.4　16進小数を10進数の分数で表す（H22 秋 問1）

問 1　16 進小数 3A.5C を 10 進数の分数で表したものはどれか。

ア　$\dfrac{939}{16}$　　イ　$\dfrac{3735}{64}$　　ウ　$\dfrac{14939}{256}$　　エ　$\dfrac{14941}{256}$

3A.5C に 16 進数の桁の重みと桁の数を掛けて集計すれば、10 進数に変換できます。16 進数の A は 10 進数の 10 で、16 進数の C は 10 進数の 12 なので、$3 \times 16^1 + 10 \times 16^0 + 5 \times 16^{-1} + 12 \times 16^{-2} = 3 \times 16 + 10 \times 1 + 5/16 + 12/16^2 = 58 + 5/16 + 3/(16 \times 4) = (58 \times 16 \times 4 + 5 \times 4 + 3)/(16 \times 4) = 3735/64$ になります。正解は、選択肢イです。

浮動小数点形式

小数点数を表すもう 1 つの形式である**浮動小数点形式**では、小数点数を**符号部**、**指数部**、**仮数部**という 3 つの整数の情報で表します（図 2.20）。

● 図2.20　浮動小数点形式の符号部、仮数部、指数部

たとえば、小数点のある 0101.1010 という 2 進数を浮動小数点形式で表す場合は、整数部が 0 になるように桁をずらして $0101.1010 = 0.1011010 \times 2^3$ にして、小数点以下の 1011010 を仮数部とします。桁を 3 つぶんずらしたことによって生じた 2^3 の 3 を 2 進数で表した 11 を指数部とします。符号部は、プラスを 0 で表し、マイナスを 1 で表します。ここでは、プラスの値なので、符号部は 0 です。ただし、**この符号部は、2 の補数表現の符号ビットとは違います**。1 ビットで、プラスとマイナスという 2 通りの情報を符号化しています。

浮動小数点形式の具体例

　浮動小数点形式の符号部、仮数部、指数部の入れ物を、それぞれ何ビットで表すかは、試験問題に示されています。たとえば、先ほどの例にあげた小数点数を、符号部1ビット、指数部7ビット、仮数部8ビットとした全体で16ビットの浮動小数点形式で表すと、図2.21のようになります。入れ物をサイズ一杯に使って、指数部は右詰めで、仮数部は左詰めで格納します。

●図2.21　全体で16ビットの浮動小数点形式の例

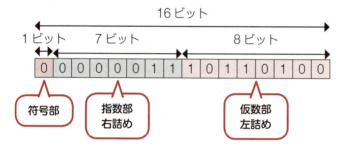

　浮動小数点形式には、整数部が0になるように桁をずらすのではなく 0101.1010 ＝ 1.011010 × 2^2 のように、**整数部が1になるように桁をずらして、整数部の1を省略した小数点以下を仮数部とする形式もあります**。ただし、どちらの形式であっても、1つの小数点数を符号部、指数部、仮数部という3つの整数の情報で表すことに、違いはありません。

Section 2-4 シフト演算と符号拡張

論理シフト

　コンピュータの内部では、2進数のデータの桁をずらすことができ、これを**シフト（shift）**と呼びます。データを上位桁にずらすことを**左シフト**と呼び、下位桁にずらすことを**右シフト**と呼びます。シフトによって値が変化するので、シフトは演算の一種です。

　シフトによってはみ出した桁は、消えてなくなります。シフトして空いた桁は、0で埋められます。このようなシフトを**論理シフト**と呼びます。上位桁に論理シフトすることを**論理左シフト**と呼び、下位桁に論理シフトすることを**論理右シフト**と呼びます。

　例を示しましょう。図2.22の(1)は、8ビットの入れ物に格納された11010111というデータを、1ビットだけ論理左シフトした結果を示したものです。図2.22の(2)は、同じデータを、1ビットだけ論理右シフトした結果を示したものです。

●図2.22　論理シフトの例

(1) 1ビットだけ論理左シフトする

(2) 1ビットだけ論理右シフトする

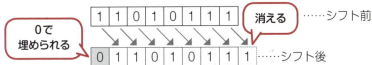

算術シフト

　2進数は、1桁上がると2倍になり、1桁下がると1/2になります。このことから、シフトを2倍の乗算や、1/2の除算の代用とすることができます。左シフトすれば桁が上がって2倍になり、右シフトすれば桁が下がって1/2になるからです。

> **ここが大事**
>
> 2進数は、1ビット左シフトすると2倍になり、1ビット右シフトすると1/2になります。

　シフトを乗算と除算の代用とする場合は、2の補数表現を考慮して、シフト前後でデータの符号が変わらないようにする必要があります。このようなシフトを**算術シフト**と呼びます。上位桁に算術シフトすることを**算術左シフト**と呼び、下位桁に算術シフトすることを**算術右シフト**と呼びます。

　算術シフトを実現する方法は、コンピュータの種類によって違いがあります。基本情報技術者試験の午後試験のアセンブラが対象としているCOMET Ⅱという架空のコンピュータでは、**最上位桁の符号ビットを除いた部分をシフト対象とします**。シフトによって符号ビットが変化してしまうと、シフト前後で符号が変わってしまうからです。さらに、**算術右シフトによって空いた上位桁には、符号ビットと同じ値を入れます**。これによって、正しい計算結果が得られます（図2.23）。

● 図2.23　算術右シフトでマイナスの値を1/2にする例

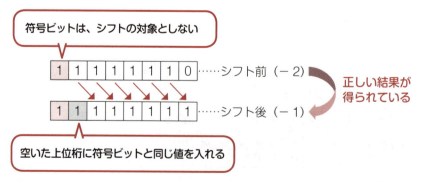

算術左シフトと加算による乗算

　データの値を1ビットだけ算術左シフトすると、もとの値を2倍した結果が得られます。さらに、その結果を1ビットだけ算術左シフトすると、2倍×2倍になるので、もとの値を4倍した結果が得られます。さらに、その結果を1ビットだけ算術左シフトすると、2倍×2倍×2倍になるので、もとの値を8倍した結果が得られます。このように、算術左シフトで実現できるのは、2倍、4倍、8倍、16倍、…という2のべき乗の乗算だけです。

　3倍、5倍、10倍などの、2のべき乗でない乗算を実現したい場合は、算術左シフトと加算を組み合わせます。たとえば、3倍したい場合は、1ビットだけ算術左シフトして2倍になった値と、もとの値を加算すれば、2倍＋1倍で3倍になります。5倍したい場合は、2ビットだけ算術左シフトして4倍になった値と、もとの値を加算すれば、4倍＋1倍で5倍になります（図2.24）。

●図2.24　算術左シフトと加算を組み合わせて任意の乗算を行う

> **（例1）** 1ビットだけ算術左シフトした結果＋もとの値＝2倍＋1倍＝3倍
>
> **（例2）** 2ビットだけ算術左シフトした結果＋もとの値＝4倍＋1倍＝5倍
>
> **（例3）** 例2で5倍となった値を1ビットだけ算術左シフト
> 　　　　　　　　　　　　　　　　＝5倍×2倍＝10倍

　例題2.5は、算術左シフトと加算で3倍する方法を選ぶ問題です。ここでは、「非負（マイナスの数ではない）」と示されているので、符号ビットのことを考慮する必要はありません。データの入れ物のサイズが示されていないので、左シフトして最上位桁からはみ出す桁を考慮する必要もありません。

●**例題2.5　2進数を3倍にする方法（H24 春 問2）**

問2　非負の2進数 $b_1b_2 \cdots b_n$ を3倍にしたものはどれか。

ア　$b_1b_2 \cdots b_n 0 + b_1b_2 \cdots b_n$
イ　$b_1b_2 \cdots b_n 00 - 1$
ウ　$b_1b_2 \cdots b_n 000$
エ　$b_1b_2 \cdots b_n 1$

1ビットだけ算術左シフトした結果＋もとの値＝2倍＋1倍＝3倍になります。$b_1b_2 \cdots b_n$ を1ビットだけ算術左シフトした結果は、$b_1b_2 \cdots b_n 0$ です。これにもとの値を足すので、$b_1b_2 \cdots b_n 0 + b_1b_2 \cdots b_n$ です。正解は、選択肢アです。

算術右シフトによる除算

算術右シフトによる除算で実現できるのは、1/2、1/4、1/8、1/16、…という2のべき乗分の1だけです。算術右シフトと他の演算を組み合わせて、1/3、1/5、1/10などの、任意の除算を行うことはできません。

任意の除算を実現したい場合は、引き算を繰り返すという方法があります。わかりやすいように10進数で例を示すと、100 ÷ 3という除算を行う場合は、100から3を引くことを繰り返して、引けた回数と余りを求めます。全部で33回引けて1余るので、100 ÷ 3の商は33で、余りは1であることがわかります。

ここが大事

算術右シフトでできるのは、1/2、1/4、1/8、1/16、・・・という2のべき乗分の1だけです。

062　第2章　2進数

符号拡張

　コンピュータの内部にあるデータの入れ物のサイズには、8ビット、16ビット、32ビット、64ビットなどがあります。大きな入れ物に格納されたデータを、小さな入れ物に格納することはできません。入りきらない上位桁が失われてしまうからです。小さな入れ物に格納されたデータを、大きな入れ物に格納することならできます。空いた上位桁を0で埋めればよいからです。ただし、**2の補数表現のマイナスの値の場合は、空いた上位桁を1で埋めます**。0で埋めると、同じ値にならないからです。

　たとえば、8ビットの00000001というプラスの値を16ビットの入れ物に格納する場合は、空いた上位桁を0で埋めて0000000000000001とします。8ビットの11111111というマイナスの値を16ビットの入れ物に格納する場合は、空いた上位桁を1で埋めて1111111111111111とします。

　プラスの値の符号ビットは0であり、マイナスの値の符号ビットは1です。したがって、小さな入れ物に格納されたデータを大きな入れ物に格納するときは、値がプラスであってもマイナスであっても、符号ビットと同じ値で上位桁を埋めればよいと言えます。**まるで上位桁に向かって符号ビットを「グィ～ン」と拡張しているように見えるので、これを符号拡張と呼びます**（図2.25）。

●**図2.25　同じ値のままビット数を増やすときは符号拡張する**

(1) プラスの値の場合

(2) マイナスの値の場合

Section 2-5 2進数の練習問題

10進数を2進数に変換する

● 練習問題2.1　10進数を2進数に変換する処理（R01 秋 問1）

問1　次の流れ図は，10進整数 j（$0 < j < 100$）を8桁の2進数に変換する処理を表している。2進数は下位桁から順に，配列の要素 NISHIN（1）から NISHIN（8）に格納される。流れ図の a 及び b に入れる処理はどれか。ここで，j div 2 は j を2で割った商の整数部分を，j mod 2 は j を2で割った余りを表す。

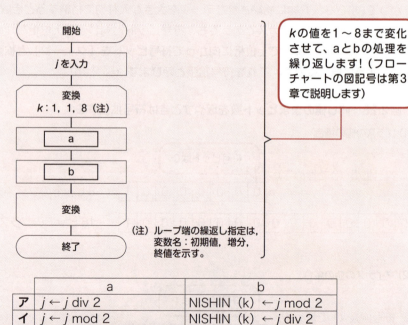

16進数を2進数に変換する

● 練習問題2.2　16進数の小数点数と2進数の変換（H22 春 問1）

問1　16進小数 2A.4C と等しいものはどれか。

ア　$2^5 + 2^3 + 2^1 + 2^{-2} + 2^{-5} + 2^{-6}$
イ　$2^5 + 2^3 + 2^1 + 2^{-1} + 2^{-4} + 2^{-5}$
ウ　$2^6 + 2^4 + 2^2 + 2^{-2} + 2^{-5} + 2^{-6}$
エ　$2^6 + 2^4 + 2^2 + 2^{-1} + 2^{-4} + 2^{-5}$

> 16進数を2進数に変換して、桁の重みを書き出してみよう！

2進数の小数点以下の桁の重み

● 練習問題2.3　2進数で表すと無限小数になるもの（H26 春 問1）

問1　次の10進小数のうち，2進数で表すと無限小数になるものはどれか。

ア　0.05　　　イ　0.125　　　ウ　0.375　　　エ　0.5

> 無限小数とは、3.3333…のように永遠に続く数のことです！

固定小数点形式

● 練習問題2.4　固定小数点形式で表されたマイナスの数（H23 秋 問2）

問2　10進数 -5.625 を，8ビット固定小数点形式による2進数で表したものはどれか。ここで，小数点位置は3ビット目と4ビット目の間とし，負数には2の補数表現を用いる。

ア　01001100　　　イ　10100101
ウ　10100110　　　エ　11010011

> プラス5.625を2進数に変換してから負数にします！

浮動小数点形式

● 練習問題 2.5　浮動小数点数の符号部、指数部、仮数部（H21 秋 問2）

問2　実数 a を $a = f×r^e$ と表す浮動小数点表示に関する記述として、適切なものはどれか。

ア　f を仮数, e を指数, r を基数という。
イ　f を基数, e を仮数, r を指数という。
ウ　f を基数, e を指数, r を仮数という。
エ　f を指数, e を基数, r を仮数という。

> 基数は、2進数では2、10進数では10です！

論理シフト

● 練習問題 2.6　論理右シフト（H25 秋 問2）

問2　32 ビットのレジスタに 16 進数 ABCD が入っているとき、2 ビットだけ右に論理シフトした値はどれか。

ア　2AF3　　　イ　6AF3　　　ウ　AF34　　　エ　EAF3

> 16進数を2進数に変換してからシフトします！

算術シフト

● 練習問題 2.7　算術右シフト（H24 秋 問1）

問1　8 ビットの 2 進数 11010000 を右に 2 ビット算術シフトしたものを、00010100 から減じた値はどれか。ここで、負の数は 2 の補数表現によるものとする。

ア　00001000　　　イ　00011111
ウ　00100000　　　エ　11100000

> 論理右シフトではなく算術右シフトであることに注意してください！

066　第2章　2進数

算術左シフトと加算による乗算

● 練習問題2.8　算術左シフトと加算による乗算（H28 春 問1）

問1　数値を2進数で格納するレジスタがある。このレジスタに正の整数 x を設定した後，"レジスタの値を2ビット左にシフトして，x を加える"操作を行うと，レジスタの値は x の何倍になるか。ここで，あふれ（オーバフロー）は，発生しないものとする。

ア　3　　　イ　4　　　ウ　5　　　エ　6

> レジスタとは、CPUの中にあるデータの入れ物のことです！

算術右シフトによる除算

● 練習問題2.9　算術右シフトによる除算（H27 秋 問1）

問1　10進数の演算式 7÷32 の結果を2進数で表したものはどれか。

ア　0.001011　　イ　0.001101　　ウ　0.00111　　エ　0.0111

> 32が2のべき乗であることに注目しよう！

2-5　2進数の練習問題　**067**

Section 2-6 2進数の練習問題の解答・解説

10進数を2進数に変換する

● 練習問題2.1　10進数を2進数に変換する処理（R01 秋 問1）

> **解答**　エ
>
> **解説**　2で割った余りを求めることを繰り返すと、変換後の2進数が下位桁から得られます。divは除算の商の整数部分を求め、modは除算の余りを求めます。したがって、変換後の2進数の桁を格納する処理は、「NISHIN(k) ← j mod 2」が適切です。これを行った後で、jには、jを2で割った商を格納して、処理を繰り返すことになります。これは、「j ← j div 2」です。

16進数を2進数に変換する

● 練習問題2.2　16進数の小数点数と2進数の変換（H22 春 問1）

> **解答**　ア
>
> **解説**　16進数の1桁を2進数の4桁に変換すると、2 → 0010、A → 1010、4 → 0100、C → 1100 なので、16進数の2A.4Cは、2進数で00101010.01001100です。選択肢を見ると、2のべき乗を集計した値になっているので、この2進数を10進数に変換する式を選びます。これは、$2^5 + 2^3 + 2^1 + 2^{-2} + 2^{-5} + 2^{-6}$ です（図2.26）。

● 図2.26　2進数を10進数に変換する式を求める

$2^7\ 2^6\ 2^5\ 2^4\ 2^3\ 2^2\ 2^1\ 2^0\ 2^{-1}\ 2^{-2}\ 2^{-3}\ 2^{-4}\ 2^{-5}\ 2^{-6}\ 2^{-7}\ 2^{-8}$ …桁の重み

$0\ \ 0\ \ 1\ \ 0\ \ 1\ \ 0\ \ 1\ \ 0\ .\ 0\ \ 1\ \ 0\ \ 0\ \ 1\ \ 1\ \ 0\ \ 0$ …桁の数

$2^5 + 2^3 + 2^1 + 2^{-2} + 2^{-5} + 2^{-6}$ …掛けて集計

2進数の小数点以下の桁の重み

● 練習問題2.3　2進数で表すと無限小数になるもの（H26 春 問1）

解答　ア

解説　2進数の小数点以下の桁の重みである 0.5、0.25、0.125、0.0625 を足し合わせて表せる10進数なら、2進数に変換しても無限小数になりません。以下のように、選択肢の中で、アの 0.05 だけが、これらを足し合わせて表せません。したがって、0.05 が無限小数になります。

　ア　0.05 = ?
　イ　0.125 = 0.125
　ウ　0.375 = 0.25 + 0.125
　エ　0.5 = 0.5

別の解法として、2倍することを繰り返して整数にできるなら、無限小数でないと判断する方法もあります。ただし、電卓持ち込み不可の試験なので、0.5、0.25、0.125、0.0625 を足し合わせて表せれば、無限小数でないと判断した方が簡単です。

固定小数点形式

● **練習問題2.4　固定小数点形式で表されたマイナスの数 (H23 秋 問2)**

> **解答** ウ
>
> **解説** 5.625 の整数部の 5 = 4 + 1 なので、4 ビットの 2 進数で 0101 です。小数点以下の 0.625 = 0.5 + 0.125 なので、4 ビットの 2 進数で 1010 です。したがって、5.625 は、2 進数で 01011010 です。2 の補数表現でマイナスの数を表すので、01011010 を反転して 1 を加えた 10100110 が、− 5.625 です。

浮動小数点形式

● **練習問題2.5　浮動小数点数の符号部、指数部、仮数部 (H21 秋 問2)**

> **解答** ア
>
> **解説** 浮動小数点数では、たとえば、0101.1010 = 0.1011010 × 2^3 と表します。この問題では、0.1011010 × 2^3 = f × r^e と表しているので、f が仮数部、r が基数部、e が指数部です。2 進数の基数は、2 に決まっているので、実際の浮動小数点形式に、基数部という情報はありません。この問題では、符号部が省略されています。

論理シフト

● **練習問題2.6　論理右シフト (H25 秋 問2)**

> **解答** ア
>
> **解説** シフトは、2 進数のデータを対象として行います。16 進数の ABCD は、2 進数で 1010 1011 1100 1101 になります。これを 2 ビットだけ論理右シフトすると、空いた上位桁を 00 で埋めて、

0010 1010 1111 0011 になります。はみ出した下位桁は失われます。0010 1010 1111 0011 という 2 進数を 16 進数で表すと、2AF3 になります。

算術シフト

●練習問題 2.7　算術右シフト（H24 秋 問1）

[解答] ウ

[解説] 11010000 を 2 ビットだけ算術右シフトすると、空いた上位桁を符号ビットの 1 で埋めて、11110100 になります。11110100 は、最上位ビットが 1 なので、マイナスの値です。このマイナスの値を引くのですから、このマイナスの値をプラスに変換した値を足すことと同じになります。マイナスの値を反転して 1 を加えると、プラスの値になります。11110100 を反転して 1 を加えると、00001100 になります。00010100 に 00001100 を足すと、00100000 になります。2 進数の足し算を行うときは、10 進数の足し算と同様に、下位桁から順に 1 桁ずつ足しますが、1 + 1 が桁上がりすることに注意してください（図 2.27）。

●図 2.27　2 進数の足し算を行う

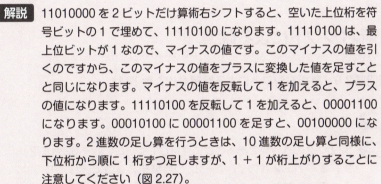

算術左シフトと加算による乗算

● 練習問題2.8　算術左シフトと加算による乗算（H28 春 問1）

解答　ウ

解説　レジスタ（register）とは、コンピュータの演算制御装置であるCPU（Central Processing Unit）の中にあるデータの入れ物のことです。レジスタの値を2ビットだけ左シフトすると、もとの値は4倍になります。それに、もとの値を加えるので、4倍＋1倍＝5倍になります。

算術右シフトによる除算

● 練習問題2.9　算術右シフトによる除算（H27 秋 問1）

解答　ウ

解説　32が、2のべき乗であることに注目してください。÷32＝÷2÷2÷2÷2÷2なので、7÷32の結果を2進数で表したものは、7を2進数で表した111を5ビット算術右シフトした値です（プラスの値なのでシフト後の上位桁に0を入れます）。1ビット右シフトするごとに、小数点位置が左にずれます。111の小数点位置を5つ左にずらすと、0.00111になります。

第3章

論理演算

この章では、論理演算の種類と使い方を学習します。論理演算は、条件を結び付けることや、データを部分的にマスクすることなどに使われますが、加算を実現する仕組みにもなっています。

- **3-0** なぜ論理演算を学ぶのか？
- **3-1** 論理演算とベン図の関係
- **3-2** 論理演算で条件を結び付ける
- **3-3** 論理演算によるマスク
- **3-4** 論理演算による加算
- **3-5** 論理演算の練習問題
- **3-6** 論理演算の練習問題の解答・解説

アクセスキー **h** (小文字のエイチ)

Section 3-0

なぜ 論理演算を学ぶのか?

コンピュータにできる演算の種類

　コンピュータにできる演算は、加算、減算、乗算、除算の四則演算だけではありません。第2章で紹介したシフト演算(桁をずらす演算)や、この章で紹介する論理演算もできます。

　論理演算の用途には、条件を結び付けること、データを部分的に変化させることなどがあり、どれも試験の出題テーマになっています。また、コンピュータの内部的な仕組みとして、論理演算で加算を実現していることも、試験の出題テーマになっています。

AND演算、OR演算、NOT演算

　基本的な**論理演算**の種類には、**AND 演算**、**OR 演算**、**NOT 演算**があります。論理演算は、難しい演算でも、不思議な演算でもありません。四則演算やシフト演算と同様に、人間の感覚として自然に理解できる演算です。**演算の意味は、英語の意味そのものです。AND 演算は「かつ」を、OR 演算は「または」を、NOT 演算は「でない」を意味します。**

▶ 基本的な論理演算の意味

A AND B …… A かつ B
A OR B ……… A または B
NOT A ………… A でない

　たとえば、基本情報技術者試験に合格する条件は、「午前試験の得点が60点以上である、かつ、午後試験の得点が60点以上である」です。これを論理演算で示

すと、「午前試験の得点が 60 点以上である AND 午後試験の得点が 60 点以上である」になります。

逆に、基本情報技術者試験に不合格となる条件は、「午前試験の得点が 60 点以上でない、または、午後試験の得点が 60 点以上でない」です。これを論理演算で示すと、「(NOT 午前試験の得点が 60 点以上である) OR (NOT 午後試験の得点が 60 点以上である)」になります。

このように、私たちの日常生活では、自然に「かつ (AND)」「または (OR)」「でない (NOT)」という言葉を使っています。それを演算とみなしたものが、論理演算です。

真と偽

論理演算は、**命題**を対象とした演算です。命題とは、「午前試験の得点が 60 点以上である」のように**真**（true）か**偽**（false）を判断できる文のことです。真か偽を判断できる条件のことであると考えてもよいでしょう。真と偽のことを**真理値**と呼びます。**真偽値**や**論理値**と呼ぶこともあります。

四則演算に 2 ＋ 3 ＝ 5 や 7 － 4 ＝ 3 のような演算結果があるように、論理演算にも演算結果があります。それは、やはり真と偽です。たとえば、「午前試験の得点が 60 点以上である AND 午後試験の得点が 60 点以上である」という AND 演算は、「午前試験の得点が 60 点以上である」という条件と、「午後試験の得点が 60 点以上である」という条件が、両方とも真のとき、演算結果が真になります。これを四則演算と同様の式に表すと、「真 AND 真 ＝ 真」になります。

真理値表

論理演算の結果を表にまとめたものを**真理値表**と呼びます。図 3.1 は、AND 演算、OR 演算、NOT 演算の真理値表です。A や B は、何らかの条件です。

A AND B の結果は、A が真かつ B が真のとき、真になります。A OR B は、A が真または B が真のとき、真になります。NOT A は、A の値を反転（真を偽に、偽を真に）します。

第 **3** 章 論理演算

3-0 なぜ論理演算を学ぶのか？ **075**

●図3.1 基本的な論理演算の真理値表

(1) AND 演算

A	B	A AND B
偽	偽	偽
偽	真	偽
真	偽	偽
真	真	真

Aが真かつ
Bが真のとき
真になります

(2) OR 演算

A	B	A OR B
偽	偽	偽
偽	真	真
真	偽	真
真	真	真

Aが真または
Bが真のとき
真になります

(3) NOT 演算

A	NOT A
真	偽
偽	真

Aの値を
反転します

　論理演算の真と偽は、2通りの情報なので、1ビットの2進数で符号化できます。たとえば、真を1に、偽を0に符号化すれば、AND演算、OR演算、NOT演算の真理値表は、図3.2のようになります。

●図3.2 真を1に、偽を0に符号化した真理値表

(1) AND 演算

A	B	A AND B
0	0	0
0	1	0
1	0	0
1	1	1

(2) OR 演算

A	B	A OR B
0	0	0
0	1	1
1	0	1
1	1	1

(3) NOT 演算

A	NOT A
1	0
0	1

これらの真理値表の意味は、それぞれ図3.1と同じです

　これらの真理値表を、丸暗記する必要はありません。AND演算が「かつ」、OR演算が「または」、NOT演算が「でない」という意味だとわかっていれば、自然に理解できることだからです。

NAND演算、NOR演算、XOR演算

　論理演算の種類には、NAND演算、NOR演算、XOR演算というものもあります。これらの論理演算は、AND演算、OR演算、NOT演算を組み合わせて実現できるのですが、よく使われるので、NAND演算、NOR演算、XOR演算という名前が付けられています。

　NAND演算は、NOT ANDという意味であり、「ナンド」と読みます。**NOR演算**は、NOT ORという意味であり、「ノア」と読みます。**XOR演算**は、exclusive ORという意味であり、「エックスオア」と読みます。XOR演算をEOR演算と呼ぶこともあります。EORも、exclusive ORという意味であり、「イーオア」と読みます。

　NAND演算、NOR演算、XOR演算の真理値表を図3.3に示します。**A NAND Bは、NOT(A AND B)という意味なので、A AND Bを反転した結果になります。A NOR Bは、NOT(A OR B)という意味なので、A OR Bを反転した結果になります。**

　A XOR Bは、AとBのどちらか一方だけが真のとき、真になります。A XOR Bは、「AでありBでない、または、AでなくBである」という意味なので、(A AND (NOT B)) OR ((NOT A) AND B)と表すこともできます。exclusiveは、「排他的」という意味です。AとBのどちらか一方だけが真であることを「他方を排除する」と言っているのです。

●図3.3　NAND演算、NOR演算、XOR演算の真理値表

(1) NAND演算

A	B	A NAND B
偽	偽	真
偽	真	真
真	偽	真
真	真	偽

AND演算の結果を反転します

(2) NOR演算

A	B	A NOR B
偽	偽	真
偽	真	偽
真	偽	偽
真	真	偽

OR演算の結果を反転します

(3) XOR演算

A	B	A XOR B
偽	偽	偽
偽	真	真
真	偽	真
真	真	偽

AまたはBの一方だけが真のとき真になります

第3章 論理演算

論理演算の表記方法

　論理演算の中で、特によく使われるのは、AND 演算、OR 演算、NOT 演算、XOR 演算の 4 つです。これらの論理演算は、英語だけでなく、日本語や演算記号で表記することもあります（表 3.1）。

● **表3.1　論理演算の主な表記方法**

表記方法	AND演算	OR演算	NOT演算	XOR演算
英　語	AND	OR	NOT	XOR（EOR）
日本語	論理積	論理和	論理否定	排他的論理和
演算記号	・	＋	￣	⊕

※NOT演算の演算記号は、NOT Aを、上付き線で$\overline{A}$と表します。

> どの表記方法も試験問題に出題されます

▸ **基本的な論理演算を組み合わせた論理演算の意味**

A NAND B ＝ NOT（A AND B）　……A かつ B、でない
A NOR B　 ＝ NOT（A OR B）　　……A または B、でない
A XOR B　 ＝（A AND（NOT B））OR（（NOT A）AND B）
　　　　　　　　　　　　　……A と B のどちらか一方だけが真

Section 3-1 論理演算とベン図の関係

AND演算、OR演算、NOT演算をベン図で表す

　論理演算は、集合を表す際に使われる**ベン図**で示すこともできます。ベン図は、集合を円で表したものです。この円を、論理演算の条件とみなします。円の内側が条件に該当することを意味し、円の外側が条件に該当しないことを意味します。図3.4は、ベン図で表したAND演算、OR演算、NOT演算です。アミカケした部分が、論理演算の結果に相当します。

●図3.4　ベン図で表したAND演算、OR演算、NOT演算

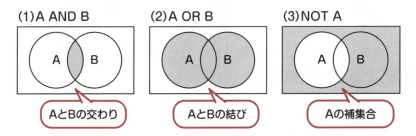

　A AND Bは、集合Aと集合Bの**交わり**と同じです。集合では、交わりを∩で表すので、A AND Bは、A ∩ Bと同じです。∩は、帽子の形に似ているので「キャップ（cap）」と読みます。

　A OR Bは、集合Aと集合Bの**結び**と同じです。集合では、結びを∪で表すので、A OR Bは、A ∪ Bと同じです。∪は、茶碗の形に似ているので「カップ（cup）」と読みます。

　NOT Aは、「Aでない」という意味なので、集合Aの**補集合**と同じです。補集合は、ベン図の円の外側です。集合では、補集合を上付き線で表すので、NOT Aは、$\overline{A}$と同じです。￣は、棒の形に似ているので「バー（bar）」と読みます。

NAND演算、NOR演算、XOR演算を ベン図で表す

　NAND演算、NOR演算、XOR演算を、ベン図で表すこともできます。A NAND Bは、A AND Bの補集合です。A NOR Bは、A OR Bの補集合です。A XOR Bは、A OR BからAとBの交わりの部分を取り除いたものです。図3.5は、ベン図で表したNAND演算、NOR演算、XOR演算です。アミカケした部分が、論理演算の結果に相当します。

●図3.5　ベン図で表したNAND演算、NOR演算、XOR演算

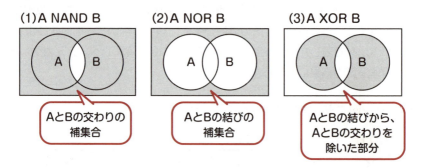

論理演算の優先順位

　四則演算に優先順位があるように、基本的な論理演算にも優先順位があります。**NOT、AND、ORの順に優先順位が高いとされます。** したがって、先ほどXOR演算を基本的な論理演算で表す例として、(A AND (NOT B)) OR ((NOT A) AND B) という式を示しましたが、最も優先順位の高いNOT演算をカッコで囲む必要はありません。この式は、(A AND NOT B) OR (NOT A AND B) と表せます。さらに、AND演算の方がOR演算より優先順位が高いので、AND演算をカッコで囲む必要もありません。この式は、A AND NOT B OR NOT A AND Bと表すこともできます。

　AND、OR、NOTという英語ではなく、・、＋、 ̄ という演算記号で表すと、優先順位がわかりやすいでしょう。A AND NOT B OR NOT A AND Bという式は、$A \cdot \overline{B} + \overline{A} \cdot B$ と表せます。 ̄は、変数の上にしっかりと付いているので、最も優先順位が高いとわかります。AND（・）の方がOR（＋）より優先順位が

高いのは、四則演算で乗算（・）の方が加算（＋）より優先順位が高いことと同様です（図3.6）。

●図3.6　基本的な論理演算の優先順位

　　高い　　　　　　　　　低い
　NOT ＞ AND ＞ OR

論理式の演算結果をベン図に描き表す

　たとえば、A OR B AND Cのように、いくつかの論理演算を使った式を**論理式**と呼びます。論理式の演算結果は、ベン図に描き表すとわかりやすくなります。それによって、複雑な論理式を、別の単純な論理式で表せることが、わかる場合もあります。

　A OR B AND C の演算結果をベン図に表してみましょう。AND 演算の方がOR 演算より優先順位が高いので、カッコで囲むと A OR (B AND C)になります。これは、「Aである、または、（B かつ C である）」という意味なので、まずA をアミカケし、続けて B AND C をアミカケします。両者を合わせたものが、A OR B AND C の演算結果です（図3.7）。

●図3.7　A OR B AND C の演算結果をベン図に表す

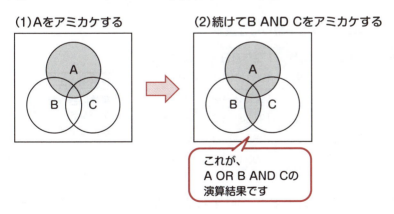

Section 3-2 論理演算で条件を結び付ける

データベースを操作するSQL

　論理演算の用途の1つとして、いくつかの条件を結び付けることがあります。データベースの検索やプログラムの処理の流れを変えるときに、条件を指定しますが、ここで条件を結び付けることがあるのです。

　データベースを操作する際には、**SQL**（**Structured Query Language**）という言語を使います。SQLで記述された命令文を、**SQL文**と呼びます。データベースとSQLに関しては、第4章で詳しく説明しますが、ここでは、SQL文の中で論理演算を使って、データベースの検索条件を指定する例をお見せしましょう。

　SQLが対象としているデータベースでは、データを表形式で格納します。たとえば、表3.2は、社員のデータを格納した「社員表」です。「社員表」には、「社員番号」「氏名」「性別」「生年月日」「給与」という列があり、1行に1人の社員のデータが格納されています。

●表3.2　社員のデータを格納した社員表

社員番号	氏名	性別	生年月日	給与
0001	佐藤一郎	男	1951-01-01	450000
0002	鈴木二郎	男	1962-02-02	400000
0003	高橋花子	女	1973-03-03	350000
0004	田中四朗	男	1984-04-04	300000
0005	渡辺良子	女	1995-05-05	250000

> この表から条件に合ったデータを検索します

　SQL文では、「SELECT 列名 FROM 表名 WHERE 条件」という命令で、データベースを検索します。**SELECT**は「～を取得せよ」、**FROM**は「～から」、**WHERE**は「～であるところの」という意味です。この「WHERE 条件」の部分で論理演算を使って、いくつかの条件を結び付けることができます。

データベースを検索する条件を
論理演算で結び付ける

　図 3.8 に、社員表からデータを検索する SQL 文の例を示します。SQL 文の構文は、英語と同様です。**英語だと思って読めば、SQL 文の意味がわかります。**

アドバイス

　SQL 文の意味は、英語だと思って読めばわかります。

● **図3.8　社員表からデータを検索するSQL文の例**

(1) SELECT 氏名 FROM 社員 WHERE 性別 = '男'

(2) SELECT 氏名 FROM 社員 WHERE 性別 = '男' AND 給与 >= 400000

(3) SELECT 氏名 FROM 社員 WHERE 性別 = '女' OR 給与 >= 400000

(4) SELECT 氏名 FROM 社員 WHERE NOT(性別 = '女' OR 給与 >= 400000)

　(1) の SQL 文は、「社員表から、性別が男という条件で、氏名を取得せよ」という意味です。ここでは、「性別 = '男'」という 1 つの条件だけであり、論理演算を使っていません。この SQL 文を実行すると、「佐藤一郎」「鈴木二郎」「田中四朗」という 3 件のデータが得られます。データベースのデータは、1 件、2 件、3 件、……と数えます。

　(2) の SQL 文は、「社員表から、性別が男、かつ、給与が 40 万円以上という条件で、氏名を取得せよ」という意味です。「性別 = '男'」と「給与 >= 400000」という条件が AND 演算で結び付けられています。この SQL 文を実行すると、「佐藤一郎」「鈴木二郎」という 2 件のデータが得られます。

　(3) の SQL 文は、「社員表から、性別が女、または、給与が 40 万円以上という条件で、氏名を取得せよ」という意味です。「性別 = '女'」と「給与 >= 400000」という条件が OR 演算で結び付けられています。この SQL 文を実行すると、「佐

藤一郎」「鈴木二郎」「高橋花子」「渡辺良子」という4件のデータが得られます。
　(4) のSQL文は、(3) のSQL文の条件をカッコで囲みNOTを付けたものです。このSQL文を実行すると、(3) のSQL文で得られなかった「田中四朗」という1件のデータが得られます。

▌処理の流れを表すフローチャート

　プログラムは、コンピュータに行わせる処理を書き並べたものです。**処理が進んで行くことを「処理が流れる」と考えます。**プログラムの処理の流れを図示する際には、**フローチャート（flow chart ＝流れ図）**が、よく使われます。表3.3は、フローチャートの主な図記号です。

●**表3.3　フローチャートの主な図記号**

図記号	意　味
（角丸長方形）	プログラムの始まりと終わりを表す
（長方形）	処理を表す
（ひし形）	分岐（選択）を表す
（六角形ペア）	繰り返しの始まりと終わりを表す

> 繰り返しの図記号はペアで使われます

　それぞれの図記号の中に、処理内容や条件を示す言葉や数式などを記入します。図記号を線で結んで、処理の流れを表します。処理は、基本的に上から下に流れます。上から下の流れを表す線には、向きを表す矢印を付ける必要はありません。上から下の流れでない場合は、向きを表す矢印を付けます。

084　第3章　論理演算

処理の流れの種類

処理の流れの種類は、順番に進む**順次**、条件に応じて別れる**分岐**（**選択**）、条件に応じて同じ処理を行う**繰り返し**の3つに大きく分類できます。図3.9は、フローチャートで表した、順次、分岐（選択）、繰り返しの例です。

流れが分岐した後は、再び1つに合流します。したがって、**分岐は、2つの処理のいずれかを選んでいるとも考えられるので、「選択」**とも呼ばれます。

繰り返しの始まりと終わりを表す図記号には、それらがペアであることを示す「ループ」のような適当な名前を書き込みます。

● 図3.9　フローチャートで表した、順次、分岐、繰り返しの例

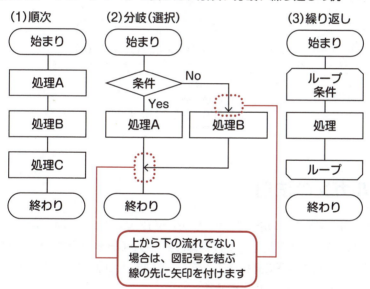

（1）の順次では、処理が「処理A」「処理B」「処理C」の順に、順番に流れます。（2）の分岐では、条件がYesなら「処理A」が行われ、Noなら「処理B」が行われます。（3）の繰り返しでは、条件がYesなら「処理」が繰り返されます。

分岐や繰り返しの条件を論理演算で結び付ける

　分岐や繰り返しの条件では、たとえば「A＞0か？」のような単独の条件だけでなく、「A＞0、かつ、B＞0か？」「A＞0、または、B＞0か？」「A＞0、または、B＞0でないか？」のように、論理演算で複数の条件を結び付けることができます。フローチャートの図記号の中には、任意の文や数式などを記入できるので、AND、OR、NOTではなく、「かつ」「または」「でない」のような言葉で論理演算を示すこともあります（図3.10）。

●図3.10　論理演算で条件を結び付ける例

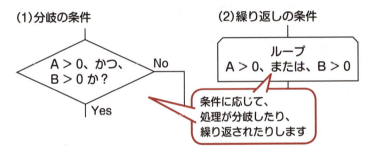

ド・モルガンの法則

　論理演算には**ド・モルガンの法則**というものがあります。この法則は、AND演算全体に付けられたバーを区切るとOR演算に変わり、OR演算全体に付けられたバーを区切るとAND演算に変わることを示しています（図3.11）。ド・モルガンは、この法則を見出した人物の名前です。

●図3.11　ド・モルガンの法則

　ド・モルガンの法則は、とても難しいように思えますが、実は、人間の感覚と

して自然に理解できるものです（図 3.12）。たとえば、「金持ち、かつ、イケメン」という AND 演算全体を否定すると、「（金持ち、かつ、イケメン）ではない」になります。この条件は、「金持ちでない、または、イケメンでない」という OR 演算に言い換えられます。さらに、「金持ち、または、イケメン」という OR 演算全体を否定すると、「（金持ち、または、イケメン）でない」になります。この条件は、「金持ちでない、かつ、イケメンでない」という AND 演算に言い換えられます。これが、ド・モルガンの法則です。

●**図3.12　ド・モルガンの法則は、人間の感覚として自然と理解できる**

（金持ち、かつ、イケメン）ではない人って、どんな人？

金持ちでない人、または、イケメンでない人のことです！

(1) $\overline{\text{金持ち AND イケメン}}$ = $\overline{\text{金持ち}}$ OR $\overline{\text{イケメン}}$

(2) $\overline{\text{金持ち OR イケメン}}$ = $\overline{\text{金持ち}}$ AND $\overline{\text{イケメン}}$

（金持ち、または、イケメン）ではない人って、どんな人？

金持ちでない人、かつ、イケメンでない人のことです！

3-2　論理演算で条件を結び付ける　**087**

Section 3-3 論理演算によるマスク

AND演算によるマスク

　論理演算の用途には、条件を結び付けることの他に、データを部分的に変化させることがあります。これは、データの一部を覆い隠すような処理なので、**マスク（mask）** と呼ばれます。AND 演算、OR 演算、XOR 演算によるマスクがよく使われます。マスクでは、データを 2 進数で表して、1 ビットごとに論理演算を行います。1 が真で、0 が偽です。

　最初は、AND 演算によるマスクです。例として、01010110 と 00001111 を AND 演算してみましょう（図 3.13）。ここでは、01010110 をデータと呼び、00001111 をマスクパターンと呼ぶことにします。演算結果は、データの上位 4 ビットが 0 になり、下位 4 ビットは変化しません。**AND 演算によるマスクでは、マスクパターンの 0 に対応する部分が 0 にマスクされ、1 に対応する部分が変化しません。**

●図3.13　AND 演算によるマスクの例

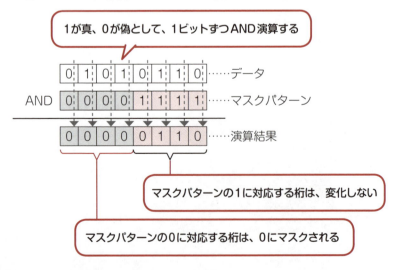

OR演算によるマスク

次は、OR 演算によるマスクです。例として、01010110 というデータと 00001111 というマスクパターンを OR 演算してみましょう（図3.14）。演算結果は、データの上位 4 ビットが変化せず、下位 4 ビットが 1 にマスクされました。**OR 演算によるマスクでは、マスクパターンの 1 に対応する部分が 1 にマスクされ、0 に対応する部分が変化しません。**

●図3.14　OR演算によるマスク

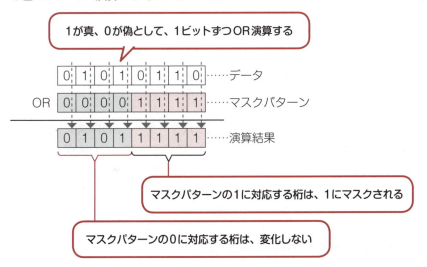

XOR演算によるマスク

最後は、XOR 演算によるマスクです。例として、01010110 というデータと 00001111 というマスクパターンを XOR 演算してみましょう（図3.15）。演算結果は、データの上位 4 ビットが変化せず、下位 4 ビットが反転（0 が 1 になり、1 が 0 になること）しました。**XOR 演算によるマスクでは、マスクパターンの 1 に対応する部分が反転し、0 に対応する部分が変化しません。**

● **図3.15 XOR演算によるマスク**

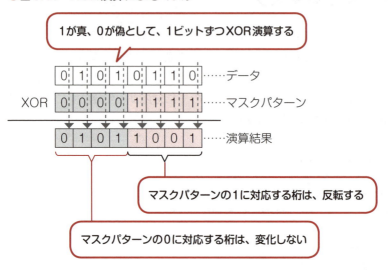

すべての桁が1の11111111というマスクパターンで、XOR演算を行うと、データのすべての桁が反転します。これは、NOT演算を使っても実現できます。複数桁の2進数をNOT演算すると、すべての桁が反転するからです。たとえば、NOT(01010110)の演算結果は、10101001になります。

例題3.1は、論理演算によるマスクの問題です。

● **例題3.1　論理演算によるマスク（H30 秋 問2）**

> **問2**　次に示す手順は，列中の少なくとも一つは1であるビット列が与えられたとき，最も右にある1を残し，他のビットを全て0にするアルゴリズムである。例えば，00101000が与えられたとき，00001000が求まる。aに入る論理演算はどれか。
>
> 手順1　与えられたビット列Aを符号なしの2進数と見なし，Aから1を引き，結果をBとする。
> 手順2　AとBの排他的論理和（XOR）を求め，結果をCとする。
> 手順3　AとCの　　a　　を求め，結果をAとする。
>
> ア　排他的論理和（XOR）　　イ　否定論理積（NAND）
> ウ　論理積（AND）　　　　　エ　論理和（OR）

問題文に示された00101000の中には1が2カ所ありますが、この中の最も右にある1を残し、残りをすべて0にする方法を求める問題です。手順に示されたとおりにやってみましょう。

【手順1】B = A − 1 = 00101000 − 00000001 = 00100111 です。
【手順2】C = A XOR B = 00101000 XOR 00100111 = 00001111 です。
【手順3】A ａ Cを目的の結果とするので、00101000 ａ 00001111 = 00001000 です。 ａ に該当するのは、AND演算です。正解は、選択肢ウです（図3.16）。

● 図3.16　データ、マスクパターン、演算結果から論理演算を判断する

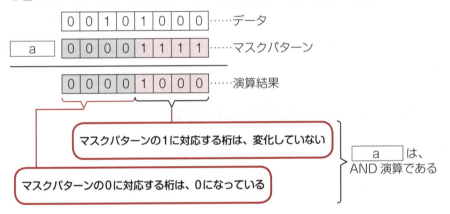

上位ビットや下位ビットを得る

　マスクの応用例として、データの上位ビットや下位ビットを得る方法を紹介しましょう。たとえば、8ビットの入れ物に格納された01010110というデータの下位4ビットの0110を得るには、どうしたらよいでしょう。コンピュータは、データの入れ物のサイズが決まっているので、8ビットの入れ物を分割して、4ビットだけ取り出すことはできません。

　そこで、**8ビットの入れ物の上位4ビットを0でマスクした00000110を、01010110の下位4ビットを取り出したものとします**。上位4ビットを0でマスクし、下位4ビットを変化させないのですから、01010110というデータと、00001111というマスクパターンをAND演算すればよいことになります（図3.17（1））。

それでは、01010110 というデータの上位 4 ビットの 0101 を得るには、どうしたらよいでしょう。この場合には、まず、11110000 というマスクパターンとAND 演算を行い、下位 4 ビットを 0 でマスクした 01010000 を得ます。次に、01010000 を 4 ビット論理右シフトして、00000101 を得ます。**01010000 のままでは、0101 を得たことになりません。0101 を右詰めにして 00000101 とすれば、0101 を得たことになります**（図 3.17（2））。

●**図3.17　下位ビットや上位ビットを得る方法**

（1）下位 4 ビットを得る

01010110 AND 00001111 ＝ 00000110

データ　　　　　　　　マスクパターン

どちらも右詰めにして
目的のデータを得ています

（2）上位 4 ビットを得る

01010110 AND 11110000 ＝ 01010000 → 00000101

データ　　　　　　　　マスクパターン　　　　　　4 ビット論理右シフト

マスクの目的と論理演算の種類

　論理演算によるマスクの問題を解くには、目的に合わせて、AND 演算、OR 演算、XOR 演算のどれを使えばよいかを判断できなければなりません。表 3.4 に、マスクに使用する論理演算の種類をまとめておきます。

●**表3.4　マスクに使用する論理演算の種類**

目　的	論理演算	マスクパターン
特定の桁を0でマスクする	AND演算	マスクする桁を0、変化させない桁を1
特定の桁を1でマスクする	OR演算	マスクする桁を1、変化させない桁を0
特定の桁を反転する	XOR演算	反転する桁を1、変化させない桁を0
すべての桁を反転する	XOR演算 （NOT演算）	すべての桁を1 （NOT演算では、マスクパターン不要）

丸暗記ではなく具体例を書いて覚えてください

092　第 3 章　論理演算

例題 3.2 は、16 ビットの 2 進数を下位ビットから順番に取り出す問題です。「16 進数の各桁に分けて」というのは、4 ビットずつ取り出すという意味です。16 進数の 1 桁は、2 進数の 4 桁に相当するからです。「**スタック**」とは、データの格納領域のことです。スタックにデータを格納することを「**プッシュする**」といいます。

● **例題 3.2　下位ビットを順番に取り出す（H25 春 問 1）**

> **問 1**　16 ビットの 2 進数 n を 16 進数の各桁に分けて，下位の桁から順にスタックに格納するために，次の手順を 4 回繰り返す。a, b に入る適切な語句の組合せはどれか。ここで，XXXX_{16} は 16 進数 XXXX を表す。
>
> 〔手順〕
> (1)　| 　　a　　 | を x に代入する。
> (2)　x をスタックにプッシュする。
> (3)　n を | 　　b　　 | 論理シフトする。
>
> | | a | b |
> |---|---|---|
> | **ア** | n AND $000F_{16}$ | 左に 4 ビット |
> | **イ** | n AND $000F_{16}$ | 右に 4 ビット |
> | **ウ** | n AND $FFF0_{16}$ | 左に 4 ビット |
> | **エ** | n AND $FFF0_{16}$ | 右に 4 ビット |

16 ビットの下位 4 ビットを取り出すので、0000000000001111 というマスクパターンと AND 演算します。0000000000001111 という 2 進数は、16 進数で 000F です。したがって、| 　a　 | は、「n AND 000F」です。16 ビットの下位 4 ビットを得たら、上位桁を下位に 4 ビットずらすことになります。したがって、| 　b　 | は、「右に 4 ビット」です。以上のことから、正解は、選択肢イです。

3-3　論理演算によるマスク　　**093**

Section 3-4 論理演算による加算

論理回路を表すMIL記号

　コンピュータの内部には、論理演算を行う小さな電子回路が数多くあり、これらを**論理回路**と呼びます。論理回路は、**MIL記号**で図示します。MIL（ミル）は、米軍の規格であるMilitary Standardを意味しています。午前試験の問題用紙にMIL記号の一覧が示されていますが、あらかじめ記号の種類と意味を覚えておきましょう。

　表3.5に、主なMIL記号の種類と意味を示します。どの図記号も、左側が入力で、右側が出力です。**NOT回路の出力には、白丸が付いています。この白丸は、データを反転することを意味しています。**そのため、AND回路の出力に白丸を付けた記号がNAND（NOT AND）回路になり、OR回路の出力に白丸を付けた記号がNOR（NOT OR）回路になります。

●表3.5　主なMIL記号の種類と意味

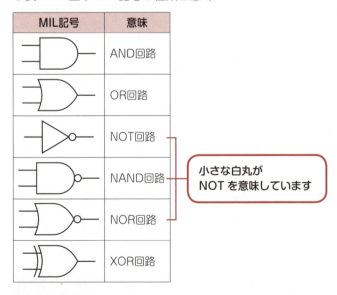

論理回路の入力と出力

　コンピュータの内部では、1本の電線で、2進数の1桁のデータを伝えます。MIL記号では、左側の電線から入力されたデータが、内部で論理演算され、その結果が右側の電線から出力されます。

　たとえば、図3.18は、AND回路の入力と出力のパターンを示したものです。AND演算なので、1と1が入力されたときだけ、1が出力されます。それ以外の入力では、0が出力されます。

●図3.18　AND回路の入力と出力

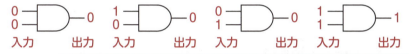

> 1本の電線で1桁の2進数を伝えるので、電線の値は0か1のいずれかです

【MIL記号をつないだ論理回路】

　試験問題には、いくつかのMIL記号をつないだ論理回路が示されることがあります。このような論理回路の出力が何になるかを判断するには、**入力から最終的な出力までのデータの変化を0と1で書き込む**とよいでしょう。

　たとえば、図3.19は、2つのNOT回路と3つのNAND回路をつないだ論理回路です。0と1という入力から、最終的な出力までのデータの変化を書き込んであります。**線の重なりに黒丸がある部分は、電線がつながっています。黒丸がない部分は、電線がつながっていません。**

●図3.19　いくつかのMIL記号をつないだ論理回路の出力

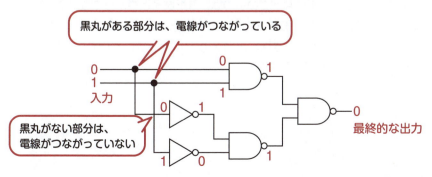

例題3.3は、入力が同じ値のときだけ1を出力する論理回路を選ぶものです。XとYに具体的な入力パターンを想定して、それぞれの論理回路にデータの変化を書き込めば、正解を選べます。

● 例題3.3　入力が同じ値のときだけ1を出力する論理回路（H22 春 問26）

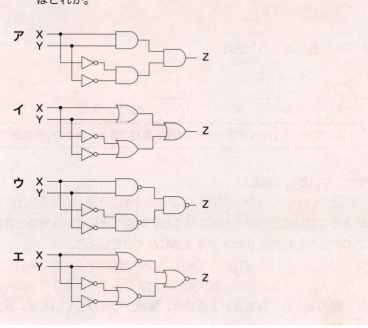

　X＝0、Y＝0という同じ値を入力したときの出力Zを求めると、図3.20（1）になります。出力Zが1になっているのは、選択肢イとウだけです。選択肢イとウにしぼって、X＝1、Y＝0を入力したときの出力Zを求めると、図3.20（2）になります。異なる入力のときは、出力Zが0になっていなければなりません。したがって、選択肢ウが正解です。

●図3.20 それぞれの論理回路にデータの変化を書き込む

(1) X=0、Y=0を入力した場合

> 回路図の
> 左から右に向かって
> データの変化を
> 書き込んでいきます

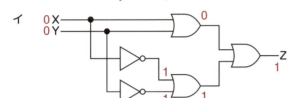

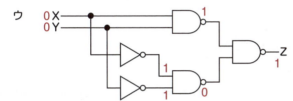

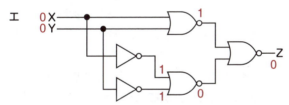

(2) X=1、Y=0を入力した場合

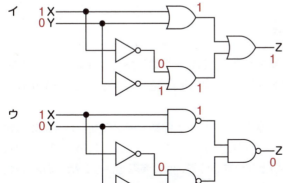

半加算と全加算

コンピュータは、内部的な仕組みとして、いくつかの論理演算で加算を実現しています。加算には、**半加算**と**全加算**があります。図 3.21 は、4 ビットの 0101 と 0011 を加算した結果を示したものです。

●図 3.21　最下位桁は半加算、それ以外の桁は全加算

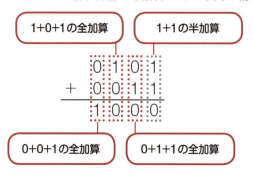

最下位桁は、1 と 1 という 2 つの数値を足すだけです。これを半加算と呼びます。2 桁目は、0 と 1 と下位桁からの桁上がりの 1 という 3 つの数値を足します。これを全加算と呼びます。3 桁目と 4 桁目も、3 つの数値を足すので、全加算です。

すぐ後で説明しますが、半加算を 2 つ使うことで、全加算が実現されています。これを逆に言うと、**全加算の半分で半加算が実現されています**。だから、半加算と呼ぶのです。

半加算器の仕組み

論理回路を使って、半加算を実現したものを**半加算器**（half adder）と呼び、全加算を実現したものを**全加算器**（full adder）と呼びます。それぞれの仕組みを説明しましょう。

まず、半加算器です。半加算器は、1 ビットの数値を 2 つ足します。足し合わせる数値の組合わせは、0 + 0 = 0、0 + 1 = 1、1 + 0 = 1、1 + 1 = 10 の 4 通りです。1 + 1=10 だけ桁上がりするので、他の演算結果も 2 桁に揃えると、0 + 0 = 00、0 + 1 = 01、1 + 0 = 01、1 + 1 = 10 になります。図 3.22 は、そ

れぞれの1ビットに、X + Y = CS という名前を付けて、真理値表にしたものです。C は Carry（桁上がり）、S は Sum（和）を意味します。

● 図3.22　半加算器の真理値表

入力		出力	
X	Y	C	S
0	0	0	0
0	1	0	1
1	0	0	1
1	1	1	0

S = X XOR Y である

C = X AND Y である

　この真理値表を見ると、X と Y が両方とも1のときに、C が1になることがわかります。したがって、C = X AND Y です。X と Y のどちらか一方だけが1のときに、S が1になることがわかります。したがって、S = X XOR Y です。論理演算で、半加算が実現できました。図3.23 は、MIL 記号で半加算器の仕組みを示したものです。

● 図3.23　MIL記号で示した半加算器の仕組み

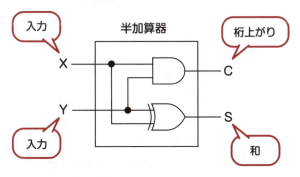

全加算器の仕組み

　全加算器は、その桁にある2つの数値 X、Y と、下位桁からの桁上がりの数値 C´ の3つを加算し、上位桁への桁上がり C と、和 S を得ます。半加算器で、2つ

の数値を足せるので、半加算器が2つあれば、3つの数値を足せます。**全加算器の桁上がりCは、2つの半加算器のいずれかが桁上がりを起こしたときに1になります。したがって、OR回路で求められます。**図3.24は、MIL記号で全加算器の仕組みを示したものです。

●**図3.24　MIL記号で示した全加算器の仕組み**

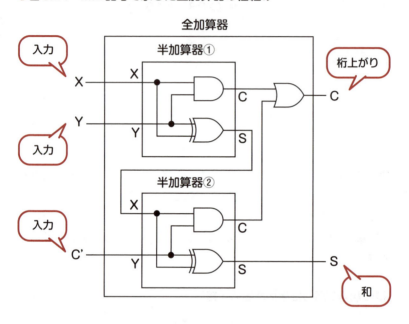

ここが大事

全加算器は、半加算器2つとOR回路で作れます。

　半加算器を1つ、全加算器を3つ用意して、下位桁の加算器のC出力を上位桁の全加算器のC′入力につなげば、先ほど図3.21に示した4ビットの2進数の加算ができます。**この仕組みに、2の補数表現で表されたマイナスの数値を入力すれば、減算も行えます。**マイナスの数値を加算することは、減算と同じだからです。

Section 3-5 論理演算の練習問題

論理演算と真理値

● 練習問題3.1　命題の真理値（H31 春 問3）

問3　P, Q, R はいずれも命題である。命題 P の真理値は真であり，命題（not P）or Q 及び命題（not Q）or R のいずれの真理値も真であることが分かっている。Q, R の真理値はどれか。ここで，X or Y は X と Y の論理和，not X は X の否定を表す。

	Q	R
ア	偽	偽
イ	偽	真
ウ	真	偽
エ	真	真

「命題」とは真偽が判断できる文や式のことですが、「条件」だと考えるとわかりやすいでしょう。

論理式とベン図を対応付ける

● 練習問題3.2　集合で示された式を表すベン図（H25 秋 問1）

問1　集合 $(\overline{A} \cap B \cap C) \cup (A \cap B \cap \overline{C})$ を網掛け部分（ ☐ ）で表しているベン図はどれか。ここで，∩は積集合，∪は和集合，$\overline{X}$ は X の補集合を表す。

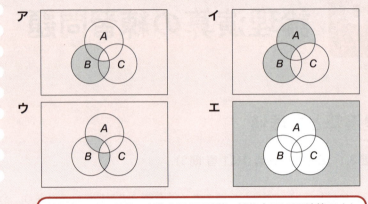

積集合はAND演算、和集合はOR演算、補集合はNOT演算です！

論理演算の優先順位

●練習問題3.3　論理式と恒等的に等しいもの（H26 春 問3）

問3　論理式 $\overline{A}\cdot\overline{B}\cdot C + A\cdot\overline{B}\cdot C + \overline{A}\cdot B\cdot C + A\cdot B\cdot C$ と恒等的に等しいものはどれか。ここで，・は論理積，＋は論理和，$\overline{A}$ は A の否定を表す。

ア　$A\cdot B\cdot C$ 　　　　　　　イ　$A\cdot B\cdot C + \overline{A}\cdot\overline{B}\cdot C$
ウ　$A\cdot B + B\cdot C$ 　　　　　エ　C

「恒等的に等しい」とは、「A、B、C がどんな値でも等しい」という意味です！

プログラムの分岐の条件を結び付ける

●練習問題3.5 同じ動作をする流れ図（H25 秋 問8）

問8 右の流れ図が左の流れ図と同じ動作をするために，a，bに入る Yes と No の組合せはどれか。

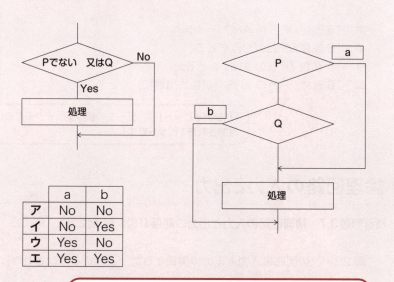

	a	b
ア	No	No
イ	No	Yes
ウ	Yes	No
エ	Yes	Yes

「Pでない 又はQ」という条件の結び付けを「Pであるか」「Qであるか」という条件に分けています！

ド・モルガンの法則

●練習問題3.5 論理式と等しいもの（H21 春 問3）

問3 論理式 $\overline{(\overline{A} + B) \cdot (A + \overline{C})}$ と等しいものはどれか。ここで，・は論理積，＋は論理和，$\overline{X}$ は X の否定を表す。

ア $A \cdot \overline{B} + \overline{A} \cdot C$ 　　　イ $\overline{A} \cdot B + A \cdot \overline{C}$

ウ $(A + \overline{B}) \cdot (\overline{A} + C)$ 　　エ $(\overline{A} + B) \cdot (A + \overline{C})$

ド・モルガンの法則で論理式を変形してみよう！

上位ビットや下位ビットを得る

●練習問題3.6　パリティビット以外のビットを得る（H31 春 問2）

> 問2　最上位をパリティビットとする8ビット符号において，パリティビット以外の下位7ビットを得るためのビット演算はどれか。
>
> ア　16進数0FとのANDをとる。
> イ　16進数0FとのORをとる。
> ウ　16進数7FとのANDをとる。
> エ　16進数FFとのXOR（排他的論理和）をとる。

「パリティビット」は、データの誤りチェックのために付加された1ビットです！

論理回路の入力と出力

●練習問題3.7　論理回路の入力と出力の関係（R01 秋 問22）

問22　次の回路の入力と出力の関係として，正しいものはどれか。

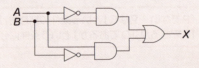

ア

入力		出力
A	B	X
0	0	0
0	1	0
1	0	0
1	1	1

イ

入力		出力
A	B	X
0	0	0
0	1	1
1	0	1
1	1	0

ウ

入力		出力
A	B	X
0	0	1
0	1	0
1	0	0
1	1	0

エ

入力		出力
A	B	X
0	0	1
0	1	1
1	0	1
1	1	0

AとBの入力に具体的なデータを想定して出力Xを求めてください！

NAND演算、NOR演算、XOR演算

● 練習問題3.8　二つの入力と一つの出力を持つ論理回路（H31春 問22）

問22　二つの入力と一つの出力をもつ論理回路で，二つの入力 A, B がともに 1 のときだけ，出力 X が 0 になる回路はどれか。

- ア　AND 回路
- イ　NAND 回路
- ウ　OR 回路
- エ　XOR 回路

> 選択肢にある4つの論理演算の真理値表を思い浮かべてみましょう！

全加算器の仕組み

● 練習問題3.9　全加算器の出力（H21 秋 問25）

問25　図は全加算器を表す論理回路である。図中のxに1，yに0，zに1を入力したとき，出力となるc（けた上げ数），s（和）の値はどれか。

	c	s
ア	0	0
イ	0	1
ウ	1	0
エ	1	1

> 全加算器は、1ビットの2進数を3つ加算します！

Section 3-6 論理演算の練習問題の解答・解説

論理演算と真理値

● 練習問題3.1 命題の真理値（H31 春 問3）

解答 エ

解説 Pが真なので、not Pは偽です。notは、真と偽を反転するからです。not Pが偽で、(not P) or Qが真なら、Qは真です。orは、少なくともどちらか一方が真なら真だからです。同様の理由で、Qが真なので、not Qは偽です。not Qは偽で、(not Q) or Rが真なら、Rは真です。したがって、QとRは、どちらも真です。

論理式とベン図を対応付ける

● 練習問題3.2 集合で示された式を表すベン図（H25 秋 問1）

解答 ウ

解説 ($\overline{A}$ ∩ B ∩ C) ∪ (A ∩ B ∩ $\overline{C}$) を、($\overline{A}$ ∩ B ∩ C) と (A ∩ B ∩ $\overline{C}$) に分けて、アミカケします。($\overline{A}$ ∩ B ∩ C) は、「Aでなく、かつ、Bであり、かつ、Cである」という意味なので、アミカケすると、図3.25 (1) になります。(A ∩ B ∩ $\overline{C}$) は、「Aであり、かつ、Bであり、かつ、Cでない」という意味なので、続けてアミカケすると、図3.25 (2) になります。

●図3.25　Uで分けてベン図にアミカケする

(1) ($\overline{A} \cap B \cap C$)を
アミカケする

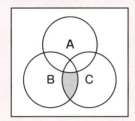

(2) 続けて($A \cap B \cap \overline{C}$)を
アミカケする

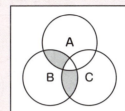

論理演算の優先順位

●練習問題3.3　論理式と恒等的に等しいもの（H26 春 問3）

解答　エ

解説　・（AND 演算）の方が、＋（OR 演算）より優先順位が高いので、$\overline{A} \cdot \overline{B} \cdot C + A \cdot \overline{B} \cdot C + \overline{A} \cdot B \cdot C + A \cdot B \cdot C$ をカッコで囲むと、($\overline{A} \cdot \overline{B} \cdot C$) ＋ ($A \cdot \overline{B} \cdot C$) ＋ ($\overline{A} \cdot B \cdot C$) ＋ ($A \cdot B \cdot C$) になります。カッコで囲まれた部分ごとに、ベン図をアミカケしていくと、この式が単純に C を表していることがわかります（図3.26）。

●図3.26 ベン図にアミカケする

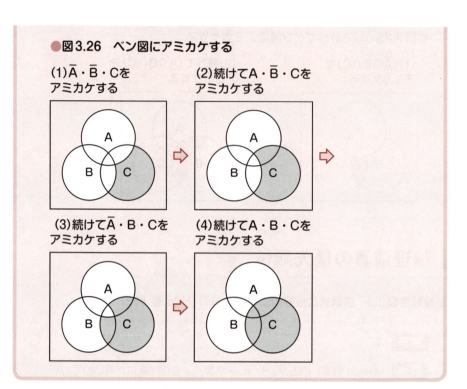

プログラムの分岐の条件を結び付ける

● 練習問題3.4　同じ動作をする流れ図（H25 秋 問8）

解答　ア

解説　処理を行う条件は、「Pでない、または、Qである」です。　a　の流れは、Pという条件に対して処理を行うものなので、No（Pでない）です。　b　の流れは、Qという条件に対して処理を行わないものなので、No（Qでない）です。YesとNoを書き込んだフローチャートを図3.27に示します。

● 図3.27　YesとNoを書き込んだフローチャート

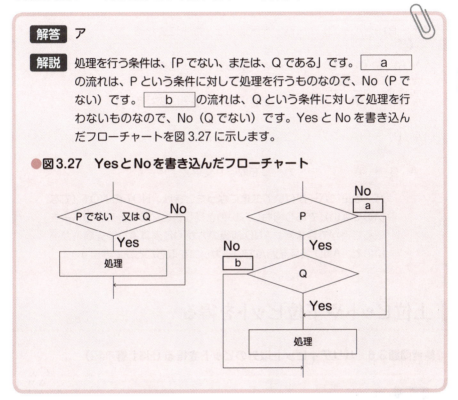

ド・モルガンの法則

● 練習問題3.5　論理式と等しいもの（H21 春 問3）

解答　ア

解説　ド・モルガンの法則では、AND演算に付けられたバーを区切るとOR演算に変わり、OR演算に付けられたバーを区切るとAND演算に変わります。ド・モルガンの法則を使って、式全体に付けられたバーを区切って行くと、式を図3.28のように変形できます。

● 図3.28　ド・モルガンの法則を使ってバーを区切って行く

$\overline{(\overline{A} + B) \cdot (A + \overline{C})}$ ……変形前の状態

⬇

$\overline{(\overline{A} + B)} + \overline{(A + \overline{C})}$ ……バーを区切ると・が+に変わる

⬇

$\overline{(\overline{\overline{A}} \cdot \overline{B})} + \overline{(A + \overline{C})}$ ……バーを区切ると+が・に変わる

⬇

$(\overline{\overline{A}} \cdot \overline{B}) + (\overline{A} \cdot \overline{\overline{C}})$ ……バーを区切ると・が+に変わる

⬇

$(A \cdot \overline{B}) + (\overline{A} \cdot C)$ ……二重のバーを取る

⬇

$A \cdot \overline{B} + \overline{A} \cdot C$ ……カッコを取る（変形完了）

> バーの上にバーが付いて二重になったときは、NOTのNOT（でないのでない）であり何もしないのと同じことなので、二重のバーを取ることができます。AND演算の方がOR演算より優先順位が高いので、AND演算を囲んでいるカッコを取ることができます。

上位ビットや下位ビットを得る

● 練習問題3.6　パリティビット以外のビットを得る（H31 春 問2）

解答　ウ

解説　パリティビット（parity bit）は、データの誤りチェックのために付加された1ビットです。8ビットのデータの下位7ビットを得るとは、上位1ビットを0にして下位7ビットを変化させない、ということです。したがって、01111111という2進数とAND演算します。選択肢は、16進数で表記されているので、7FとAND演算します。

論理回路の入力と出力

● 練習問題3.7　論理回路の入力と出力の関係（R01 秋 問22）

解答　イ

解説　まず、図3.29（1）に示したように「A＝0、B＝0」を入力すると、出力Xは0になります。これで、答えを選択肢アとイに絞り込めます。次に、図3.29（2）に示したように「A＝0、B＝1」を入力すると、出力Xは1になります。これで、答えを選択肢イに絞り込めます。

● 図3.29　AとBの入力に具体的なデータを想定して出力Xを求める

(1) A＝0、B＝0のとき、X＝0になる

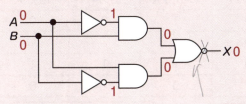

(2) A＝0、B＝1のとき、X＝1になる

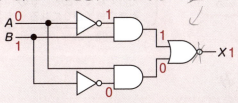

この問題は、別の解き方もあります。論理回路を論理式で表すと「(NOT A AND B) OR (A AND NOT B)」になります。これは「AでなくBである、または、AでありBでない」という意味であり、どちらか一方だけが真なら真になる排他的論理和（XOR）です。選択肢の中で排他的論理和の真理値表になっているのは、選択肢イです。これで、答えが得られます。

➡ NAND演算、NOR演算、XOR演算

● 練習問題3.8　二つの入力と一つの出力を持つ論理回路（H31 春 問22）

解答 イ

解説　選択肢に示された AND 回路、NAND 回路、OR 回路、XOR 回路の真理値表は、図3.30 になります。これらの中で、2つの入力 A と B がともに 1 のときだけ、出力 X が 0 になるのは、NAND 回路です。

● 図3.30　選択肢に示された論理回路の真理値表

入力 A	入力 B	AND 回路の出力 X	NAND 回路の出力 X	OR 回路の出力 X	XOR 回路の出力 X
0	0	0	1	0	0
0	1	0	1	1	1
1	0	0	1	1	1
1	1	1	0	1	0

A と B がともに 1 のときだけ X が 0 になる

A と B がともに 1 のときだけでなく、ともに 0 のときにも X が 0 になる

▍全加算器の仕組み

● 練習問題3.9　全加算器の出力（H21 秋 問25）

解答 ウ

解説　全加算器は、1ビットの2進数を3つ足して、その結果として和と桁上がりを得ます。ここでは、1と0と1を足します。2進数は、2で桁上がりするので、1 + 0 + 1 = 10 となり、桁上がりは 1 で、和は 0 です。

第 4 章

データベース

この章では、データベースの基礎用語、設計で使われる E-R 図、表を整える正規化、表を読み書きする SQL 文、およびデータベースの矛盾を防ぐトランザクション処理などを学習します。

- **4-0** なぜデータベースを学ぶのか？
- **4-1** E-R 図
- **4-2** 関係データベースの正規化
- **4-3** SQL
- **4-4** トランザクション処理
- **4-5** データベースの練習問題
- **4-6** データベースの練習問題の解答・解説

アクセスキー **Z** （大文字のゼット）

Section 4-0

なぜ データベースを学ぶのか？

データベースとDBMS

　初期のコンピュータは、計算を自動的に行うために使われていましたが、現在のコンピュータの用途は、計算だけではありません。大量のデータを蓄積した**データベース**を実現するためにも使われています。そのため、データベースに関する様々な知識が、試験の出題テーマになっています。

　データベースは、データの実体である「ファイル」と、データを管理する「プログラム」から構成されています。このプログラムを **DBMS**（**DataBase Management System** ＝ **データベース管理システム**）と呼びます。試験には、DBMSに命令を伝えるSQL文や、DBMSが提供するトランザクション処理などが出題されます。

　さらに、データベースの設計も、試験の出題テーマになっています。業務の中にあるデータを図示する E-R 図（いーあーるず）や、関係データベースの正規化などが出題されます。現在のデータベースの主流は、データを表形式で格納する**関係データベース**（**relational database**）です。正規化は、表を適切に設計するための理論です。

関係データベースの基礎知識

　関係データベースでは、データを表形式で格納します。コンピュータのハードディスクの中に、あたかも表があるかのように、データの読み書きが行えるのです。1つのデータベースは、1つだけの表で構成することも、複数の表で構成することもできます。

　1つの表に、関係のある1つのデータの集合を格納します。たとえば、社員のデータを「社員表」に格納し、部署の情報を「部署表」に格納します。この場合

は、「社員表」と「部署表」という2つの表で、1つのデータベースが構成されることになります。

1つの表は、いくつかの行と列から構成されています。**表には、行単位でデータを登録します。**図4.1は、社員のデータを格納した「社員表」です。ここでは、5行のデータが登録されています。**データベースでは、データを「件」単位で数える**ので、5行のデータのことを、5「件」のデータ、または5件の「レコード」と呼ぶ場合もあります。

●**図4.1　社員のデータを格納した社員表**

社員番号	氏名	性別	生年月日	給与
0001	佐藤一郎	男	1951-01-01	450000
0002	鈴木二郎	男	1962-02-02	400000
0003	高橋花子	女	1973-03-03	350000
0004	田中四朗	男	1984-04-04	300000
0005	渡辺良子	女	1995-05-05	250000

5件のレコード

表の列には、タイトル欄を付けて、レコードとして登録される項目の名前を書き込みます。このタイトル欄だけを取り出して、表の構成を示すことがあります。試験問題では、図4.2のように、項目の名前をA、B、C、D、Eのように示すこともあります。これは、「特に名前は付けないが、何らかの項目である」という意味です。

●**図4.2　表のタイトル欄だけを取り出して表の構成を示す**

（1）社員表の構成

社員番号	氏名	性別	生年月日	給与

（2）何らかの表の構成

A	B	C	D	E

試験問題には、（2）の形式で出題されることがよくあります

例題 4.1 は、関係データベースのデータ構造に関する問題です。

● **例題4.1　関係データベースの説明（H25 秋 問29）**

問29　関係データベースのデータ構造の説明として, 適切なものはどれ
か。

ア　親レコードと子レコードをポインタで結合する。
イ　タグを用いてデータの構造と意味を表す。
ウ　データと手続を一体化（カプセル化）してもつ。
エ　データを2次元の表によって表現する。

　関係データベースは、データを表形式で格納するので、正解は、選択肢エです。
他の選択肢は、関係データベースとは異なる構造のデータベース（アは「階層型
データベース」、イは「XML データベース」、ウは「オブジェクト指向データベー
ス」）ですが、それらが取り上げられることは滅多にありません。現在の主流は、
関係データベースだからです。

▌登録、読み出し、更新、削除

　表に対するデータの読み書きは、「登録」「読み出し」「更新」「削除」の4つに
分類できます。**登録**とは、新たなレコードを書き込むことです。**読み出し**とは、既
存のレコードを取得することです。**更新**とは、既存のレコードの内容を部分的に
変更することです。**削除**とは、既存のレコードを消し去ることです。

▶表に対するデータの操作の種類

登録…………… 新たなレコードを書き込む
読み出し……… 既存のレコードを取得する
更新…………… 既存のレコードを部分的に変更する
削除…………… 既存のレコードを削除する

　登録を行うときには、条件を指定しませんが、読み出し、更新、削除を行うと

きには、条件を指定できます。たとえば、先ほどの社員表を読み出す際に、「性別が男である」という条件を指定できます。条件は、AND 演算や OR 演算で結び付けることができます。NOT 演算で、否定することもできます。

データベースを操作するには、日常生活で使われている表現を、登録、読み出し、更新、削除という言葉に置き換える必要があります。たとえば、社員が「入社」することは、社員表への「登録」です。「男性社員の一覧を得る」ことは、社員表の「読み出し」です。佐藤一郎さんの「給与をアップ」することは、佐藤一郎さんのレコードの「更新」です。鈴木二郎さんが「退職」することは、鈴木二郎さんのレコードの「削除」です。

この章の後半で詳しく説明しますが、データベースを操作する SQL の命令も、登録、読み出し、更新、削除に分けられています（表 4.1）。**登録は INSERT 命令、読み出しは SELECT 命令、更新は UPDATE 命令、削除は DELETE 命令です。**これらの命令は、表を指定して実行されます。関係データベースは、表にデータを格納しているからです。

●**表4.1　登録、読み出し、更新、削除を行うSQLの命令**

操作	SQLの命令	SQL文の例
登録	**INSERT**	INSERT INTO 社員表 VALUES ('0006', '伊藤六郎', '男', '1995-06-06', 220000)
読み出し	**SELECT**	SELECT 氏名 FROM 社員表 WHERE 性別 = '男'
更新	**UPDATE**	UPDATE 社員表 SET 給与 = 500000 WHERE 社員番号 = '0001'
削除	**DELETE**	DELETE FROM 社員表 WHERE 社員番号 = '0002'

> 英語だと思えば、SQL文の意味がわかるでしょう

主キーの役割

関係データベースを構築することは、表を作ることに他なりません。その際に、必ず守らなければならないルールがあります。それは、「**表には主キーが必要である**」です。**主キー（primary key）とは、他のレコードと同じ値にならないユニークな情報を持つ列**のことです。これまで例にしてきた「社員表」では、「社員番号」が主キーです。

もしも、主キーがない「社員表」を作ったら、どうなるでしょう（図 4.3）。滅多にないことですが、同姓同名、同じ性別、同じ誕生日、同じ給与の社員が 2 名

いたら、まったく同じレコードが2件登録されてしまい、両者を区別できません。
これでは、データベースが使いものになりません。

●**図4.3 主キーがない社員表**

氏名	性別	生年月日	給与
山本友子	女	1995-07-07	230000
山本友子	女	1995-07-07	230000

区別できない！

　同様の理由で、**主キーにNULL（ヌル）を登録することはできません。NULL**
は、「空（から）」を意味します。図4.4は、主キーである「社員番号」をNULL
にした例です。この場合も、まったく同じ内容のレコードが2件登録されてしま
い、両者を区別できません。ここでは、「社員番号」に**下線を付けて、主キーであ
ることを示しています。**

●**図4.4 主キーがNULLの社員表**

社員番号	氏名	性別	生年月日	給与
NULL	山本友子	女	1995-07-07	230000
NULL	山本友子	女	1995-07-07	230000

区別できない！

※「社員番号」に付けた下線は、主キーであることを示します。

　例題4.2は、主キーとなる列に必要な条件に関する問題です。

●**例題4.2 主キーとなる列に必要な条件（H25 秋 問30）**

　問30　関係データベースの主キー制約の条件として，キー値が重複して
いないことの他に，主キーを構成する列に必要な条件はどれか。

　ア　キー値が空でないこと
　イ　構成する列が一つであること
　ウ　表の先頭に定義されている列であること
　エ　別の表の候補キーとキー値が一致していること

　主キーは、ユニーク（重複しない）であり、NULL（空）であってはなりませ

118　第4章　データベース

ん。したがって、正解は、選択肢アです。

> **ここが大事**
> ・主キーは、ユニークである必要があります。
> ・主キーは、NULL であってはなりません。

従属性

　表において「○○が決まれば、△△が決まる」ということを従属性と呼びます。たとえば、社員表には、「社員番号が決まれば、氏名が決まる」「社員番号が決まれば、性別が決まる」「社員番号が決まれば、生年月日が決まる」「社員番号が決まれば、給与が決まる」という従属性があります。

　「○○が決まれば、△△が決まる」という従属性は、「○○」から「△△」に向けた矢印で示します。図 4.5 は、「社員表」の従属性を示したものです。主キーから、他のすべての列に従属性の矢印が付いています。その他に、余分な矢印はありません。**適切な表（後で説明する正規化された表）は、このような従属性になります。**

●図4.5　従属性を矢印で示した社員表

適切な表（正規化された表）は、
主キーから、他のすべての列に矢印が付いている！
その他に、余分な矢印がない！

リレーションシップ

1つのデータベースが複数の表から構成されている場合は、表から別の表をたどって、目的のデータを取得することがあります。このように表と表を関連付けることを**リレーションシップ**（relationship）と呼びます。リレーションシップは、主キーと外部キーによって実現されます。**外部キー**（foreign key）とは、別の表の主キーのことです。

たとえば、社員のデータを格納した「社員表」から、部署のデータを格納した「部署表」をたどって、佐藤一郎が所属する「部署名」を取得するとしましょう（図4.6）。この場合には、「社員表」に、「部署表」の主キーである「部署番号」を追加します。「社員表」の「部署番号」は、別の表の主キーなので、外部キーです。「社員表」の佐藤一郎の行を見ると、「部署番号」が002であることがわかります。この002で「社員表」から「部署表」をたどると、「部署名」が経理部だとわかります。

●図4.6　部署番号を使って社員表から部署表をたどる

例題4.3は、従属性とリレーションシップに関する問題です。テーブル（表のこと）の列を、カッコで囲んで示しています。

● **例題4.3　従属性とリレーションシップ（H29春 問25）**

> **問25**　属性aの値が決まれば属性bの値が一意に定まることを，a→bで表す。例えば，社員番号が決まれば社員名が一意に定まるという表現は，社員番号→社員名である。この表記法に基づいて，図の関係が成立している属性a～jを，関係データベース上の三つのテーブルで定義する組合せとして，適切なものはどれか。

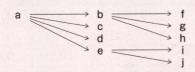

　ア　テーブル1 (a)
　　　テーブル2 (b, c, d, e)
　　　テーブル3 (f, g, h, i, j)

　イ　テーブル1 (a, b, c, d, e)
　　　テーブル2 (b, f, g, h)
　　　テーブル3 (e, i, j)

　ウ　テーブル1 (a, b, f, g, h)
　　　テーブル2 (c, d)
　　　テーブル3 (e, i, j)

　エ　テーブル1 (a, c, d)
　　　テーブル2 (b, f, g, h)
　　　テーブル3 (e, i, j)

　aが決まれば、b、c、d、eが決まるので、これはaを主キーとしたテーブル1 (a, b, c, d, e) になります。bが決まれば、f、g、hが決まるので、これはbを主キーとしたテーブル2 (b, f, g, h) になります。eが決まれば、i、jが決まるので、これはeを主キーとしたテーブル3 (e, i, j) になります。正解は、選択肢イです。

　bは、テーブル2 (b, f, g, h) の主キーです。テーブル1 (a, b, c, d, e) にあるbは、テーブル2の主キーなので、外部キーです。eは、テーブル3 (e, i, j) の主キーです。テーブル1 (a, b, c, d, e) にあるeは、テーブル3の主キーなので、外部キーです。

参照の整合性

先ほどの図 4.6 の「部署表」から「部署番号」が 002 の行を削除すると、どうなるでしょう（図 4.7）。「社員表」の佐藤一郎の「部署番号」002 から、「部署表」の「部署番号」002 をたどれなくなります。つまり、佐藤一郎の所属部署が不明ということになってしまいます。

●図 4.7　データを削除すると表から表にたどれなくなってしまう

DBMS には、このようなことが起きないように、表の更新や削除をチェックする機能があります。これによって**参照の整合性**が保たれます。参照とは、表から表をたどることです。整合性とは、必ずたどれるという意味です。したがって、実際には、「部署表」から「部署番号」が 002 の行を削除しようとしても、DBMS が操作を受け付けません。

Section 4-1 E-R図

E-R図の役割

　関係データベースを構築する前段階として、業務の中にあるデータを明確にする作業を行うことがあります。その際によく使われるのが、**E-R図**です。E-R図のE-Rは、Entity Relationshipの略語です。**エンティティ（Entity）**は、**実体**という意味ですが、関係のある1つのデータの集合のことだと考えるとわかりやすいでしょう。**リレーションシップ（Relationship）**は、**関連**という意味で、エンティティとエンティティの結び付きのことです。

　一般的に、はじめにE-R図を描き、それをもとにして関係データベースの表を作ります。**基本的に、E-R図の1つのエンティティが、関係データベースの1つの表になります。E-R図のリレーションシップは、関係データベースのリレーションシップになります**（図4.8）。

●図4.8　一般的なデータベース設計の手順

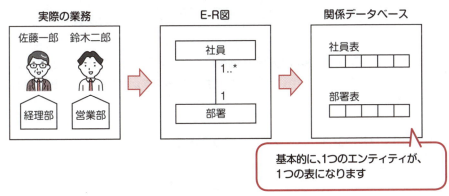

基本的に、1つのエンティティが、1つの表になります

E-R図の描き方と多重度

　E-R図では、四角形の中にエンティティ名を書いて、1つのエンティティを表します。四角形と四角形を線で結んで、リレーションシップを表します。その際

に、**多重度**を明記します。**多重度には、「1 対 1」「1 対多（多対 1 であっても、こう呼ぶ）」「多対多」の 3 種類があります。**

　試験問題では、多重度の表し方に、2 つの形式があります（図 4.9）。1 つは、1 の側に矢印を付けず、多の側に矢印を付ける形式です。もう 1 つは、1 の側を 1 で表し、多の側を 0..* または 1..* で表す形式です。0..* は「0 以上の多」という意味で、1..* は「1 以上の多」という意味です。どちらも、* が多を意味しています。

●図4.9　多重度の表し方

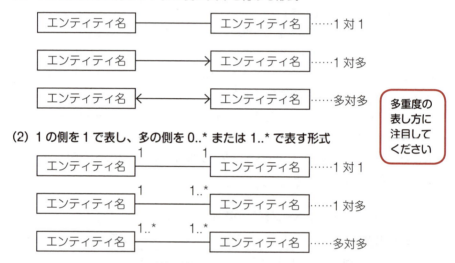

　リレーションシップの多重度の具体例を示しましょう（図 4.10）。「夫」と「妻」は、1 対 1 です。「担任の先生」と「生徒」は、1 対多です。「顧客」と「商品」は、多対多です。

●図4.10　リレーションシップの多重度の具体例

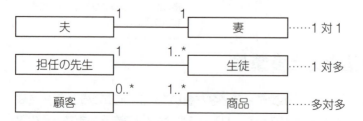

エンティティをたどる

多重度は、それぞれのエンティティを紐で結んだときの紐の本数だと考えるとわかりやすいでしょう。一方のエンティティが他方のエンティティに、紐をたどって結び付くのです。図 4.11 は、多重度を紐の本数で表した E-R 図です。

●図 4.11　多重度を紐の本数で表した E-R 図

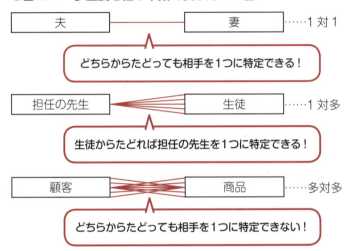

パーティ会場に何組かの夫と妻がいて、それぞれのペアを紐で結ぶと、1 人の夫から 1 人の妻をたどれ、1 人の妻から 1 人の夫をたどれます。このように、**どちらからたどっても、相手を 1 つに特定できるのが、1 対 1** です。

校庭に何人かの先生と生徒がいて、担任の先生と生徒を紐で結ぶと、1 人の担任の先生から生徒を 1 人にたどれませんが、1 人の生徒から 1 人の担任の先生をたどれます。このように、**一方からたどったときにだけ、相手を 1 つに特定できるのが、1 対多**です。

八百屋に何人かの顧客と商品があって、顧客と購入した商品名を紐で結ぶと、1 人の顧客から商品名を 1 つにたどれず、1 つの商品名からも 1 人の顧客をたどれません。たとえば、鈴木さんはキュウリとトマトに結ばれ、キュウリは鈴木さんと佐藤さんに結ばれる、ということがあるからです。このように、**どちらからたどっても、相手を 1 つに特定できないのが、多対多**です。

多対多を2つの1対多に分割する

　E-R図をもとにして関係データベースの表を設計する場合、多重度が1対1と1対多なら問題ありませんが、多対多ではリレーションシップが成り立ちません。関係データベースの主キーと外部キーの関係は、主キーがユニークなので、たどり先の主キーの側が必ず1になるからです。

　この問題を解決するには、E-R図の時点で、**多対多となっている部分を、2つの1対多に分割します**。たとえば、先ほど例に示した「顧客」と「商品」の多重度は、多対多です。この場合、「顧客」と「商品」の間に「売上伝票」というエンティティを挿入することで、多対多を2つの1対多に分割できます。

　図4.12では、E-R図の中にエンティティが持つ属性を示しています。属性は、関係データベースの表の項目に相当します。主キーの属性に下線を付け、外部キーの属性には破線の下線を付けてあります。ここでは、わかりやすいように、多重度を紐で示してあります。

●図4.12　「顧客」と「商品」の間に「売上伝票」を挿入する

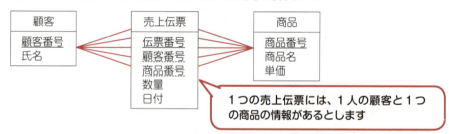

　「顧客」から「売上伝票」を1つにたどることはできませんが、「売上伝票」からは「顧客」を1つにたどれるので、これは1対多です。「商品」から「売上伝票」を1つにたどることはできませんが、「売上伝票」からは「商品」を1つにたどれるので、これも1対多です。多対多がなくなったので、このE-R図なら関係データベースの表にできます。

ここが大事

多対多の多重度は、間に1つエンティティを挿入して、2つの1対多に分割できます。

Section 4-2 関係データベースの正規化

正規化が必要な理由

正規化とは、規則に従ってデータの表現を整えて、利用しやすくすることです。関係データベースでは、「表にあるのは主キーに従属したデータだけ」という規則に従って、表を設計します（図 4.13）。**この規則に従って適切に設計された表は、主キーから他のすべての列に従属性の矢印が付き、その他に余分な矢印がありません。**これによって、社員表には社員のデータだけがあり、部署表には部署のデータだけがある、ということになります。

●図 4.13 規則に従って適切に設計された表

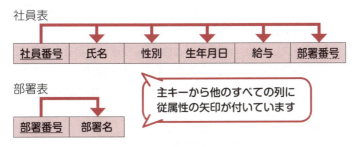

正規化されていない表は、問題が生じる可能性があります。たとえば、図 4.14 に示したように、部署表を取りやめ、社員表に社員と部署のデータを格納したとしましょう。

●図 4.14 社員と部署のデータを格納した社員表

社員番号	氏名	性別	生年月日	給与	部署番号
0001	佐藤一郎	男	1951-01-01	450000	経理部
0002	鈴木二郎	男	1962-02-02	400000	営業部
⋮	⋮	⋮			

佐藤一郎が退職すると、経理部もなくなってしまう！

この場合には、佐藤一郎が退職して、その行を削除すると、経理部という部署もなくなってしまいます。このような問題が生じないように、表にあるのは主キーに従属したデータだけとするのです。

▶表を作るときのルール

・表には、主キーが必要です
・表にあるのは、主キーに従属したデータだけにします

非正規形と第1正規形

関係データベースには、正規化に関する理論があります。これは、正規化されていない表の状態を分類し、正規化を行う方法を明確にしたものです。表の状態には、「非正規形」「第1正規形」「第2正規形」「第3正規形」があります。

基本情報技術者試験では、第3正規形を、正規化が完了した状態とします。一般的に、「表にあるのは主キーに従属したデータだけ」という規則に従えば、第3正規形になるのですが、理論上、他の正規形もあるのです。

それぞれの正規形を説明しましょう。**非正規形**とは、「繰り返しがある」ものです。たとえば、図4.15の社員表には、1つの行の中に複数の取得資格があります。この部分が**繰り返し**です。繰り返しがあるので、この社員表は、非正規形です。

●図4.15 非正規形の社員表

繰り返しがある

社員番号	社員名	取得資格	取得資格	取得資格
0001	佐藤一郎	ITパス	基本情報	応用情報
⋮	⋮	⋮	⋮	⋮

繰り返しを排除する行為を**第1正規化**と呼びます。繰り返しを排除された表の状態を**第1正規形**と呼びます。行為を「〜化」と呼び、状態を「〜形」と呼ぶのです。

図4.16は、先ほどの社員表から繰り返しを排除したものです。1行に3列あった「取得資格」を1列だけにして、3つの取得資格を3行に分けて格納しました。

128　第4章　データベース

繰り返しが排除されたので、この社員表は、少なくとも第1正規形です。「少なくとも」と断っているのは、この時点で、すでに第2正規形や第3正規形の条件を満たしている場合もあるからです。

●図4.16　繰り返しを排除すると第1正規形になる

社員番号	社員名	取得資格
0001	佐藤一郎	ITパス
0001	佐藤一郎	基本情報
0001	佐藤一郎	応用情報
⋮	⋮	⋮

繰り返していた「取得資格」を1列にした！

部分従属性と第2正規形

　第2正規形は、「第1正規形であり、さらに部分従属性を排除したもの」です。部分従属性とは、「複合キーの一部分に従属している」という意味です。複合キーとは、複数の列を主キーにしたものです。

　例を示しましょう。図4.17は、「社員番号」「部署番号」「在籍年数」から構成された「在籍年数表」です。この表では、「社員番号」と「部署番号」のどちらか一方だけでは、「在籍年数」が決まりません。「どの社員が、どの部署に」→「何年在籍しているか」という従属性になるので、「社員番号」と「部署番号」がセットで主キー（複合キー）になります。

●図4.17　複合キーの例（在籍年数表）

社員番号	部署番号	在籍年数
0001	001	3
0001	002	5
0001	003	7
⋮	⋮	⋮

社員番号と部署番号の両方が決まれば、在籍年数が決まる！

　この社員表に「氏名」追加するとどうなるでしょう。「氏名」は、「社員番号」「部署番号」の両方ではなく、「社員番号」だけで決まります。これが、部分従属

4-2　関係データベースの正規化　**129**

性です。部分従属性を図示すると、図4.18のように、余計な矢印を引くことになります。

●図4.18　部分従属性がある在籍年数表

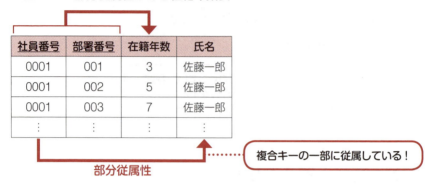

部分従属性がある場合は、「表にあるのは主キーに従属したデータだけ」になっていません。図4.18の表には、「社員番号と部署番号が決まれば、在籍年数が決まる」という従属性と、「社員番号が決まれば、氏名が決まる」という従属性が混在しています。

　この問題を解決するには、表を分割します。図4.19は、図4.18の表を2つに分割したものです。「社員番号と部署番号が決まれば、在籍年数が決まる」という従属性を「在籍年数表」とし、「社員番号が決まれば、氏名が決まる」という従属性を「社員表」としました。

●図4.19　表を分割して部分従属性を排除すると第2正規形になる

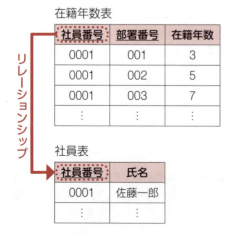

どちらの表にも、繰り返しはありません。したがって、第1正規形の条件を満たしています。さらに、部分従属性を排除しているので、少なくとも第2正規形です。ここでも「少なくとも」と断っているのは、この時点で、すでに第3正規形の条件を満たしている場合があるからです。

【リレーションシップの確認】

表を分割したときには、リレーションシップが成り立っていることを確認する必要があります。表を分割する前は、1行にまとめられていたデータだったのですから、表を分割した後でも、表をたどってデータのまとまりを得られなければなりません。

「在籍年数表」の主キーは、「社員番号」と「部署番号」です。「社員表」の主キーは、「社員番号」です。したがって、「在籍年数表」の「社員番号」から、「社員表」の「社員番号」をたどることができます。「在籍年数表」の「社員番号」は、複合キーの一部であり、外部キーでもあるのです。

推移従属性と第3正規形

第3正規形は、「第2正規形であり、さらに推移従属性を排除したもの」です。**推移従属性**とは、「主キーでない列に従属している」という意味です。

例を示しましょう。図4.20は、「社員番号」「氏名」「部署番号」「部署名」から構成された「社員表」です。主キーである「社員番号」が決まれば、「氏名」「部署番号」「部署名」が決まりますが、「部署名」は、「部署番号」でも決まります。この余計な矢印が、推移従属性です。

●図4.20 推移従属性がある社員表

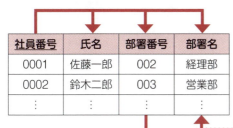

推移従属性がある場合は、「表にあるのは主キーに従属したデータだけ」になっていません。**この問題を解決するには、表を分割します。**図4.21は、図4.20の表を「社員表」と「部署表」に分割したものです。「社員番号」と「氏名」の社員表と、「部署番号」と「部署名」の「部署表」に分割しただけでは、表をたどれないので、外部キーとして社員表に「部署番号」を入れてあります。

　どちらの表にも、繰り返しはありません。したがって、第1正規形の条件を満たしています。部分従属性もないので、第2正規形の条件も満たしています。さらに、推移従属性を排除しているので第3正規形です。

●**図4.21　表を分割して推移従属性を排除すると第3正規形になる**

リレーションシップ

社員表

社員番号	氏名	部署番号
0001	佐藤一郎	002
0002	鈴木二郎	003
：	：	：

部署表

部署番号	部署名
002	経理部
003	営業部
：	：

どちらの表も第3正規形になっています

▶ **正規形の定義**

非正規形　……　繰り返しがある
第1正規形……　繰り返しが排除されている
第2正規形……　第1正規形を満たし、さらに部分従属性が排除されている
第3正規形……　第2正規形を満たし、さらに推移従属性が排除されている

Section 4-3 SQL

SQL文の意味を読み取るコツ

　SQL（Structured Query Language）は、DBMSに命令を伝える言語です。SQLで記述された命令文を「**SQL文**」と呼びます。試験問題の内容は、自分の考えでSQL文を作るのではなく、問題文や選択肢に示されたSQL文の意味を読み取るものになっています。

　SQL文の意味を読み取るコツは、「**英語だと思って意味を考えること**」と「**表を対象として操作が行われることを意識すること**」です。表に対する操作には、登録、読み出し、更新、削除があり、それぞれINSERT、SELECT、UPDATE、DELETEという命令で示されます。

　ここでは、図4.22に示した「社員表」と「部署表」から構成されたデータベースを対象として、試験の出題範囲でSQL文の具体例を示し、それぞれの意味を説明します。SQL文の構文の説明を見るより、SQL文の具体例を見た方が、SQL文の読み方を効率的に覚えられるからです。

● 図4.22　SQL文の具体例が対象とするデータベース

社員表

社員番号	氏名	性別	生年月日	給与	部署番号
0001	佐藤一郎	男	1951-01-01	450000	002
0002	鈴木二郎	男	1962-02-02	400000	003
0003	高橋花子	女	1973-03-03	350000	001
0004	田中四朗	男	1984-04-04	300000	001
0005	渡辺良子	女	1995-05-05	250000	003

部署表

部署番号	部署名
001	総務部
002	経理部
003	営業部

（これらの表を操作するSQL文の例を示します）

SELECT命令

　INSERT、SELECT、UPDATE、DELETE の中で、最もよく出題されるのは、データを読み出す **SELECT** 命令です。SELECT 命令によって、表全体の中から、条件に一致したデータだけが読み出されます。条件の中で指定する文字列データと日付データは、シングルクォーテーションで囲みます。数値データは、囲みません。例 4.1 〜例 4.5 に、SELECT 命令の例を示します。長い SQL 文は、途中で改行してあります（後で示す、別の命令の例でも同様です）。

●例4.1　WHEREで条件を指定する

SQL 文

SELECT 氏名 FROM 社員表 WHERE 性別 = '男'

【意味】

「社員表」から（FROM 社員表）、「性別 ＝ '男'」という条件で（WHERE 性別 = '男'）、「氏名」を読み出せ（SELECT 氏名）

実行結果

佐藤一郎

鈴木二郎

田中四朗

●例4.2　論理演算で複数の条件を結び付ける

SQL 文

SELECT 氏名 , 給与 FROM 社員表

WHERE 性別 = '男' AND 給与 >= 400000

【意味】

「社員表」から（FROM 社員表）、「性別 ＝ '男'」かつ「給与 >= 400000」という条件で（WHERE 性別 = '男' AND 給与 >= 400000）、「氏名」と「給与」を読み出せ（SELECT 氏名 , 給与）

実行結果

佐藤一郎　450000

鈴木二郎　400000

●例4.3　BETWEENで範囲を指定する

SQL 文

SELECT 氏名 , 生年月日 FROM 社員表 WHERE 生年月日 BETWEEN '1970-01-01' AND '1979-12-31'

【意味】

「社員表」から（FROM 社員表）、「生年月日」が1970年1月1日と1979年12月31日の間のという条件で（WHERE 生年月日 BETWEEN '1970-01-01' AND '1979-12-31'）、「氏名」と「生年月日」を読み出せ（SELECT 氏名 , 生年月日）

実行結果

高橋花子　1973-03-03

●例4.4　LIKEと％で任意の文字列を指定する

SQL 文

SELECT 氏名 FROM 社員表 WHERE 氏名 LIKE '％子'

【意味】

「社員表」から（FROM 社員表）、「氏名」が任意の文字列で末尾が「子」であるという条件で（WHERE 氏名 LIKE '％子'）、「氏名」を読み出せ（SELECT 氏名）

実行結果

高橋花子

渡辺良子

※ ％は、0文字以上の任意の文字列を意味します。

●例4.5　DISTINCTを指定すると重複なしで読み出される

SQL 文

SELECT DISTINCT 性別 FROM 社員表

【意味】

「社員表」から（FROM 社員表）、重複なしで「性別」を読み出せ（SELECT DISTINCT 性別）

実行結果

男

女

※ DISTINCTがないと、実行結果が「男、男、女、男、女」になります。

4-3 SQL　135

例題 4.4 は、SQL の SELECT 命令の条件の指定で使われる LIKE に関する問題です。問題文に示された条件に合った表現を選んでください。

● **例題 4.4　SQL の SELECT 命令（H25 春 問 29）**

> **問 29**　"BOOKS" 表から書名に "UNIX" を含む行を全て探すために次の SQL 文を用いる。a に指定する文字列として，適切なものはどれか。ここで，書名は "BOOKS" 表の " 書名 " 列に格納されている。
>
> SELECT * FROM BOOKS WHERE 書名 LIKE '　a　'
>
> ア　%UNIX　　イ　%UNIX%　　ウ　UNIX　　エ　UNIX%

「書名に UNIX を含む」とは、たとえば、「入門 UNIX」、「UNIX 入門」、「UNIX」のいずれでもよいということです。したがって、UNIX の前と後ろに任意の文字列を意味する % を付けて、%UNIX% と指定します。正解は、選択肢イです。

データの整列

SELECT 命令で読み出したデータを整列させることができます。**ORDER BY** の後に、整列の対象となる列名を指定します。さらに、昇順（小さい順）の場合は **ASC**、降順（大きい順）の場合は **DESC** を指定します（図 4.23）。整列の順序を省略した場合は、ASC が指定されたものとみなされます。例 4.6 と例 4.7 に、データの整列の例を示します。

● **図 4.23　昇順（小さい順）と降順（大きい順）**

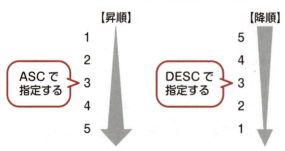

●例4.6　ORDER BYとDESCで降順に整列する

[SQL 文]

SELECT 氏名 , 生年月日 FROM 社員表 ORDER BY 生年月日 DESC

【意味】

「社員表」から（FROM 社員表）、「氏名」と「生年月日」を読み出し（SELECT 氏名 ，生年月日）、「生年月日」の大きい順に整列せよ（ORDER BY 生年月日 DESC）

[実行結果]

渡辺良子	1995-05-05
田中四朗	1984-04-04
高橋花子	1973-03-03
鈴木二郎	1962-02-02
佐藤一郎	1951-01-01

●例4.7　複数の列を対象にして整列を行う

[SQL 文]

SELECT 性別 , 氏名 , 生年月日 FROM 社員表 ORDER BY 性別 DESC, 生年月日 ASC

【意味】

「社員表」から（FROM 社員表）、「性別」「氏名」「生年月日」を読み出し（SELECT 性別 ， 氏名 ， 生年月日）、まず「性別」の降順で整列し、次に「生年月日」の昇順で整列せよ（ORDER BY 性別 DESC, 生年月日 ASC）

[実行結果]

男	佐藤一郎	1951-01-01
男	鈴木二郎	1962-02-02
男	田中四朗	1984-04-04
女	高橋花子	1973-03-03
女	渡辺良子	1995-05-05

集約関数

SELECT 命令の中で**集約関数**を使うことができます。集約関数には、合計値を求める **SUM 関数**、最大値を求める **MAX 関数**、最小値を求める **MIN 関数**、平均値を求める **AVG 関数**、データの登録件数を求める **COUNT 関数**などがあります。これらの関数のカッコの中には、集約する列の名前を指定します。例 4.8 と例 4.9 に、集約関数の例を示します。

●例4.8　SUM関数で合計値を求める

[SQL 文]

SELECT SUM(給与) FROM 社員表

【意味】

「社員表」から（FROM 社員表）、「給与」の合計値を読み出せ（SELECT SUM(給与)）

[実行結果]

1750000

●例4.9　COUNT関数でデータの登録件数を求める

[SQL 文]

SELECT COUNT(給与) FROM 社員表 WHERE 給与 >= 350000

【意味】

「社員表」から（FROM 社員表）、「給与 >= 350000」という条件で（WHERE 給与 >= 350000）、「給与」の登録件数を読み出せ（SELECT COUNT(給与)）

[実行結果]

3

▶SQLの主な集約関数

SUM 関数	合計値を求める
MAX 関数	最大値を求める
MIN 関数	最小値を求める
AVG 関数	平均値を求める
COUNT 関数	登録件数を求める

グループ化

SELECT 命令で読み出したデータを、列の値が同じものどうしで**グループ化**できます。GROUP BY の後に、グループ化する列の名前を指定します。**グループ化したデータに条件を指定するときは、WHERE でなく HAVING を使います。**例 4.10 と例 4.11 に、グループ化の例を示します。

●例4.10　GROUP BYでグループ化する

SQL 文

SELECT 性別 , COUNT(性別) FROM 社員表 GROUP BY 性別

【意味】

「社員表」から（FROM 社員表）、「性別」でグループ化して（GROUP BY 性別）、「性別」と登録件数を読み出せ（SELECT 性別 , COUNT(性別)）

実行結果

女　2

男　3

●例4.11　HAVINGでグループに条件を指定する

SQL 文

SELECT 部署番号 , COUNT(部署番号) FROM 社員表
GROUP BY 部署番号 HAVING COUNT(部署番号) >= 2

【意味】

「社員表」から（FROM 社員表）、「部署番号」でグループ化して（GROUP BY 部署番号）、登録件数が 2 件以上という条件で（HAVING COUNT(部署番号) >= 2）、「部署番号」と登録件数を読み出せ（SELECT 部署番号 , COUNT(部署番号)）

実行結果

001　2

003　2

ここが大事

グループ化する前のデータの抽出条件は **WHERE** で指定します。
グループ化した後のデータの抽出条件は **HAVING** で指定します。

様々な命令が使われた SQL 文は、基本的に、FROM（表を指定する）→ WHERE
（表から条件に一致したデータを抽出する）→ GROUP BY（データをグループ化
する）→ HAVING（グループから条件に一致したデータを抽出する）→ SELECT
（列や集約関数を読み出す）→ ORDER BY（結果を整列する）の順に解釈されま
す。例題 4.5 は、GROUP BY と HAVING を使った SQL 文の問題です。

● **例題 4.5　GROUP BY と HAVING を使った SQL 文（R01 秋 問 26）**

問 26　"得点" 表から、学生ごとに全科目の点数の平均を算出し、平均
　　　が 80 点以上の学生の学生番号とその平均点を求める。a に入れる適
　　　切な字句はどれか。ここで、実線の下線は主キーを表す。

　　得点（<u>学生番号</u>, <u>科目</u>, 点数）

〔SQL 文〕
　SELECT 学生番号, AVG(点数)
　FROM 得点
　GROUP BY ［　　a　　］

ア　科目 HAVING AVG(点数) >= 80
イ　科目 WHERE 点数 >=80
ウ　学生番号 HAVING AVG(点数) >=80
エ　学生番号 WHERE 点数 >=80

　学生ごととは、学生番号でグループ化することですから「GROUP BY 学生番
号」です。このグループに、条件を指定するので、「WHERE」ではなく「HAVING」
を使います。平均点が 80 点以上という条件は、「HAVING AVG(点数) >= 80」
です。正解は選択肢ウです。

140　第 4 章　データベース

ビュー

ビュー（view）は、SELECT命令に名前を付けて、データベースに保存したものです。**CREATE VIEW**命令で、ビューを作成します。作成されたビューは、SELECT命令のFROMの後に指定して、表と同様に使えます。**ビューを使うと、SELECT命令の条件をシンプルにできる効果があります。**例4.12と例4.13に、ビューの例を示します。例4.13では、「性別 = '男'」という条件を指定しなくても、男性だけが対象になります。

●例4.12　CREATE VIEW命令でビューを作成する

[SQL文]

CREATE VIEW 男性社員 AS SELECT * FROM 社員表 WHERE 性別 = '男'
※ SELECT * は、すべての列を読み出すことを意味します。

【意味】

「SELECT * FROM 社員表 WHERE 性別 = '男'」というSELECT命令に（AS SELECT * FROM 社員表 WHERE 性別 = '男'）、「男性社員」という名前を付けてビューを作成せよ（CREATE VIEW 男性社員）

[実行結果]

「男性社員」というビューが作成されます。

●例4.13　SELECT命令のFROMの後にビューを指定する

[SQL文]

SELECT 氏名 , 給与 FROM 男性社員 WHERE 給与 >= 350000

【意味】

「男性社員」ビューから（FROM 男性社員）、「給与 >= 350000」という条件で（WHERE 給与 >= 350000）、「氏名」と「給与」を読み出せ（SELECT 氏名 , 給与）

[実行結果]

佐藤一郎　450000
鈴木二郎　400000

　例題4.6は、ビューを作成するSQL文の問題です。長いSQL文が示されていますが、内容を細かく理解する必要はありません。　a　に入る適切な命令を、選択肢の中から選べばよいのです。

●**例題4.6　ビューを作成するSQL文（H21春 問33）**

問33　関係データベースの"製品"表と"売上"表から，売上報告の
ビュー表を定義するSQL文中の a に入るものはどれか。

CREATE VIEW 売上報告（製品番号，製品名，納品数，売上年月日，売上金額）
　　AS ┌───┐ 製品．製品番号，製品．製品名，売上．納品数，売上．売
　　　　 │ a │
　　　　 └───┘
　上年月日，売上．納品数＊製品．単価
　　　　FROM 製品，売上
　　　　WHERE 製品．製品番号＝売上．製品番号

表名	列名
製品	製品番号，製品名，単価
売上	製品番号，納品数，売上年月日

ア GRANT　　**イ** INSERT　　**ウ** SCHEMA　　**エ** SELECT

　ビューを作成する CREATE VIEW 命令では、AS の後に SELECT 命令を指定
します。正解は、選択肢エです。

▰ **ここが大事**

　ビューは、SELECT 命令に名前を付けて、データベースに保存したものです。

▎ 副問い合せ

　SELECT 命令の WHERE の後に指定する条件の中で、別の SELECT 命令を使
うことができます。このような SELECT 命令を **副問い合せ（サブクエリ）** と呼び
ます。副問い合せではない SELECT 命令を **主問い合せ（メインクエリ）** と呼びま
す。例 4.14 に、副問い合せの例を示します。

142　第4章　データベース

●例4.14　副問い合せで得られた集約関数の値を条件に指定する

[SQL 文]

SELECT 氏名 , 給与 FROM 社員表 WHERE 給与 = (SELECT MAX(給与) FROM 社員表)

【意味】

「社員表」から（FROM 社員表）、「給与 = 副問い合せで読み出した MAX(給与)」という条件で（WHERE 給与 = (SELECT MAX(給与) FROM 社員表)）、「氏名」と「給与」を読み出せ（SELECT 氏名 , 給与 ）

[実行結果]

佐藤一郎　450000

ここが大事

通常の SELECT 命令を主問い合せと呼びます。
WHERE の後の条件の中にある SELECT 命令を副問い合せと呼びます。

関係代数

　SELECT 命令を使って、条件に一致した特定の行を読み出すことを**選択**と呼びます。SELECT の後に列の名前を指定して、特定の列を読み出すことを**射影**と呼びます。複数の表を結び付けてデータを読み出すことを**結合**と呼びます。これらの操作を**関係代数**と呼びます。例題 4.7 は、関係代数に関する問題です。

●例題4.7　関係代数に対応するSQL 文（H25 春 問27）

問 27　列 A1 ～ A5 から成る R 表に対する次の SQL 文は，関係代数のどの演算に対応するか。

```
SELECT A1, A2, A3 FROM R
    WHERE A4 = 'a'
```

ア　結合と射影　　イ　差と選択　　ウ　選択と射影　　エ　和と射影

4-3 SQL　**143**

SELECT の後に A1、A2、A3 という列を指定して、特定の列を読み出している操作は「射影」です。WHERE の後に A4 = 'a' という条件を指定して、条件に一致した特定の行を読み出す操作は「選択」です。この SQL 文は、関係代数の射影と選択を行っています。正解は、選択肢ウです。

▶ 関係代数の種類

選択 ………… 表から特定の行を読み出すこと
射影 ………… 表から特定の列を読み出すこと
結合 ………… 複数の表を結び付けてデータを読み出すこと

表の結合

先ほどの例題 4.4 では、**結合**が使われていませんでした。SELECT 命令で結合を行うには、2 つの方法があります。1 つは、FROM の後に複数の表を指定し、WHERE の後に主キーと外部キーが一致する条件（表と表を結び付ける条件）を指定する方法です。もう 1 つは、**INNER JOIN** という構文を使う方法です。例 4.15 と例 4.16 に、表の結合の例を示します。

● 例 4.15　主キーと外部キーが一致する条件を指定して表を結合する

〔SQL 文〕

SELECT 氏名 , 部署名 FROM 社員表 , 部署表 WHERE 社員表 . 部署番号 = 部署表 . 部署番号

【意味】

「社員表」と「部署表」から（FROM 社員表 , 部署表）、「社員表」の「部署番号」が「部署表」の「部署番号」と一致するという条件で（WHERE 社員表 . 部署番号 = 部署表 . 部署番号）、「氏名」と「部署名」を読み出せ（SELECT 氏名 , 部署名）

〔実行結果〕

佐藤一郎　経理部
鈴木二郎　営業部
高橋花子　総務部
田中四朗　総務部

渡辺良子　営業部

●例4.16　INNER JOINを使って表を結合する

[SQL文]

SELECT 氏名 , 部署名 FROM 社員表 INNER JOIN 部署表
ON 社員表 . 部署番号 = 部署表 . 部署番号

【意味】

「社員表」と「部署表」を「社員表 . 部署番号」と「部署表 . 部署番号」で結合して（FROM 社員表 INNER JOIN 部署表 ON 社員表 . 部署番号 = 部署表 . 部署番号）、「氏名」と「部署名」を読み出せ（SELECT 氏名 , 部署名）

[実行結果]

佐藤一郎　経理部

鈴木二郎　営業部

高橋花子　総務部

田中四朗　総務部

渡辺良子　営業部

　複数の表に同じ名前の列がある場合は、「社員表 . 部署番号」や「部署表 . 部署番号」のように**「表の名前 . 列の名前」**という表現で、どの表の列であるかを明示します。

アドバイス

「社員表 . 部署番号」を「社員表の部署番号」と読むとわかりやすいでしょう。

その他の命令

　試験には、表を作成する **CREATE TABLE** 命令、表にデータを登録する **INSERT** 命令、表のデータを更新する **UPDATE** 命令、表からデータを削除する **DELETE** 命令が出題されることもあります。例 4.17 ～例 4.20 に、それぞれの命令の例を示します。

　CREATE TABLE 命令では、表の名前、列の名前とデータ型、および主キーと

4-3　SQL　**145**

なる列を設定します。データ型には、固定長文字列を格納する **CHAR 型**、可変長文字列を格納する **VARCHAR 型**、日付を格納する **DATE 型**、整数を格納する **INTEGER 型**などがあります。

●例4.17　CREATE TABLE命令で表を作成する

SQL 文

```
CREATE TABLE 社員表
( 社員番号 CHAR(4),
氏名 VARCHAR(20),
性別 CHAR(2),
生年月日 DATE,
給与 INTEGER,
部署番号 CHAR(3),
PRIMARY KEY ( 社員番号 ))
```

【意味】

4 文字の固定長文字列型の「社員番号」（社員番号 CHAR (4)）、最大 20 文字の可変長文字列型の「氏名」（氏名 VARCHAR (20)）、2 文字の固定長文字列型の「性別」（性別 CHAR (2)）、日付型の「生年月日」（生年月日 DATE）、整数型の「給与」（給与 INTEGER）、3 文字の固定長文字列型の「部署番号」（部署番号 CHAR (3)）という列を持ち、「社員番号」を主キーとして（PRIMARY KEY（社員番号））、「社員表」という名前の表を作成せよ（CREATE TABLE 社員表）

実行結果

「社員表」が作成されます。

●例4.18　INSERT命令でデータを登録する

SQL 文

```
INSERT INTO 社員表
VALUES('0006', ' 伊藤六郎 ', ' 男 ', '1995-06-06', 220000, '001')
```

【意味】

「'0006', ' 伊藤六郎 ', ' 男 ', '1995-06-06', 220000, '001'」という値で（VALUES ('0006', ' 伊藤六郎 ', ' 男 ', '1995-06-06', 220000, '001')）、「社員表」にデータを登録せよ（INSERT INTO 社員表）

146　第4章　データベース

実行結果

1件のデータが登録されます。

●例4.19　UPDATE命令でデータを更新する

SQL 文

UPDATE 社員表 SET 給与 = 給与 + 10000 WHERE 性別 = ' 女 '

【意味】

「WHERE 性別 = ' 女 '」という条件で（WHERE 性別 = ' 女 '）、「社員表」の「給与」を「給与 ＝ 給与 ＋ 10,000」に更新せよ（UPDATE 社員表 SET 給与 = 給与 + 10000）

実行結果

女性社員の給与が、一律 10,000 円アップします。

●例4.20　DELETE命令でデータを削除する

SQL 文

DELETE FROM 社員表 WHERE 社員番号 = '0006'

【意味】

「社員番号 = '0006'」という条件で（WHERE 社員番号 = '0006'）、「社員表」からデータを削除せよ（DELETE FROM 社員表）

実行結果

1件のデータが削除されます。

▶ SQLの主なデータ型

CHAR 型 …… 固定長文字列（文字数を固定的に決める）

VARCHAR 型 …… 可変長文字列（最大文字数を指定した任意の長さ）

DATE 型 …… 日付（年月日）

INTEGER 型 …… 整数（小数点以下がない数）

4-3 SQL　147

Section 4-4 トランザクション処理

トランザクションのACID特性

　データベースに対するひとまとまりの処理を**トランザクション**（transaction）と呼びます。1つのトランザクションが、複数のSQL文から構成されることもあります。この場合には、**もしも、すべてのSQL文の実行が終わっていない状態で処理を中断してしまうと、データベースの内容に矛盾が生じてしまいます。**

　トランザクションの例として、銀行の振込み処理が、よく取り上げられます。たとえば、AさんがBさんに1万円振り込むとしましょう。このトランザクションは、Aさんの口座の残高を－1万円で更新するUPDATE文と、Bさんの口座の残高を＋1万円で更新するUPDATE文という、2つのSQL文から構成されます。

　もしも、Aさんの口座の残高を－1万円で更新するUPDATE文を実行した時点でシステムに障害が発生して処理が中断すると、Aさんは振り込んだのに、Bさんが受け取っていないという矛盾が生じてしまいます（図4.24）。

●図4.24　トランザクションが途中で終了すると矛盾が生じる

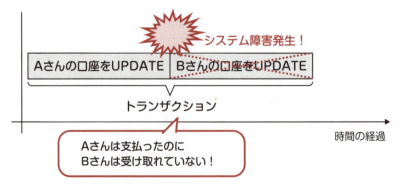

　複数のSQL文から構成されていても、トランザクションは、1つのまとまった

処理であり、それ以上分割することはできません。これをトランザクションの**原子性（Atomicity）**と呼びます。

　トランザクションには、「原子性」のほかにも、**一貫性（Consistency）**、**独立性（Isolation）**、**耐久性（Durability）**という特性があり、これらをまとめて**ACID（アシッド）特性**と呼びます。ACID は、4 つの特性の頭文字を取ったものです。

　DBMS は、トランザクションの ACID 特性を保つ機能を装備しています（表4.2）。

●**表4.2　トランザクションのACID特性**

特性	意味
原子性（A）	トランザクションは、それ以上分割できない
一貫性（C）	データベースに設定された値の範囲や参照整合性などの制約条件を守る
独立性（I）	トランザクションの途中の中途半端な状態を、外部から読み出せない
耐久性（D）	トランザクションが完了したら、その結果が確実に記録される

一番わかりやすい原子性から覚えましょう

ロールバックとロールフォワード

　トランザクションを構成するすべての SQL 文の実行が完了することを**コミット（commit）する**と呼びます。もしも、トランザクションを開始して、まだコミットしていない状態でシステム障害が発生すると、原子性が保てなくなり、データベースの内容に矛盾が生じてしまいます。

　この場合には、DBMS が**ロールバック（roll back）**という処理を行って、データベースの内容を、トランザクションの開始前の状態に戻します。トランザクションは、それ以上分割できないものなので、中途半端な状態で終われないからです。コミットできないなら、トランザクションの開始前の、何も処理していない状態に戻します。

　さらに、DBMS には、ロールバックによって取り消されたトランザクションを再実行する機能もあり、これを**ロールフォワード（roll forward）**と呼びます。ロールフォワードは、システムの障害時だけでなく、システムの故障時からのデータ復旧でも行われます。

4-4　トランザクション処理　**149**

ロールバックとロールフォワードを実施するときには、トランザクション開始前およびコミット後の処理内容を記録したファイルが使われます。これを**ジャーナルファイル**や**ログファイル**と呼びます。

　DBMSは、ある時間間隔で、データの操作結果をデータベース本体に書き込んでいます。このタイミングを**チェックポイント**と呼びます。**ロールバックは、直前のチェックポイントの状態まで戻します。ロールフォワードは、直前のチェックポイントの状態から、トランザクションを再実行します**（図4.25）。

● 図4.25　ロールバックとロールフォワード

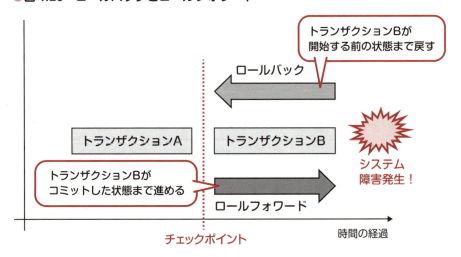

アドバイス

ロールバックは、ビデオテープを巻き戻して過去に戻るイメージです。
ロールフォワードは、ビデオテープを先に進めて現在に進むイメージです。

例題 4.8 は、ロールバックとロールフォワードで使われるファイルに関する問題です。

●例題4.8　データベースの更新記録を保存するファイル（H30 春 問29）

問29　データベースの更新前や更新後の値を書き出して，データベースの更新記録として保存するファイルはどれか。

ア　ダンプファイル
イ　チェックポイントファイル
ウ　バックアップファイル
エ　ログファイル

ロールバックとロールフォワードで使われるファイルは、「ジャーナルファイル」や「ログファイル」と呼ばれます。正解は、選択肢エです。

ロストアップデートと排他制御

DBMS は、同時に複数のトランザクションを実行することができます。ただし、実際には、まったく同時に実行されているのではなく、全体を小さな処理に分けて、順番に切り替えて実行しているのです。

たとえば、A さんの口座を＋ 1 万円するトランザクション X と、同じ A さんの口座を＋ 2 万円するトランザクション Y が、同時に実行されたとしましょう。それぞれのトランザクションは、「現在の残高を読み出す」「読み出した残高を更新する」「更新した残高を書き込む」という 3 つの小さな処理に分けられて実行されるとします。

この場合に、もしも、図 4.26 に示した①→②→③→④→⑤→⑥の順序で処理が切り換わると、データベースの内容に矛盾が生じてしまいます。A さんの口座は、＋ 1 万円と＋ 2 万円を合わせて 13 万円になるはずですが、1 万円が失われて 12 万円になってしまうからです。

●図4.26　すべての処理が完了する前に切り換わると矛盾が生じる

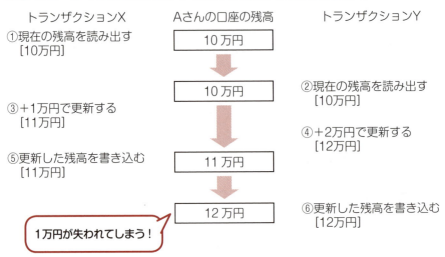

　このような現象を**ロストアップデート**（lost update）と呼びます。これは、更新（アップデート）が失われる（ロスト）と言う意味です。DBMSには、ロストアップデートを防ぐための機能が用意されていて、これを**排他制御**と呼びます。これは、1つのトランザクションの実行が完了するまで、他のトランザクションの処理を実行させない（他のトランザクションに切り換わらないようにする）機能です。
　例題4.9は、ロストアップデートによるデータの矛盾を防ぐ仕組みに関する問題です。正解は、選択肢ウです。

●例題4.9　データの矛盾を防ぐ仕組み（H22 春 問32）

> 問32　DBMSにおいて，同じデータを複数のプログラムが同時に更新しようとしたときに，データの矛盾が起きないようにするための仕組みはどれか。
>
> ア　アクセス権限　　　　イ　機密保護
> ウ　排他制御　　　　　　エ　リカバリ制御

データにロックをかける

排他制御によって、他のトランザクションを実行させないようにすることを**ロック**と呼びます。他のトランザクションが入ってこないように、鍵（lock）をかけるイメージです。ロックの形式には、データの登録、更新、削除のときにかける**専有ロック**と、データの読み出しのときにかける**共有ロック**があります。

　データに専有ロックをかけると、他のトランザクションから一切の処理ができなくなります。これは、他のトランザクションから専有ロックも共有ロックも受け付けないという意味です。これによって、他の誰からも見られることなく、安心してデータを操作できます。

　データに共有ロックをかけると、他のトランザクションから登録、更新、削除ができなくなりますが、読み出しはできます。これは、他のトランザクションから専有ロックを受け付けないが、共有ロックなら受け付けるという意味です。データを見ているだけなので、他の誰かが見ても矛盾は生じません。例題4.10は、ロックに関する問題です。

●例題4.10　専有ロックと共有ロック（H25 秋 問32）

> **問 32**　表は，トランザクション 1 ～ 3 が資源 A ～ C にかけるロックの種別を表す。また，資源へのロックはトランザクションの開始と同時にかけられる。トランザクション 1 ～ 3 のうち二つのトランザクションをほぼ同時に開始した場合の動きについて，適切な記述はどれか。ここで，表中の "–" はロックなし，"S" は共有ロック，"X" は専有ロックを示す。
>
> | トランザクション ＼ 資源 | A | B | C |
> |---|---|---|---|
> | 1 | S | – | X |
> | 2 | S | X | – |
> | 3 | X | S | – |
>
> **ア**　トランザクション 1 の後にトランザクション 3 を開始したとき，トランザクション 3 の資源待ちはない。

4-4　トランザクション処理　**153**

イ　トランザクション 2 の後にトランザクション 1 を開始したとき，ト
　　　ランザクション 1 の資源待ちはない。
　ウ　トランザクション 2 の後にトランザクション 3 を開始したとき，ト
　　　ランザクション 3 の資源待ちはない。
　エ　トランザクション 3 の後にトランザクション 1 を開始したとき，ト
　　　ランザクション 1 の資源待ちはない。

　トランザクション 1 を開始すると、資源 A に共有ロック、資源 C に専有ロック
がかけられます。その後でトランザクション 3 を開始すると、資源 A に専有ロッ
クをかけるために、資源 A の共有ロックの解除を待ちます。したがって、選択肢
アは適切ではありません。

　トランザクション 2 を開始すると、資源 A に共有ロック、資源 B に専有ロック
がかけられます。その後でトランザクション 1 を開始すると、共有ロックのかけ
られた資源 A に共有ロックをかけられ、何もロックのかけられていない資源 C に
専有ロックをかけられるので、資源待ちはありません。したがって、選択肢イが
正解です。

　念のため、他の選択肢も見ておきましょう。トランザクション 2 を開始すると、
資源 A に共有ロック、資源 B に専有ロックがかけられます。その後でトランザク
ション 3 を開始すると、資源 A に専有ロックをかけるために、資源 A の共有ロッ
クの解除を待ちます。さらに、資源 B に共有ロックをかけるために、資源 B の専
有ロックの解除も待ちます。したがって、選択肢ウは適切ではありません。

　トランザクション 3 を開始すると、資源 A に専有ロック、資源 B に共有ロック
がかけられます。その後でトランザクション 1 を開始すると、資源 A に共有ロッ
クをかけるために、資源 A の専有ロックの解除を待ちます。したがって、選択肢
エは適切ではありません。

▶ ロックの種類

専有ロック……　他のトランザクションから一切の処理ができないようにする
共有ロック……　他のトランザクションからデータを変化させる操作（登録、更新、
　　　　　　　　　削除）はできないが、データを変化させない操作（読み出し）だ
　　　　　　　　　けはできるようにする

デッドロック

　ロックをかけるときには、注意が必要です。ロックがかけられたデータを、他のトランザクションが利用したいときには、ロックが解除されるのを待つことになります。たとえば図 4.27 のように、トランザクション A がロックしたデータの解除をトランザクション B が待ち、トランザクション B がロックしたデータの解除をトランザクション A が待つ状態になると、どちらも処理を進められません。この状態を**デッドロック**（**dead lock**）と呼びます。

●図 4.27　デッドロックになる例

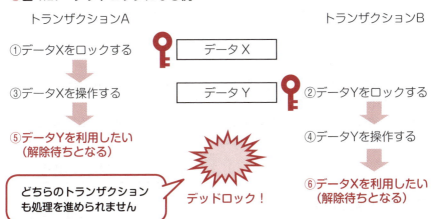

　データベースを操作する際には、デッドロックにならないように、トランザクションの内容と実行する順序を工夫する必要があります。
　DBMS の中には、デッドロックを検知すると、自動的にロールバックを行うものもあります。

Section 4-5 データベースの練習問題

主キーの役割

●練習問題 4.1 　関係データベースの主キー（H21 秋 問 32）

> 問 32 　関係データベースの主キーの性質として，適切なものはどれか。
>
> ア 　主キーとした列に対して検索条件を指定しなければ，行の検索はできない。
> イ 　数値型の列を主キーに指定すると，その列は算術演算の対象としては使えない。
> ウ 　一つの表の中に，主キーの値が同じ行が複数存在することはない。
> エ 　複数の列からなる主キーを構成することはできない。

主キーは、ユニークな情報を持つ列です！

参照の整合性

●練習問題 4.2 　参照の整合性を損なう操作（H24 秋 問 31）

> 問 31 　関係データベース"注文"表の"顧客番号"は，"顧客"表の主キー"顧客番号"を参照する外部キーである。このとき、参照の整合性を損なうデータ操作はどれか。ここで、ア～エの記述におけるデータの並びは、それぞれの表の列の並びと同順とする。

注文

伝票番号	顧客番号
0001	C005
0002	K001
0003	C005
0004	D010

顧客

顧客番号	顧客名
C005	福島
D010	千葉
K001	長野
L035	宮崎

ア	"顧客"表の行	L035	宮崎	を削除する。
イ	"注文"表に行	0005	D010	を追加する。
ウ	"注文"表に行	0006	F020	を追加する。
エ	"注文"表の行	0002	K001	を削除する。

> 参照の整合性を損なうとは、表から表をたどれなくなることです！

エンティティをたどる

● 練習問題4.3　E-R図の多重度（H22 春 問46）

問46　データモデルが次の表記法に従うとき，E-R図の解釈に関する記述のうち，適切なものはどれか。

〔表記法〕

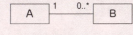

エンティティAのデータ1個に対して，エンティティBのデータがn個（$n≧0$）対応し，また，エンティティBのデータ1個に対して，エンティティAのデータが1個対応する。

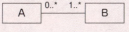

エンティティAのデータ1個に対して，エンティティBのデータがn個（$n≧1$）対応し，また，エンティティBのデータ1個に対して，エンティティAのデータがm個（$m≧0$）対応する。

〔E-R図〕

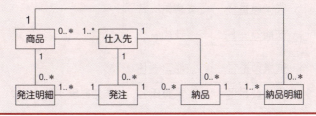

> E-R図と照らし合わせて、選択肢が適切かどうかチェックしてみましょう！

- **ア** 同一の商品は一つの仕入先から仕入れている。
- **イ** 発注明細と納品明細は1対1に対応している。
- **ウ** 一つの発注で複数の仕入先に発注することはない。
- **エ** 一つの発注で複数の商品を発注することはない。

推移従属性と第3正規形

●練習問題4.4　第3正規形（H21 春 問32）

問32　"従業員"表を第3正規形にしたものはどれか。ここで，下線部は主キーを表す。

従業員（従業員番号, 従業員氏名, {技能コード, 技能名, 技能経験年数}）
（｛ ｝は繰返しを表す）

ア

従業員番号	従業員氏名	
技能コード	技能名	技能経験年数

イ

従業員番号	従業員氏名	技能コード	技能経験年数
技能コード	技能名		

ウ

従業員番号	技能コード	技能経験年数
従業員番号	従業員氏名	
技能コード	技能名	

エ

従業員番号	技能コード	
従業員番号	従業員氏名	技能経験年数
技能コード	技能名	

> 主キーから従属性の線を引けるかどうかチェックしてみましょう！
> 選択肢イ、ウ、エには、複合キーがあります！

SELECT命令

●練習問題4.5　SQLのSELECT命令（H23 特別 問30）

問30　次の表は，営業担当者のある年度の販売実績である。この表の第1期から第4期の販売金額の平均が4,000万円以上で，どの期でも3,000万円以上販売している営業担当者の名前を求めるSQL文として，適切なものはどれか。ここで，金額の単位は千円とする。

販売実績

番号	名前	第1期	第2期	第3期	第4期
123	山田　一郎	29,600	31,900	36,600	41,500
594	鈴木　太郎	43,500	45,300	30,400	46,400
612	佐藤　花子	49,600	39,400	42,300	51,100
:	:	:	:	:	:

ア　SELECT 名前 FROM 販売実績
　　　　WHERE （第1期＋第2期＋第3期＋第4期） / 4 >= 40000 OR
　　　　　　　第1期 >= 30000 OR 第2期 >= 30000 OR
　　　　　　　第3期 >= 30000 OR 第4期 >= 30000

イ　SELECT 名前 FROM 販売実績
　　　　WHERE （第1期＋第2期＋第3期＋第4期） >= 40000 AND
　　　　　　　第1期 >= 30000 AND 第2期 >= 30000 AND
　　　　　　　第3期 >= 30000 AND 第4期 >= 30000

ウ　SELECT 名前 FROM 販売実績
　　　　WHERE 第1期 > 40000 OR 第2期 > 40000 OR
　　　　　　　第3期 > 40000 OR 第4期 > 40000 AND
　　　　　　　第1期 >= 30000 OR 第2期 >= 30000 OR
　　　　　　　第3期 >= 30000 OR 第4期 >= 30000

エ　SELECT 名前 FROM 販売実績
　　　　WHERE （第1期＋第2期＋第3期＋第4期） >= 160000 AND
　　　　　　　第1期 >= 30000 AND 第2期 >= 30000 AND
　　　　　　　第3期 >= 30000 AND 第4期 >= 30000

> 選択肢の違いに注目して、不適切なものを消していきましょう！

4-5　データベースの練習問題　159

その他の命令

●練習問題4.6　SQLのCREATE TABLE命令とUPDATE命令（H22 秋 問31）

問31　"商品"表に対してデータの更新処理が正しく実行できる
UPDATE 文はどれか。ここで，"商品"表は次のCREATE 文で定義
されている。

CREATE TABLE 商品
　（商品番号 CHAR（4），商品名 CHAR（20），仕入先番号 CHAR
　（6），単価 INT, PRIMARY KEY（商品番号））

商品

商品番号	商品名	仕入先番号	単価
S001	A	XX0001	18000
S002	A	YY0002	20000
S003	B	YY0002	35000
S004	C	ZZ0003	40000
S005	C	XX0001	38000

ア　UPDATE 商品 SET 商品番号 = 'S001' WHERE 商品番号 = 'S002'
イ　UPDATE 商品 SET 商品番号 = 'S006' WHERE 商品名 = 'C'
ウ　UPDATE 商品 SET 商品番号 = NULL WHERE 商品番号 = 'S002'
エ　UPDATE 商品 SET 商品名 = 'D' WHERE 商品番号 = 'S003'

主キーに設定されている列に注目してください！

トランザクションのACID特性

● 練習問題4.7　トランザクションのACID特性（H26 春 問29）

問29　トランザクションが，データベースに対する更新処理を完全に行うか，全く処理しなかったかのように取り消すか，のどちらかの結果になることを保証する特性はどれか。

ア　一貫性（consistency）　　　イ　原子性（atomicity）
ウ　耐久性（durability）　　　　エ　独立性（isolation）

> ACIDの日本語訳が示されているので、言葉の意味で判断しましょう！

ロールバックとロールフォワード

● 練習問題4.8　データベースの復旧（H28 秋 問30）

問30　トランザクションTはチェックポイント取得後に完了したが，その後にシステム障害が発生した。トランザクションTの更新内容をその終了直後の状態にするために用いられる復旧技法はどれか。ここで，チェックポイントの他に，トランザクションログを利用する。

ア　2相ロック　　　　　　　イ　シャドウページ
ウ　ロールバック　　　　　　エ　ロールフォワード

> トランザクションの開始前ではなく、
> 終了後の状態にすることに注意しましょう！

第4章 データベース

4-5　データベースの練習問題　161

データにロックをかける

●練習問題4.9　共有ロックと専有ロック（H26 秋 問30）

問30　トランザクションの同時実行制御に用いられるロックの動作に関する記述のうち，適切なものはどれか。

ア　共有ロック獲得済の資源に対して，別のトランザクションからの新たな共有ロックの獲得を認める。

イ　共有ロック獲得済の資源に対して，別のトランザクションからの新たな専有ロックの獲得を認める。

ウ　専有ロック獲得済の資源に対して，別のトランザクションからの新たな共有ロックの獲得を認める。

エ　専有ロック獲得済の資源に対して，別のトランザクションからの新たな専有ロックの獲得を認める。

> ロックの獲得とは、ロックをかけることです！

デッドロック

●練習問題4.10　デッドロックの説明（H23 秋 問34）

問34　DBMS におけるデッドロックの説明として，適切なものはどれか。

ア　2相ロックにおいて，第1相目でロックを行ってから第2相目でロックを解除するまでの状態のこと

イ　ある資源に対して専有ロックと専有ロックが競合し，片方のトランザクションが待ち状態になること

ウ　あるトランザクションがアクセス中の資源に対して，他のトランザクションからアクセスできないようにすること

エ　複数のトランザクションが，互いに相手のロックしている資源を要求して待ち状態となり，実行できなくなること

> 適切でない選択肢を消していきましょう！

Section 4-6 データベースの練習問題の解答・解説

主キーの役割

● 練習問題 4.1　関係データベースの主キー（H21 秋 問32）

解答　ウ

解説　主キーではない列にも検索条件を指定できるので、選択肢アは誤りです。主キーには、算術演算の対象としてはいけないという制限はないので、選択肢イは誤りです。主キーはユニークなので、選択肢ウは適切です。複数の列をセットにして複合キーとすることができるので、選択肢エは誤りです。

参照の整合性

● 練習問題 4.2　参照の整合性を損なう操作（H24 秋 問31）

解答　ウ

解説　注文表にある顧客番号から、顧客表の顧客番号をたどるようになっています。選択肢アは、顧客表から顧客番号 L035 を削除しても、注文表に顧客番号 L035 をたどる行がないので、問題ありません。選択肢イは、注文表に追加した行の顧客番号 D010 から、顧客表の顧客番号 D010 をたどれるので、問題ありません。選択肢ウは、注文表に追加した顧客番号 F020 は、顧客表にないので、たどることができず、参照整合性が損なわれます。選択肢エは、注文表から行を削除しても、顧客表をたどることに影響しないので、問題ありません。

エンティティをたどる

● 練習問題4.3　E-R図の多重度（H22 春 問46）

解答 ウ

解説 それぞれのエンティティの多重度を紐でつないで示すと、図4.28のようになります。この図から、選択肢が適切かどうかをチェックしてみましょう。

● 図4.28　エンティティの多重度を紐でつないで示す

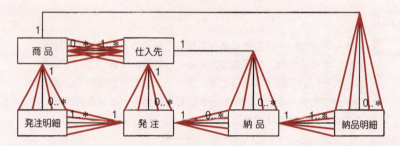

選択肢アの「同一の商品は、一つの仕入先から仕入れている」は、「商品」と「仕入先」の関連が多対多なので、正しくありません。
選択肢イの「発注明細と納品明細は1対1に対応している」は、「発注明細」から「納品明細」までたどる最後のところで、「商品」から「納品明細」をたどっても、「納品」から「納品明細」をたどっても、1対多なので、正しくありません。
選択肢ウの「一つの発注で複数の仕入先に発注することはない」は、「発注」から「仕入先」を1つにたどれるので、適切です。
選択肢エの「一つの発注で複数の商品を発注することがない」は、「発注」から「発注明細」の複数にたどれるので、正しくありません。複数の「発注明細」があれば、複数の「商品」を発注できます。

推移従属性と第3正規形

● 練習問題 4.4　第3正規形（H21 春 問32）

解答　ウ

解説　それぞれの選択肢にある表に、従属性を示す矢印を引くと、図4.29 のようになります。第3正規形は、主キーから他のすべての項目に従属性の矢印が引かれ、余計な矢印（部分従属性や推移従属性の矢印）がない状態です。すべての表が第3正規形になっているのは、選択肢ウだけです。

● 図4.29　従属性を示す矢印を引いて第3正規形かどうかチェックする

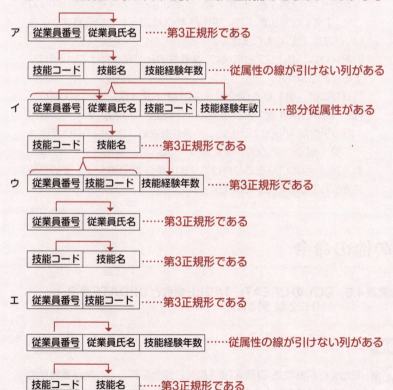

SELECT命令

● 練習問題4.5　SQLのSELECT命令（H23 特別 問30）

解答 エ

解説 どの選択肢も、WHERE以降の条件だけが違うので、そこに注目します。問題文に示された条件を千円単位で示すと、「第1期から第4期の平均が40000以上、かつ、どの期も30000以上」になります。
選択肢アは、条件をORで結び付けているので、正しくありません。すべての条件を満たしていなければならないので、ANDで結び付けることになります。
選択肢イは、（第1期 + 第2期 + 第3期 + 第4期）>= 40000では、「第1期から第4期の平均が40000以上」という意味にならないので、正しくありません。
選択肢ウは、選択肢アと同様に、条件をORで結び付けているので、正しくありません。
選択肢エは、（第1期 + 第2期 + 第3期 + 第4期）>= 160000で、「第1期から第4期の合計が160000以上、つまり、第1期から第4期の平均が40000以上」という条件を表し、さらにANDを使って、第1期 >= 30000、第2期 >= 30000、第3期 >= 30000、第4期 >= 30000を結び付けて「どの期も30000以上」という条件を表しているので、適切です。

その他の命令

● 練習問題4.6　SQLのCREATE TABLE命令とUPDATE命令
　　　　　　　（H22 秋 問31）

解答 エ

解説 問題文に示されたCREATE TABLE命令を見ると、商品番号が主キーであることがわかります。主キーは、ユニークであり、NULLを許さないので、主キーが重複する更新や、主キーをNULLに設定する更新は、DBMSが受け付けず、エラーになります。

選択肢アは、「商品番号 S002 を S001 に更新せよ」という意味です。これを実行すると、上から 2 行目の商品番号が S001 となって 1 行目と重複するので、エラーになります。
選択肢イは、「商品名 C の商品番号を S006 に更新せよ」という意味です。これを実行すると、上から 1 行目と下から 1 行目の 2 行の商品番号が S006 となって重複するので、エラーになります。
選択肢ウは、「商品番号 S002 を NULL に変更せよ」という意味です。主キーを NULL に設定できないので、エラーになります。
選択肢エは、「商品番号 S003 の商品名を D に変更せよ」という意味です。商品名には、20 文字であること以外に、何ら制約が設定されていません。20 文字に満たない部分は、空白文字で満たされます。したがって、この命令は、正しく実行できます。

トランザクションのACID特性

● 練習問題4.7　トランザクションのACID特性（H26 春 問29）

解答　イ

解説　問題文に示された「データベースに対する更新処理を完全に行うか、全く処理しなかったかのように取り消すか、のどちらかの結果になることを保証する特性」は、トランザクションを分割できないことを意味する「原子性」に該当します。

ロールバックとロールフォワード

●**練習問題4.8　データベースの復旧**（H28 秋 問30）

> | 解答 | エ
>
> | 解説 | トランザクション開始前の状態に戻すことを「ロールバック」と呼び、トランザクション終了後の状態に戻すことを「ロールフォワード」と呼びます。問題文に示されているのは、「ロールフォワード」です。

データにロックをかける

●**練習問題4.9　共有ロックと専有ロック**（H26 秋 問30）

> | 解答 | ア
>
> | 解説 | 共有ロックがかけられた資源には、別のトランザクションから共有ロックをかけられますが、専有ロックはかけられません。専有ロックがかけられた資源には、別のトランザクションから共有ロックも専有ロックもかけられません。したがって、適切な記述は、選択肢アの「共有ロック獲得済の資源に対して、別のトランザクションからの新たな共有ロックの獲得を認める」です。

デッドロック

●**練習問題4.10　デッドロックの説明**（H23 秋 問34）

> | 解答 | エ
>
> | 解説 | デッドロックの説明として、選択肢エの「複数のトランザクションが、互いに相手のロックしている資源を要求して待ち状態となり、実行できなくなること」が最も適切です。

168　第4章　データベース

第 5 章

ネットワーク

この章では、ネットワークの基礎用語、ネットワークを階層化したOSI基本参照モデル、代表的なプロトコルの種類、およびインターネットの識別番号であるIPアドレスの構造などを学習します。

- 5-0 なぜネットワークを学ぶのか？
- 5-1 ネットワークの構成とプロトコル
- 5-2 OSI基本参照モデル
- 5-3 ネットワークの識別番号
- 5-4 IPアドレス
- 5-5 ネットワークの練習問題
- 5-6 ネットワークの練習問題の解答・解説

アクセスキー **8** （数字のはち）

Section 5-0

なぜ ネットワークを学ぶのか？

ネットワークとインターネット

　現在のコンピュータは、計算を自動化する計算機であり、データベースを実現するデータ蓄積機ですが、さらに「ネットワーク」でデータを伝達する通信機でもあります。そのため、データベースと同様に、ネットワークに関する様々な知識が、試験の出題テーマになっています。

　ネットワークと聞くと、すぐに**インターネット（internet）**を思い浮かべるかもしれませんが、**ネットワーク＝インターネットではありません。ネットワークには、企業や事業所の中だけの小規模なネットワークもあります。ネットワークは、様々な通信網を総称する言葉です。**

　インターネットのインター（inter）は、「間の」という意味です。企業や事業所の小規模なネットワークとネットワークの間をつないだものがインターネットです。それによって、世界的で大規模なネットワークが構築されます。

　小規模なネットワークのことを **LAN（Local Area Network：ラン）** と呼び、大規模なネットワークのことを **WAN（Wide Area Network：ワン）** と呼びます。企業や事業所のネットワークはLANであり、インターネットはWANです（図5.1）。

●図5.1　インターネットはLANとLANをつないだWANである

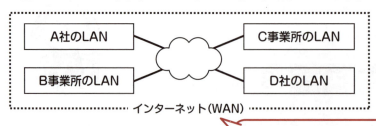

プロトコル

LAN と WAN では、その中で使われている通信規約が異なります。ネットワークの通信規約を**プロトコル**（**protocol**）と呼びます。**LAN と WAN のプロトコルの違いを意識することが、ネットワークに関する様々な問題を解くポイントになります。**

現在主流の LAN のプロトコルは、**イーサネット**（**ethernet**）です。インターネットのプロトコルは、**TCP/IP** を基本として、その上に Web サーバを閲覧する HTTP などのプロトコルがあります。試験には、プロトコルの種類と役割に関する問題が出題されます。主なプロトコルの種類は、後で説明します。

回線交換方式とパケット交換方式

古い電話では、**回線交換方式**と呼ばれる方式で、データを伝送していました。これは、1 つの通信回線を、通話をしている 1 組のユーザが専有するものです。したがって、100 本の通信回線があるなら、100 組のユーザしか通話ができず、それ以上のユーザが通話をしたい場合は、通信回線が空くのを待つことになります。

それに対して、インターネットでは、**パケット交換方式**と呼ばれる方式で、データを伝送しています。**パケット**（**packet**）とは、大きなデータを分割して、いくつかの小さなデータにしたものです。通信回線を専有せずに、その時点で空いている任意の通信回線を使って、パケットを送ります。したがって、通信回線が空くのを待つ必要がありません。

次ページの図 5.2 は、1 本の通信回線がある場合の、回線交換方式とパケット交換方式の違いを示したものです。回線交換方式では、1 組のユーザが通話をしていると、1 本の通信回線が専有され、2 組目のユーザは通信回線が空くのを待つことになります。それに対して、パケット交換方式では、1 本の通信回線で、2 組のユーザが通信を行えます。2 組以上でも、通信を行えます。ユーザが増えると、データの到着時間が遅くなりますが、通信回線がまったく使えない状態にはなりません。

第5章 ネットワーク

5-0 なぜネットワークを学ぶのか？ **171**

●図5.2　回線交換方式とパケット交換方式の違い

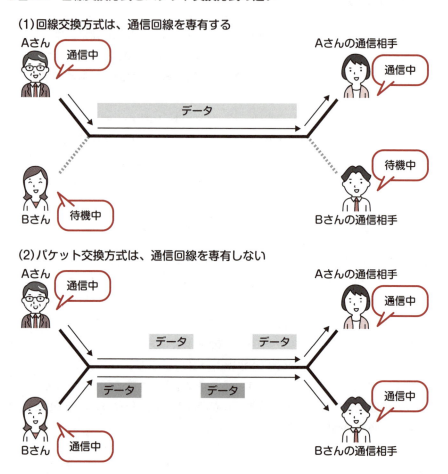

　パケットに分割されて送信されたデータは、受信先で元のデータに復元されます。もしも、正しく送信できなかったパケットがあった場合は、送信元に通知され、パケットが再送されます。ただし、効率を重視する場合は、再送を行わない場合もあります。後で詳しく説明しますが、TCPというプロトコルでは、パケットを再送します。UDPというプロトコルでは、パケットを再送しません。

IPアドレス

郵便物に宛先と差出人を書くように、インターネットで伝送されるパケットにも、宛先と差出人の情報を付加します。インターネットでは、**IPアドレス**と呼ばれる番号で、コンピュータや通信機器を識別しています。宛先と差出人の情報は、IPアドレスで指定します（図5.3）。

●図5.3 宛先と差出人をIPアドレスで指定する

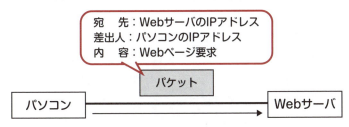

たとえば、WebブラウザでWebページを閲覧する場合には、Webブラウザが動作しているパソコンから、Webページを提供するWebサーバに、Webページを要求するデータが送られます。このデータには、宛先情報としてWebサーバのIPアドレスが付加され、差出人情報としてパソコンのIPアドレスが付加されています。

試験には、IPアドレスの構造や、IPアドレスの適切な割り当て方など、IPアドレスに関する様々な問題が出題されます。IPアドレスに関しては、この章の後半で詳しく説明しますので、しっかりと理解してください。

伝送速度と回線利用率

ネットワークの能力は、単位時間当たりに伝送できるデータ量で示し、これを**伝送速度**と呼びます。伝送速度の単位は、**bps** です。bps は、bit per second の略で、1 秒間に何ビットのデータを伝送できるかを示します。たとえば、伝送速度が 100Mbps なら、1 秒間に 100M ビット＝ 100 × 10^6 ビットのデータを伝送できます。

ただし、**ネットワークは、伝送速度の 100% の能力を利用できるとは限りません**。たとえば、1 本の通信回線を 2 人のユーザが共有すれば、単純に計算して、利用できる能力が半分になってしまいます。能力の何パーセントを利用できるかを示したものを**回線利用率**と呼びます。たとえば図 5.4 のように、伝送速度が 100Mbps で、回線利用率が 80% なら、実際には 1 秒間に 100M ビット× 0.8 ＝ 80M ビットのデータだけしか伝送できません。

●図5.4　伝送速度と回線利用率

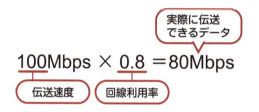

試験には、ネットワークの転送時間を求める問題が出題されることがあります（第 8 章で紹介します）。このような問題には、必ず伝送速度と回線利用率が示されています。さらに、第 2 章でも説明したように、**伝送速度がビット単位であるのに対し、伝送するデータ量がバイト単位であることにも注意してください**。8 ビット＝ 1 バイトで、ビットまたはバイトのいずれかに単位を揃えて計算する必要があります。

Section 5-1 ネットワークの構成とプロトコル

サーバとクライアント

　ネットワークに接続されたコンピュータは、その用途から**サーバ**と**クライアント**に分類できます。サーバ（server）は、何らかのサービスを提供するコンピュータです。クライアント（client）は、サービスを利用するコンピュータです。

　インターネットで利用されるサーバには、Webページの閲覧というサービスを提供する**Webサーバ**や、メールの送受信というサービスを提供する**メールサーバ**などがあります。

　例を示しましょう。図5.5は、A社という架空の企業のネットワーク構成図です。ネットワークを図示する方法には、特に決まりはありませんが、試験問題では、**1本の直線でLANの通信ケーブルを表し、そのケーブルにサーバやクライアントが接続された図がよく使われます**。

●図5.5　A社のネットワーク構成図

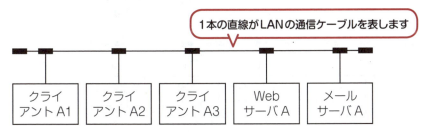

　A社のネットワークには、クライアントA1、A2、A3、WebサーバA、およびメールサーバAが、接続されています。クライアントA1、A2、A3は、WebサーバAが提供するWebページを閲覧でき、メールサーバAを使って、他のクライアントにメールを送れます。ただし、社外のWebサーバが提供するWebページを閲覧することや、社外にメールを送ることはできません。なぜなら、A社のネットワークは、インターネットに接続されていないからです。

ネットワークとネットワークの間をつなぐルータ

ネットワークとネットワークの間をつなぐには、**ルータ**（**router**）と呼ばれる装置を使います。ルータは、データに付加された宛先 IP アドレスを見て、適切なネットワークにデータを中継します。

例を示しましょう。図 5.6 は、ルータを使って、A 社のネットワークと B 社のネットワークをつないだものです。これによって、A 社のクライアントは、B 社の Web サーバ B が提供する Web ページを閲覧したり、B 社のクライアントにメールを送ったりできます。ルータが、A 社のネットワークから B 社のネットワークにデータを中継してくれるからです。ルータは、B 社のネットワークから A 社のネットワークにデータを中継することもできます。

●図5.6　ルータでA社とB社のネットワークをつなぐ

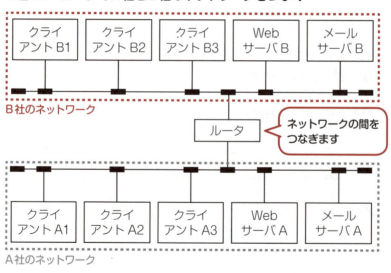

ただし、実際には、ルータ 1 つだけで、企業と企業の間を直接つなぐことは、ほとんどありません。インターネットの接続業者である**プロバイダ**（**provider**）を利用するのが一般的です（図 5.7）。インターネットには、多数のプロバイダによる通信網があり、世界中の企業をつないでいます。多くの場合、プロバイダの通信網は、雲の絵で表します。

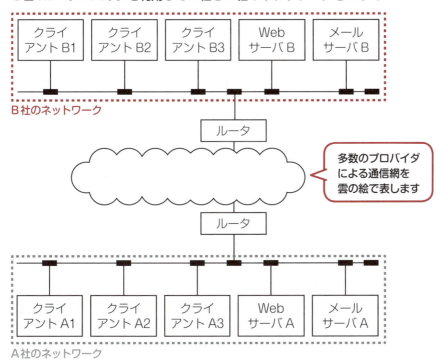

●図5.7　プロバイダを利用してA社とB社のネットワークをつなぐ

DNSサーバとDHCPサーバ

　ネットワークで使われるサーバは、Webサーバとメールサーバだけではありません。**DNSサーバ**と**DHCPサーバ**もよく使われます。それぞれの役割を説明しましょう。

　インターネットでは、サーバやクライアントをIPアドレスという数値で識別しています。たとえば、翔泳社のWebサーバのIPアドレスは、114.31.94.139です。Webブラウザのアドレス欄に、この数値を入力すれば、翔泳社のWebページを閲覧できます。ただし、数値を覚えるのは面倒なので、翔泳社のWebサーバには、www.shoeisha.co.jp というわかりやすい名前が付けられています。これを**ドメイン名**と呼びます。

　インターネットでサーバやクライアントを識別する手段は、あくまでもIPアドレスです。そこで、インターネットには、IPアドレスとドメイン名の対応を保持

5-1　ネットワークの構成とプロトコル　**177**

したサーバが数多く用意されていて、ユーザが入力したドメイン名をIPアドレスに変換してくれます。このサービスを提供するのが、DNS（Domain Name System）サーバです。

たとえば図5.8のように、Webブラウザのアドレス欄に、www.shoeisha.co.jpと入力すると、自動的にWebブラウザがDNSサーバに「www.shoeisha.co.jpに対応するIPアドレスは何番ですか？」という問い合せを行います（①）。するとDNSサーバが「114.31.94.139です」という回答をします（②）。Webブラウザは、114.31.94.139というIPアドレスを宛先として、Webページの閲覧を要求し（③）、Webサーバはデータ（Webページ）を送ります（④）。

●図5.8　DNSサーバがドメイン名とIPアドレスを変換してくれる

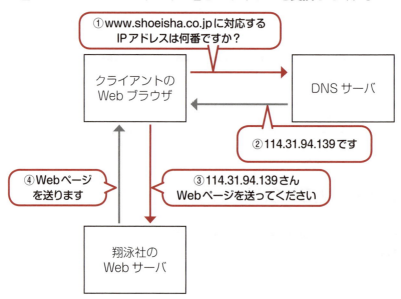

　DHCPサーバは、コンピュータの起動時に、インターネットに接続するための設定を自動的に行ってくれるサーバです。図5.9は、Windowsパソコンで、インターネットに接続するための設定を行うウインドウです。設定する項目には、「IPアドレス」「サブネットマスク（この章の後半で説明します）」「デフォルトゲートウェイ（ここには、ルータのIPアドレスを設定します）」「DNSサーバのIPアドレス」がありますが、どれも自動的に取得するように指定されています。自動的に取得するとは、DHCPサーバに自動的に設定してもらう、という意味です。

●図5.9　インターネットに接続するための設定

　DHCP は、Dynamic Host Configuration Protocol（動的にホストを設定するプロトコル）の略です。動的とは、一度設定したら変化しない固定的な設定ではなく、コンピュータの起動時に毎回設定するという意味です（同じ設定が再利用されることもあります）。**ホスト**とは、ネットワークに接続されたコンピュータや通信機器を意味します。インターネットに接続するための設定は、手作業で行うこともできますが、間違いが生じる恐れがあるので、DHCP サーバを利用するのが一般的です。

　例題 5.1 と例題 5.2 は、DNS サーバと DHCP サーバの役割に関する問題です。DNS と DHCP は、プロトコルの名前なので、これらの問題のように、DNS や DHCP という言葉だけを使うこともあります。

●例題5.1　DNS サーバの役割（H30 秋 問33）

問33　TCP/IP ネットワークで DNS が果たす役割はどれか。

ア　PC やプリンタなどからの IP アドレス付与の要求に対して，サーバに登録してある IP アドレスの中から使用されていない IP アドレスを割り当てる。

イ　サーバにあるプログラムを，サーバの IP アドレスを意識することなく，プログラム名の指定だけで呼び出すようにする。

ウ　社内のプライベート IP アドレスをグローバル IP アドレスに変換し，インターネットへのアクセスを可能にする。

エ　ドメイン名やホスト名などと IP アドレスとを対応付ける。

●例題5.2　DHCP サーバの役割（H23 特別 問39）

問39　DHCP の説明として，適切なものはどれか。

ア　IP アドレスの設定を自動化するためのプロトコルである。

イ　ディレクトリサービスにアクセスするためのプロトコルである。

ウ　電子メールを転送するためのプロトコルである。

エ　プライベート IP アドレスをグローバル IP アドレスに変換するためのプロトコルである。

　DNS サーバは、ドメイン名を IP アドレスに変換するために、両者を対応付けた情報を保持しています。例題 5.1 の正解は、選択肢エです。DHCP サーバは、コンピュータの起動時に、IP アドレスやサブネットマスクなどを自動的に設定します。例題 5.2 の正解は、選択肢アです。

180　第 5 章　ネットワーク

プロトコルの種類

Webページの閲覧やメールの送受信など、用途に応じて様々なプロトコルが用意されています。インターネットで使われる主なプロトコルを表5.1に示します。

● 表5.1　インターネットで使われる主なプロトコル

名　称	意　味	用　途
HTTP	Hyper Text Transfer Protocol	Webページを閲覧する
SMTP	Simple Mail Transfer Protocol	メールを送信および転送する
POP3	Post Office Protocol version 3	メールを受信する
FTP	File Transfer Protocol	ファイルを転送する
NTP	Network Time Protocol	時刻を合わせる
Telnet	Telnet	サーバを遠隔操作する（暗号化なし）
SSH	Secure Shell	サーバを遠隔操作する（暗号化あり）

> 略語の意味と用途を対応付けて覚えましょう

メールのプロトコルは、SMTPとPOP3に分けられています。**クライアントとメールサーバの間は、送信がSMTPで、受信がPOP3です。メールサーバとメールサーバの間は、送信も受信もSMTPであり、まとめて転送と呼びます。** メールは、クライアントからクライアントに直接送られるのではなく、メールサーバを介して間接的に送られます（図5.10）。

● 図5.10　メールの送信、受信、転送

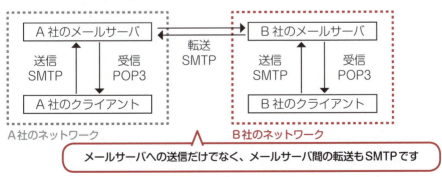

例題5.3は、メールで使用されるプロトコルのPOP3に関する問題です。正解

でない選択肢の中には、SMTP に関する説明があります。例題 5.4 は、コンピュータを遠隔操作するプロトコルに関する問題です。選択肢には、先ほど表 5.1 に示したプロトコルが並んでいます。

●例題5.3　POP3 の説明（H24 春 問38）

問38　電子メールシステムで使用されるプロトコルである POP3 の説明として，適切なものはどれか。

ア　PPP のリンク確立後に，利用者 ID とパスワードによって利用者を認証するときに使用するプロトコルである。

イ　メールサーバ間でメールメッセージを交換するときに使用するプロトコルである。

ウ　メールサーバのメールボックスから電子メールを取り出すときに使用するプロトコルである。

エ　利用者が電子メールを送るときに使用するプロトコルである。

●例題5.4　コンピュータを遠隔操作するプロトコル（H23 特別 問41）

問41　TCP/IP ネットワークで利用されるプロトコルのうち，ホストにリモートログインし，遠隔操作ができる仮想端末機能を提供するものはどれか。

ア　FTP　　　イ　HTTP　　　ウ　SMTP　　　エ　TELNET

例題 5.3 の選択肢アは、メールのプロトコルではないので、気にする必要はありません。選択肢イは、メールサーバ間のプロトコルなので、SMTP です。選択肢ウは、メールサーバからメールを取り出すプロトコルなので、POP3 です。選択肢エは、利用者がメールを送るプロトコルなので、SMTP です。正解は、選択肢ウです。

例題 5.4 の選択肢アの FTP は、ファイルを転送するプロトコルです。選択肢イの HTTP は、Web ページを閲覧するプロトコルです。選択肢ウの SMTP は、メールを送信および転送するプロトコルです。選択肢エの TELNET は、コンピュータを遠隔操作するプロトコルです。正解は、選択肢エです。

Section 5-2 OSI基本参照モデル

OSI基本参照モデルの7つの階層

　ネットワークは、様々な機能によって実現されていて、一緒に複数のプロトコルが使われています。これは、土台となる機能の上にそれを利用する機能が乗っていて、土台となるプロトコルの上にそれを利用するプロトコルが乗っている階層のイメージです。この階層の世界規格があり、**OSI（Open System Interconnection）** 基本参照モデルと呼ばれます。

　OSI基本参照モデルは、ネットワークの機能やプロトコルを7つの階層に分けて示します（表5.2）。それぞれの階層には、「アプリケーション層」～「物理層」という名前と、第7層～第1層という番号が付けられています。階層のことを英語で「レイヤ（layer）」と呼ぶので、第7層～第1層を「レイヤ7」～「レイヤ1」と呼ぶこともあります。

●表5.2　OSI基本参照モデルの7つの階層

第7層	アプリケーション層
第6層	プレゼンテーション層
第5層	セッション層
第4層	トランスポート層
第3層	ネットワーク層
第2層	データリンク層
第1層	物理層

（ビルディングと同じで、下が1階（第1層）です）

　下の階層にあるほど、基本的な機能やプロトコル（取り決め）を提供します。**物理層**は、電線、光ケーブル、電波のどれを使ってデータを物理的に伝送するかを取り決めます。

　データリンク層は、直接つながっている相手と通信を行うための取り決めです。リンク（link）は、「結合」という意味です。**ネットワーク層**は、データを中継し

て最終的な目的地まで届けるための取り決めです。たとえば図 5.11 のように、社内のパソコンから社外の Web サーバを閲覧する場合は、社内のパソコンから社内のルータまでがデータリンク層であり、そこから先の社外の Web サーバまでがネットワーク層です。

●図5.11　データリンク層とネットワーク層

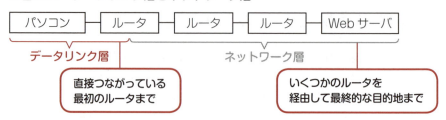

　トランスポート層は、データの分割と復元、および到達確認を行います。インターネットで伝達される大きなデータは、いくつかの小さなデータに分割されて送信され、受信先で元のデータに復元されます。**セッション層**は、複数のデータのやりとりによる一連の通信手順の取り決めです。**プレゼンテーション層**は、文字、画像、圧縮などのデータ表現の取り決めです。**アプリケーション層**は、ユーザから見た操作方法の取り決めです。

OSI基本参照モデルとプロトコル

　OSI 基本参照モデルに対応付けて、ネットワークで使われている様々なプロトコルを分類できます。LAN で使われている**イーサネット**というプロトコルは、物理層とデータリンク層の機能を提供します。データリンク層まででは、社外のインターネットに出て行けないので、イーサネットは社内 LAN のプロトコルです。
　インターネットでは、**TCP/IP** が基本プロトコルになります。TCP/IP は、ネットワーク層で **IP（Internet Protocol）**というプロトコルを使い、トランスポート層で **TCP（Transmission Control Protocol）**というプロトコルを使うという意味です。
　トランスポート層では、TCP の代わりに **UDP（User Datagram Protocol）**というプロトコルを使うこともできます。**UDP は、品質より速度を重視したプロトコルです。目的地にデータが到達しなかった場合、TCP はデータの再送を行いますが、UDP は再送を行いません。**UDP は、品質より速度が重視される音楽や

動画の配信、時刻を合わせる **NTP（Network Time Protocol）** などで使われます。

　Webサーバを閲覧するHTTP、メールを送受信するSMTPとPOP3などのプロトコルは、「アプリケーション層」「プレゼンテーション層」「セッション層」の機能をまとめて提供しています。これらのプロトコルは、どれも基本プロトコルとしてTCPとIPを使います（表5.3）。

●表5.3　OSI基本参照モデルに対応付けたプロトコルの分類

第7層	アプリケーション層	HTTP、SMTP、POP3、FTP、NTP、Telnet、SSHなど
第6層	プレゼンテーション層	
第5層	セッション層	
第4層	トランスポート層	TCP、UDP
第3層	ネットワーク層	IP
第2層	データリンク層	イーサネット
第1層	物理層	

TCPとIPがインターネットの基本プロトコルです

　表5.3には示していませんが、DNSサーバは **DNS** というプロトコルを使い、DHCPサーバは **DHCP** というプロトコルを使います。これらのプロトコルでは、速度を優先するために、基本プロトコルとして、UDPとIPを使います（DNSでは、TCPを使うこともある）。

　例題5.5は、TCPではなくUDPを使うプロトコルを選ぶ問題です。品質より速度が優先されるプロトコルでUDPが使われます。それは、FTP、NTP、POP3、TELNETのどれでしょう。

●例題5.5　UDPを使用しているプロトコル（H25 春 問36）

　問36　UDPを使用しているものはどれか。

　ア　FTP　　イ　NTP　　ウ　POP3　　エ　TELNET

　時刻合わせのNTPが、UDPを使用しています。正解は、選択肢イです。

アプリケーションデータに付加されるヘッダ

　ユーザが、Webブラウザやメールソフトなどのアプリケーションを使って入力したデータは、OSI基本参照モデルの最上位層のアプリケーション層によって受け取られます。その後は、階層を順番に下にたどって、最下位層の「物理層」から外部に送信されます。逆に、データを受信する場合は、最下位層の物理層から階層を順番に上にたどって、最上位層のアプリケーション層でユーザに渡されます。これは、OSI基本参照モデルの「アプリケーション層」の上にユーザが乗っていて、「物理層」からネットワークケーブルが出ているイメージです（図5.12）。

●図5.12　OSI基本参照モデルの階層をたどってデータが送られる

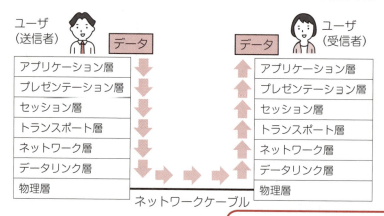

7つの階層を上からたどって送信され、下からたどって受信されるイメージです

　データ送信時に、上から下に階層をたどるときには、宛先や差出人などの情報がデータに付加されます。この付加情報を**ヘッダ（header）**と呼びます。ヘッダは、頭（head）に付加するものという意味です。

　プロトコルによって、ヘッダの形式が異なるので、階層を上から下にたどることで、それぞれのヘッダが追加されていきます。逆に、データの受信時に、下から上に階層をたどるときには、徐々にヘッダが除去され、データだけがユーザに渡されます（図5.13）。このデータを**アプリケーションデータ**と呼びます。

　ヘッダとアプリケーションデータを合わせたものが、それぞれの階層におけるデータのまとまりです。TCPの階層では、アプリケーションデータに**TCPヘッダ**が付加されて、**TCPセグメント**と呼ばれるデータのまとまりになります。IPの

階層では、さらに **IP ヘッダ**が付加されて、**IP パケット**と呼ばれるデータのまとまりになります。イーサネットの階層では、さらに**イーサネットヘッダ**が付加された、**イーサネットフレーム**というデータのまとまりになります。

●図5.13　階層をたどるとヘッダの付加と除去が行われる

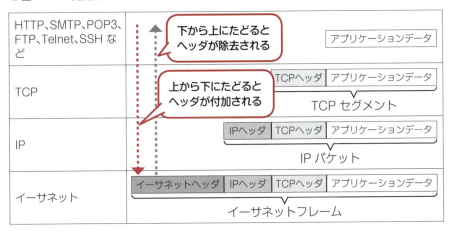

LAN間接続装置

ルータのように LAN と LAN の間を接続する装置を **LAN 間接続装置**と呼びます。試験に出題される主な LAN 間接続装置には、ルータ以外にも、**ブリッジ**（bridge）と**リピータ**（repeater）があります。これらの装置も、OSI 基本参照モデルに対応付けて分類できます（表 5.4）。

●表5.4　OSI基本参照モデルに対応付けた主なLAN間接続装置の分類

階　層	LAN間接続装置
アプリケーション層	
プレゼンテーション層	
セッション層	
トランスポート層	
ネットワーク層	ルータ
データリンク層	ブリッジ
物理層	リピータ

複数の階層にまたがったゲートウェイという装置もあります

【ルータ】

　ルータは、IPアドレスを見て適切なネットワークにデータを中継します。データを中継する機能はネットワーク層なのでルータは、ネットワーク層の装置です。

【ブリッジ】

　ブリッジは、2つのLANをつないで、1つのLANにします。1つのLANになれば、データリンク層までの機能で通信できるので、ブリッジはデータリンク層の装置であり、後で追加するMACアドレスを参照します。

【リピータ】

　リピータは、長い通信ケーブルを通って弱くなった電気信号を回復させます。データの内容にかかわらず、物理的に回復しているだけなので、リピータは、物理層の装置です。

　例題5.6は、LAN間接続装置に関する問題です。選択肢アの「ゲートウェイ（gateway）」は、複数の階層のプロトコルをまとめて変換する装置なので、OSI基本参照モデルの特定の階層に対応付けられません。その他の選択肢の説明だけに注目してください。

●例題5.6　LAN間接続装置の説明（H30秋 問32）

　問32　LAN間接続装置に関する記述のうち，適切なものはどれか。

　ア　ゲートウェイは，OSI基本参照モデルにおける第1～3層だけのプロトコルを変換する。
　イ　ブリッジは，IPアドレスを基にしてフレームを中継する。
　ウ　リピータは，同種のセグメント間で信号を増幅することによって伝送距離を延長する。
　エ　ルータは，MACアドレスを基にしてフレームを中継する。

　選択肢イは、「IPアドレスを基にして」ということから、ルータの説明です。選択肢ウは、「信号を増幅する」ということから、リピータの説明です。選択肢エは、「MACアドレスを基にして」ということから、ブリッジの説明です。正解は、選択肢ウです。

188　第5章 ネットワーク

Section 5-3 ネットワークの識別番号

MACアドレス、IPアドレス、ポート番号

インターネットでは、データの宛先と差出人を識別するために、3種類の番号が使われています。**MAC**（Media Access Control：マック）**アドレス**、**IPアドレス**、**ポート番号**です。複数の番号があるのは、複数のプロトコルが一緒に使われているからです。

【MACアドレス】

MACアドレスは、イーサネットにおける識別番号です。イーサネットの機能を実現するハードウェアを**ネットワークカード**と呼びます。MACアドレスは、ネットワークカードの製造時に、メーカーによって設定されます。**全部で48ビットから構成されていて、上位24ビットがネットワークカードのメーカー番号で、下位24ビットが製造番号です**（図5.14）。

● 図5.14　MACアドレスの例

F8-BC-12-53-F7-B5

メーカーの番号　製造番号

（16進数で示しています）

【IPアドレス】

IPアドレスは、インターネットにおいてホスト（コンピュータや通信機器）を識別する番号です。後で詳しく説明しますが、全部で32ビットから構成されていて、**上位桁がネットワーク（LAN）の番号であり、下位桁がホストの番号です**。桁の区切り方には、いくつかの形式があるので、これも後で説明します。

【ポート番号】

ポート番号は、インターネットにおいて、**プログラムを識別する0～65535**

（符号なし 16 ビット整数）の番号です。1 台のコンピュータの中で、複数のプログラムが動作している場合があります。IP アドレスを指定して目的のコンピュータに到達できたら、そのコンピュータのどのプログラムにデータを渡すかを、ポート番号で指定するのです。

【3 種類の識別番号】

イーサネットの階層で付加されるイーサネットヘッダの中には、宛先と差出人の MAC アドレスがあります。IP の階層で付加される IP ヘッダの中には、宛先と差出人の IP アドレスがあります。TCP の階層で付加される TCP ヘッダの中には、宛先と差出人のポート番号があります。したがって、1 つのデータには、3 種類の識別番号が付加されています。

▎3種類の識別番号の使い方

MAC アドレス、IP アドレス、ポート番号の使い方の例を示しましょう。たとえば、パソコンで動作している Web ブラウザから、いくつかのルータを経由して、他社の Web サーバで動作している Web サーバプログラムに、Web ページの閲覧を要求するデータを送るとします。

直接つながっている通信相手は、MAC アドレスで指定し、最終的な通信相手は、IP アドレスとポート番号で指定します。したがって、**通信の途中で、IP アドレスとポート番号は変化しませんが、MAC アドレスは状況に応じて書き換えられることになります**（図 5.15）。

最終的な通信相手は、IP アドレスで指定すればパソコンと Web サーバであり、ポート番号で指定すれば Web ブラウザと Web サーバプログラムです。これらは、変化しません。それに対して、直接つながっている通信相手は、状況に応じて変化します。

図 5.15 の左側の部分で直接つながっているのは、パソコンとルータ A です。したがって、宛先の MAC アドレスはルータ A で、差出人の MAC アドレスはパソコンです。図 5.15 の右側の部分で直接つながっているのは、ルータ B と Web サーバです。したがって、宛先の MAC アドレスは Web サーバで、差出人の MAC アドレスはルータ B です。

190　第 5 章　ネットワーク

● 図5.15　MACアドレスは、状況に応じて書き換えられる

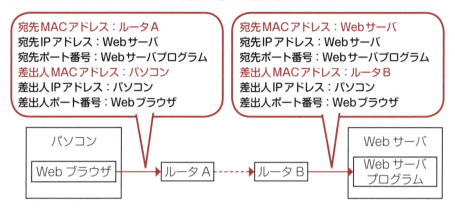

　例題5.7と例題5.8は、MACアドレス、IPアドレス、ポート番号の使い方に関する問題です。

● 例題5.7　ルータが経路決定に用いる情報（H29 春 問33）

問33　ルータがパケットの経路決定に用いる情報として，最も適切なものはどれか。

ア　宛先IPアドレス　　　　イ　宛先MACアドレス
ウ　発信元IPアドレス　　　エ　発信元MACアドレス

● 例題5.8　アプリケーションを識別する番号（H23 特別 問36）

問36　TCP及びUDPのプロトコル処理において，通信相手のアプリケーションを識別するために使用されるものはどれか。

ア　MACアドレス　　　　　イ　シーケンス番号
ウ　プロトコル番号　　　　エ　ポート番号

　ルータは、宛先IPアドレスを参照して、パケットの経路を決定しています。例題5.7の正解は、選択肢アです。MACアドレスを参照するのは、ブリッジです。
　アプリケーション（ユーザが使うプログラムのこと）を識別するのは、ポート

番号です。例題 5.8 の正解は、選択肢エです。選択肢イの「シーケンス番号」は、TCP で分割されたデータの通し番号です。シーケンス番号によって、データを元の順序に並べる復元と、欠落がないことを確認する到達確認ができます。

ウェルノウンポート番号

MAC アドレスは、あらかじめネットワークカードに設定されています。IP アドレスは、ネットワーク内の DHCP サーバによって自動的に設定されます。ポート番号は、ユーザが任意に設定できます。

ただし、**サーバのプログラムのポート番号は、そのプログラムが使用しているプロトコルの種類に合わせて、あらかじめ決められた番号を付けることが慣例になっています。これを**ウェルノウン（well-known）**ポート番号**と呼びます。

表 5.5 に、主なウェルノウンポート番号を示します。**ウェルノウンポート番号とされるのは、0 番〜 1023 番までです。クライアントで動作するプログラム（ユーザが利用するアプリケーション）には、1024 番以降の任意の番号を付けます。**

●**表5.5　主なウェルノウンポート番号**

ポート番号	プロトコル	用　途
20	FTP	データを転送する
21	FTP	制御命令を送る
25	SMTP	メールを送信および転送する
80	HTTP	Webページを閲覧する
110	POP3	メールを受信する

ウェルノウンとは
「よく知られた」
という意味です

FTP のポート番号が 2 つあることに注目してください。**FTP では、21 番のポートを使って、転送の開始や終了、などを意味する制御命令を送り、20 番のポートを使って、データの転送を行います。**

プロキシサーバ

社内 LAN とインターネットの間に**プロキシサーバ**を設置することがあります。プロキシ（proxy）とは、「代理人」という意味です。プロキシサーバは、社内 LAN のクライアントの代理人として、インターネットに接続します。それによって、**セキュリティを向上させる効果と、Web ページのアクセス速度を向上させる効果があります**。

プロキシサーバが設置されたネットワークからインターネットにアクセスする場合は、送信データが、必ずプロキシサーバを経由します。このとき、プロキシサーバは、送信データの差出人の IP アドレスを、プロキシサーバの IP アドレスに書き換えます。これによって、返信データは、クライアントに直接返されず、プロキシサーバに返されることになります。インターネットから見えるのは、プロキシサーバだけになるので、外部からクライアントへの不正アクセスができなくなります。

プロキシサーバには、一度閲覧した Web ページの内容をキャッシュ（cache ＝貯蔵する）する機能もあります。これによって、クライアントが同じ Web ページにアクセスした場合は、キャッシュされた Web ページをすぐに返すことができます（図 5.16）。

●図5.16　プロキシサーバの役割

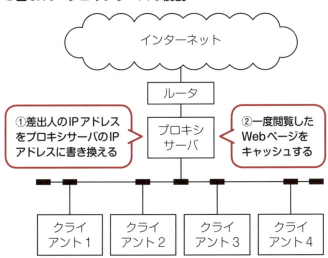

Section 5-4 IPアドレス

IPアドレスの構造

IPアドレスは、インターネットで、コンピュータや通信機器を識別するための番号です。IPアドレスは、全部で32ビットから構成されています。IPアドレスを表記するときは、32ビットを8ビットずつ4つの部分に分けて、それぞれの部分をドットで区切って10進数で示します。

たとえば、翔泳社のWebサーバのIPアドレスは、203.104.101.14です。このIPアドレスを2進数で表すと、203 → 11001011、104 → 01101000、101 → 01100101、14 → 00001110 なので、11001011011010000110010100001110 になります。この32ビットの数値が、コンピュータの内部で取り扱われているIPアドレスですが、人間にはわかりにくいので、203.104.101.14 という表記にするのです（図5.17）。

●図5.17 IPアドレスの表記方法

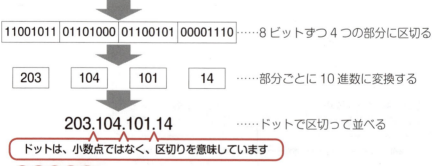

アドバイス

8ビットの2進数を10進数に変換する練習と、10進数を8ビットの2進数に変換する練習をしておきましょう。

アドレスクラス

　IPアドレスは、上位桁がネットワーク（LAN）を識別する**ネットワークアドレス**であり、下位桁がコンピュータや通信機器を識別する**ホストアドレス**です。

　ネットワークアドレスとホストアドレスの区切り方には、**クラスA**、**クラスB**、**クラスC**があります。これらを**アドレスクラス**と呼びます。

　クラスAは、上位8ビットと下位24ビットで区切り、クラスBは、上位16ビットと下位16ビットに区切り、クラスCは、上位24ビットと下位8ビットに区切ります。

　IPアドレスが、どのクラスなのかは、2進数で表したときの上位桁を見ればわかるようになっています（図5.18）。**最上位桁が0ならクラスA、上位2桁が10ならクラスB、上位3桁が110ならクラスC**です。

●図5.18　ネットワークアドレスとホストアドレスの区切り方

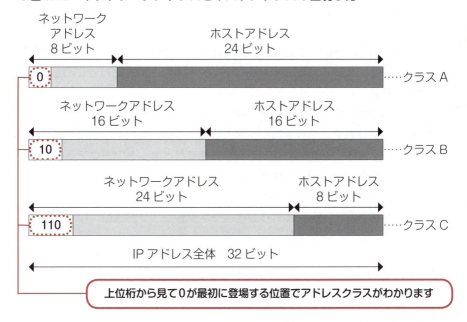

　例題5.9は、IPアドレスからアドレスクラスを判断する問題です。IPアドレスの上位3桁までを見れば、アドレスクラスがわかるので、10.128.192.10の上位の10だけを2進数に変換してみましょう。

10 進数の 10 を 8 ビットの 2 進数に変換すると、00001010 になります。最上位桁が 0 なので、この IP アドレスは、クラス A です。正解は，選択肢アです。

●**例題5.9　IP アドレスからアドレスクラスを判断する（H21 春 問38）**

問38　IP アドレス 10.128.192.10 のアドレスクラスはどれか。

ア　クラス A　　イ　クラス B　　ウ　クラス C　　エ　クラス D

サブネットマスク

IP アドレスのネットワークアドレスとホストアドレスを、クラス A、クラス B、クラス C だけで区切るのは、やや古い方法です。現在では、**サブネットマスク**と呼ばれる方法を使うのが一般的です。

サブネットマスクは、IP アドレスと同じ 32 ビットの数値です。IP アドレスと同様に、32 ビットを 8 ビットずつ 4 つの部分に分けて、それぞれの部分をドットで区切って 10 進数で示します。たとえば、255.255.255.0 と表記されたサブネットマスクは、実際には 11111111111111111111111100000000 という 32 ビットの数値です。

IP アドレスとサブネットマスクを AND 演算すると、ホストアドレスの部分だけがゼロクリアされて、ネットワークアドレス（厳密には、ネットワークアドレスとサブネットアドレスを合わせたアドレスですが、ネットワークアドレスだと考えても問題ありません）が得られるようになっています。たとえば、203.104.101.14 という IP アドレスと、255.255.255.0 というサブネットマスクを AND 演算すると、203.104.101.0 というネットワークアドレスが得られます（図 5.19）。

●**図5.19　IPアドレスとサブネットマスクをAND演算する**

```
      11001011011010000110010100001110 ……IP アドレス（203.104.101.14）
AND   11111111111111111111111100000000 ……サブネットマスク（255.255.255.0）
      11001011011010000110010100000000 ……ネットワークアドレス（203.104.101.0）
```

サブネットマスクの1に対応する桁は変化せず、0に対応する桁は0にマスクされます

196　第5章　ネットワーク

サブネットマスクを2進数で表すと、上位桁に1が並び、下位桁に0が並んだものとなります。**1が並んだ部分がネットワークアドレスに対応し、0が並んだ部分がホストアドレスに対応します。** サブネットマスクを使うことで、クラスA、クラスB、クラスCより細かく、ホストアドレスの桁数を指定できます。たとえば、11111111111111111111111111110000 というサブネットマスクを使えば、IPアドレスの下位4ビットをホストアドレスに指定できます（図5.20）。

●図5.20　サブネットマスクは、上位桁に1が並び、下位桁に0が並ぶ

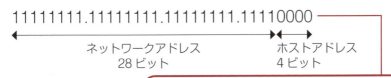

ホストアドレスとして使用できる番号

例題5.10 は、ネットワークアドレスとサブネットマスクから、ホストアドレスとして使用できる番号を判断する問題です。

●例題5.10　ネットワークアドレスとサブネットマスク（H30 春 問32）

> **問32**　次のネットワークアドレスとサブネットマスクをもつネットワークがある。このネットワークをあるPCが利用する場合、そのPCに**割り振ってはいけない**IPアドレスはどれか。
>
> 　　ネットワークアドレス：200.170.70.16
> 　　サブネットマスク　　：255.255.255.240
>
> 　ア　200.170.70.17　　　イ　200.170.70.20
> 　ウ　200.170.70.30　　　エ　200.170.70.31

255.255.255.240 というサブネットマスクを2進数に変換すると、11111111111111111111111111110000 になります。したがって、ホストアド

5-4　IPアドレス　**197**

レスに指定できるのは、下位4ビットの0000～1111です。ただし、**すべての桁が0のホストアドレス0000と、すべての桁が1のホストアドレス1111を使ってはいけない約束になっているので**、実際には、0001～1110を指定できます。

0001～1110を10進数で表すと、1～14です。ネットワークアドレスの200.170.70.16の下位桁に1～14を付加した200.170.70.17～30を、ホストアドレスに指定できます。選択肢エの200.170.70.31だけが、この範囲にありません。正解は、選択肢エです。

すべての桁が0のホストアドレス0000と、すべての桁が1のホストアドレス1111を使ってはいけない理由は、それぞれの用途が決められているからです。

すべての桁が0のホストアドレスは、ネットワークアドレスを表すときに使います。IPアドレスの入れ物のサイズは、32ビットに決まっているので、下位にあるホストアドレスの部分をすべて0にすることによって、上位にあるネットワークアドレスを取り出したことにするのです。

すべての桁が1のホストアドレスは、同じネットワークにあるすべてのホスト宛にデータを送るときに使われます。これを**ブロードキャスト**（broadcast＝**一斉同報**）と呼びます。

▌CIDR表記

サブネットマスクと同様の考えで、203.104.101.14/28のようにして、ネットワークアドレスとホストアドレスの区切りを細かく示す表記方法もあります。これを**CIDR**（Classless Inter Domain Routing：**サイダー**）**表記**と呼びます。

/28は、上位28ビットがネットワークアドレスであることを示します。IPアドレスは、全体で32ビットなので、残りの下位4ビットがホストアドレスです。例題5.11は、CIDR表記に関する問題です。

●**例題5.11　接続可能なホストの最大数（H26 春 問35）**

問35　IPv4で192.168.30.32/28のネットワークに接続可能なホストの最大数はどれか。

ア　14　　　　　イ　16　　　　　ウ　28　　　　　エ　30

/28 は、IP アドレスの上位 28 ビットがネットワークアドレスであり、残りの下位 4 ビットがホストアドレスであることを意味しています。4 ビットで表せるアドレスは、0000 〜 1111 の 16 通りですが、すべての桁が 0 の 0000 と、すべての桁が 1 の 1111 は使えないので、0001 〜 1110 の 14 通りになります。正解は、選択肢アです。

IPアドレスの割り当て

ホストに IP アドレスを割り当てる場合、以下のルールに従わなければなりません。

【ルール 1】
　ネットワークアドレスは、LAN を識別する番号なので、同じ LAN 内にあるホストには、同じネットワークアドレスを割り当てなければなりません。

【ルール 2】
　同じ LAN 内に、同じ IP アドレスのホストが複数あってはいけません。

【ルール 3】
　2 進数で表して、すべてが 0 になるホストアドレスと、すべてが 1 になるホストアドレスを割り当ててはいけません。

たとえば、ネットワーク A とネットワーク B という 2 つの LAN があり、両者がルータで結ばれているとします（図 5.21）。ネットワーク A のネットワークアドレスは、192.168.1.0 であり、サブネットマスクは、255.255.255.0 です。ネットワーク B のネットワークアドレスは、192.168.2.0 であり、サブネットマスクは、255.255.255.0 です。この場合に、それぞれの LAN のホストに、何という IP アドレスが割り当てられるかを考えてみましょう。2 つの LAN をつなぐルータには、それぞれの LAN に合わせて、2 つの IP アドレスを設定します。

5-4　IP アドレス　**199**

●図5.21　それぞれのLANのホストにIPアドレスを割り当てる

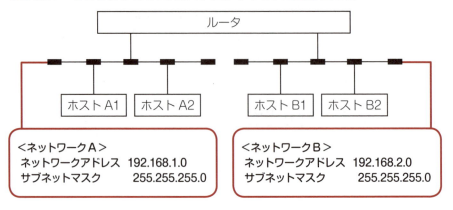

　ネットワークAのホストには、同じ192.168.1というネットワークアドレスを付けなければなりません。下位8ビットがホストアドレスなので、00000000と11111111を除いた00000001～11111110が使えます。これを10進数で表すと、1～254です。したがって、ネットワークAのホストには、192.168.1.1～192.168.1.254というIPアドレスを割り当てられます。

　同様に、ネットワークBのホストには、192.168.2.1～192.168.2.254というIPアドレスを割り当てられます。他のホストと重複しないようにして、IPアドレスを割り当てた例を図5.22に示します。

●図5.22　それぞれのLANのホストにIPアドレスを割り当てた例

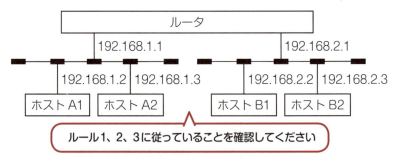

プライベートIPアドレスとグローバルIPアドレス

IP アドレスは、全部で 32 ビットです。32 ビットで表せる番号の数は、約 43 億通りです。現在の地球の人口が、約 70 億人ですから、約 43 億通りの IP アドレスでは、まったく足りません。

そこで、同じ IP アドレスを使い回す方法が考案されました。IP アドレスの番号の範囲を、社内 LAN だけで通用する**プライベート IP アドレス**と、社外すなわちインターネットで通用する**グローバル IP アドレス**に分け、**LAN が異なれば、同じプライベートIPアドレスを使い回して割り当てられるというルールにしたのです。**

▸IPアドレスの種類

プライベート IP アドレス …… 社内 LAN だけで通用する（LAN が異なれば重複してよい）

グローバル IP アドレス ……… インターネットで通用する（重複してはいけない）

ただし、プライベート IP アドレスを使って、インターネットを利用することはできません。そこで、LAN に 1 つだけグローバル IP アドレスを割り当て、インターネットにデータを送信する際に、差出人の IP アドレスをプライベート IP アドレスからグローバル IP アドレスに書き換えるようにします。逆に、インターネットからデータを受信する際には、宛先の IP アドレスをグローバル IP アドレスからプライベート IP アドレスに書き換えます。この仕組みを **NAT**（**Network Address Translation**）と呼びます。ルータの中には、NAT の機能を持つものがあります（図 5.23）。

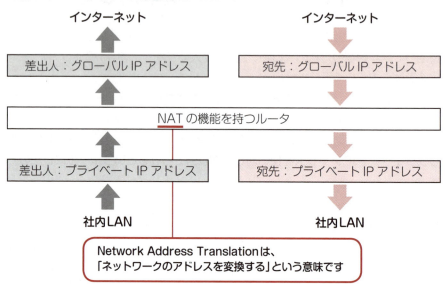

●図5.23　IPアドレスを変換するNAT

　しかし、ただ単に、プライベートIPアドレスとグローバルIPアドレスを変換しただけでは、同時に1つのホストだけしかインターネットと通信できません。たとえば、ホストAとホストBが同時にインターネットに送信した場合、インターネットから受信したデータの宛先グローバルIPアドレスを、どちらのホストのプライベートIPアドレスに変換すればよいかがわからないからです。

　そこで、実際には、IPアドレスだけでなく、ポート番号も変換する方法が使われていて、これを **NAPT（Network Address Port Translation）** または **IPマスカレード（masquerade＝仮面舞踏会）** と呼びます。

　インターネットにデータを送信する際に、プライベートIPアドレスをグローバルIPアドレスに変換し、さらにポート番号を別の番号（ホストを識別するための番号）に変換して、その変換情報をルータの内部に記憶します。逆に、インターネットからデータを受信する際には、宛先ポート番号でホストを識別して、グローバルIPアドレスをプライベートIPアドレスに変換し、ポート番号を元のポート番号（アプリを識別する本来の番号）に変換します（図5.24）。

● 図5.24 IPアドレスとポート番号を変換するNAPT

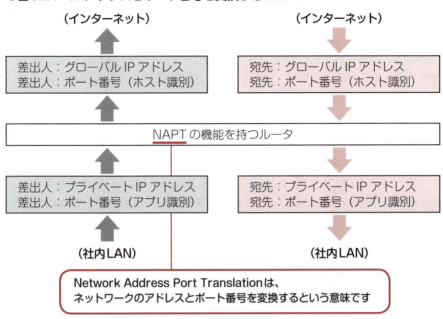

例題5.12は、プライベートIPアドレスとグローバルIPアドレスの変換に関する問題です。

● 例題5.12 IPアドレスを変換する仕組み (H24 春 問37)

> 問37 プライベートIPアドレスの複数の端末が、一つのグローバルIPアドレスを使ってインターネット接続を利用する仕組みを実現するものはどれか。
>
> ア DHCP　　イ DNS　　ウ NAPT　　エ RADIUS

単にプライベートIPアドレスとグローバルIPアドレスを変換するだけならNATです。IPアドレスだけでなく、ポート番号も変換するならNAPTです。この問題の選択肢には、NATがないので、選択肢ウのNAPTが正解です。

IPv6

　IP アドレスが足りなくなることを防ぐために、ビット数を従来の 32 ビットから 128 ビットに増やした **IPv6（Internet Protocol version 6）** という新しい規格が作られました。128 ビットあれば、単純に計算して $2^{128} \fallingdotseq 3.4 \times 10^{38}$ 通り（340 兆通りの 1 兆倍の 1 兆倍）の番号を割り当てられるので、IP アドレスが足りなくなることはないでしょう。IPv6 に対して、従来の規格を **IPv4（Internet Protocol version 4）** と呼びます。現在のインターネットの主流は IPv4 ですが、IPv6 も徐々に使われ始め、両者が併用されています。

　IPv6 では、128 ビットを 16 ビットごとに 8 つの部分に分け、それぞれを 4 桁の 16 進数で表して、コロン（:）で区切ります。たとえば、2001:0db8:0000:0000:0000:ff00:0042:8329 のように表記します。0000:0000:0000 のように 0 が続いた部分は、省略して 2 個のコロン（::）で表せます。0042 のように、上位桁が 0 になっている部分は、0 を省略して 42 と表せます。したがって、2001:0db8:0000:0000:0000:ff00:0042:8329 は、2001:db8::ff00:42:8329 と表せます（図5.25）。

●**図5.25　IPv6のアドレス表記方法と省略方法**

2001:0db8:0000:0000:0000:ff00:0042:8329……16 ビットごとに : で区切って
　　　　　　　　　　　　　　　　　　　　　　16 進数で示す

2001:0db8　　:: 　　　ff00:0042:8329　……0000 の連続を :: に省略できる

2001: db8　　:: 　　　ff00: 42:8329　……上位桁の 0 を省略できる

2001:db8::ff00:42:8329　　　　　　　　　……全体を詰めて表記する

　IP アドレスが足らなくなる心配がなくても、**IPv6 にも、IPv4 のプライベートIP アドレスとグローバル IP アドレスに相当するものがあります。**グローバル IPアドレスを割り当てると、アドレスの変更が容易ではなくなり、不正アクセスの危険性も高まるからです。

Section 5-5 ネットワークの練習問題

プロトコルの種類

● 練習問題 5.1　メールに関するプロトコル (H21 春 問 39)

問 39　図の環境で利用される①〜③のプロトコルの組合せとして，適切なものはどれか。

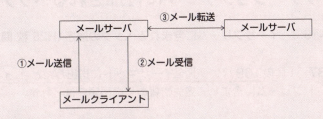

	①	②	③
ア	POP3	POP3	SMTP
イ	POP3	SMTP	POP3
ウ	SMTP	POP3	SMTP
エ	SMTP	SMTP	SMTP

メールサーバ間のメール転送のプロトコルに注意しよう！

OSI基本参照モデルの7つの階層

● **練習問題5.2　中継と経路制御の機能を持つ階層（H24 秋 問34）**

問 34　OSI 基本参照モデルにおいて，エンドシステム間のデータ伝送の
中継と経路制御の機能をもつ層はどれか。

ア　セッション層　　　　　イ　データリンク層
ウ　トランスポート層　　　エ　ネットワーク層

> 下位層から順に階層の機能を思い出してみよう！

アプリケーションデータに付加されるヘッダ

● **練習問題5.3　イーサフレームに含まれるヘッダの順序（H25 秋 問37）**

問 37　1個のTCPパケットをイーサネットに送出したとき，イーサネッ
トフレームに含まれる宛先情報の，送出順序はどれか。

ア　宛先 IP アドレス，宛先 MAC アドレス，宛先ポート番号
イ　宛先 IP アドレス，宛先ポート番号，宛先 MAC アドレス
ウ　宛先 MAC アドレス，宛先 IP アドレス，宛先ポート番号
エ　宛先 MAC アドレス，宛先ポート番号，宛先 IP アドレス

> データに付加されたヘッダに、
> 宛先と差出人の識別情報があります！

LAN間接続装置

● 練習問題5.4　OSI 基本参照モデルとLAN 間接続装置（H26 春 問30）

問 30　OSI 基本参照モデルの各層で中継する装置を，物理層で中継する
装置，データリンク層で中継する装置，ネットワーク層で中継する
装置の順に並べたものはどれか。

ア　ブリッジ，リピータ，ルータ
イ　ブリッジ，ルータ，リピータ
ウ　リピータ，ブリッジ，ルータ
エ　リピータ，ルータ，ブリッジ

装置の名前、役割、
階層を対応付けて
覚えましょう！

MACアドレス、IPアドレス、ポート番号

● 練習問題5.5　MAC アドレスの構成（H24 秋 問33）

問 33　ネットワーク機器に付けられている MAC アドレスの構成とし
て，適切な組合せはどれか。

	先頭 24 ビット	後続 24 ビット
ア	エリア ID	IP アドレス
イ	エリア ID	固有製造番号
ウ	OUI（ベンダ ID）	IP アドレス
エ	OUI（ベンダ ID）	固有製造番号

ベンダとは機器のメーカーのことです！

5-5　ネットワークの練習問題　**207**

IPアドレスの構造

● 練習問題5.6　クラスCのプライベートIPアドレス (H22春 問38)

問38　クラスCのプライベートIPアドレスとして利用できる範囲はどれか。

ア　10.0.0.0 ～ 10.255.255.255
イ　128.0.0.0 ～ 128.255.255.255
ウ　172.16.0.0 ～ 172.31.255.255
エ　192.168.0.0 ～ 192.168.255.255

値の範囲を知らなくても、クラスCであることから正解を選べます！

IPアドレスの割り当て

● 練習問題5.7　IPアドレスの適切な割り当て (H22秋 問37)

問37　TCP/IPネットワークにおいて，二つのLANセグメントを，ルータを経由して接続する。ルータの各ポート及び各端末のIPアドレスを図のとおりに設定し，サブネットマスクを全ネットワーク共通で255.255.255.128とする。ルータの各ポートのアドレス設定は正しいとした場合，IPアドレスの設定を正しく行っている端末の組合せはどれか。

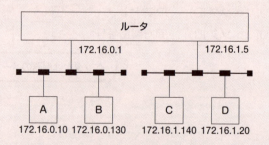

ア　AとB　　　イ　AとD　　　ウ　BとC　　　エ　CとD

IPアドレスを割り当てる場合のルールを思い出してください！

プライベートIPアドレスとグローバルIPアドレス

● 練習問題5.8　IPアドレスを変換する仕組み（R01 秋 問33）

問32　LANに接続されている複数のPCをインターネットに接続するシステムがあり，装置AのWAN側のインタフェースには1個のグローバルIPアドレスが割り当てられている。この1個のグローバルIPアドレスを使って複数のPCがインターネットを利用するのに必要となる装置Aの機能はどれか。

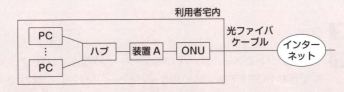

- ア　DHCP
- イ　NAPT（IPマスカレード）
- ウ　PPPoE
- エ　パケットフィルタリング

> 複数のPCが1個のグローバルIPアドレスを使い回しています！

IPv6

● 練習問題5.9　IPv6の特徴（H26 春 問32）

問32　IPv6アドレスの特徴として，適切なものはどれか。

- ア　アドレス長は96ビットである。
- イ　全てグローバルアドレスである。
- ウ　全てのIPv6アドレスとIPv4アドレスを，1対1に対応付けることができる。
- エ　複数のアドレス表記法があり，その一つは，アドレスの16進数表記を4文字（16ビット）ずつコロン":"で区切る方法である。

> この問題を通して，IPv6の特徴を覚えてください！

Section 5-6 ネットワークの練習問題の解答・解説

プロトコルの種類

●練習問題5.1　メールに関するプロトコル（H21 春 問39）

解答　ウ

解説　クライアントとメールサーバの間は、メール送信がSMTPで、メール受信がPOP3です。メールサーバとメールサーバの間のメール転送は、SMTPです。

OSI基本参照モデルの7つの階層

●練習問題5.2　中継と経路制御の機能を持つ階層（H24 秋 問34）

解答　エ

解説　最下位の物理層で通信媒体の種類（電線、光ケーブル、電波）を決め、その上のデータリンク層で直接つながった社内のルータにたどりつき、その上のネットワーク層でルータからルータにデータを中継して最終的な目的地に到達します。問題文の中にある**エンドシステム**とは、通信の両端にあるシステムという意味です。クライアントがいくつかのルータを経由してWebサーバにたどりつく場合は、クライアントとWebサーバがエンドシステムです。

アプリケーションデータに付加されるヘッダ

● 練習問題5.3　イーサフレームに含まれるヘッダの順序（H25 秋 問37）

解答　ウ

解説　ユーザが入力したアプリケーションデータに、TCP の階層で TCP ヘッダが付加されて TCP セグメントになり、IP の階層で IP ヘッダが付加されて IP パケットになり、イーサネットの階層でイーサネットヘッダが付加されてイーサネットフレームになります。したがって、イーサネットフレームに含まれているヘッダの順序は、イーサネットヘッダ、IP ヘッダ、TCP ヘッダの順であり、前にあるイーサネットヘッダ、IP ヘッダ、TCP ヘッダの順に送出されます。
イーサネットヘッダには、宛先と差出人の MAC アドレスがあります。IP ヘッダの中には、宛先と差出人の IP アドレスがあります。TCP ヘッダの中には、宛先と差出人のポート番号があります。したがって、MAC アドレス、IP アドレス、ポート番号の順になっている選択肢ウが正解です。

LAN間接続装置

● 練習問題5.4　OSI基本参照モデルとLAN間接続装置（H26 春 問30）

解答　ウ

解説　リピータは、弱くなった電気信号を回復するだけなので、物理層の装置です。ブリッジは、2つの LAN をつないで1つの LAN にする装置なので、データリンク層の装置です。ルータは、LAN から別の LAN にデータを中継する装置なので、ネットワーク層の装置です。

MACアドレス、IPアドレス、ポート番号

● **練習問題5.5　MACアドレスの構成（H24 秋 問33）**

解答 エ

解説 MACアドレスは、全部で48ビットから構成されていて、上位24ビットがネットワークカードのメーカー番号であり、下位24ビットが製造番号です。したがって、選択肢エが正解です。選択肢に示された **OUI** は、Organizationally Unique Identifier（企業のユニークなID）の略であり、カッコの中に示されたベンダIDのことです。**ベンダ**（vender）とは、「売る人」つまり「メーカー」のことです。

IPアドレスの構造

● **練習問題5.6　クラスCのプライベートIPアドレス（H22 春 問38）**

解答 エ

解説 2進数で表したIPアドレスの上位桁が0ならクラスA、10ならクラスB、110ならクラスCです。ここでは、クラスCのプライベートアドレスなので、上位桁が110の選択肢を選びます。上位桁が110の8ビットの2進数は110xxxxxであり、桁の重み128の8桁目が1で、桁の重み64の7桁が1なので、少なくとも128＋64＝192以上の10進数になります。選択肢の中で、IPアドレスの範囲が192.x.x.x以上になっているのは、選択肢エだけです。

IPアドレスの割り当て

● 練習問題5.7　IPアドレスの適切な割り当て（H22 秋 問37）

 イ

解説　255.255.255.128 というサブネットマスクを2進数で表すと、11111111 11111111 11111111 10000000 となるので、上位25ビットがネットワークアドレスであり、下位7ビットがホストアドレスだとわかります。ルータの設定は正しいとしているので、向かって左側のLANのネットワークアドレスは、172.16.0.0 であり、右側のLANのネットワークアドレスは、172.16.1.0 です。
どちらも下位7ビットでホストアドレスを指定するので、割り当てられる値の範囲は、2進数で 0000001 ～ 1111110 であり、10進数で1～126 です。左側のLANに設定できるホストアドレスは、172.16.0.1 ～ 172.16.0.126 であり、右側のLANに設定できるホストアドレスは、172.16.1.1 ～ 172.16.1.126 です。したがって、IPアドレスが正しく割り当てられているホストは、AとDです。

プライベートIPアドレスとグローバルIPアドレス

● 練習問題5.8　IPアドレスを変換する仕組み（R01 秋 問33）

 イ

解説　装置Aの機能は、1個のグローバルIPを使って、複数のPCがインターネットを利用できるようにすることなので、プライベートIPアドレスとグローバルIPアドレスの変換です。単にIPアドレスを変換するならNATで、ポート番号も変換するならNAPTですが、選択肢にはNATがないので、選択肢イのNAPT（IPマスカレード）が正解です。
問題文の図の中にある ONU（Optical Network Unit）は、光ケーブルに接続するための装置です。

5-6　ネットワークの練習問題の解答・解説　213

IPv6

● 練習問題5.9　IPv6の特徴（H26 春 問32）

解答　エ

解説　IPv6 のアドレス長は、128 ビットなので、選択肢アの「アドレス長は 96 ビットである」は誤りです。
IPv6 にも、IPv4 のプライベート IP アドレスとグローバル IP アドレスに相当するものがあるので、選択肢イの「全てグローバルアドレスである」は誤りです。
IPv6 は 128 ビットなので、2^{128} 通りの IP アドレスを表せます。IPv4 は 32 ビットなので、2^{32} 通りの IP アドレスを表せます。表せる IP アドレスの数が違うので、選択肢ウの「全ての IPv6 アドレスと IPv4 アドレスを、1 対 1 に対応付けることができる」は誤りです。
したがって、残った選択肢エが正解です。IPv6 は、128 ビットを 16 ビットずつ 8 つの部分に分け、それぞれの部分をコロンで区切った 16 進数で表記します。

第6章

セキュリティ

この章では、セキュリティの本質から始めて、大切な情報を脅かす脅威と攻撃手法の種類、それらの対策となる暗号化、ディジタル署名、ファイアウォール、および管理技法などを学習します。

- 6-0 なぜセキュリティを学ぶのか？
- 6-1 技術を悪用した攻撃手法
- 6-2 セキュリティ技術
- 6-3 セキュリティ対策
- 6-4 セキュリティ管理
- 6-5 セキュリティの練習問題
- 6-6 セキュリティの練習問題の解答・解説

アクセスキー **c** （小文字のシー）

Section 6-0

なぜ セキュリティを学ぶのか？

セキュリティの本質

　かつて，企業の財産は「人」「物」「金」の3つであると言われていましたが，現在では，それらに「情報」も加えられています。データベースに蓄積され，ネットワークで伝達される情報は，企業にとって大事な財産の1つだからです。そのため，情報の「セキュリティ」に関する様々な知識が，試験の出題テーマになっています。

　セキュリティの語源は，ラテン語の secura であり，se が「避ける」，cura が「心配事」を意味しています。この語源が示すとおり，**心配事を避けることが，セキュリティの本質です**。例題 6.1 は，電子メールの本文を暗号化することの効果を問う問題ですが，セキュリティの本質を知るための好例になるでしょう。

● 例題6.1　暗号化の効果（H22 秋 問41）

　問41　手順に示す電子メールの送受信によって得られるセキュリティ上の効果はどれか。

〔手順〕
（1）　送信者は，電子メールの本文を共通鍵暗号方式で暗号化し（暗号文），その共通鍵を受信者の公開鍵を用いて公開鍵暗号方式で暗号化する（共通鍵の暗号化データ）。
（2）　送信者は，暗号文と共通鍵の暗号化データを電子メールで送信する。
（3）　受信者は，受信した電子メールから取り出した共通鍵の暗号化データを，自分の秘密鍵を用いて公開鍵暗号方式で復号し，得た共通鍵で暗号文を復号する。

ア　送信者による電子メールの送達確認
　イ　送信者のなりすましの検出
　ウ　電子メールの本文の改ざんの有無の検出
　エ　電子メールの本文の内容の漏えいの防止

　暗号化とは、データの内容を読めなくすることですが、それが暗号化の効果ではありません。**情報漏えい**という心配事があるからこそ、それを避けるために**暗号化**が必要になるのです。したがって、暗号化の効果は「電子メールの本文の内容の漏えいの防止」で、選択肢エが正解です（図6.1）。試験問題では、心配事のことを**脅威**や**リスク**と呼びます。

●図6.1　心配事を避けることが、セキュリティの本質である

【セキュリティの分野が強化されている】
　試験には、企業の財産である情報に対する様々な脅威と、その対策に関する問題が出題されます。脅威には、技術的なものと人的なものがあります。対策にも、技術的なものと人的なものがあります。さらに、試験には、セキュリティの管理に関する問題も出題されます。
　現在の基本情報技術者試験では、セキュリティの分野が重視されています。午前試験では、全80問中の10問程度がセキュリティに関する問題です。午後試験では、セキュリティの問題が必須となっていて、令和2年度の試験からは、配点が100点満点中の20点になっています。したがって、試験に合格するには、セキュリティの分野を、しっかりと学んでおく必要があります。

マルウェア

技術的な脅威としてすぐに思い浮かぶのは**コンピュータウイルス**でしょう。コンピュータウイルスは、病原菌のウイルスのようにプログラムに感染し、そのプログラムを実行したときに、情報を盗んだり、改ざんしたり、破壊したりなど、何らかの悪さをします。プログラムに感染するとは、プログラムのファイルの中に、ウイルスのプログラムが付け加えられることです。

悪さをするプログラムは、コンピュータウイルスだけではありません。**ワーム**、**ボット**（ロボットの略称）、**スパイウェア**、**トロイの木馬**、**キーロガー**、**マクロウイルス**、**バックドア**などの種類があります。どれも悪さをしますが、手口に違いがあります。

悪さをするプログラムを総称して**マルウェア**（**malware**）と呼びます。mal は、「悪」を意味する接頭辞です。主なマルウェアの特徴を表 6.1 に示します。「バックドアを仕掛けるウイルス」のように、ここに示された複数の特徴を持つマルウェアもあります。例題 6.2 は、バックドアの具体例に関する問題です。

●**表6.1　主なマルウェアの特徴**

種　類	特　徴
コンピュータウイルス	プログラムのファイルに感染する
ワーム	単独で動作し、自己増殖する
ボット	遠隔操作で起動され、悪さをする
スパイウェア	通常のプログラムのふりをして情報を盗む
トロイの木馬	通常のプログラムのふりをして情報を破壊する
キーロガー	キー入力監視ソフトを悪用して情報を盗む
マクロウイルス	オフィスソフトのデータファイルに感染する
バックドア	不正アクセスするための裏口を用意する

> 増殖するからワーム（虫）のように、特徴と種類を対応付けて覚えましょう

218　第 6 章　セキュリティ

●例題6.2　バックドアの具体例（R01 秋 問39）

問39　情報セキュリティにおいてバックドアに該当するものはどれか。

ア　アクセスする際にパスワード認証などの正規の手続が必要な Web サイトに，当該手続きを経ないでアクセス可能な URL

イ　インターネットに公開されているサーバの TCP ポートの中からアクティブになっているポートを探して，稼働中のサービスを特定するためのツール

ウ　ネットワーク上の通信パケットを取得して通信内容を見るために設けられたスイッチの LAN ポート

エ　プログラムが確保するメモリ領域に，領域の大きさを超える長さの文字列を入力してあふれさせ，ダウンさせる攻撃

　もしも、通常のアクセスでパスワード認証が必要な Web サイトに、管理用に認証が不要な URL が用意されているなら、それがバックドアになってしまいます。バックドアは、マルウェアを使って仕組まれるだけでなく、この例のように、管理上のミスで生じてしまう場合もあります。正解は、選択肢アです。

ソーシャルエンジニアリング

　人的な脅威には、**ソーシャルエンジニアリング（social engineering）**と呼ばれるものがあります。この言葉は、直訳すると「社会工学」という意味ですが、セキュリティの分野では、人間の心理的な隙や行動のミスにつけ込んで情報を盗む行為のことです。

　たとえば、上司を装って部下に電話をかけてパスワードを聞き出したり、銀行の ATM で背後からこっそり暗証番号を盗み見たりする行為をソーシャルエンジニアリングと総称します。そのような悪事を行う人がいることに注意して、あらかじめ対策を立てておくことが重要です。例題 6.3 は、ソーシャルエンジニアリングに関する問題です。

第6章 セキュリティ

6-0　なぜセキュリティを学ぶのか？　219

●例題6.3　ソーシャルエンジニアリングの手口（H26 秋 問36）

問36　ソーシャルエンジニアリングに分類される手口はどれか。

ア　ウイルス感染で自動作成されたバックドアからシステムに侵入する。
イ　システム管理者などを装い，利用者に問い合わせてパスワードを取得する。
ウ　総当たり攻撃ツールを用いてパスワードを解析する。
エ　バッファオーバフローなどのソフトウェアの脆弱性を利用してシステムに侵入する。

　人的な脅威であり、人間の心理や行動の隙を突いて情報を盗む行為が、ソーシャルエンジニアリングです。したがって、選択肢イの「システム管理者などを装い、利用者に問い合わせてパスワードを取得する」が正解です。図6.2に，システム管理者を装ったメールの例を示します。

●図6.2　システム管理者を装ったメールの例

《緊急メール》
あなたのパスワードが流出した恐れがあります。
こちらで変更処理を行いますので、すぐに現在の
パスワードと新しいパスワードをお知らせください。

システム管理者

> ソーシャル
> エンジニアリング
> の手口の1つです

　選択肢アのウイルスとバックドア、選択肢ウの総当たり攻撃ツール、選択肢エのソフトウェアの脆弱性は、どれも技術的なものなので、ソーシャルエンジニアリングには該当しません。

220　第6章　セキュリティ

サラミ法

　皆さんは、自分の銀行口座の残高が、いくら減ったら気が付くでしょうか。おそらく、1円単位で減っても、気付かないでしょう。気付いたとしても、盗まれたとは思わないでしょう。しかし、このような場合であっても、注意が必要です。コンピュータを使えば、同じ銀行口座から少額を繰り返し盗む行為や、複数の銀行口座から少額を盗む行為が可能だからです。そのような悪事を行う人がいることに注意して、残高に少しでも異変があったら、すぐに確認するべきです。

　このように、気付かれない程度に少しずつ盗む行為を**サラミ法**と呼びます。サラミとは、サラミソーセージのことです。長いサラミソーセージから少しだけ切り取って盗んでも気付かれない、ということから、この名前が付けられました。例題6.4は、サラミ法に関する問題です。

●例題6.4　サラミ法の手口（H25 秋 問43）

> **問43**　コンピュータ犯罪の手口の一つであるサラミ法はどれか。
>
> **ア**　回線の一部にひそかにアクセスして他人のパスワードやIDを盗み出してデータを盗用する方法である。
> **イ**　ネットワークを介して送受信されているデータを不正に傍受する方法である。
> **ウ**　不正行為が表面化しない程度に，多数の資産から少しずつ詐取する方法である。
> **エ**　プログラム実行後のコンピュータの内部又はその周囲に残っている情報をひそかに探索して，必要情報を入手する方法である。

　サラミ法は、気付かれない程度に少しずつ盗む行為ですから、選択肢ウの「不正行為が表面化しない程度に、多額の資産から少しずつ詐取する方法である」が正解です。

6-0　なぜセキュリティを学ぶのか？　**221**

Section 6-1 技術を悪用した攻撃手法

SQLインジェクション攻撃

　技術を悪用した攻撃手法の種類を紹介しましょう。最初に紹介するのは、**SQLインジェクション攻撃**（injection＝注入する）です。これは、Webアプリケーションの入力欄に、悪意のある部分的なSQL文を入力して、それをDBMSに実行させるものです。

　Webアプリケーションは、あらかじめ用意しておいたSQL文のひな形に、ユーザが入力した項目を付加して、実行可能なSQL文とします。たとえば、「SELECT * FROM 重要な表 WHERE 会員番号 = '」というSQL文のひな形を用意しておき、この後にユーザが入力した会員番号（ABC123だとします）を付加し、末尾を「'」で閉じて、「SELECT * FROM 重要な表 WHERE 会員番号 = 'ABC123'」という実行可能なSQL文にします。

　悪意のある人が、「XYZ789」という適当な会員番号を入力しても、何も表示されませんが、「XYZ789' OR 'A' = 'A」と入力するとどうなるでしょう。「SELECT * FROM 重要な表 WHERE 会員番号 = 'XYZ789' OR 'A' = 'A'」というSQL文になり、「会員番号 = 'XYZ789'」が偽であっても、「'A' = 'A'」が真になるので、それらをORで結び付けた「会員番号 = 'XYZ789' OR 'A' = 'A'」が真となり、「重要な表」から情報が盗まれてしまいます。これが、SQLインジェクション攻撃です（図6.3）。例題6.5は、SQLインジェクション攻撃に関する問題です。

●**図6.3 SQLインジェクション攻撃の手口**

Webアプリケーションが用意しているSQL文のひな形

| SELECT * FROM 重要な表 WHERE 会員番号 = ' | ' |

悪意のある部分的なSQL文

| XYZ789' OR 'A' = 'A |

注入

インジェクションとは「注入する」という意味です

● **例題6.5　SQLインジェクション攻撃の手口（H29 秋 問39）**

問39　SQLインジェクション攻撃の説明はどれか。

ア　Webアプリケーションに問題があるとき，悪意のある問合せや操作を行う命令文をWebサイトに入力して，データベースのデータを不正に取得したり改ざんしたりする攻撃

イ　悪意のあるスクリプトを埋め込んだWebページを訪問者に閲覧させて，別のWebサイトで，その訪問者が意図しない操作を行わせる攻撃

ウ　市販されているDBMSの脆弱性を悪用することによって，宿主となるデータベースサーバを探して感染を繰り返し，インターネットのトラフィックを急増させる攻撃

エ　訪問者の入力データをそのまま画面に表示するWebサイトを悪用して，悪意のあるスクリプトを訪問者のWebブラウザで実行させる攻撃

　どの選択肢にも、SQL文という言葉はありません。SQL文という言葉を使った説明にすると、容易に答えがわかってしまうからでしょう。「悪意のある問合せや操作を行う命令文をWebサイトに入力して」という説明をしている選択肢アが正解です。選択肢エは、**クロスサイトスクリプティング**（**cross site scripting**）の説明です。よく知られた攻撃手法なので、名前を覚えておきましょう。

DNSキャッシュポイズニング

　インターネットには、膨大な数のDNSサーバがあり、もしも1つのDNSサーバでドメイン名に対応するIPアドレスが得られない場合は、そのDNSサーバが他のDNSサーバに問い合せを行います。その際に、何度も同じ問い合せをするのは無駄なので、一度問い合わせた結果は、DNSサーバの中にキャッシュ（貯蔵）されるようになっています。

　DNSサーバのキャッシュの内容を書き換えるという攻撃をして、悪意のあるWebサイトに誘導することを**DNSキャッシュポイズニング**（**cache poisoning**）と呼びます。たとえば図6.4のように、ある DNS サーバが、www.shoeisha.co.jp というドメイン名に対応する IP アドレスの203.104.101.14をキャッシュしているとき（①）、この IP アドレスを悪意のある Web サイトのものに書き換え

6-1　技術を悪用した攻撃手法　**223**

るのです（②）。この状態で、クライアントのWebブラウザにwww.shoeisha.co.jpを入力すると（③）、悪意のあるWebサイトが表示されてしまいます（④）。例題6.6は、DNSキャッシュポイズニングに関する問題です。

● **図6.4　DNSキャッシュポイズニングの手口**

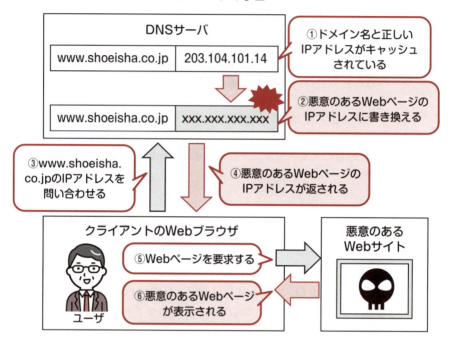

● **例題6.6　DNSキャッシュポイズニングの攻撃内容（H29 秋 問37）**

問37　DNSキャッシュポイズニングに分類される攻撃内容はどれか。

ア　DNSサーバのソフトウェアのバージョン情報を入手して，DNSサーバのセキュリティホールを特定する。
イ　PCが参照するDNSサーバに偽のドメイン情報を注入して，利用者を偽装されたサーバに誘導する。
ウ　攻撃対象のサービスを妨害するために，攻撃者がDNSサーバを踏み台に利用して再帰的な問合せを大量に行う。
エ　内部情報を入手するために，DNSサーバが保存するゾーン情報をまとめて転送させる。

DNS キャッシュポイズニングは、DNS サーバにキャッシュされているドメイン名と IP アドレスの対応を書き換えることなので、「DNS サーバに偽のドメイン情報を注入して」とある選択肢イが正解です。

選択肢ウは、**DoS 攻撃**（どすこうげき）の説明です。これも、よく知られた攻撃手法なので、名前を覚えておきましょう。DoS は、Denial of Service（サービスの拒否）の略語です。サーバに大量の問い合せを行い、サービスを停止させる攻撃です。

■ ディレクトリトラバーサル攻撃

例題 6.7 は、**ディレクトリトラバーサル攻撃**に関する問題です。トラバーサル（traversal）とは、「横切る」という意味です。言葉の意味と、消去法で、答えを選んでみましょう。

●例題6.7　ディレクトリトラバーサル攻撃の説明（H26 秋 問44）

問 44　ディレクトリトラバーサル攻撃に該当するものはどれか。

ア　Web アプリケーションの入力データとしてデータベースへの命令文を構成するデータを入力し，想定外の SQL 文を実行させる。

イ　Web サイトに利用者を誘導した上で，Web アプリケーションによる HTML 出力のエスケープ処理の欠陥を悪用し，利用者のブラウザで悪意のあるスクリプトを実行させる。

ウ　セッション ID によってセッションが管理されるとき，ログイン中の利用者のセッション ID を不正に取得し，その利用者になりすましてサーバにアクセスする。

エ　パス名を含めてファイルを指定することによって，管理者が意図していないファイルを不正に閲覧する。

選択肢アは、「想定外の SQL 文を実行させる」ということから、SQL インジェクション攻撃の説明です。選択肢イは、「悪意のあるスクリプトを実行させる」ということから、クロスサイトスクリプティングの説明です。選択肢ウは、**セッションハイジャック**（session hijacking）の説明です。これも、よく知られた攻撃手法なので、名前を覚えておきましょう。残った選択肢エが、ディレクトリトラ

バーサル攻撃の説明で、これが正解です。

　Windowsなら「..¥」という文字列で、Unix系のOSなら「../」という文字列で、1つ上の階層のディレクトリを指定できます。ディレクトリトラバーサル攻撃は、この機能を悪用します。たとえば、Webサーバのハードディスクが、図6.5に示したディレクトリ構造になっていて、管理者の意図では、¥DirAの中にあるファイルを公開し、¥DirBの中にあるファイルを非公開にしたいとしましょう。

● 図6.5　Webサーバのディレクトリ構造

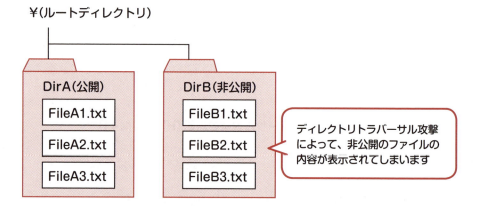

　公開するファイルは、¥DirAの中にあるので、クライアントが指定したファイル名の前に¥DirAを付けたものがパス名になります。「パス名」とは、ファイルにたどりつくための道筋（path）を示す文字列のことです。

　たとえば、クライアントがFileA1.txtを指定すると、サーバのプログラムが¥DirA¥FileA1.txtというパス名を作り、ファイルの内容を画面に表示するとします。これは、管理者の意図通りです。

　悪意のあるクライアントが、..¥DirB¥FileB1.txtを指定するとどうなるでしょう。¥DirA¥..¥DirB¥FileB1.txtというパス名が作られ、管理者が意図していない¥DirBの中にあるFileB.txtの内容が表示されてしまいます。これが、ディレクトリトラバーサル攻撃の手口です。

フィッシング

フィッシング（**phishing**）は、造語であり、「魚釣り」という意味の fishing と「洗練された」という意味の sophisticated を組み合わせたものだと言われます（他の説もあります）。フィッシングの手口は、例題 6.8 に示されています。この例題の正解は、当然ですが選択肢イです。

● 例題6.8　偽のWebサイトへ誘導する攻撃（H25 春 問38）

問 38　手順に示すセキュリティ攻撃はどれか。

（手順）
(1)　攻撃者が金融機関の偽の Web サイトを用意する。
(2)　金融機関の社員を装って，偽の Web サイトへ誘導する URL を本文中に含めた電子メールを送信する。
(3)　電子メールの受信者が，その電子メールを信用して本文中の URL をクリックすると，偽の Web サイトに誘導される。
(4)　偽の Web サイトと気付かずに認証情報を入力すると，その情報が攻撃者に渡る。

ア　DDoS 攻撃　　　　**イ**　フィッシング
ウ　ボット　　　　　　**エ**　メールヘッダインジェクション

フィッシングでは、本物そっくりの Web ページを作っておき、「ID とパスワードをご確認ください！」といった内容のメールを送り、ユーザから ID とパスワードを盗み出します。

選択肢アの **DDoS 攻撃**（**でぃーどすこうげき**）は、先ほど説明した DOS 攻撃の一種です。先頭の D は、Distributed（分散型）という意味であり、多数のコンピュータで 1 台のサーバを攻撃します。

第 **6** 章
セキュリティ

6-1　技術を悪用した攻撃手法　**227**

Section 6-2 セキュリティ技術

暗号化

　様々な脅威から情報を守るセキュリティ技術を紹介しましょう。最初に紹介するのは、**暗号化**です。この章の冒頭で説明したように、暗号化の目的は、「情報漏えい」という脅威を防ぐことです。ネットワークで伝達されるデータは、その通信経路上で物理的に盗まれてしまうことを防げません。ただし、盗まれたデータが暗号化されていれば、内容を読めないので、情報漏えいしたことになりません。

　暗号化する前のデータを**平文**（**ひらぶん**）と呼び、暗号化されたデータを**暗号文**と呼びます。暗号文を平文に戻すことを**復号**と呼びます。暗号化と復号で使われる数値を**鍵**と呼びます。図6.6にシンプルな暗号化と復号の例を示します。ここでは、鍵の値だけ文字をずらして暗号化しています。逆方向に文字をずらせば、復号できます。

●図6.6　シンプルな暗号化と復号の例

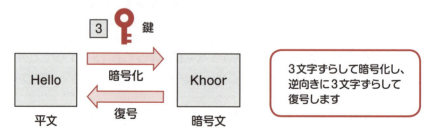

　鍵の使い方によって、**共通鍵暗号方式**と**公開鍵暗号方式**があります。共通鍵暗号方式では、1つの**共通鍵**を用意して、同じ鍵で暗号化と復号を行います。公開鍵暗号方式では、2つの鍵のペアを用意して、一方を暗号化の**公開鍵**、もう一方を復号の**秘密鍵**とします（図6.7）。

● 図6.7　2つの暗号化方式

(1) 共通鍵暗号方式

(2) 公開鍵暗号方式

共通鍵暗号方式の仕組み

　歴史的には、**共通鍵暗号方式**が先に作られました。たとえば、古代ローマの政治家であるシーザーが使っていたと言われる**シーザー暗号**では、平文のアルファベットを3文字ずらして暗号化し、暗号文を逆に3文字ずらして復号していました。シーザー暗号は、共通鍵を3とした共通鍵暗号方式です。これは先ほど図6.6に示した方式です。もしも、共通鍵の値を変えたい場合は、手紙を運ぶ使者に依頼して、受取人に口頭で伝えてもらえばよいでしょう。

　共通鍵暗号方式は、シンプルで効率的ですが、そのままネットワークで使うことはできません。なぜなら、ネットワークには、口頭で鍵の値を知らせる使者がいないからです。もしも、暗号文と鍵をネットワークで送ったら、それらが一緒に盗まれて、暗号文を復号されてしまいます。

公開鍵暗号方式の仕組み

　近代になって考案された**公開鍵暗号方式**では、鍵をネットワークで送ることができます。顧客が Web ショップで買い物をする場合を例にして、公開鍵暗号方式の手順を説明しましょう。顧客が、送付先やクレジットカード番号などの情報を暗号化して、Web ショップに送るとします（図 6.8）。

【手順1】 データの受信者である Web ショップが、鍵のペアを作ります。この鍵のペアは、異なる値であり、一方で暗号化すると他方で復号できるという性質があります。たとえば、鍵のペアが 3 と 7 なら（実際には、もっと桁数が多い値を使います）、3 で暗号化すれば 7 で復号でき、7 で暗号化すれば 3 で復号できます。この処理は、Web サーバが自動的に行います。

【手順2】 Web ショップが、一方の鍵を、データの送信者である顧客にネットワークで送ります。この処理も、Web リーバが自動的に行います。ネットワークで送るので、公開しているのも同然です。そのため公開鍵と呼ぶのです。もう一方の鍵は、Web ショップだけが知る秘密の値として保持します。そのため秘密鍵と呼ぶのです。

【手順3】 顧客は、Web ページに入力した情報を、公開鍵で暗号化して、Web ショップにネットワークで送ります。この処理は、Web ブラウザが自動的に行います。ネットワークで伝送される公開鍵と暗号文は、途中で盗まれる恐れがありますが、秘密鍵を知っているのは Web ショップだけなので、暗号文が復号されることはありません。

【手順4】 暗号文を受け取った Web ショップは、秘密鍵を使って暗号文を復号し、顧客が Web ページに入力した情報を読み、商品の販売に関する処理を行います。この処理も、Web サーバが自動的に行います。

230　第 6 章　セキュリティ

● **図6.8　公開鍵暗号方式の手順**

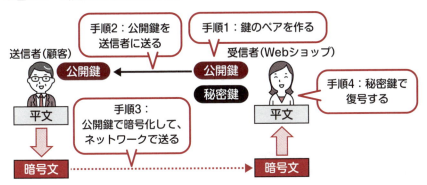

　公開鍵暗号方式では、2つの鍵のペアを使います。送信者と受信者のどちらが鍵のペアを作り、公開鍵と秘密鍵のどちらを使って暗号化と復号を行うかをしっかり覚えてください。例題6.9は、公開鍵暗号方式で使う鍵に関する問題です。

● **例題6.9　公開鍵暗号方式で使う鍵（H27 秋 問38）**

> **問38**　Xさんは、Yさんにインターネットを使って電子メールを送ろうとしている。電子メールの内容を秘密にする必要があるので、公開鍵暗号方式を使って暗号化して送信したい。そのときに使用する鍵はどれか。
>
> ア　Xさんの公開鍵
> イ　Xさんの秘密鍵
> ウ　Yさんの公開鍵
> エ　Yさんの秘密鍵

　データの受信者が、鍵のペアを作ります。この例題では、XさんがYさんに電子メールを送るので、Yさんが受信者です。したがって、Yさんが鍵のペアを作ります。Yさんが作ったので、これらは「Yさんの公開鍵」と「Yさんの秘密鍵」です。Yさんは、「Yさんの公開鍵」を送信者のXさんに送ります。Xさんは、「Yさんの公開鍵」を使って電子メールの内容を暗号化します。したがって、正解は選択肢ウです。

ハイブリッド暗号

何事にも言えることですが、同じ目的のために複数の技法がある場合には、それぞれに長所と短所があります。共通鍵暗号方式には、鍵をネットワークで送れないという短所がありますが、処理が速いという長所があります。公開鍵暗号方式には、鍵をネットワークで送れるという長所がありますが、処理が遅いという短所があります。

▶2つの暗号方式の長所と短所

共通鍵暗号方式…… 鍵をネットワークで送れない（短所）が、処理が速い（長所）
公開鍵暗号方式…… 鍵をネットワークで送れる（長所）が、処理が遅い（短所）

現在のネットワークでは、**共通鍵暗号方式と公開鍵暗号方式それぞれの長所を組み合わせた技法が使われていて、ハイブリッド暗号と呼びます。**ハイブリッド（hybrid）とは、「合成された」という意味です。

Webショップで、個人情報を入力するWebページに進むと、Webブラウザのアドレス欄が、通常の http:// から https:// に変わるのを見たことがあるでしょう。この https:// は、**HTTP Secure**（セキュリティのかかったHTTP）という意味です。これは、**SSL/TLS**（**Secure Sockets Layer/Transport Layer Security**）というハイブリッド暗号のプロトコルの上でHTTPを使うものです。

この章の冒頭で紹介した例題6.1に、メールにおけるハイブリッド暗号の手順の例が示されています。手順の部分だけを、図6.9に示します。基本的に、処理の速い共通鍵暗号方式を使いますが、共通鍵はネットワークで送れません。そこで、共通鍵を暗号化して送るためだけに、処理の遅い公開鍵暗号方式を使うのです。

●**図6.9　ハイブリッド暗号の手順の例**

> **(1)** 送信者は，電子メールの本文を共通鍵暗号方式で暗号化し（暗号文），その共通鍵を受信者の公開鍵を用いて公開鍵暗号方式で暗号化する（共通鍵の暗号化データ）。
> **(2)** 送信者は，暗号文と共通鍵の暗号化データを電子メールで送信する。

(3) 受信者は，受信した電子メールから取り出した共通鍵の暗号化デー
タを，自分の秘密鍵を用いて公開暗号方式で復号し，得た共通鍵で
暗号文を復号する。

ディジタル署名

ディジタル署名は、「なりすまし」および「改ざん」という脅威を防ぐ技術です。
ディジタル署名の仕組みは、公開鍵暗号方式を応用して実現されています。

　AさんがBさんに契約書を送る場合を例にして、ディジタル署名の手順を説明
しましょう。契約書にディジタル署名を添付することで、送信者がAさん本人で
あることと、契約書の内容に改ざんがないことを示せます。ここでは、契約書の
内容は、暗号化しません（図6.10）。

【手順1】 契約書の送信者であるAさんが、鍵のペアを作り、一方を公開鍵とし
て、あらかじめネットワークで受信者のBさんに送っておきます。もう
一方は、Aさんだけが知る秘密鍵とします。

【手順2】 送信者のAさんは、契約書を構成するすべての文字の文字コードを使っ
て、その契約書に固有の値を求めます。これを**ハッシュ値**（**hash**）や
メッセージダイジェスト（**message digest**）と呼びます。ハッシュ
値は、改ざんを検出する手段になります。もしも契約書の内容が改ざん
されると、ハッシュ値の値が変わってしまうからです。ハッシュ値を求
める方法は、秘密ではないので、受信者のBさんも知っています。

【手順3】 送信者のAさんは、手順2で求めたハッシュ値を、自分しか知らない秘
密鍵で暗号化します。これが、ディジタル署名になります。Aさんは、
契約書の本文とディジタル署名を、ネットワークでBさんに送ります。

【手順4】 受信者のBさんは、受け取った契約書の本文から、ハッシュ値を求めま
す。仮に、123456になったとしましょう。さらに、ディジタル署名（暗
号化したハッシュ値）を、Aさんの公開鍵で復号します。仮に、これも
123456になったとしましょう。両者が一致したので、Aさんが送った

6-2　セキュリティ技術　**233**

● 図6.10　ディジタル署名の手順

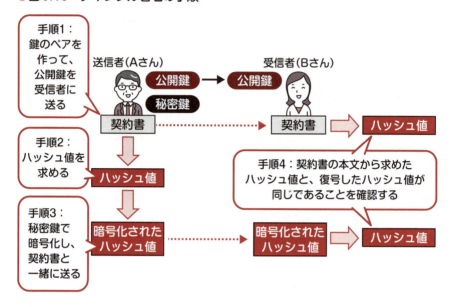

ものであること（なりすましがないこと）と、改ざんがないことが確認できました。なぜなら、ディジタル署名をAさんの公開鍵で復号できたのは、Aさんしか知らない秘密鍵で暗号化されているからです。契約書の本文から求めたハッシュ値と、Aさんが暗号化して送ってきたハッシュ値が一致したのは、契約書の内容に改ざんがないからです。

　ディジタル署名でも、2つの鍵のペアを使いますが、送信者と受信者のどちらが鍵のペアを作り、公開鍵と秘密鍵のどちらを使って暗号化と復号を行うかが、公開鍵暗号方式と逆になるので、混乱しないように注意してください。例題6.10は、ディジタル署名で使う鍵に関する問題です。

● 例題6.10　ディジタル署名に用いる鍵（H22 秋 問39）

　問39　ディジタル署名に用いる鍵の種別に関する組合せのうち，適切なものはどれか。

	ディジタル署名の 作成に用いる鍵	ディジタル署名の 検証に用いる鍵
ア	共通鍵	秘密鍵
イ	公開鍵	秘密鍵
ウ	秘密鍵	共通鍵
エ	秘密鍵	公開鍵

　ディジタル署名では、送信者が鍵のペアを作り、送信者が自分の秘密鍵でディジタル署名を作り、受信者が送信者の公開鍵でディジタル署名を復号して検証します。したがって、選択肢エが正解です。

認証局の役割

　先ほど説明したディジタル署名の例で、もしも、悪意のある人によって、契約書の内容が改ざんされ、それに合わせて秘密鍵、公開鍵、およびディジタル署名が作り直されたら、どうなるでしょう。契約書とディジタル署名の受信者は、なりすましと改ざんを検出できません。

　このような脅威を防ぐために、実際のディジタル署名では、信頼できる**認証局**（**CA**：**Certificate Authority**）が発行する**ディジタル証明書（公開鍵証明書とも呼ぶ）**を添付しています。これは、実印を押した紙の契約書を提出するときに、信頼できる役所が発行する印鑑証明書を添付することに似ています。実印がディジタル署名に相当し、役所が認証局に相当します。ディジタル署名を使いたい企業は、認証局に依頼して、ディジタル証明書を発行してもらいます。

　認証局には、ディジタル証明書を発行すること以外にも、重要な役割があります。それは、**企業から無効化の依頼を受けたディジタル証明書や、有効期限の過ぎたディジタル証明書を、失効させることです。**これを行わないと、盗まれた公開鍵証明書が、悪意のある人に使われ続けてしまう恐れがあります。認証局は、失効したディジタル証明書のリストを公開します。例題 6.11 は、認証局の役割に関する問題です。

第**6**章　セキュリティ

6-2　セキュリティ技術　**235**

●例題6.11　認証局の役割（H26 春 問37）

問37　PKI（公開鍵基盤）の認証局が果たす役割はどれか。

ア　共通鍵を生成する。
イ　公開鍵を利用しデータの暗号化を行う。
ウ　失効したディジタル証明書の一覧を発行する。
エ　データが改ざんされていないことを検証する。

PKI（**Public Key Infrastructure**、**公開鍵基盤**）は、公開鍵暗号方式を用いた技術全般を指す言葉です。PKIの認証局とは、ディジタル署名のためのディジタル証明書の発行と失効を行う機関です。したがって、正解は、選択肢ウです。

▶認証局（CA）の役割

・ディジタル証明書を発行する
・失効したディジタル証明書の一覧を発行する

236　第6章　セキュリティ

Section 6-3 セキュリティ対策

ウイルス対策ソフト

　セキュリティ対策の種類を紹介しましょう。最初に紹介するのは、**ウイルス対策ソフト**です。これは、ウイルスの検出と除去を行うソフトウェアのことです。ただし、ウイルスに限らず、ワームやスパイウェアなどのマルウェア全般を対象としています。

　ウイルス対策ソフトがウイルスの検出を行う方法には、**チェックサム法**（check sum ＝チェック用の合計値）、**コンペア法**（compare ＝比較）、**パターンマッチング法**（pattern matching ＝パターンの一致）、**ヒューリスティック法**（heuristic ＝発見）、**ビヘイビア法**（behavior ＝振る舞い）などがあります。それぞれの特徴を、表6.2に示します。

●表6.2　ウイルス対策ソフトがウイルスの検出を行う方法

名称	検出方法
チェックサム法	ファイルのチェックサムが合わなければ、感染していると判断する
コンペア法	ウイルスが感染していない原本と比較して、異なっていれば、感染していると判断する
パターンマッチング法	既知のウイルスの特徴を記録しておき、プログラムの中に一致する部分があれば、感染していると判断する
ヒューリスティック法	ウイルスが行うであろう動作を決めておき、プログラムの中に一致する動作があれば、感染していると判断する
ビヘイビア法	プログラムの動作を監視し、通信量やエラーの急激な増加などの異常があれば、感染していると判断する

> 名称の英語の意味と検出方法を対応付けて覚えましょう

ウイルスに感染すると、ファイルの内容が変わるので、改ざんされたことになります。**チェックサム**は、ファイルを構成するデータをすべて足し合わせた値で、ハッシュ値と同様に改ざんを検出できます。例題6.12は、ウイルスの検出方法に関する問題です。

●例題6.12　ウイルスの検出方法（H26 秋 問42）

問42　ウイルス対策ソフトのパターンマッチング方式を説明したものはどれか。

ア　感染前のファイルと感染後のファイルを比較し，ファイルに変更が加わったかどうかを調べてウイルスを検出する。
イ　既知ウイルスのシグネチャと比較して，ウイルスを検出する。
ウ　システム内でのウイルスに起因する異常現象を監視することによって，ウイルスを検出する。
エ　ファイルのチェックサムと照合して，ウイルスを検出する。

パターンマッチング法では、既知のウイルスの特徴と比較してウイルスを検出します。したがって、正解は選択肢イです。**シグネチャ**（**signature**）とは、「特徴」という意味です。既知のウイルスの特徴を記録したファイルを**パターンファイル**、**ウイルス定義ファイル**、**シグネチャファイル**などと呼びます。

ファイアウォール

ファイアウォール（**fire wall**）は、直訳すると「防火壁」という意味です。コンピュータのファイアウォールは、社内LANの外部から内部に入ってくるパケットと、社内LANの内部から外部に出ていくパケットをチェックして、許可されていないパケットの通過を禁止します。不正なパケットを火災に見立て、その通過を禁止するのです。

社内LANとインターネットをつなぐルータの中には、ファイアウォールの機能を持つものがあり、データの宛先と差出人のIPアドレスとポート番号を見て、パケットの通過の禁止と許可を判断します。これを**パケットフィルタリング型ファイアウォール**と呼びます（図6.11）。

● **図6.11　パケットフィルタリング型ファイアウォール**

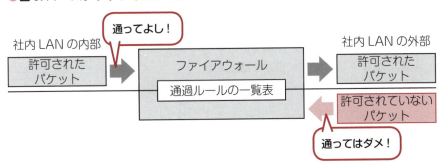

　例題6.13は、パケットフィルタリング型ファイアウォールに関する問題です。パケット通過のルールが、一覧表に示されています。

● **例題6.13　ファイアウォールのパケット通過ルール（H27 秋 問44）**

> **問44**　パケットフィルタリング型ファイアウォールがルール一覧に基づいてパケットを制御する場合，パケットAに適用されるルールとそのときの動作はどれか。ここで，ファイアウォールでは，ルール一覧に示す番号の1から順にルールを適用し，一つのルールが適合したときには残りのルールは適用しない。
>
> 〔ルール一覧〕
>
> | 番号 | 送信元アドレス | 宛先アドレス | プロトコル | 送信元ポート番号 | 宛先ポート番号 | 動作 |
> |---|---|---|---|---|---|---|
> | 1 | 10.1.2.3 | * | * | * | * | 通過禁止 |
> | 2 | * | 10.2.3* | TCP | * | 25 | 通過許可 |
> | 3 | * | 10.1* | TCP | * | 25 | 通過許可 |
> | 4 | * | * | * | * | * | 通過禁止 |
>
> **注記**　*は任意のものに適合するパターンを表す。
>
> 〔パケットA〕
>
> | 送信元アドレス | 宛先アドレス | プロトコル | 送信元ポート番号 | 宛先ポート番号 |
> |---|---|---|---|---|
> | 10.1.2.3 | 10.2.3.4 | TCP | 2100 | 25 |

ア	番号1によって，通過を禁止する。
イ	番号2によって，通過を許可する。
ウ	番号3によって，通過を許可する。
エ	番号4によって，通過を禁止する。

　パケットAは、一覧表の番号1、番号2、番号4に一致します。ただし、問題文に「番号1から順にルールを適用し、一つのルールが適用されたときには残りのルールは提供しない」とあるので、1番が適用されて、パケットの通過が禁止されます。したがって、選択肢アが正解です。

▎DMZ

　ファイアウォールの機能を持つルータで、社内のネットワークを2つの部分に分けて、一方にはインターネットに公開するWebサーバやメールサーバを配置し、もう一方にはインターネットに公開しないデータベースサーバやクライアントを配置することがあります。

　このようなネットワーク構成で、インターネットに公開するサーバを置いた部分を**DMZ**（**De-Militarized Zone** ＝非武装地帯）と呼びます。危険なインターネットと接していることを、戦争状態の国境に設けられた非武装地帯に例えているのです。例題6.14は、DMZを持つネットワークにおけるサーバの配置に関する問題です。

● **例題6.14　DMZを持つネットワークのサーバの配置（R01秋 問42）**

> **問43**　1台のファイアウォールによって，外部セグメント，DMZ，内部セグメントの三つのセグメントに分割されたネットワークがあり，このネットワークにおいて，Webサーバと，重要なデータをもつデータベースサーバから成るシステムを使って，利用者向けのWebサービスをインターネットに公開する。インターネットからの不正アクセスから重要なデータを保護するためのサーバの設置方法のうち，最も適切なものはどれか。ここで，Webサーバでは，データベースサーバのフロントエンド処理を行い，ファイアウォールでは，外部セグメントとDMZとの間，及びDMZと内部セグメントと

240　第6章　セキュリティ

の間の通信は特定のプロトコルだけを許可し，外部セグメントと内部セグメントとの間の直接の通信は許可しないものとする。

- ア　WebサーバとデータベースサーバをDMZに設置する。
- イ　Webサーバとデータベースサーバを内部セグメントに設置する。
- ウ　WebサーバをDMZに，データベースサーバを内部セグメントに設置する。
- エ　Webサーバを外部セグメントに，データベースサーバをDMZに設置する。

　1台のファイアウォールによって、外部セグメント（インターネットのこと）、DMZ、内部セグメントに分割されたネットワークを図示すると、図6.12のようになります。外部セグメントにいる利用者は、Webサーバにアクセスして、データを要求します。Webサーバは、DBサーバにアクセスして、データを取得し、それを利用者に返します。

　利用者の要求を受け付けるWebサーバは、利用者がアクセスできるDMZに配置しなければなりません。重要なデータを保護するために、DBサーバは内部セグメントに配置しなければなりません。したがって、正解は選択肢ウです。

●図6.12　ファイアウォールで分割されたネットワーク

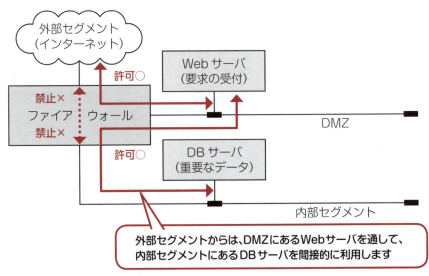

WAF

　ファイアウォールによって防げるのは、基本的に不正アクセスだけです。したがって、たとえばインターネットから DMZ の Web サーバへのアクセスを許可しているなら、Web サーバで動作している Web アプリケーションに SQL インジェクション攻撃やクロスサイトスクリプティングなどの攻撃が仕掛けられてしまう恐れがあります。

　これらの攻撃の対策を Web アプリケーションごとに用意するのは、とても時間がかかる作業です。この場合には、**WAF（Web Application Firewall：ワフ）**を使うと便利です。例題 6.15 は、WAF の利用目的に関する問題です。

●例題6.15　WAFを利用する目的 (H26 秋 問41)

> **問41**　WAF（Web Application Firewall）を利用する目的はどれか。
>
> **ア**　Web サーバ及び Web アプリケーションに起因する脆弱性への攻撃を遮断する。
> **イ**　Web サーバ内でワームの侵入を検知し，ワームの自動駆除を行う。
> **ウ**　Web サーバのコンテンツ開発の結合テスト時に Web アプリケーションの脆弱性や不整合を検知する。
> **エ**　Web サーバのセキュリティホールを発見し，OS のセキュリティパッチを適用する。

　WAF は、Web アプリケーションに仕掛けられる様々な攻撃をブロックします。したがって、選択肢アが正解です。通常のファイアウォールは、パケットの通過を禁止して不正アクセスをブロックする防火壁になりますが、WAF は攻撃を遮断する防火壁になるのです（図 6.13）。

242　第 6 章　セキュリティ

● 図6.13　Webアプリケーションへの攻撃をブロックするWAF

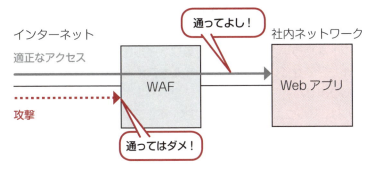

脆弱性と修正パッチ

　マルウェア対策となるものは、ウイルス対策ソフトだけではありません。OSやアプリケーションに、マルウェアからの攻撃を受けやすい部分があることを**脆弱性**や**セキュリティホール**（security hole ＝セキュリティの穴）と呼びます。このような部分を修正するプログラムを**修正パッチ**と呼びます。パッチ（patch）とは、穴をふさぐ「継ぎ当て」のことです。修正パッチを適用することも、マルウェア対策になります。例題6.16は、マルウェア対策に関する問題です。

● 例題6.16　マルウェア対策として適切なもの（H25 秋 問42）

> **問42**　クライアントPCで行うマルウェア対策のうち、適切なものはどれか。
>
> **ア**　PCにおけるウイルスの定期的な手動検査では、ウイルス対策ソフトの定義ファイルを最新化した日時以降に作成したファイルだけを対象にしてスキャンする。
> **イ**　ウイルスがPCの脆弱性を突いて感染しないように、OS及びアプリケーションの修正パッチを適切に適用する。
> **ウ**　電子メールに添付されたウイルスに感染しないように、使用しないTCPポート宛ての通信を禁止する。
> **エ**　ワームが侵入しないように、クライアントPCに動的グローバルIPアドレスを付与する。

コンピュータウイルスは、PCの脆弱性を突いて感染するので、メーカーが提供するOSやアプリケーションの修正パッチを適切に適用すべきです。したがって、選択肢イが正解です。

ウイルス対策ソフトを使う場合、ウイルス定義ファイルを最新化した日時以降に作成したファイルだけでなく、すべてのファイルをスキャンすべきなので、選択肢アは適切ではありません。

ファイアウォールは、マルウェアの対策ではなく、不正アクセスの対策です。選択肢ウは適切ではありません。

動的グローバルIP（固定的でなく、ホストの起動時に毎回設定されるグローバルIP）は、ワームの侵入とは無関係なので、選択肢エは適切ではありません。

パスワードの盗用防止策

パスワードを使った認証では、ユーザが入力したパスワードとサーバに登録されているパスワードを比較します。もしも、サーバからパスワードが盗まれてしまったら、不正にログインできてしまいます。例題6.17は、この脅威を防ぐ方法に関する問題です。

●**例題6.17　パスワードの盗用を防ぐ方法（H23 秋 問42）**

問42　入力パスワードと登録パスワードを用いて利用者を認証する方法において，パスワードファイルへの不正アクセスによる登録パスワードの盗用防止策はどれか。

ア　パスワードに対応する利用者IDのハッシュ値を登録しておき，認証時に入力された利用者IDをハッシュ関数で変換して参照した登録パスワードと入力パスワードを比較する。

イ　パスワードをそのまま登録したファイルを圧縮しておき，認証時に復元して，入力されたパスワードと比較する。

ウ　パスワードをそのまま登録しておき，認証時に入力されたパスワードと登録内容をともにハッシュ関数で変換して比較する。

エ　パスワードをハッシュ値に変換して登録しておき，認証時に入力されたパスワードをハッシュ関数で変換して比較する。

パスワードが暗号化されて登録されていれば、盗用されることはありませんが、選択肢の中には暗号化がありません。暗号化とは、別の方法として、**ハッシュ値**を登録する方法があります。

　たとえば、ABC123というパスワードのハッシュ値が348であるなら、この348をサーバに登録しておきます。もしも、悪意のあるユーザが348を盗んでも、それを使って不正ログインはできません。通常のユーザがABC123という適正なパスワードでログインした場合は、そのハッシュ値を求めて、登録してある348と一致することを確認できます。したがって、正解は選択肢エです。

ここが大事

ABC123というパスワードから348というハッシュ値を得ることは容易ですが、348というハッシュ値からABC123というパスワードを得ることは困難です。したがって、ハッシュ値を盗んでも、簡単には不正ログインできません。

第6章 セキュリティ

6-3　セキュリティ対策　**245**

Section 6-4 セキュリティ管理

セキュリティの三大要素

　セキュリティ管理で注意すべきポイントを紹介しましょう。最初に紹介するのは、**セキュリティの三大要素**と呼ばれる**機密性**（confidentiality）、**完全性**（integrity）、**可用性**（availability）です。情報セキュリティとは、これら3つを維持することだといえます。例題6.18は、セキュリティの三大要素に関する問題です。

●例題6.18　セキュリティの三大要素（H28 秋 問37）

問37　情報の"完全性"を脅かす攻撃はどれか。

ア　Webページの改ざん
イ　システム内に保管されているデータの不正コピー
ウ　システムを過負荷状態にするDoS攻撃
エ　通信内容の盗聴

　「完全」という言葉を聞くと、「パーフェクト（perfect）」をイメージしてしまうかもしれませんが、完全性は「パーフェクト」という意味ではありません。「欠けていない」「もとの状態のままである」という意味です。したがって、選択肢アの「Webページの改ざん」が完全性を脅かす攻撃であり、正解です。
　機密性は、情報を盗まれないという意味です。選択肢イの「システム内に保管されているデータの不正コピー」と選択肢エの「通信内容の盗聴」は、機密性を脅かす攻撃です。
　可用性は、情報を利用するサービスが停止しないという意味です。選択肢ウの「システムを過負荷状態にするDoS攻撃」は、可用性を脅かす攻撃です。

> ▶ **セキュリティの三大要素**

機密性 ……… 情報が盗まれないこと
完全性 ……… 情報が改ざんされていないこと
可用性 ……… 情報サービスが停止しないこと

リスクアセスメント

　例題6.19は、**リスクアセスメント**に関する問題です。このような問題は、英語の用語の意味がわかれば正解を選べます。

● **例題6.19　リスクアセスメント（H26 秋 問39）**

> **問39**　リスクアセスメントに関する記述のうち，適切なものはどれか。
>
> **ア**　以前に洗い出された全てのリスクへの対応が完了する前に，リスクアセスメントを実施することは避ける。
> **イ**　将来の損失を防ぐことがリスクアセスメントの目的なので，過去のリスクアセスメントで利用されたデータを参照することは避ける。
> **ウ**　損失額と発生確率の予測に基づくリスクの大きさに従うなどの方法で，対応の優先順位を付ける。
> **エ**　リスクアセスメントはリスクが顕在化してから実施し，損失額に応じて対応の予算を決定する。

　「リスク（risk）」は「危険」という意味で、「アセスメント（assessment）」は「評価」という意味です。「評価」をするのですから、数値で表せる評価基準が必要です。選択肢ウの「損失額」と「発生確率」は、数値で表せる評価基準になります。したがって、選択肢ウが正解です。

　リスクアセスメントの目的は、リスクの大きさを事前に評価し、もしもリスクが許容できないものであるなら、事前に対策を立てることです。リスクが顕在化してから、たとえば重要な情報が盗まれた後で、リスクを評価しても意味がありません。したがって、「損失額」という数値で表せる評価基準が示されていても、選択肢エは適切ではありません。

　「事前に数値で評価する」という考え方は、マネジメント系やストラテジ系の問

題を解く際にも、とても重要です。事前に数値で評価することで管理し（マネジメント）、事前に数値で評価することで戦略（ストラテジ）を立てるのです。

リスクファイナンス

リスクによる損失に備える資金的な対策を**リスクファイナンス（risk finance）** と呼びます。リスクファイナンスには、**リスク保有**と**リスク移転**があります。例題 6.20 は、「リスク移転」に関する問題です。リスクを移転するとはどういうことか、選択肢を見て考えてください。

●例題6.20　リスク移転に該当するもの（H22 秋 問43）

問43　リスク移転に該当するものはどれか。

ア　損失の発生率を低下させること
イ　保険に加入するなどで他者と損失の負担を分担すること
ウ　リスクの原因を除去すること
エ　リスクを扱いやすい単位に分解するか集約すること

リスク保有は、企業が損失を自己負担することです。リスク移転は、保険をかけ、損失を保険会社に負担してもらうことです。したがって、選択肢イが正解です。損失をすべて保険会社が負担するのではなく、企業も保険金を負担するので、「他者と損失の負担を分担する」という説明になっています。

セキュリティのテスト手法と検査技法

セキュリティという観点から、システムをテストすることがあります。たとえば、例題 6.21 は、システムの脆弱性を発見するために、実際にシステムに侵入を試みるテスト方法に関する問題です。

248　第6章　セキュリティ

●例題6.21　システムに侵入を試みるテスト手法（H29 秋 問45）

問 45　コンピュータやネットワークのセキュリティ上の脆弱性を発見するために，システムを実際に攻撃して侵入を試みる手法はどれか。

ア　ウォークスルー　　　　　　**イ**　ソフトウェアインスペクション
ウ　ペネトレーションテスト　　**エ**　リグレッションテスト

　正解は、選択肢ウの**ペネトレーションテスト**です。ペネトレーション（penetration）は、「侵入」という意味です。
　セキュリティという観点から、システムを検査することもあります。例題 6.22 は、**ポートスキャナ**（**port scanner**）という検査ツール（検査を行うためのプログラム）に関する問題です。

●例題6.22　ポートスキャナの利用目的（H29 春 問45）

問45　Webサーバの検査におけるポートスキャナの利用目的はどれか。

ア　Web サーバで稼働しているサービスを列挙して，不要なサービスが稼働していないことを確認する。
イ　Web サーバの利用者 ID の管理状況を運用者に確認して，情報セキュリティポリシからの逸脱がないことを調べる。
ウ　Web サーバへのアクセス履歴を解析して，不正利用を検出する。
エ　正規の利用者 ID でログインし，Web サーバのコンテンツを直接確認して，コンテンツの脆弱性を検出する。

　インターネットでは、0 〜 65535 のポート番号でプログラムが識別されています。ポートスキャナは、すべてのポートに順番にアクセスし、サーバで動作しているプログラムの種類を調べ、侵入口となる脆弱性がないかどうかを調べるツールです。したがって、正解は選択肢アです。選択肢の説明の中にある**サービス**とは、サーバで動作しているプログラムのことです。

第**6**章　セキュリティ

6-4　セキュリティ管理　**249**

Section 6-5 セキュリティの練習問題

セキュリティの本質

●練習問題6.1　情報漏えい対策に該当するもの（H26 秋 問38）

問38　情報漏えい対策に該当するものはどれか。

ア　送信するデータにチェックサムを付加する。
イ　データが保存されるハードディスクをミラーリングする。
ウ　データのバックアップ媒体のコピーを遠隔地に保管する。
エ　ノート型PCのハードディスクの内容を暗号化する。

> もしも、ファイルが盗まれても、情報漏えいを防ぐ対策があります！

SQLインジェクション攻撃

●練習問題6.2　SQLインジェクション攻撃を防ぐ方法（H30 春 問41）

問41　SQLインジェクション攻撃による被害を防ぐ方法はどれか。

ア　入力された文字が，データベースへの問合せや操作において，特別な意味をもつ文字として解釈されないようにする。
イ　入力にHTMLタグが含まれていたら，HTMLタグとして解釈されない他の文字列に置き換える。
ウ　入力に，上位ディレクトリを指定する文字列（../）が含まれているときは受け付けない。
エ　入力の全体の長さが制限を超えているときは受け付けない。

> SQLインジェクション攻撃の手口から、それを防ぐ方法を考えてください！

ディジタル署名

● 練習問題6.3　ディジタル署名の検証で確認できること（H22 春 問40）

問40　ディジタル署名付きのメッセージをメールで受信した。受信したメッセージのディジタル署名を検証することによって，確認できることはどれか。

ア　メールが，不正中継されていないこと
イ　メールが，漏えいしていないこと
ウ　メッセージが，改ざんされていないこと
エ　メッセージが，特定の日時に再送信されていないこと

> ディジタル署名の検証で確認できることは2つありますが、そのうちの1つが選択肢にあります！

公開鍵暗号方式の仕組み

● 練習問題6.4　公開鍵暗号方式の暗号化で用いる鍵（H27 春 問40）

問40　公開鍵暗号方式を用いて，図のようにAさんからBさんへ，他人に秘密にしておきたい文章を送るとき，暗号化に用いる鍵Kとして，適切なものはどれか。

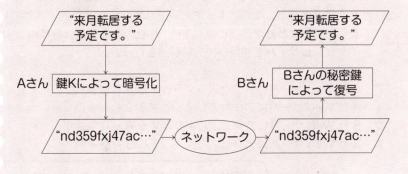

ア　Aさんの公開鍵
イ　Aさんの秘密鍵
ウ　Bさんの公開鍵
エ　共通の秘密鍵

> 鍵のペアを作る人と、鍵の使い方に注意してください！

ハイブリッド暗号

●練習問題6.5　HTTPS（HTTP over SSL/TLS）の機能（H26 秋 問43）

> **問 43**　HTTPS（HTTP over SSL/TLS）の機能を用いて実現できるものはどれか。
>
> **ア**　SQL インジェクションによる Web サーバへの攻撃を防ぐ。
> **イ**　TCP ポート 80 番と 443 番以外の通信を遮断する。
> **ウ**　Web サーバとブラウザの間の通信を暗号化する。
> **エ**　Web サーバへの不正なアクセスをネットワーク層でのパケットフィルタリングによって制限する。

Webブラウザのアドレス欄が、通常のHTTPではなくHTTPSになったときの機能です！

DNSキャッシュポイズニング

●練習問題6.6　DNSキャッシュポイズニングの仕組み（R01 秋 問35）

> **問 35**　攻撃者が用意したサーバ X の IP アドレスが，A 社 Web サーバの FQDN に対応する IP アドレスとして，B 社 DNS キャッシュサーバに記憶された。これによって，意図せずサーバ X に誘導されてしまう利用者はどれか。ここで，A 社，B 社の各従業員は自社の DNS キャッシュサーバを利用して名前解決を行う。
>
> **ア**　A 社 Web サーバにアクセスしようとする A 社従業員
> **イ**　A 社 Web サーバにアクセスしようとする B 社従業員
> **ウ**　B 社 Web サーバにアクセスしようとする A 社従業員
> **エ**　B 社 Web サーバにアクセスしようとする B 社従業員

FQDN (Fully Qualified Domain Name) とは、www.shoeisha.co.jpのようなドメイン名のことです！

ファイアウォール

● 練習問題6.7　ファイアウォールのルール（H29 春 問42）

問42　社内ネットワークとインターネットの接続点にパケットフィルタリング型ファイアウォールを設置して，社内ネットワーク上のPCからインターネット上のWebサーバの80番ポートにアクセスできるようにするとき，フィルタリングで許可するルールの適切な組合せはどれか。

ア

送信元	宛先	送信元ポート番号	宛先ポート番号
PC	Webサーバ	80	1024以上
Webサーバ	PC	80	1024以上

イ

送信元	宛先	送信元ポート番号	宛先ポート番号
PC	Webサーバ	80	1024以上
Webサーバ	PC	1024以上	80

ウ

送信元	宛先	送信元ポート番号	宛先ポート番号
PC	Webサーバ	1024以上	80
Webサーバ	PC	80	1024以上

エ

送信元	宛先	送信元ポート番号	宛先ポート番号
PC	Webサーバ	1024以上	80
Webサーバ	PC	1024以上	80

> WebサーバとPC（Webブラウザ）のポート番号に注意してください！

6-5　セキュリティの練習問題　253

セキュリティの三大要素

● 練習問題6.8　サーバ構成の二重化の効果（H24 春 問43）

問43　図のようなサーバ構成の二重化によって期待する効果はどれか。

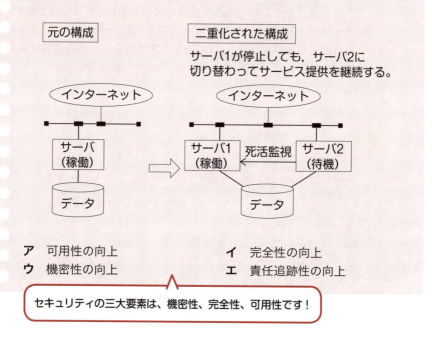

- ア　可用性の向上
- イ　完全性の向上
- ウ　機密性の向上
- エ　責任追跡性の向上

> セキュリティの三大要素は、機密性、完全性、可用性です！

リスクファイナンス

● 練習問題6.9　リスク移転の説明（H21 春 問41）

問41　リスク移転を説明したものはどれか。

- ア　損失の発生率を低下させること
- イ　保険に加入するなど資金面での対策を講じること
- ウ　リスクの原因を除去すること
- エ　リスクを扱いやすい単位に分解するか集約すること

> リスクファイナンスには、リスク保有とリスク移転があります！

Section 6-6 セキュリティの練習問題の解答・解説

セキュリティの本質

● 練習問題6.1　情報漏えい対策に該当するもの（H26 秋 問38）

解答 エ

解説 ハードディスクの内容を暗号化しておけば、PC が盗難にあっても内容を読めないので、情報漏えいを防げます。

SQLインジェクション攻撃

● 練習問題6.2　SQLインジェクション攻撃を防ぐ方法（H30 春 問41）

解答 ア

解説 SQL インジェクション攻撃は、データベースアプリケーションに悪意のある部分的な SQL 文を入力して、それを DBMS に実行させるものです。したがって、入力されたデータをチェックして、SQL 文として解釈されないようにすれば、SQL インジェクション攻撃を防げます。

ディジタル署名

● 練習問題6.3　ディジタル署名の検証で確認できること (H22 春 問40)

解答　ウ

解説　ディジタル署名で検証できることは、本人であることの確認と、改ざんがないことの確認です。

公開鍵暗号方式の仕組み

● 練習問題6.4　公開鍵暗号方式の暗号化で用いる鍵 (H27 春 問40)

解答　ウ

解説　受信者であるBさんが鍵のペアを作り、一方を暗号化の鍵としてAさんに送ります。ネットワークで送るので、この鍵は公開鍵です。したがって、Aさんが暗号化に用いるのは、Bさんの公開鍵です。

ハイブリッド暗号

● 練習問題6.5　HTTP (HTTP over SSL/TLS) の機能 (H26 秋 問43)

解答　ウ

解説　HTTP over SSL/TLS は、共通鍵暗号方式と公開鍵暗号方式の長所を組み合わせて使うハイブリッド暗号です。Web サーバとブラウザ間の通信を暗号化するときに使われます。

DNSキャッシュポイズニング

● 練習問題6.6　DNSキャッシュポイズニングの仕組み（R01 秋 問35）

> **解答** イ
>
> **解説** FQDN（Fully Qualified Domain Name、完全修飾ドメイン名）とは、www.shoeisha.co.jp のように、何も省略されていないドメイン名のことです。ここでは、B社のDNSキャッシュサーバに、A社のWebサーバのFQDNに対応するIPアドレスとして、攻撃者が用意したサーバXのIPアドレスが仕組まれています。これによって、A社のWebサーバにアクセスしようとした、B社の従業員（B社のDNSキャッシュサーバの利用者）が、意図せずにサーバXに誘導されてしまいます。

ファイアウォール

● 練習問題6.7　ファイアウォールのルール（H29 春 問42）

> **解答** ウ
>
> **解説** Webサーバで動作しているWebサーバプログラムのポート番号は、80です。PCで動作しているWebブラウザのポート番号は、1024以上の値です。したがって、PC → Webサーバのときは、送信元ポート番号1024以上、宛先ポート番号80です。Webサーバ → PCのときは、送信元ポート番号80、宛先ポート番号1024以上です。

セキュリティの三大要素

●練習問題6.8　サーバ構成の二重化の効果（H24 春 問43）

> ア
>
> セキュリティの三大要素は、機密性（情報を盗まれない）、完全性（情報に改ざんがない）、可用性（情報を利用するサービスが停止しない）です。サーバを二重化して、サーバ1が停止しても、サーバ2に切り替わってサービスの提供を継続できるようにしているので、可用性が向上する効果が期待できます。

リスクファイナンス

●練習問題6.9　リスク移転の説明（H21 春 問41）

> イ
>
> リスクファイナンスには、損失を自己負担するリスク保有と、損失を保険会社に分担してもらうリスク移転があります。リスク移転の説明として適切なのは、選択肢イの「保険に加入するなど資金面での対策を講じること」です。

第 7 章

アルゴリズムとデータ構造

この章では、アルゴリズムとデータ構造の基礎と、覚えておくべきアルゴリズムとデータ構造の種類を学習します。午後試験のアルゴリズムとデータ構造の問題で使われる擬似言語については、「巻末付録02 午後問題の解法と擬似言語の読み方」で説明しています。

- 7-0 なぜアルゴリズムとデータ構造を学ぶのか？
- 7-1 基本的なソートのアルゴリズム
- 7-2 基本的なサーチのアルゴリズム
- 7-3 基本的なデータ構造
- 7-4 アルゴリズムとデータ構造の練習問題
- 7-5 アルゴリズムとデータ構造の練習問題の解答・解説

アクセスキー （小文字のエフ）

Section 7-0

なぜ アルゴリズムと データ構造を学ぶのか?

アルゴリズムとデータ構造の基本を知って応用する

アルゴリズム（algorithm）とは、目的の結果を得るための手順のことです。**データ構造**とは、データを効率よく処理するための配置方法のことです。プログラムを作るときには、その設計段階として、アルゴリズムとデータ構造を明確にしなければなりません。

アルゴリズムとデータ構造は、自分で考えるものです。ただし、そのためには、**すでに知られている基本的なアルゴリズムとデータ構造を、十分に理解しておく必要があります**。基本がわかっていれば、そのアイデアを様々な場面で応用できるからです。

基本的なアルゴリズムとデータ構造には、「バブルソート」や「二分探索木」のような名前が付けられています。基本情報技術者試験の午前試験には、基本的なアルゴリズムとデータ構造の名前と内容を知っているかどうかを問う問題が出題されます（表7.1）。

●表7.1 試験のシラバスに示されている主なアルゴリズムとデータ構造

基本的なアルゴリズム	基本的なデータ構造
・バブルソート ・選択ソート ・挿入ソート ・マージソート ・クイックソート ・ヒープソート ・線形探索法 ・二分探索法 ・ハッシュ表探索法	・配列 ・リスト ・二分探索木 ・ヒープ ・キュー ・スタック ・ハッシュ表

後で詳しく説明しますので、ざっと目を通しておいてください

【午後試験では擬似言語が使われる】

　さらに、午後試験には、擬似言語で表記されたプログラムが出題されます。このプログラムを読み取るには、午前試験のテーマになっている基本的なアルゴリズムとデータ構造で得た知識を、問題に当てはめて応用する能力が要求されます（図7.1）。

● **図7.1　擬似言語で表記されたプログラムの例（H24 春午後 問8）**

```
○整数型関数：BitCount（8 ビット論理型：Data）
○8 ビット論理型：Work
○整数型：Count, Loop
・ Work ← Data
・ Count ← 0
■ Loop: 0, Loop ＜ 8, 1
  ▲ Work の最下位ビットが 1
  ・ Count ← Count + 1

  ・ Work を右へ 1 ビット論理シフトする

・ return Count        /* Count を返却値として返す */
```

> 擬似言語の読み方は、巻末付録02で詳しく説明しています

　午後試験の問7～問11（1問選択）は、プログラミング言語（C言語、Java、Python、アセンブラ、表計算ソフト）によるソフトウェア開発の問題です。これらは、プログラミング言語の構文を知っているかどうかではなく、プログラミング言語で表記されたアルゴリズムとデータ構造を読み取れるかどうかがテーマです。したがって、ここでも、基本的なアルゴリズムとデータ構造で得た知識を、問題に当てはめて応用することになります。

▌アルゴリズムを考えるコツ

　基本的なアルゴリズムとデータ構造を説明する前に、アルゴリズムを考えるコツを紹介しておきましょう。たとえば、コンピュータとは直接関係ありませんが、「3リットルのバケツを1つと、5リットルのバケツを1つ使って、ぴったり4リットルの水を用意しなさい」という問題を解くアルゴリズムを考えてください。水道の蛇口から、好きなだけ水を汲めるとします。汲んだ水を捨てることもでき

7-0　なぜアルゴリズムとデータ構造を学ぶのか？　**261**

ます（図7.2）。

●図7.2　ぴったり4リットルの水を用意するには？

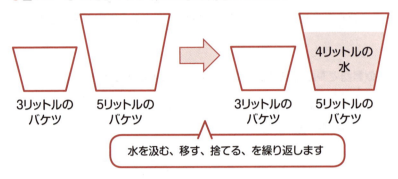

　この問題を解くには、水を汲んだり、移したり、捨てたりといった、いくつかの処理をコツコツと進めて行かなければなりません。そのためには、処理の区切りを見出せなければなりません。ここでは、「汲む」「移す」「捨てる」が、処理の区切りになります。

　処理を進めることで、データの値（ここでは、バケツに入っている水の量）が変化して行きます。問題を解くには、それぞれの処理におけるデータの値の変化を追いかけることも必要になります。データの値の変化を追いかけることを**トレース**（**trace** ＝ **追跡**）と呼びます。

　「処理の区切りを見出す」「処理をコツコツと進める」「データの値の変化をトレースする」。これらが、アルゴリズムを考えるコツです。この問題を解くアルゴリズムの例と、バケツに入っている水の量をトレースした結果を図7.3に示します。アルゴリズムが苦手な人は、このトレースを、何度も紙の上に書いて練習してください。そうすれば、アルゴリズムを考えるコツがつかめます。

●図7.3　ぴったり4リットルの水を用意するアルゴリズムの例

処理	3Lのバケツの水の量	5Lのバケツの水の量
・(初期状態)	0	0
・3Lに汲む	3	0
・3Lから5Lに移す	0	3
・3Lに汲む	3	3
・3Lから5Lに移す	1	5
・5Lを捨てる	1	0
・3Lから5Lに移す	0	1
・3Lに汲む	3	1
・3Lから5Lに移す	0	4 ← 完了！

※リットルをLで示しています。

変数と代入

　バケツで水を汲むアルゴリズムでは、水がデータに相当し、バケツがデータの入れ物に相当しました。コンピュータのアルゴリズムでは、数値がデータであり、データの入れ物を**変数**で表します。数学の変数は、何らかの数値という意味ですが、アルゴリズムの変数は、データの入れ物に名前を付けたものです。これを**変数名**と呼びます。

　変数名は、AやBのような1文字でも、SumやAveのような複数文字でも構いません。**複数文字の変数名にする場合は、変数の役割を表す英語にするのが一般的です。**たとえば、合計値（sum）を格納する変数ならSumという名前にして、平均値（average）を格納する変数ならAveという名前にします。

●図7.4　変数へのデータの代入と格納

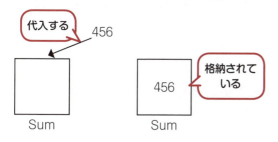

変数を図に示すときには、四角い箱の絵で表すのが一般的です。変数に値を入れることを**代入**と呼び、矢印で示すのが一般的です。図 7.4 は、変数 Sum への 456 というデータの代入と、変数 Sum に 456 というデータが格納されている様子を絵で表したものです。格納されたデータは、その値を箱の中に書きます。

データ構造の基本となる配列

たとえば、100 個のデータを処理するには、その入れ物として 100 個の変数が必要です。この場合には、100 個の変数それぞれに異なる名前を付けるのは面倒なので、全体に 1 つの名前を付け、個々の変数を番号で区別します。この表現を**配列**（array）と呼び、個々の変数を**要素**と呼び、要素の番号を**要素番号**や**添え字**（index）と呼びます。

図 7.5 は、要素数 5 個の配列を絵に表したものです。配列は、すき間なく箱を並べた絵で表します。この配列全体の名前は、A であり、個々の要素は、A[0] 〜 A[4] という名前です。配列名 [要素番号] という名前にするのです。配列の左端が先頭で、右端が末尾です。ここでは、先頭を 0 番にしているので、末尾が 4 番になります。

●図7.5　要素数5個の配列A

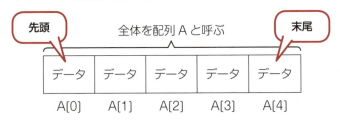

アルゴリズムの問題では、**配列の先頭を 0 番にする場合と、1 番にする場合があるので注意してください**。要素数が 5 個の場合、先頭が 0 番なら A[0] 〜 A[4] になり、先頭が 1 番なら A[1] 〜 A[5] になります。どちらであるかは、問題文に示されているので、必ず確認してください。

> **アドバイス**
>
> 試験問題では、配列の先頭要素を 0 番にする場合と、1 番にする場合があるので、必ず確認しましょう。

配列は、様々なデータ構造の基本になります。なぜなら、コンピュータのメモリ内で物理的にデータを格納する形式は、配列と同じになっている（連続した記憶領域に並べて格納する）からです。配列の使い方を工夫することで、リストや二分探索木などのデータ構造が実現されます。

　配列を使ったアルゴリズムでは、配列の要素を先頭から末尾まで1つずつ順番に取り出して、処理をコツコツ進めます。ここでも、「処理の区切りを見出す」「処理をコツコツと進める」「データの値の変化をトレースする」というアルゴリズムを考えるコツが重要になります。

▌繰り返しの表現で配列の処理を効率的に記述する

　例題7.1は、TANGOという配列の要素を移動するアルゴリズムです。午後試験のアルゴリズム問題は、擬似言語で表記されますが、午前試験のアルゴリズム問題は、この例のようにフローチャートで表記されることがあります。

●例題7.1　配列を使ったアルゴリズム（H23 秋 問7）

　問7　要素番号が0から始まる配列 TANGO がある。n 個の単語が TANGO [1] から TANGO [n] に入っている。図は，n 番目の単語を TANGO [1] に移動するために，TANGO [1] から TANGO [$n-1$] の単語を順に一つずつ後ろにずらして単語表を再構成する流れ図である。a に入れる処理として，適切なものはどれか。

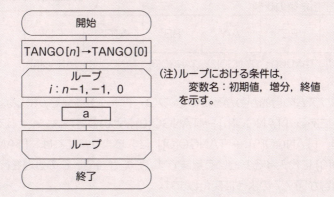

ア　TANGO [*i*]　→ TANGO [*i* + 1]
イ　TANGO [*i*]　→ TANGO [*n* − *i*]
ウ　TANGO [*i* + 1]　→ TANGO [*n* − *i*]
エ　TANGO [*n* − *i*]　→ TANGO [*i*]

　具体例を想定すると、アルゴリズムがわかりやすくなります。この問題では、n個の単語と示されていますが、n = 5 という具体例を想定してみましょう。そうすると、このアルゴリズムは、「TANGO[1] 〜 TANGO[5] に入っている 5 個の単語があり、TANGO[5] を TANGO[1] に移動するために、TANGO[1] 〜 TANGO[4] を 1 つずつ後ろにずらす」になります。

　さらに、配列を処理するアルゴリズムでは、配列の内容を絵に描いてみると、とてもわかりやすくなります。図 7.6 は、このアルゴリズムで処理する前の配列の内容と、処理が完了した後の配列の内容を絵にした例です。配列の要素には、"AA" や "BB" という適当な単語を入れてあります。

●**図7.6　配列の内容を絵に描くとわかりやすくなる**

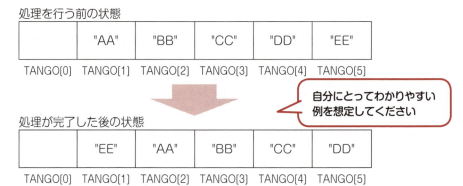

　アルゴリズムの目的がわかったので、フローチャートを見てみましょう。「開始」のすぐ後にある「TANGO[n] → TANGO[0]」という処理は、n = 5 を想定しているので、「TANGO[5] → TANGO[0]」になります。これは、「TANGO[5] を TANGO[0] に代入する」という意味です。したがって、この処理を行うことで、配列の内容が図 7.7 のように変化します。

●図7.7　TANGO[5] → TANGO[0]を実行後の配列の内容

"EE"	"AA"	"BB"	"CC"	"DD"	"EE"
TANGO[0]	TANGO[1]	TANGO[2]	TANGO[3]	TANGO[4]	TANGO[5]

> 絵を描くことで、
> 問題を解くヒントが
> 得られます

　図7.7と、図7.6の処理が完了した後を見比べれば、この後どのような処理を行えばよいかわかるでしょう。TANGO[4] → TANGO[5]、TANGO[3] → TANGO[4]、TANGO[2]　→ TANGO[3]、TANGO[1]　→ TANGO[2]、TANGO[0] → TANGO[1] という処理を行えばよいのです。

　ただし、このまま5つの処理を並べてフローチャートに記述するのは効率が悪いので、繰り返しの表現を使って記述します。その際にポイントとなるのは、**TANGO[i] のように、配列の要素番号を変数で指定することです。** 配列の要素番号を変数で指定すれば、繰り返しの中で変数の値を変化させて、配列の要素を順番に処理できます。配列の要素番号を指定する変数は、iという名前にすることが慣例になっています。

　TANGO[4] → TANGO[5] ～ TANGO[0] → TANGO[1] という5つの処理は、どれも1つ大きい要素番号に代入をしています。したがって、TANGO[i] → TANGO[i + 1] と表現できます。繰り返しの中で、iの値を4～0まで1ずつ減らしながら変化させれば、5つの処理を実現できます。正解は、選択肢アです（図7.8）。

第7章　アルゴリズムとデータ構造

7-0　なぜアルゴリズムとデータ構造を学ぶのか？　**267**

● **図7.8　配列の処理は繰り返しで記述した方が効率的**

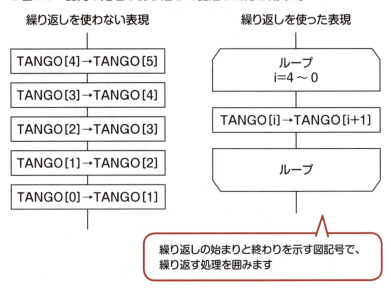

ソートとサーチ

　午前試験に出題される基本的なアルゴリズムは、**ソート（sort＝整列）** と **サーチ（search＝探索）** に分類できます。ソートとサーチは、どちらも配列を対象としたアルゴリズムです。

　ソートとは、配列の要素の順序を揃えることです。小さい順に揃えることを**昇順**と呼びます。配列の先頭から末尾に向かって、データの値が昇って行く（だんだん大きくなる）からです。逆に、大きい順に揃えることを**降順**と呼びます。配列の先頭から末尾に向かって、データの値が降りて行く（だんだん小さくなる）からです（図7.9）。

●図7.9　昇順のソートと降順のソート

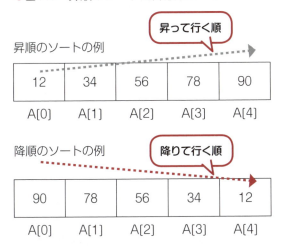

　サーチとは、配列の中から、目的のデータを見つけることです。一般的に、データが見つかった場合は、見つかった位置（配列の要素番号）をサーチの結果とします。**見つからない場合は、配列の要素としてあり得ない番号をサーチの結果とします。**たとえば、配列の先頭の要素を0番としている場合は、－1番を見つからない結果とします（図7.10）。

●図7.10　サーチの結果とする値

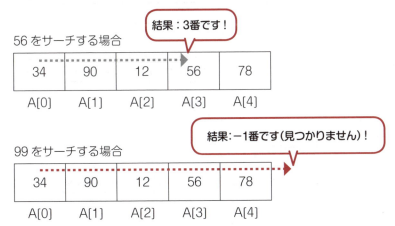

7-0　なぜアルゴリズムとデータ構造を学ぶのか？　269

Section 7-1 基本的なソートのアルゴリズム

バブルソート

　基本的なソートのアルゴリズムを説明しましょう。数字を書いたカードを配列の要素に見立てて、昇順（小さい順）で、バブルソート、選択ソート、挿入ソート、マージソート、クイックソートを、手作業で行う手順を示します。トランプや手作りのカードを用意して、実際に、やってみてください。

　最初は、**バブルソート**です。バブルソートのアルゴリズムは、「**配列の末尾から先頭に向かって、隣同士の要素を比較し、小さい方が前になるように交換する**」です。小さい要素が泡のように浮かび上がって来るので、バブル（bubble＝泡）ソートと呼びます。図7.11は、4枚のカードを手作業でバブルソートする手順です。

●図7.11　4枚のカードを手作業でバブルソートする手順

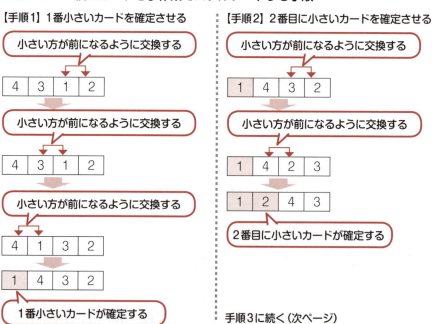

● 図7.11　4枚のカードを手作業でバブルソートする手順（続き）

【手順3】3番目に小さいカードを確定させる

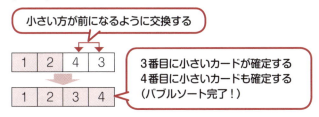

選択ソート

次は、**選択ソート**です。選択ソートのアルゴリズムは、「配列の先頭から末尾に向かって、要素の値をチェックして、最小値を選択し、それを先頭の要素と交換する」です。図7.12は、4枚のカードを手作業で選択ソートする手順です。

● 図7.12　4枚のカードを手作業で選択ソートする手順

【手順1】1番小さいカードを確定させる

【手順2】2番目に小さいカードを確定させる

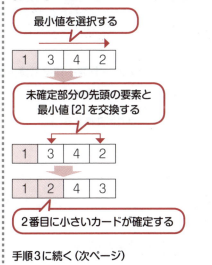

手順3に続く（次ページ）

7-1　基本的なソートのアルゴリズム　271

●図7.12　4枚のカードを手作業で選択ソートする手順（続き）

【手順3】3番目に小さいカードを確定させる

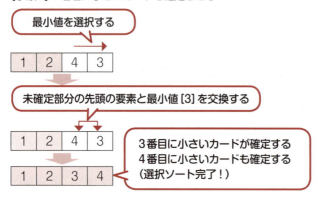

挿入ソート

次は、**挿入ソート**です。挿入ソートのアルゴリズムは、「**配列の先頭から末尾に向かって、要素を1つずつ取り出し、それより前の部分の適切な位置に挿入する**」です。図7.13は、4枚のカードを手作業で挿入ソートする手順です。1番目のカード［4］を挿入済みとして、スタートします。

●図7.13　4枚のカードを手作業で挿入ソートする手順

【手順1】2番目のカード［3］を挿入する

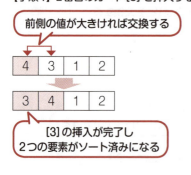

【手順2】3番目のカード［1］を挿入する

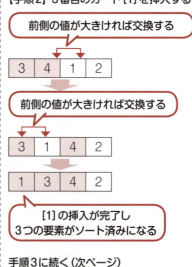

手順3に続く（次ページ）

●図7.13　4枚のカードを手作業で挿入ソートする手順（続き）

【手順3】4番目のカード [2] を挿入する

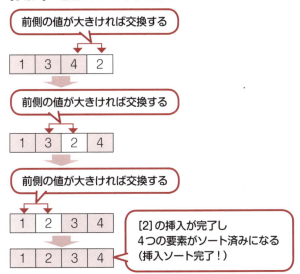

マージソート

　次は、**マージソート**です。マージ（merge）とは「結合」という意味です。マージソートのアルゴリズムは、「配列を要素数が1個になるまで分割し、分割した配列から、要素を小さい順に取り出して結合する」です。図7.14は、4枚のカードを手作業でマージソートする手順です。

●図7.14　4枚のカードを手作業でマージソートする手順

【手順1】配列を2分割する

【手順2】分割した配列をさらに2分割する

手順3に続く（次ページ）

●図7.14　4枚のカードを手作業でマージソートする手順（続き）

【手順3】要素数が1個になったら結合する

【手順4】ソート済みの2つの配列を結合する

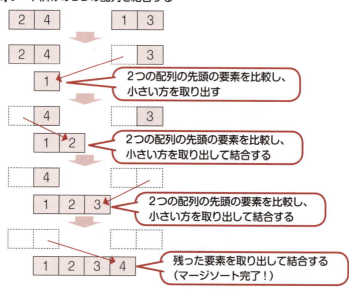

クイックソート

　最後は、**クイックソート**です。クイック（quick）とは「速い」という意味です。クイックソートのアルゴリズムは、「**配列の中から基準値を1つ選び、残りの要素を、基準値との大小でグループ分けする**」です。図7.15 は、7枚のカードを手作業でクイックソートする手順です。

　クイックソートの手順は、データ数が少ないとわかりにくいので、4枚ではなく7枚のカードを使っています。この例では、グループに分けたカードの枚数がちょうど半分ずつになっていますが、実際には、どちらかのグループに偏ることの方が多いでしょう。

グループ分けは、積み重ねたカードの枚数が1枚になるまで繰り返します。基準のカードおよびグループ分けしたときに1枚になったカードは、位置が確定します。

●図7.15　7枚のカードを手作業でクイックソートする手順

【手順1】カード全体から任意の1枚を取り出して基準のカードにする

【手順2】残りのカードを1枚ずつ取り出し、基準のカードより小さければ左側に、大きければ右側に積み上げる

【手順3】より小さいカードで、手順1、手順2と同じ処理を行う

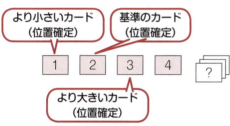

【手順4】より大きいカードで、手順1、手順2と同じ処理を行う

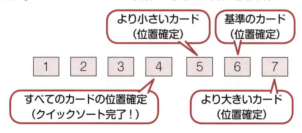

　試験には、基本的なソートのアルゴリズムの説明を選ぶ問題が出題されます。例題7.2は、クイックソートに関する問題です。手作業でアルゴリズムを経験していれば、適切な説明を選べるはずです。

●例題7.2　クイックソート（H30 秋 問6）

問6　クイックソートの処理方法を説明したものはどれか。

ア　既に整列済みのデータ列の正しい位置に，データを追加する操作を繰り返していく方法である。

イ　データ中の最小値を求め，次にそれを除いた部分の中から最小値を求める。この操作を繰り返していく方法である。

ウ　適当な基準値を選び，それより小さな値のグループと大きな値のグループにデータを分割する。同様にして，グループの中で基準値を選び，それぞれのグループを分割する。この操作を繰り返していく方法である。

エ　隣り合ったデータの比較と入替えを繰り返すことによって，小さな値のデータを次第に端の方に移していく方法である。

　選択肢アは、「既に整列済みのデータ列」「正しい位置にデータを追加」ということから、挿入ソートの説明です。「挿入」という言葉を使うと、すぐにわかってしまうので「追加」という言葉にしたのでしょう。

　選択肢イは、「データ中の最小値を求め」「それを除いた部分の中から最小値を求める」ということから、選択ソートまたはヒープソートの説明です。ヒープソートの手順は、後でデータ構造を説明するときに示します。

　選択肢ウは、「適当な基準値を選び」「小さな値のグループと大きな値のグループにデータを分割する」ということから、クイックソートの説明です。つまり正解は、選択肢ウです。

　選択肢エは、「隣り合ったデータの比較と入替え」「小さな値のデータを次第に端の方に移していく」ということから、バブルソートの説明です。

再帰呼出し

　関数の処理の中で同じ関数を呼び出すことで、繰り返し処理を実現するテクニックがあります。これを**再帰呼出し**（**recursive call**）または単に**再帰**と呼びます。関数の処理の中で同じ関数を呼び出すと、処理の流れが関数の入り口に戻るので、関数の処理が繰り返されることになります。例題7.3は、再帰呼出しに関する問題です。

●例題7.3　再帰呼出し（R01秋 問11）

> **問11**　自然数 n に対して, 次のとおり再帰的に定義される関数 $f(n)$ を考える。$f(5)$ の値はどれか。
>
> $f(n)$：if $n \leq 1$ then return 1 else return $n + f(n-1)$
>
> **ア** 6　　　　　**イ** 9　　　　　**ウ** 15　　　　　**エ** 25

　f(x) という関数は、もしも n ≦ 1 なら1を返し、そうでないなら n + f(n－1) を返します。f(x) の処理の中で、f(n－1) を呼び出していることに注目してください。この部分が再帰呼出しであり、処理が繰り返されます。この問題では、f(5) の値を求めるので、処理の流れをトレースしてみましょう。図7.16に示したように、f(5) の値は15になるので、選択肢ウが正解です。

●図7.16　f(5)の値を求める再帰呼出しのトレース

f(5)によって、5＋f(4)が行われる。
　↓
f(4)によって、4＋f(3)が行われる。
　↓
f(3)によって、3＋f(2)が行われる。
　↓
f(2)によって、2＋f(1)が行われる。
　↓
f(1)によって、f(1)の値として1が返される。
　↓
2＋f(1)が2＋1になるので、f(2)の値として3が返される。
　↓

3＋f(2)が3＋3になるので、f(3)の値として6が返される。

4＋f(3)が4＋6になるので、f(4)の値として10が返される。

5＋f(4)が5＋10になるので、f(5)の値として15が返される。

　再帰呼出しは、通常の繰り返しでは処理を記述しにくい場合に利用されます。これまでに紹介したソートのアルゴリズムでは、マージソートとクイックソートのプログラムを記述するときに、再帰呼出しが使われます。

▸ソートのアルゴリズムの特徴

バブルソート	…… データを交換する	**クイックソート**	…… データをグループ分けする
選択ソート	…… データを選択する		
挿入ソート	…… データを挿入する	**ヒープソート**	…… ヒープというデータ構造を使う
マージソート	…… データを結合する		

※ヒープは、Section7-3 で説明します。

Section 7-2 基本的なサーチのアルゴリズム

二分探索法

　基本的なサーチのアルゴリズムには、二分探索法、線形探索法、ハッシュ表探索法があります。まず、**二分探索法**のアルゴリズムを説明します。このアルゴリズムは、数当てゲームを例にするとわかりやすいでしょう。

　これは、2人で遊ぶゲームで、一方（出題者）が選んだ数を、もう一方（回答者）が当てます。出題者は、頭の中で1～100の中から数を選びます。回答者は、1回に1つの数を言えます。出題者は、その数が合っていれば「当たりです」と言い、正解でないなら「もっと大きい」または「もっと小さい」というヒントを出します。出題者と回答者の役を交互に行い、できるだけ少ない回数で当てた方を勝ちとします。もしも、あなたが回答者だったら、どうやって数を当てますか。

　実際に、やってみれば気付くと思いますが、効率的に数を当てるには、真ん中の数を言えばよいのです（図7.17）。たとえば、出題者が選んだ数が70だとしましょう。最初に、回答者は、1～100の真ん中の「50ですか？」と聞きます。すると、出題者は、「もっと大きい」と言うはずです。これによって、最初は1～100の範囲にあった答えの候補を、半分の51～100の範囲に絞り込めます。探索の対象を2分割できるので、このアルゴリズムを二分探索法と呼びます。

●図7.17　真ん中をチェックすれば探索対象を半分に絞り込める

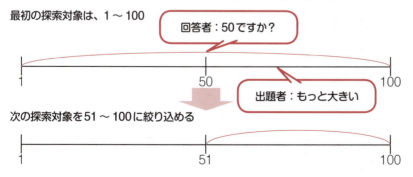

真ん中の数は、「（左端＋右端）÷ 2」という計算で求められます。たとえば、1 ～ 100 の真ん中の数は、(1 + 100) ÷ 2 = 50.5 ですが、**コンピュータを使って整数の計算を行うと、小数点以下がカットされるので、50.5 は 50 になります。**

1 ～ 100 の真ん中の「50 ですか？」と聞いて、「もっと大きい」というヒントを得たのですから、次は、51 ～ 100 の真ん中の「75 ですか？」と聞きます。このようにして、真ん中の数を言うことを繰り返して行くと、わずか 7 回で 70 を当てることができます（図 7.18）。

●図7.18　真ん中の数を言うことを繰り返して数を当てるまでの手順

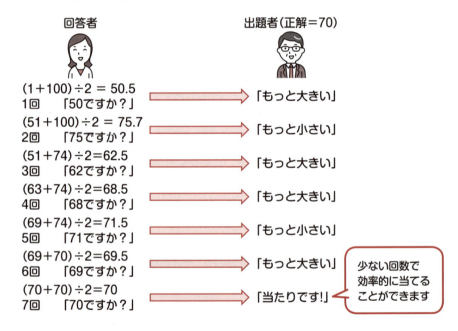

二分探索法の条件

二分探索法は、効率的にデータを見つけられますが「**データがソート済みでなければならない**」という条件があります。この条件の意味を、トランプで数当てゲームを行う場合を例にして説明しましょう。

裏返された 7 枚のトランプがあり、出題者から「この中から 9 を見つけてください」と言われたとします。回答者が真ん中のカードをめくったところ、［5］が出ました。［9］は［5］より大きいので、［9］があるとしたら、［5］より右側だ

と考えてよいでしょうか（図 7.19）。

● 図 7.19　トランプを使った数当てゲームで二分探索ができるか？

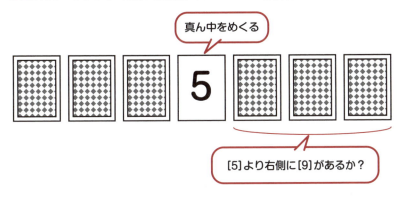

　もしも、7 枚のトランプが昇順にソートされているなら、[9] があるとしたら [5] より右側だと考えられますが、ソートされていないなら、そうとは言えません。これが、「二分探索法には、データがソート済みでなければならないという条件がある」ということです。例題 7.4 は、二分探索法の条件に関する問題です。

● 例題 7.4　二分探索法の条件（H26 秋 問 6）

問 6　2 分探索に関する記述のうち，適切なものはどれか。

ア　2 分探索するデータ列は整列されている必要がある。
イ　2 分探索は線形探索より常に速く探索できる。
ウ　2 分探索は探索をデータ列の先頭から開始する。
エ　n 個のデータの 2 分探索に要する比較回数は，$n \log_2 n$ に比例する。

　選択肢アの「二分探索するデータ列は整列されている必要がある」が正解です。すぐ後で紹介する線形探索法は、多くの場合に、二分探索法より効率が悪いのですが、「二分探索法の方が常に速く探索できる」とは言い切れません。したがって、選択肢イは、誤りです。二分探索法は、データ列の真ん中から探索を開始するので、選択肢ウも誤りです。後で説明しますが、二分探索法の比較回数は、最大で $\log_2 n$ になるので、選択肢エも誤りです。

線形探索法

裏返された7枚のトランプがあって、ソートされていないなら、先頭（左端）から1枚ずつ順番にカードをめくって探索するしかありません。このアルゴリズムを**線形探索法**と呼びます。線形とは、「直線」という意味です。先頭から末尾まで順番にカードをめくることは、直線的です。

多くの場合に、線形探索法は、二分探索より効率が悪くなります。たとえば、もしも、1〜100の中から数を当てるゲームで、線形探索法のアルゴリズムを使うと、70を当てるまでに70回もかかります（図7.20）。

●図7.20　線形探索法で数当てゲームの答えを当てるまでの手順

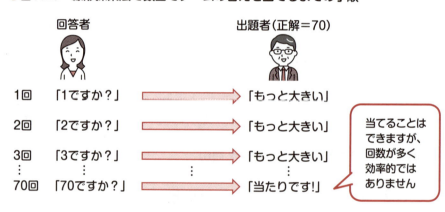

アルゴリズムの計算量

アルゴリズムの効率を明確に示す手段として**計算量**があります。計算量には、いくつかの定義がありますが、基本情報技術者試験の問題の多くでは、**N個のデータを処理して目的の結果を得るまでの最大の処理回数**で示します。

同じ目的のアルゴリズムが複数あるときには、計算量を示すことで、それぞれの効率を明確に比較できます。たとえば、線形探索法と二分探索法は、データを探索するという同じ目的のアルゴリズムです。それぞれの計算量を求めて、効率を比較してみましょう。

線形探索法の計算量を求めるのは、とても簡単です。たとえば、裏返されたトランプが10枚あれば、最大で10回めくります。100枚あれば、最大で100回

めくります。N枚あれば、最大でN回めくります。したがって、**線形探索法の計算量は、Nです**。これをO(N)と表記することがあります。このOは、**オーダ**（order，**次数**）の頭文字です（図7.21）。

●**図7.21 線形探索の計算量**

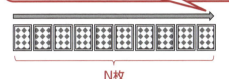

　二分探索の計算量は、やや複雑で、O(log₂N)になります。log₂Nは、N個のデータを2分割することを繰り返して、最後の1個にするまでの分割回数を示します。たとえば、log₂8 = 3です。8個のデータを3回分割すると1個になるからです。8個 → 4個 → 2個 → 1個です。二分探索は、2分割を繰り返します。最大で最後の1個で見つかるか、見つからないと判断できます。そのため、二分探索の計算量は、O(log₂N)になるのです。例題7.5は、二分探索法の計算量に関する問題です。

●**例題7.5　二分探索法の計算量（H27 春 問6）**

> **問6**　整列されたn個のデータの中から，求める要素を2分探索法で探索する。この処理の計算量のオーダを表す式はどれか。
>
> **ア** $\log n$　　　**イ** n　　　**ウ** n^2　　　**エ** $n \log n$

　二分探索法の計算量は、O(log₂N)なので、選択肢アが正解です。この問題では、logの下に小さく書き添える2が省略されています。

　線形探索法のように、単純なN回の繰り返しを行うアルゴリズムの計算量は、選択肢イのO(N)になります。繰り返しの中で別の繰り返しを行う「多重ループ」を行うアルゴリズムの計算量は、選択肢ウのO(N²)になります。N回の繰り返し × N回の繰り返し＝N²回の繰り返し、になるからです。N回の繰り返しで、2分

●表7.2　基本的なソートとサーチのアルゴリズムの計算量

ソートのアルゴリズム	計算量	サーチのアルゴリズム	計算量
バブルソート	$O(N^2)$	線形探索法	$O(N)$
選択ソート	$O(N^2)$	二分探索法	$O(\log_2 N)$
挿入ソート	$O(N^2)$	ハッシュ表探索法	$O(1)$
マージソート	$O(N \cdot \log_2 N)$		
クイックソート	$O(N \cdot \log_2 N)$		
ヒープソート	$O(N \cdot \log_2 N)$		

> N回繰り返すからN、N×N回繰り返すからN²、2分割は$\log_2 N$です

割の処理を行うアルゴリズムの計算量は、選択肢エの $O(N \cdot \log_2 N)$ になります。

　表7.2に、基本的なソートとサーチのアルゴリズムの計算量を示します。クイックソートの計算量は、多くの場合に $O(N \cdot \log_2 N)$ に近い値になりますが、運が悪いと $O(N^2)$ になります。これは、基準値のどちらか一方だけに、グループ分けしたデータが偏ってしまった場合です。

■ ハッシュ表探索法

　先ほどの表7.2で、ハッシュ表探索法の計算量が $O(1)$ であることに注目してください。これは、データ数 N にかかわらず、たった1回の処理で目的のデータが見つかるということです。どうして、たった1回で見つかるのでしょう。それは、ハッシュ表探索法では、データの値と格納場所を対応付けるからです。

　ハッシュ表探索法では、データの値を使って、あらかじめ用意しておいた計算を行い、その結果を格納場所にします。この計算をハッシュ関数と呼び、計算結果をハッシュ値と呼びます。データの格納場所となる配列をハッシュ表と呼びます。ハッシュ（hash）とは、「ごた混ぜ」という意味です。

　たとえば、1番〜10番の番号が付いた箱に荷物を入れるときに、「誕生日のすべての数字を足して、それを10で割った余りに、1を足す」というハッシュ関数で得られたハッシュ値を、箱の番号にするとしましょう。誕生日が12月29日のAさんは、(1 + 2 + 2 + 9) mod 10 + 1 = 14 mod 10 + 1 = 4 + 1 = 5なので、5番の箱に荷物を入れることになります。mod（modulo ＝剰余）は、割り算の余りを求めることを意味します。

284　第7章　アルゴリズムとデータ構造

Bさんが、Aさんから「私の荷物を持って来てください」と頼まれたとします。Bさんは、Aさんの誕生日が12月29日であることを聞けば、同じハッシュ関数を使って、5というハッシュ値を得て、5番の箱からAさんの荷物を取り出せます。他の箱を一切チェックせずに、1回で見つけられます。これが、ハッシュ表探索法の仕組みです（図7.22）。

●図7.22　データが1回で見つかるハッシュ表探索法の仕組み

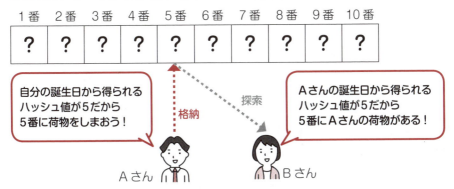

　ハッシュ関数の計算方法にも注目してください。箱の番号が1番〜10番なので、ハッシュ値が1〜10になる計算方法にしなければなりません。10で割った余りは、必ず0〜9のいずれかになります。それに1を足せば、必ず1〜10のいずれかになります。このように考えて、「10で割った余りに、1を足す」という計算方法にしたのです。

ハッシュ表探索法でデータを格納するルール

　ハッシュ表探索法の計算量が O(1) になるのは、理想的な状況だけです。理想的とは、同じ場所に格納するデータが生じる確率が、無視できるほど小さいときです。たとえば、誕生日が1月3日のCさんがいるとしましょう。ハッシュ値は、(1 + 3) mod 10 + 1 = 5 なので、5番の箱に荷物を入れることになります。ところが、5番の箱には、すでにAさんの荷物が入っているので、Cさんの荷物を入れられません。そこで、Cさんは、あらかじめ決めておいたルールに従って、5番とは別の空いている箱に荷物を入れます。この場合には、計算量が O(1) になりません。例題7.6は、このような状況におけるルールに関する問題です。

●例題7.6　ハッシュ表探索法でデータを格納するルール（H25 秋 問7）

問7　次の規則に従って配列の要素 $A[0]$, $A[1]$, …, $A[9]$ に正の整数 k を格納する。k として 16，43，73，24，85 を順に格納したとき，85 が格納される場所はどこか。ここで，$x \bmod y$ は x を y で割った剰余を返す。また，配列の要素は全て 0 に初期化されている。

[規則]
(1)　$A[k \bmod 10] = 0$ ならば，k を $A[k \bmod 10]$ に格納する。
(2)　（1）で格納できないとき，$A[(k + 1) \bmod 10] = 0$ ならば，k を $A[(k + 1) \bmod 10]$ に格納する。
(3)　（2）で格納できないとき，$A[(k + 4) \bmod 10] = 0$ ならば，k を $A[(k + 4) \bmod 10]$ に格納する。

ア $A[3]$　　　　**イ** $A[5]$　　　　**ウ** $A[6]$　　　　**エ** $A[9]$

　この問題を解くには、配列の絵を描いて、問題に示されたルールに従い、実際にデータを格納してみるとよいでしょう。配列のすべての要素には、あらかじめ 0 が入っています。この 0 は、データが格納されていないことを示します。

　ルールは、3 つあり、格納する値を k で示しています。ルール（1）は、「k mod 10 で得られた格納場所が空いていれば、そこに格納する」という意味です。10 で割った余りに 1 を足していないのは、配列の先頭が 0 番だからです。もしも、ルール（1）で格納できないときは、ルール（2）「(k + 1) mod 10 で得られた格納場所が空いていれば、そこに格納する」とします。さらに、ルール（2）でも格納できないときは、ルール（3）「(k + 4) mod 10 で得られた格納場所が空いていれば、そこに格納する」とします。

　これらのルールに従って、16、43、73、24、85 というデータを順番に格納すると、図 7.23 になります。85 というデータは、A[9] に格納することになるので、選択肢エが正解です。

●図7.23　ルールに従ってデータを格納する

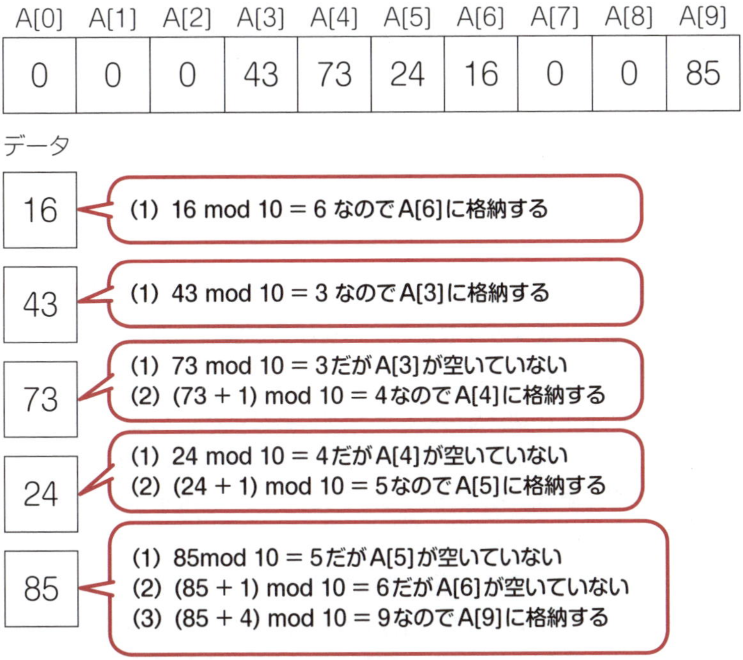

A[0]	A[1]	A[2]	A[3]	A[4]	A[5]	A[6]	A[7]	A[8]	A[9]
0	0	0	43	73	24	16	0	0	85

データ

| 16 | (1) 16 mod 10 = 6 なのでA[6]に格納する |

| 43 | (1) 43 mod 10 = 3 なのでA[3]に格納する |

| 73 | (1) 73 mod 10 = 3だがA[3]が空いていない
(2) (73 + 1) mod 10 = 4なのでA[4]に格納する |

| 24 | (1) 24 mod 10 = 4だがA[4]が空いていない
(2) (24 + 1) mod 10 = 5なのでA[5]に格納する |

| 85 | (1) 85mod 10 = 5だがA[5]が空いていない
(2) (85 + 1) mod 10 = 6だがA[6]が空いていない
(3) (85 + 4) mod 10 = 9なのでA[9]に格納する |

▶ サーチのアルゴリズムの特徴

線形探索法　……　処理が遅いが、配列がソートされている必要がない

二分探索法　……　処理が速いが、配列がソートされている必要がある

ハッシュ表探索法　………　ハッシュ関数を使い、理想的には1回の処理で見つかる

Section 7-3 基本的なデータ構造

リスト

　データ構造の基本は、配列です。**配列の使い方を工夫することで、リスト、二分探索木、ヒープ、キュー、スタックなどのデータ構造が実現されます**。それぞれのデータ構造の仕組みと特徴を説明しましょう。

　リスト（**list**）は、配列の1つの要素に、データの値と、次にどの要素とつながっているか、という2つの情報を持たせたものです。このつながりの情報を**ポインタ**（**pointer**）と呼びます。「次のデータはここです」とポイントしている（指している）からです。

　図7.24 にリストの例を示します。リストを構築するには、リストの本体となる配列と、リストの先頭の要素を指す変数が必要です（末尾の要素を指す変数を用意することもあります）。ここでは、配列 A[0]～A[4] がリストの本体で、変数 Top がリストの先頭の要素を指しています。

●図7.24　リストの例

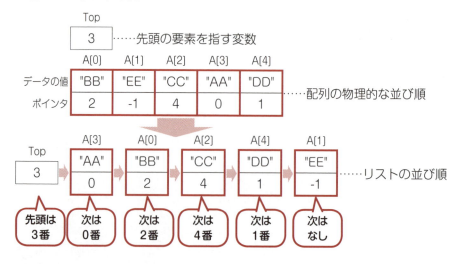

変数 Top の値は 3 なので、先頭は A[3] です。配列の 1 つの要素には、適当な文字列のデータと、ポインタ（次の要素の番号）が入っています。**リストの末尾では、ポインタを－1 とすることで、次の要素がないことを示しています**。－1 は、要素番号としてあり得ない数字だからです。

リストの長所

　リストの特徴は、データの物理的な並び順とは無関係に、ポインタで要素をたどることです。たとえば、先ほど図 7.24 に示したリストは、物理的には A[0] → A[1] → A[2] → A[3] → A[4] という順序でメモリ内に並んでいますが、ポインタで要素をたどるので Top → A[3] → A[0] → A[2] → A[4] → A[1] という順序になります。このような特徴から、**リストには、通常の配列と比べて、要素の挿入と削除が効率的に行える**、という長所があります（図 7.25）。

●図7.25　通常の配列よりリストの方が要素の挿入が効率的

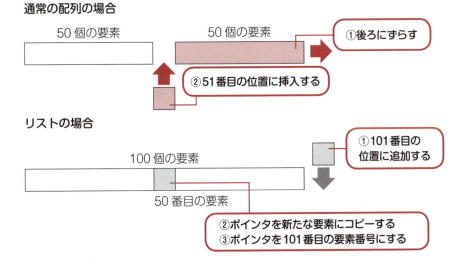

たとえば、100個の要素がある通常の配列とリストで、先頭から50番目と51番目の要素の間に新たな要素を挿入するとしましょう。通常の配列の場合は、51番目以降の50個の要素を1つずつ後ろにずらして格納位置を空けてから（①）、新たな要素を挿入することになります（②）。50個の要素をずらすには、多くの時間がかかります。

　それに対して、リストの場合は、リストの末尾の101番目に新たな要素を追加し（①）、50番目の要素のポインタを101番目の要素にコピーしてから（②）、50番目のポインタを101番目の要素番号にすれば（③）、挿入が完了します。ほとんど時間がかかりません。

　リストへの要素の挿入は、物理的には配列の末尾に追加されていますが、ポインタをたどると、途中に挿入されていることになります。

　同様の仕組みで、リストから要素を削除する処理も、削除する要素のポインタを1つ前の要素にコピーするだけで済み、効率的に実現できます（図7.26）。たとえば、"XX" → "YY" → "ZZ" とつながっているリストで、"YY" のポインタを1つ前の "XX" にコピーすると、"XX" → "ZZ" というリストになり、"YY" が削除されます。"YY" は、物理的にはメモリ上に残っていますが、リストからは削除されていることになります。

●図7.26　ポインタを書き換えるだけでリストから要素を削除できる

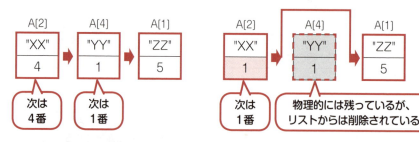

リストの短所

　リストには、通常の配列と比べて、短所もあります。それは、「先頭から80番目の要素を読み出す」や「先頭から80番目の要素を更新する」のように、**任意の番号を指定して要素を読み書きするときに、処理が遅いこと**です。

通常の配列であれば、要素番号を指定して、すぐに 80 番目の要素を読み書きできます。それに対して、リストでは、先頭から順番に 80 個の要素をたどってから、80 番目の要素を読み書きすることになります。

　このように、リストと通常の配列には、それぞれ長所と短所があります。例題7.7 は、通常の配列と比較した場合のリストの特徴に関する問題です。問題文にある「連結リスト」とは、これまでに説明してきたリストのことです。

●例題7.7　配列と比較した場合のリストの特徴（H21 春 問6）

> **問 6**　配列と比較した場合の連結リストの特徴に関する記述として，適切なものはどれか。
>
> **ア**　要素を更新する場合，ポインタを順番にたどるだけなので，処理時間は短い。
> **イ**　要素を削除する場合，削除した要素から後ろにあるすべての要素を前に移動するので，処理時間は長い。
> **ウ**　要素を参照する場合，ランダムにアクセスできるので，処理時間は短い。
> **エ**　要素を挿入する場合，数個のポインタを書き換えるだけなので，処理時間は短い。

　要素を更新する場合、通常の配列なら、要素番号を指定して、すぐに要素に書き込めますが、リストでは、ポインタを順番にたどらなければならないので、処理時間が長くなります。選択肢アは、誤りです。

　要素を削除する場合、通常の配列では、削除する要素より後ろにある要素をすべて前にずらさなければならないので、処理時間が長くなりますが、リストなら、ポインタを書き換えるだけなので、すぐに削除できます。選択肢イは、誤りです。

　要素を参照する場合、通常の配列なら、要素番号を指定して、任意の要素を（選択肢では、このことを「ランダム」と呼んでいる）読み出せますが、リストでは、先頭からポインタを順番にたどらなければならないので、処理時間が長くなります。選択肢ウは、誤りです。

　要素を挿入する場合、通常の配列では、挿入位置より後ろにある要素をすべて後にずらさなければならないので、処理時間が長くなりますが、リストなら、要素を末尾に追加してポインタを書き換えるだけなので、すぐに挿入できます。選

択肢エが、正解です。

　リストの種類には、前から後ろだけにたどれる**単方向リスト**、前から後ろだけでなく、後ろから前にもたどれる**双方向リスト**、および末尾と先頭の要素がつながっている**環状リスト**があります（図7.27）。これまでの例で示したリストは、どれも単方向リストです。

●**図7.27　リストの種類**

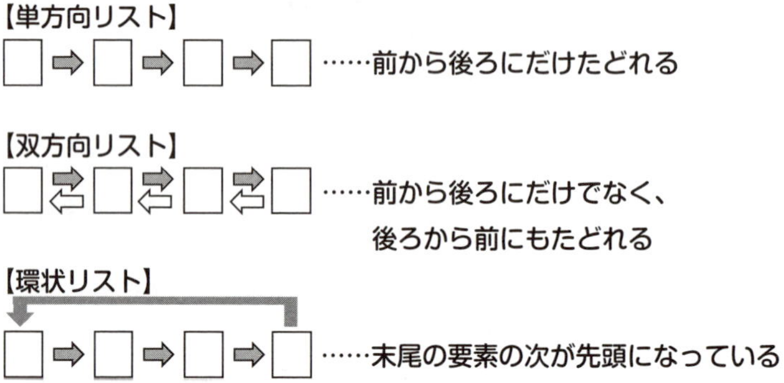

【単方向リスト】

□⇒□⇒□⇒□　……**前から後ろにだけたどれる**

【双方向リスト】

□⇄□⇄□⇄□　……**前から後ろにだけでなく、**
　　　　　　　　　　　　　　後ろから前にもたどれる

【環状リスト】

□⇒□⇒□⇒□　……**末尾の要素の次が先頭になっている**

▌二分探索木

　リストの1つの要素に2つのポインタを持たせ、1つの要素から2つの要素にたどれるようにしたデータ構造を**二分木**（**binary tree**）と呼びます。このような形式で要素をつないでいくと、木のような形状（木を上下逆にした形状）になるからです。試験問題で取り上げられる二分木の種類には、データを探索するための「二分探索木」と、データを整列するための「ヒープ」があります。

　はじめに、**二分探索木**の仕組みを説明しましょう。二分探索木は、要素の左側により小さい値をつなぎ、右側により大きい値をつないだ二分木です。データを1つずつ追加することで、だんだん木が伸びて行きます。

　例題7.8は、与えられたデータを使って二分探索木を構築する問題です。**木では、四角形ではなく円で要素を示すこと**が慣例になっています。要素と要素のつながりは、直線で示します。

292　第7章　アルゴリズムとデータ構造

● 例題7.8　与えられたデータで二分探索木を構築する（H23 特別 問5）

問5　空の2分探索木に，8，12，5，3，10，7，6の順にデータを与えたときにできる2分探索木はどれか。

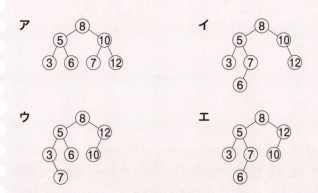

8、12、5、3、10、7、6というデータを順番につないで、紙の上に二分探索木の絵を描いてみましょう。最初の8は、木の先頭の要素になり、これを**根**と呼びます。これ以降のデータは、根をスタートラインとして、木の先の適切な位置につないで行きます。手順を図7.28に示します。

● 図7.28　二分探索木を構築する手順

【手順4】3は8より小さいので左側に進み、5より小さいので左側につなぐ

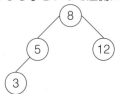

【手順5】10は8より大きいので右側に進み、12より小さいので左側につなぐ

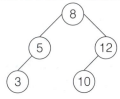

手順6に続く（次ページ）

● 図7.28　二分探索木を構築する手順（続き）

【手順6】7は8より小さいので左側に進み、5より大きいので右側につなぐ

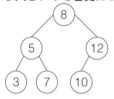

【手順7】6は8より小さいので左側に進み、5より大きいので右側に進み、7より小さいので左側につなぐ

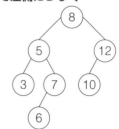

　正解は、手順7と同じ絵になっている選択肢エです。木では、データとデータをつなぐ線を**枝**と呼びます。根以外のデータは、そこから枝が伸びているものを**節**と呼び、枝が伸びていない先端のものを**葉**と呼びます。これらの呼び名は、自然界の木と同様です（図7.29）。

● 図7.29　木を構成する根、枝、節、葉

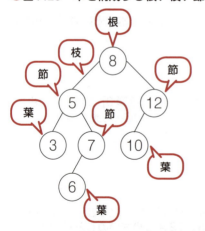

実際の木のように、根から枝や葉が伸びていきます

　二分探索木を使ってデータを探索するときには、根からスタートして、目的のデータの大小で、左または右に枝をたどって行きます。たとえば、先ほど図7.29に示した二分探索木で6を探索する場合は、図7.30のように木の枝をたどって行き4回の処理で、見つかります。**二分探索木を使えば、二分探索法と同様に、効率的にデータを見つけられます**。

● 図7.30　二分探索木を使って6を探索する

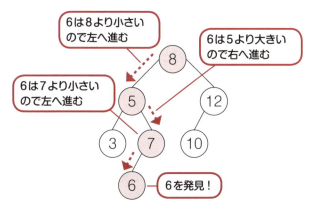

ヒープ

　ヒープ（**heap**）は、直訳すると「堆積物」という意味です。ヒープは、1つの要素が2つの要素につながった二分木の一種なのですが、データの配置方法が、木よりも堆積物に似ています。堆積物のように、大きなデータの上に小さなデータが積み上がったデータ構造です（目的に応じて、大小関係を逆にする場合もあります）。
　図7.31 に、ヒープの例を示します。破線の三角形で囲んだ3つの要素の中で、上にある要素が下にある要素より小さくなるように配置します。下にある要素の左右は関係なく、下の2つより上の1つが小さければよいのです。

● 図7.31　ヒープの例

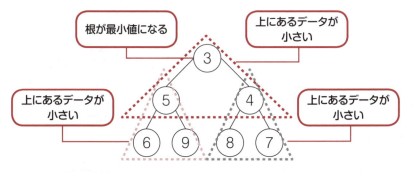

　ヒープを使うと、データをソートできます。下の要素より上の要素が小さいの

で、ヒープの根には、全体で最も小さいデータがあります。これを取り出してから、残ったデータをヒープに再構築します。今度は、ヒープの根には、2番目に小さいデータがあります。これを取り出して、先ほど取り出した最も小さいデータの後ろに並べます。以下同様に、ヒープの再構築と、根のデータを取り出して、後ろに並べることを繰り返せば、データを昇順（小さい順）にソートできます。このアルゴリズムを**ヒープソート**と呼びます。

キューとスタック

すぐに処理しないデータを一時的に格納しておくための配列を**バッファ**（**buffer ＝緩衝材、緩衝記憶領域**）と呼びます。バッファの種類には、「キュー」と「スタック」があります。キューとスタックは、データの格納と取り出しのルールが違います。

キューは、**FIFO（First In First Out）方式**のバッファです。キューに最初に格納したデータが（first in）、最初に取り出されます（first out）。キューにデータを格納することを**エンキュー**（**enqueue**）、キューからデータを取り出すことを**デキュー**（**dequeue**）と呼びます。

キューは、順番通りに処理するための普通のバッファです。たとえば、A、B、Cの順にエンキューされたデータは、そのままA、B、Cの順にデキューされます。この様子が、順番を待っている行列に似ているので、キュー（queue ＝待ち行列）と呼ぶのです（図7.32）。

●図7.32　キューの例

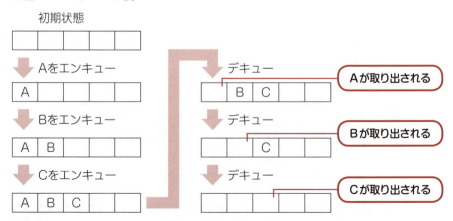

スタックは、**LIFO（Last In First Out）方式**のバッファです。スタックに最後に格納したデータが（last in）、最初に取り出されます（first out）。

スタックにデータを格納することを**プッシュ**（push）、スタックからデータを取り出すことを**ポップ**（pop）呼びます。

スタックは、順序を入れ替えて処理するための特殊なバッファです。たとえば、A、B、C の順にプッシュされたデータは、C、B、A の順にポップされます。プッシュとポップの順序を工夫すれば、B、A、C という順に取り出すこともできます。

後から格納したものが先に取り出されることが、牧草を積み上げた山の様子に似ているので、スタック（stack、干し草の山）と呼ぶのです。積み上げたイメージになるように、スタックの絵を描くときは、配列を縦にします（図 7.33）。

● **図7.33 スタックの例**

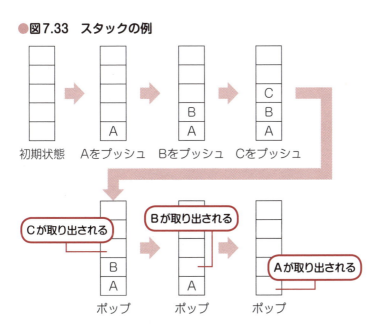

例題7.9は、キューとスタックの操作に関する問題です。キューとスタックの絵を描くとわかりやすいでしょう。

●例題7.9　キューとスタックの操作 (H26 春 問7)

> **問7**　空の状態のキューとスタックの二つのデータ構造がある。次の手続を順に実行した場合，変数 x に代入されるデータはどれか。ここで，手続で引用している関数は，次のとおりとする。
>
> 〔関数の定義〕
> 　push(y)：データ y をスタックに積む。
> 　pop()：データをスタックから取り出して，その値を返す。
> 　enq(y)：データ y をキューに挿入する。
> 　deq()：データをキューから取り出して，その値を返す。
>
> 〔手続〕
> 　push(a)
> 　push(b)
> 　enq(pop())
> 　enq(c)
> 　push(d)
> 　push(deq())
> 　$x \leftarrow$ pop()
>
> **ア** a　　　　　**イ** b　　　　　**ウ** c　　　　　**エ** d

図7.34に、問題に示された手続を行ったときのキューとスタックの変化を示します。enq(pop()) は、ポップして得られた値をエンキューするという意味です。push(deq()) は、デキューして得られた値をプッシュするという意味です。x ← pop() は、ポップした値を変数 x に代入するという意味です。x に代入されるのは b なので、正解は選択肢イです。

298　第7章　アルゴリズムとデータ構造

● 図7.34　手続を行ったときのキューとスタックの変化

【手続き1】push(a)

【手続き2】push(b)

【手続き3】enq(pop())

【手続き4】enq(c)

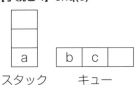

【手続き5】push(d)

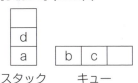

【手続き6】push(deq())

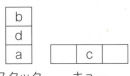

【手続き7】x ← pop()

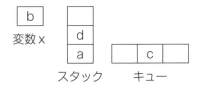

> 実際の試験問題を解くときも、キューとスタックの絵を描いてみましょう

▶ データ構造の特徴

配列………………	データが並んだもの、すべてのデータ構造の基本
リスト……………	配列の要素が、つながり情報を持ったもの
二分探索木………	2つのつながり情報を持ったリスト、左に小さいデータをつなぎ、右に大きいデータをつなぐ
ヒープ……………	2つのつながり情報を持ったリスト、左右は関係なく下にあるデータより上にあるデータが小さくなるようにつなぐ
キュー……………	FIFO（先入れ先出し）形式のバッファ
スタック…………	LIFO（後入れ先出し）形式のバッファ

Section 7-4 アルゴリズムとデータ構造の練習問題

データ構造の基本となる配列

● 練習問題7.1　配列を使ったアルゴリズム（H26 春 問8）

問8　長さ m, n の文字列をそれぞれ格納した配列 X, Y がある。図は、配列 X に格納した文字列の後ろに、配列 Y に格納した文字列を連結したものを、配列 Z に格納するアルゴリズムを表す流れ図である。図中のa, bに入れる処理として、適切なものはどれか。ここで、1文字が一つの配列要素に格納されるものとする。

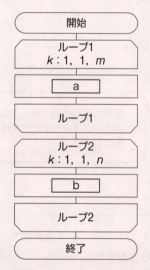

(注)ループ端の繰返し指定は、変数名：初期値、増分、終値 を示す。

多重ループではなく、単純なループが2つあります！

	a	b
ア	$X(k) \rightarrow Z(k)$	$Y(k) \rightarrow Z(m+k)$
イ	$X(k) \rightarrow Z(k)$	$Y(k) \rightarrow Z(n+k)$
ウ	$Y(k) \rightarrow Z(k)$	$X(k) \rightarrow Z(m+k)$
エ	$Y(k) \rightarrow Z(k)$	$X(k) \rightarrow Z(n+k)$

ハッシュ表探索法

●練習問題7.2　表探索におけるハッシュ法の特徴（H30 春 問7）

問7　表探索におけるハッシュ法の特徴はどれか。

ア　2分木を用いる方法の一種である。
イ　格納場所の衝突が発生しない方法である。
ウ　キーの関数値によって格納場所を決める。
エ　探索に要する時間は表全体の大きさにほぼ比例する。

> ハッシュ関数やハッシュ値という言葉を思い出してください！

リスト

●練習問題7.3　双方向リストへの挿入（H22 春 問5）

問5　双方向のポインタをもつリスト構造のデータを表に示す。この表において新たな社員Gを社員Aと社員Kの間に追加する。追加後の表のポインタa～fの中で追加前と比べて値が変わるポインタだけをすべて列記したものはどれか。

表

アドレス	社員名	次ポインタ	前ポインタ
100	社員A	300	0
200	社員T	0	300
300	社員K	200	100

第7章　アルゴリズムとデータ構造

追加後の表

アドレス	社員名	次ポインタ	前ポインタ
100	社員A	a	b
200	社員T	c	d
300	社員K	e	f
400	社員G	x	y

ア a, b, e, f　　**イ** a, e, f　　**ウ** a, f　　**エ** b, e

> アドレス400の社員Gが、社員Aと社員Kの間になるように、次ポインタと前ポインタを書き換えます！

二分探索法

● **練習問題7.4　二分探索法のフローチャート（H24 秋 問6）**

問6　昇順に整列済みの配列要素 A(1)，A(2)，…，A(n) から，A(m) ＝ k となる配列要素 A(m) の添字 m を2分探索法によって見つける処理を図に示す。終了時点で m ＝ 0 である場合は，A(m) ＝ k となる要素は存在しない。図中の a に入る式はどれか。ここで，" ／ " は，小数点以下を切り捨てる除算を表す。

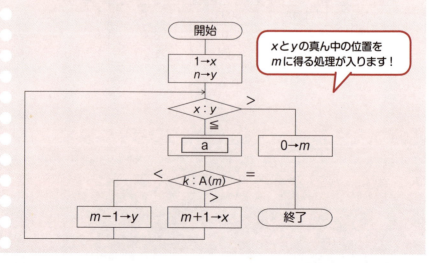

> x と y の真ん中の位置を m に得る処理が入ります！

 ア $(x+y) \to m$ イ $(x+y)/2 \to m$
 ウ $(x-y)/2 \to m$ エ $(y-x)/2 \to m$

アルゴリズムの計算量

● 練習問題 7.5　二分探索法の計算量（H21 春 問7）

問7　昇順に整列された n 個のデータが配列に格納されている。探索したい値を2分探索法で探索するときの，およその比較回数を求める式はどれか。

 ア $\log_2 n$ イ $(\log_2 n + 1)/2$ ウ n エ n^2

> 2分割するアルゴリズムの計算量です！

二分探索木

● 練習問題 7.6　二分探索木から要素を削除する（H25 春 問5）

問5　次の2分探索木から要素12を削除したとき，その位置に別の要素を移動するだけで2分探索木を再構成するには，削除された要素の位置にどの要素を移動すればよいか。

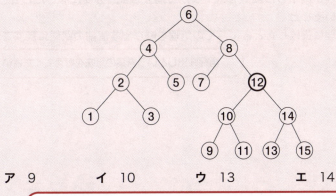

 ア 9 イ 10 ウ 13 エ 14

> 選択肢の中で、12の位置に移動して、二分探索木になるものを選びます！

キューとスタック

●練習問題7.7　スタックの操作（H21 秋 問5）

問5　空のスタックに対して次の操作を行った場合，スタックに残っているデータはどれか。ここで，"push x" はスタックへデータ x を格納し，"pop" はスタックからデータを取り出す操作を表す。

push 1→push 2→pop→push 3→push 4→pop→push 5→pop

ア 1と3　　　**イ** 2と4　　　**ウ** 2と5　　　**エ** 4と5

> スタックの絵を描くと、わかりやすいでしょう！

再帰呼出しによる繰り返し

●練習問題7.8　再帰呼出しの説明（H29 秋 問6）

問6　再帰呼出しの説明はどれか。

ア あらかじめ決められた順番ではなく，起きた事象に応じた処理を行うこと

イ 関数の中で自分自身を用いた処理を行うこと

ウ 処理が終了した関数をメモリから消去せず，必要になったとき再び用いること

エ 処理に失敗したときに，その処理を呼び出す直前の状態に戻すこと

> 再帰呼出しという言葉の意味を考えてください！

2次元配列を使ったアルゴリズム

● 練習問題7.9　花文字の回転（H27 秋 問6）

問8 配列 A が図2の状態のとき，図1の流れ図を実行すると，配列 B が図3の状態になった。図1の a に入れるべき操作はどれか。ここで，配列 A, B の要素をそれぞれ $A(i,j)$, $B(i,j)$ とする。

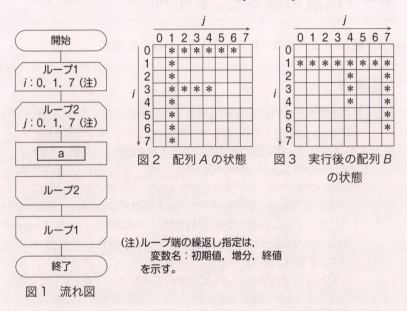

ア　$A(i,j) \rightarrow B(7-i, 7-j)$　　イ　$A(i,j) \rightarrow B(7-j, i)$
ウ　$A(i,j) \rightarrow B(i, 7-j)$　　　エ　$A(i,j) \rightarrow B(j, 7-i)$

添字の i と j で縦と横の位置を表しています！

Section 7-5 アルゴリズムとデータ構造の練習問題の解答・解説

データ構造の基本となる配列

● 練習問題7.1　配列を使ったアルゴリズム（H26 春 問8）

解答 ア

解説 この問題では、配列の要素番号を [ ] ではなく、( ) で囲んで示しています。ループ1では、ループカウンタ k が 1～m まで変化します。したがって、要素数 m 個の配列 X の内容を配列 Z に格納する処理です。X(k) を Z(k) に格納するので、　a　 は X(k) → Z(k) です。

　ループ2では、ループカウンタ k が 1～n まで変化します。したがって、要素数 n 個の配列 Y の内容を配列 Z に格納する処理です。Z には、すでに m 個の要素が格納されているので、Y(k) を Z(m + k) に格納することになります。　b　 は、Y(k) → Z(m + k) です。正解は、選択肢アです。

　配列 X の要素数 m＝5、配列 Y の要素数 n＝3 を想定して、このプログラムの処理結果を絵に描くと、図 7.35 のようになります。配列の要素には、適当な文字を入れています。問題文には説明がありませんが、ループカウンタの初期値が 1 であることから、配列の先頭の要素番号は 1 番だとわかります。

● 図7.35　配列Xと配列Yの内容を配列Zに格納する

配列X | A | B | C | D | E |　要素数 m＝5
　　　X(1) X(2) X(3) X(4) X(5)

配列Y | F | G | H |　要素数 n＝3
　　　Y(1) Y(2) Y(3)

配列Z | A | B | C | D | E | F | G | H |　要素数 ＝ m＋n＝8
　　　Z(1) Z(2) Z(3) Z(4) Z(5) Z(6) Z(7) Z(8)

ハッシュ表探索表

● 練習問題7.2　表探索におけるハッシュ法の特徴（H30 春 問7）

解答　ウ

解説　ハッシュ表探索法では、ハッシュ関数で求めたハッシュ値を、データの格納場所にします。正解は、選択肢ウです。ハッシュ法探索法では、2分木を使いません。ハッシュ値が同じになり格納場所が衝突する場合もあります。検索に要する計算量は、理想的には O(1) であり、表全体の大きさとは関係しません。

リスト

● 練習問題7.3　双方向リストへの挿入（H22 春 問5）

解答　ウ

解説　社員Aの次ポインタaを社員Gのアドレス（400番地）に、社員Gの前ポインタyを社員Aのアドレス（100番地）に、社員Gの次ポインタxを社員Kのアドレス（300番地）に、そして社員Kの前ポインタfを社員Gのアドレス（400番地）にするので、追加後の表は、図7.36になります。a～fの中で変更したポインタは、aとfです。正解は、選択肢ウです。

● 図7.36　社員Gを追加した後のポインタ

追加後の表

アドレス	社員名	次ポインタ	前ポインタ
100	社員A	a 400	b
200	社員T	c	d
300	社員K	e	f 400
400	社員G	x 300	y 100

二分探索法

● 練習問題7.4　二分探索法のフローチャート（H24 秋 問6）

> **解答** イ
>
> **解説** 選択肢を見ると、二分探索法で探索対象の真ん中の要素番号を求める処理であることがわかります。フローチャートの最初の処理を見ると、配列 A(1) 〜 A(n) に対して、x に 1 を入れ、y に n を入れているので、x が左端を指し、y が右端を指していることがわかります。真ん中は、「（左端＋右端）÷ 2」という計算で求めるので、(x ＋ y) /2 → m です。正解は、選択肢イです。

アルゴリズムの計算量

● 練習問題7.5　二分探索法の計算量（H21 春 問7）

> **解答** ア
>
> **解説** データ数が n 個のときの二分探索法の比較回数（計算量）は、$\log_2 n$ です。正解は、選択肢アです。

二分探索木

● 練習問題7.6　二分探索木から要素を削除する（H25 春 問5）

解答 ウ

解説 二分探索木は、小さいデータを左側に、大きいデータを右側につないだものです。12を削除した位置に新たなデータを移動しても、この関係を保たなければなりません。

　選択肢アの9を移動すると、9の左側に9より大きい10があるので、2分探索木になりません。選択肢イの10を移動すると、木のつながりが切れてしまうので、二分探索木になりません。選択肢ウの13を移動すると、2分探索になります。選択肢エの14を移動すると、木のつながりが切れてしまうので、二分探索木になりません。したがって、正解は、選択肢ウです。

キューとスタック

● 練習問題7.7　スタックの操作（H21 秋 問5）

解答 ア

解説 それぞれの操作におけるスタックの変化を図7.37に示します。スタックに残っているデータは、1と3です。正解は、選択肢アです。

● 図7.37　それぞれの操作におけるスタックの変化

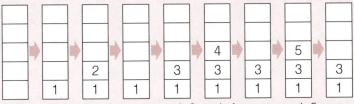

再帰呼出しによる繰り返し

● 練習問題7.8　再帰呼出しの説明 (H29 秋 問6)

解答 イ

解説 再帰呼出しとは、関数の処理の中で同じ関数を呼び出すことで、繰り返し処理を実現するテクニックです。再帰呼出しの説明として最も適切なのは、選択肢イの「関数の中で自分自身を用いた処理を行うこと」です。

2次元配列を使ったアルゴリズム

● 練習問題7.9　花文字の回転 (H27 秋 問6)

解答 エ

解説 アスタリスクを文字の形に並べたものを、花文字と呼びます。2つの添字で要素を指定する配列を、2次元配列と呼びます。配列Aの具体的な1つの要素を選び、それが配列Bのどの位置になるかを調べてみましょう。たとえば、A(0, 1) の要素は、B(1, 7) の位置になります。選択肢ア〜イの配列Bの添字に、i = 0、j = 1 を代入すると、選択肢アの B(7 − i, 7 − j) は B(7, 6) になり、選択肢イの B(7 − j, i) は B(6, 0) になり、選択肢ウの B(i, 7 − j) は B(0, 6) になり、選択肢エの B(j, 7 − i) は B(1, 7) になります。正解は、選択肢エです。

第 8 章

テクノロジ系の計算問題

この章では、テクノロジ系の分野で出題される計算問題の種類と解き方を説明します。説明を読むだけでなく、実際に手作業で計算して、答えを出してください。計算問題に慣れることが重要です。

- 8-0 なぜテクノロジ系の計算問題が出題されるのか？
- 8-1 基礎理論の計算問題
- 8-2 コンピュータシステムの計算問題
- 8-3 技術要素の計算問題
- 8-4 開発技術の計算問題
- 8-5 テクノロジ系の計算問題の練習問題
- 8-6 テクノロジ系の計算問題の練習問題の解答・解説

Section 8-0

なぜ テクノロジ系の計算問題が出題されるのか?

システムの性能を数値で示す

　基本情報技術者試験では、テクノロジ系、マネジメント系、ストラテジ系、どの分野でも計算問題が出題されます。この章では、テクノロジ系で過去に出題された計算問題を紹介し、その解き方を説明します。マネジメント系とストラテジ系は、第10章で取り上げます。

　テクノロジ系の計算問題の多くは、システムの性能を数値で評価したり、他のシステムと数値で比較したりするものです。表8.1は、システムの性能を示すときに使われる主な単位です。

●表8.1　システムの性能を示すときに使われる主な単位

対象	評価項目	単位
CPU	クロック周波数	Hz
	1命令当たりのクロック数	CPI
	1秒間に実行できる命令数	MIPS
メモリ	記憶容量	バイト
	アクセス時間	秒
ディスク装置	記憶容量	バイト
	アクセス時間	秒
ネットワーク	伝送速度	bps
	伝送するデータ量	バイト

知らないものがあれば、ここで覚えておきましょう

【クロック周波数】
　CPUは、時計と同様にカチカチと繰り返される**クロック信号**に合わせて動作しています。1秒間に何個のクロック信号が与えられるかを**クロック周波数**と呼び、

Hz（ヘルツ）という単位で示します。たとえば、1GHz のクロック周波数なら、1秒間に 1×10^9 個＝ 10 億個のクロック信号が与えられています。

【CPI】

CPU が、1つの命令を実行するのに要するクロック信号の数を **CPI**（**Cycles Per Instruction** ＝サイクル／命令）と呼びます。**サイクル**とは、1個のクロック信号のことです。たとえば、5CPI なら、1つの命令を5個のクロック信号で実行します。この CPU のクロック周波数が 1GHz なら、1個のクロック信号が $1/10^9$ 秒なので、1つの命令を $5 \times 1/10^9$ 秒＝ 5×10^{-9} 秒＝5ナノ秒で実行します。

【MIPS】

CPU が、1秒間に実行できる命令の数を示す **MIPS**（**Million Instructions Per Second** ＝百万命令／秒、ミップス）という単位もあります。たとえば、5MIPS の CPU なら、1秒間に5百万命令を実行できます。

【記憶容量とアクセス時間】

メモリやディスク装置の記憶容量はバイト単位で示され、アクセス時間は秒単位で示されます。アクセス時間とは、データの読み書きに要する時間のことです。

【伝送速度とデータ量】

ネットワークの伝送速度は、**bps**（**bit per second** ＝ビット／秒）という単位で示されます。ネットワークで伝送されるデータ量は、バイト単位で示されます。1バイト＝8ビットなので、バイトかビットに単位を揃えて計算する必要があります。

計算問題を解くために必要な知識

計算問題を解くときに、特殊な公式は必要ありません。 どの問題も、用語の意味や、技術の仕組みがわかれば計算できます。ただし、確率、期待値、方程式、不等式など、中学～高校程度の基本的な数学の知識が必要とされる場合があります。

計算問題を克服するには、できるだけ多くの過去問題を解いて、計算の手順に慣れることが重要です。**試験会場には電卓を持ち込めないので、問題を解く練習をするときも、必ず手作業で計算してください。**

計算問題の例を示しましょう。例題 8.1 は、CPI とクロック周波数に関する問

題です。CPI や Hz の意味がわかれば計算できます。うっかり間違いをしないように、丁寧に計算してください。

●例題8.1　CPI とクロック周波数 (H22 春 問9)

> **問9**　表の CPI と構成比率で，3 種類の演算命令が合計 1,000,000 命令実行されるプログラムを，クロック周波数が 1GHz のプロセッサで実行するのに必要な時間は何ミリ秒か。
>
> | 演算命令 | CPI(Cycles Per Instruction) | 構成比率(%) |
> |---|---|---|
> | 浮動小数点加算 | 3 | 20 |
> | 浮動小数点乗算 | 5 | 20 |
> | 整数演算 | 2 | 60 |
>
> **ア** 0.4　　　**イ** 2.8　　　**ウ** 4.0　　　**エ** 28.0

　問題に示された CPU（プロセッサと呼んでいる）には、3 種類の演算命令があり、命令ごとに CPI の値が異なります。構成比率が示されているので、CPI の平均値を求めると、$3 \times 0.2 + 5 \times 0.2 + 2 \times 0.6 = 2.8$CPI になります（この計算方法は、後で説明する期待値の計算と同様です）。2.8CPI は、1 つの命令の実行に 2.8 個のクロック信号を使うという意味です。

　これら 3 種類の命令が $1,000,000 = 10^6$ 個実行されるので、2.8×10^6 個のクロック信号が必要になります。CPU のクロック周波数は、$1GHz = 10^9Hz$ です。10^9Hz は、1 秒間に 10^9 個のクロック信号が与えられるという意味です。2.8×10^6 個のクロック信号が必要な命令を実行するには、$2.8 \times 10^6 \div 10^9 = 2.8 \times 10^{-3} = 2.8$ ミリ秒の時間がかかります。正解は、選択肢イです。

　この問題を解くときに、クロック数とクロック周波数のどちらでどちらを割ればよいか、悩んだかもしれません。そのような場合には、**単純な数値で考えてみるとよいでしょう**。たとえば図 8.1 のように、実際にはあり得ない数字ですが、すべての命令を実行するのに 100 個のクロック信号が必要であり、CPU のクロック周波数が 10Hz（1 秒間に 10 個のクロック信号）だとしましょう。すべての命令の実行に要する時間は、$100 \div 10 = 10$ 秒という計算で求められます。このこ

314　第 8 章　テクノロジ系の計算問題

とから、命令の実行に必要なクロック数をクロック周波数で割れば、実行時間が求められることがわかります。

●図8.1 単純な数値で考えれば、計算方法がわかる

すべての命令を実行するのに必要なクロック数 ……100個
CPUのクロック周波数 ……10Hz(1秒間に10個のクロック)

すべての命令の実行に要する時間 ……100÷10＝10秒 ── 計算方法

▎確率

確率に関する問題を解いてみましょう。確率には、**乗法定理**と**加法定理**があります。**2つの事象が連続して起きる確率は、それぞれの確率を乗算することで求められます。これが、乗法定理です。2つの事象のいずれかが起きる確率は、それぞれの確率を加算することで求められます。**これが、加法定理です。

例題8.2は、乗法定理と加法定理を使って解く問題です。問題文の中にある「単純マルコフ過程」とは、未来の事象が現在の事象で決定されるということです。明日の天気は、今日の天気の影響を受けて決まるという意味なので、特に気にする必要はありません。

●例題8.2 確率の乗法定理と加法定理（H22 秋 問3）

問3　表は，ある地方の天気の移り変わりを示したものである。例えば，晴れの翌日の天気は，40%の確率で晴れ，40%の確率で曇り，20%の確率で雨であることを表している。天気の移り変わりが単純マルコフ過程であると考えたとき，雨の2日後が晴れである確率は何%か。

単位　%

	翌日晴れ	翌日曇り	翌日雨
晴れ	40	40	20
曇り	30	40	30
雨	30	50	20

ア　15　　　　イ　27　　　　ウ　30　　　　エ　33

この問題を解くには、いきなり計算を始めるのではなく、雨の2日後が晴れになるパターンにどのようなものがあるかを考えて、図に描いてみるとよいでしょう（図8.2）。最初の日は、雨の1通り、1日後は、晴れ、曇り、雨の3通り、そして、2日後は、晴れの1通りなので、①、②、③の3つのパターンがあることがわかります。

● **図8.2　雨の2日後が晴れであるパターン**

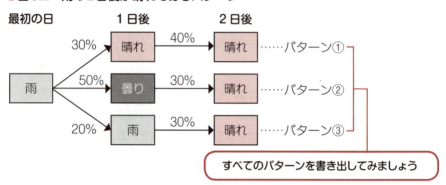

　それぞれのパターンの確率は、事象が連続して起きる確率なので、乗法定理で求められます。パターン①は、雨 → 晴れ → 晴れ、となる確率であり、30% × 40% = 0.3 × 0.4 = 0.12 = 12% です。パターン②は、雨 → 曇り → 晴れ、となる確率であり、50% × 30% = 0.5 × 0.3 = 0.15 = 15% です。パターン③は、雨 → 雨 → 晴れ、となる確率であり、20% × 30% = 0.2 × 0.3 = 0.06 = 6% です。
　雨の2日後が晴れになる確率は、①、②、③のいずれかのパターンになる確率なので、加法定理で求められます。12% + 15% + 6% = 0.12 + 0.15 + 0.06 = 0.33 = 33% です。正解は、選択肢エです。
　もしも、**確率の乗法定理と加法定理の使い分け方がよくわからないなら、サイコロの目が出る確率を例にして、考えてみるとよいでしょう**。たとえば、サイコロを2回振って1が連続して出る確率は、1回目に1が出る確率が1/6で、2回目に1が出る確率が1/6なので、両者を乗算して、（1/6）×（1/6）= 1/36 です。これが、乗法定理です。サイコロを2回振って1または2が連続して出る確率は、1が連続して出る確率が1/36で、2が連続して出る確率が1/36なので、両者を加算して 1/36 + 1/36 = 2/36 = 1/18 です。これが、加法定理です。このように、単純な例で考えると、わかりやすくなるはずです。

期待値

　計算問題の中には、先ほど紹介した天気の確率の問題のように、コンピュータとは直接関係のない問題が出題されることもありますが、コンピュータに関係した問題の方がよく出題されます。

　例題8.3は、**期待値**をコンピュータに関係した問題にしたものです。期待値とは、確率から得られる平均値のことです。この問題では、文字の出現確率（データの中に現れる確率）から、1文字当たりの平均ビット数、すなわち1文字当たりのビット数の期待値を求めます。

●**例題8.3　1文字当たりの平均ビット数（H23 特別 問3）**

> **問3**　表は，文字 A 〜 E を符号化したときのビット表記と，それぞれの文字の出現確率を表したものである。1文字当たりの平均ビット数は幾らになるか。
>
> | 文字 | ビット表記 | 出現確率(%) |
> |---|---|---|
> | A | 0 | 50 |
> | B | 10 | 30 |
> | C | 110 | 10 |
> | D | 1110 | 5 |
> | E | 1111 | 5 |
>
> **ア** 1.6　　**イ** 1.8　　**ウ** 2.5　　**エ** 2.8

　この問題では、文字の種類ごとに異なるビット数で符号化しています。Aは1ビット、Bは2ビット、Cは3ビット、DとEが4ビットです。それぞれの出現確率から、1文字当たりの期待値を求めると、$1 \times 0.5 + 2 \times 0.3 + 3 \times 0.1 + 4 \times 0.05 + 4 \times 0.05 = 1.8$ ビットです。正解は、選択肢イです。

　計算方法はシンプルであっても、コンピュータに関係した問題になると、難しく感じるかもしれません。その場合には、**コンピュータとは直接関係のない例で考えてみるとよいでしょう**。たとえば図8.3のように、期待値の計算方法を、宝くじの例で考えると、わかりやすいはずです。

1等の10,000円が当たる確率が0.3%、2等の1,000円が当たる確率が2%の宝くじがあるとします。1枚当たりの期待値は、10,000円× 0.003 ＋ 1,000円× 0.02 ＝ 50円になります。これは、宝くじを1枚買うと、50円の当選金が期待できるということです。この例からわかるように、**期待値は、それぞれの数値に確率を掛けた結果を集計して求めます。**

●**図8.3 宝くじの期待値の例**

1等 10,000円 確率 0.3%
2等 1,000円 確率 2%

$$10,000円 \times 0.003 = 30円$$
$$+ \quad 1,000円 \times 0.02 = 20円$$

宝くじ1枚の期待値 50円

確率を掛けて集計する

方程式と不等式

試験には、**方程式**や**不等式**を使う問題も出題されます。例題8.4は、インタプリタとコンパイラの処理時間を不等式で解く問題です。

●**例題8.4 インタプリタとコンパイラの処理時間（H23 特別 問23）**

> **問23** Javaなどのバイトコードプログラムをインタプリタで実行する方法と，コンパイルしてから実行する方法を，次の条件で比較するとき，およそ何行以上のバイトコードであれば，コンパイル方式の方がインタプリタ方式よりも処理時間（コンパイル時間も含む）が短くなるか。
>
> 〔条件〕
> （1） 実行時間はプログラムの行数に比例する。
> （2） 同じ100行のバイトコードのプログラムをインタプリタで実行すると0.2秒掛かり，コンパイルしてから実行すると0.003秒掛かる。
> （3） コンパイル時間は100行当たり0.1秒掛かる。
> （4） コンパイル方式の場合は，プログラムの行数に関係なくファイル入出力，コンパイラ起動などのために常に0.15秒のオーバヘッドが掛かる。

(5) プログラムファイルのダウンロード時間など，そのほかの時間は無視して考える。

ア 50   **イ** 75   **ウ** 125   **エ** 155

コンピュータでプログラムを実行する方式には、プログラムの内容を1行ずつ解釈・実行する**インタプリタ方式**と、プログラムの内容をまとめて解釈して、まとめて実行する**コンパイラ方式**があります。

この問題では、インタプリタ方式では、プログラムの解釈・実行に100行当たり0.2秒かかります。コンパイラ方式では、プログラムを解釈する（この処理を**コンパイル**と呼びます）ために100行当たり0.1秒かかり、プログラムの行数に関係なくオーバヘッドが常に0.15秒かかり、プログラムを実行するのに100行当たり0.003秒かかります。

プログラムの実行自体は、インタプリタ方式よりコンパイラ方式の方が速いのですが、コンパイラ方式には、コンパイルとオーバヘッドの時間がかかります。したがって、一概に、コンパイラ方式の方が速いとは言い切れません。プログラムの行数が何行以上なら、コンパイラ方式の方が速くなるのかを求めるのが、この問題の目的です（図8.4）。

●図8.4　インタプリタ方式とコンパイラ方式の処理時間

インタプリタ方式　…………解釈・実行時間
コンパイラ方式　…………コンパイル時間 + オーバヘッド + 実行時間

> 両者の特徴を覚えておきましょう

方程式や不等式を使う問題では、何が未知数であるかを見出し、その未知数を使って、問題文に示された数値の関係を式にします。 ここでは、プログラムの行数が未知数です。行数（gyosu）の頭文字を取って g という名前にしましょう。

インタプリタ方式の処理時間は、100行当たり0.2秒の解釈・実行時間だけであり、g行のプログラムでは、(g/100) × 0.2秒になります。コンパイラ方式の処理時間は、コンパイル時間が100行当たり0.1秒なので (g/100) × 0.1 であり、実行時間が100行当たり0.003秒なので (g/100) × 0.003秒であり、さらにオーバヘッドの0.15秒があるので、全部で (g/100) × 0.1 + (g/100) ×

0.003 ＋ 0.15 秒になります。

　コンパイラ方式の方が速くなるとは、コンパイラ方式の処理時間 ＜ インタプリタ方式の処理時間ということなので、(g/100) × 0.1 ＋ (g/100) × 0.003 ＋ 0.15 ＜ (g/100) × 0.2 という不等式を立てられます。

　この不等式を解く手順を図 8.5 に示します。g ＞ 154.6……という解が得られました。問題の選択肢には、これと同じ値はありませんが、問題文に「およそ」とあるので、選択肢エの 155 が正解です。

●図8.5　不等式を解く手順

【手順1】最初の状態の不等式
　$(g/100) \times 0.1 + (g/100) \times 0.003 + 0.15 < (g/100) \times 0.2$

【手順2】両辺に 100 を掛けて／100 をなくす。
　$g \times 0.1 + g \times 0.003 + 15 < g \times 0.2$

【手順3】g がある項を左辺に、数値だけの項を右辺に移項する。
　$g \times 0.1 + g \times 0.003 - g \times 0.2 < -15$

【手順4】g の係数をまとめる
　$-0.097g < -15$

丁寧に計算して
いきましょう

【手順5】両辺を g の係数の－ 0.097 で割る。
　$g > 154.6\cdots$

　方程式でも不等式でも、左辺から右辺、または、右辺から左辺に項を移動することを**移項**と呼びます。**移項すると、項の符号が変わることに注意してください。**プラスの項はマイナスになり、マイナスの項はプラスになります。図 8.5 の手順 3 では、左辺にあった＋ 15 を右辺に移項したときに－ 15 になり、右辺にあった g × 0.2 を左辺に移項したときに－ g × 0.2 になっています。

　さらに、**不等式の場合は、両辺をマイナスの値で割ると、不等号の向きが変わることに注意してください。**これは、＞ が ＜ に変わり、＜ が ＞ に変わるということです。図 8.5 の手順 5 では、不等式の両辺を－ 0.097 で割ったことで、＜ が ＞ に変わっています。

Section 8-1 基礎理論の計算問題

2のべき乗

　ここから先は、テクノロジ系の出題分野を「基礎理論」「コンピュータシステム」「技術要素」「開発技術」に分けて、それぞれの分野の計算問題を紹介します。

　基礎理論では、2進数や基数変換に関する計算問題が出題されます。例題8.5は、冗長ビットのビット数を求める問題です。この問題を解くには、2のべき乗を求める計算が必要になります。

●例題8.5　冗長ビットのビット数（H30 秋 問11）

> **問11**　メモリのエラー検出及び訂正にECCを利用している。データバス幅 2^n ビットに対して冗長ビットが n + 2 ビット必要なとき, 128 ビットのデータバス幅に必要な冗長ビットは何ビットか。
>
> **ア** 7　　　**イ** 8　　　**ウ** 9　　　**エ** 10

　問題文に示された**ECC**（Error Check and Correct＝エラーの検出と訂正）とは、メモリに記憶されたデータの内容に誤りが生じたことを検出し、それを正しい値に訂正する機能のことです。**データバス幅**とは、一度に取り扱うデータの桁数（ビット数）のことです。ECCは、データに、エラーの検出と訂正を行う情報を付加することで実現されます。この情報は、データ本体ではないので、**冗長ビット**と呼ばれます。

　データバス幅 2^n ビットに対して、冗長ビットが n + 2 ビット必要とは、2^n ビットのデータ本体に、n + 2 ビットの情報を付加するということです。データバス幅が128ビットの冗長ビットは、128を 2^n という形式で表してnを求め、それに2を加えれば求められます。$2^0 = 1$, $2^1 = 2$, $2^2 = 4$, $2^3 = 8$, ……と順番に書き出してみましょう。2のべき乗なので、指数が1つ増えると値が2倍になり

ます。$2^7 = 128$ となるので、n = 7 です。冗長ビットは、n + 2 = 7 + 2 = 9 です。正解は、選択肢ウです（図8.6）。

● 図8.6　2のべき乗を順番に書き出す

10進数を使う人間の世界で、10のべき乗である1、10、100、1000、……という数値がよく使われるように、**2進数を使うコンピュータの世界では、2のべき乗である1、2、4、8、16、32、64、128、256、512、1024、……という数値がよく使われます**。1024までスラスラと言えるように、声を出して練習しておくとよいでしょう。そうすれば、この問題に示された128という数値を見て、すぐに「2のべき乗だ」と気付くはずです。

基数変換

人間の世界は10進数で、コンピュータの世界は2進数です。したがって、多くの場合に10進数と2進数の基数変換がよく行われますが、これら以外の**基数変換**を行う問題もあります。たとえば、例題8.6では、11進数と10進数の基数変換を行います。

● 例題8.6　11進数の基数変換（H26 秋 問2）

> 問2　0000〜4999のアドレスをもつハッシュ表があり，レコードのキー値からアドレスに変換するアルゴリズムとして基数変換法を用いる。キー値が55550のときのアドレスはどれか。ここでの基数変換法は，キー値を11進数とみなし，10進数に変換した後，下4桁に対して0.5を乗じた結果（小数点以下は切捨て）をレコードのアドレスとする。
>
> ア　0260　　　イ　2525　　　ウ　2775　　　エ　4405

問題文に示された**ハッシュ表**とは、レコードを格納する表のことです。レコードのキー値を使って、あらかじめ決めておいた計算を行い、その結果をレコードのアドレス（格納場所の番号）にします。

ここでは、55550 というキー値をアドレスに変換する計算の中で、11 進数から 10 進数への基数変換を行います。変換の方法は、「**桁の重みと桁の数を掛けて集計する**」です。11 進数の桁の重みは、下位桁から順に 11^0、11^1、11^2、11^3、11^4 であり、桁が上がると 11 倍になります。あらかじめ桁の重みを計算しておくとよいでしょう（図 8.7）。

●図 8.7　11 のべき乗を順番に書き出す

55550 という 11 進数で、桁の重みと桁の数を掛けて集計すれば、10 進数に変換できます。変換結果は、80520 です（図 8.8）。80520 の下位 4 桁の 0520 に 0.5 を乗じた結果（小数点以下は切捨て）をレコードのアドレスとするので、0520 × 0.5 ＝ 0260 になります。正解は、選択肢アです。

●図 8.8　11 進数を 10 進数に変換する

```
14641   1331   121   11   1  ……桁の重み
  ×      ×     ×    ×   ×
  5      5     5    5   0  ……桁の数
  ‖      ‖     ‖    ‖   ‖
73205   6655   605   55   0
```
　　　　　　集計
73205 ＋ 6655 ＋ 605 ＋ 55 ＋ 0 ＝ 80520

> 2 進数を 10 進数に変換する手順を応用すれば変換できます

符号化に必要なビット数

例題8.7は、**符号化**（コード化）に必要とされるビット数を求める問題です。1秒間に16個のパルスを送ることができるとは、1秒間に16ビットのデータを送ることができるという意味です。

● **例題8.7　文字の符号化（H25 春 問2）**

> **問2**　1秒間に一定間隔で16個のパルスを送ることができる通信路を使って、0〜9，A〜Fの16種類の文字を送るとき，1秒間に最大何文字を送ることができるか。ここで，1ビットは1個のパルスで表し，圧縮は行わないものとする。
>
> **ア** 1　　　　**イ** 2　　　　**ウ** 4　　　　**エ** 8

1ビットで表せる符号（コード）は、0と1の2通りです。2ビットで表せる符号は、00、01、10、11の4通りです。3ビットで表せる符号は、000、001、010、011、100、101、110、111の8通りです。このように、1ビット増えるごとに、表せる符号の数が2倍になります。

以下も順に2倍して行くと、4ビットで表せる符号は、16通りになります。この問題では、16種類の文字を送るので、それぞれの文字を4ビットで符号化できます。通信路は、1秒間に16ビットのデータを送れます。16ビット＝4×4ビット＝4×1文字なので、1秒間に最大で4文字送れることになります。正解は、選択肢ウです。

チェックディジット

入力間違いをチェックするために、コードの末尾に付加された数字を**チェックディジット**（check digit＝検査数字）と呼びます。たとえば、書籍には4798134066のような図書コード（これは、ISBN-10という規格です）が付けられています。この10桁の図書コードの下位1桁の6は、上位9桁の479813406から計算されたチェックディジットです（図8.9）。

●図8.9　書籍の図書コードのチェックディジットの例

4798134066

チェックディジット

　図書コードを取り扱うコンピュータシステムでは、ユーザが入力した数字の上位9桁からチェックディジットを求めて、それをユーザが入力した下位1桁と比べます。両者が一致しない場合は、入力間違いであると判断できます。

　どのような計算方法でチェックディジットを求めるかは、あらかじめ決められています。例題8.8に示したように、試験問題には、チェックディジットを求める計算式が示されます。

●例題8.8　チェックディジットを求める計算式（H25 秋 問3）

> **問3**　4桁の整数 $N_1N_2N_3N_4$ から，次の方法によって検査数字（チェックディジット）C を計算したところ，C = 4 となった。$N_2 = 7$，$N_3 = 6$，$N_4 = 2$ のとき，N_1 の値は幾らか。ここで，mod (x, y) は，x を y で割った余りとする。
>
> 検査数字：$C = \text{mod}\,((N_1 \times 1 + N_2 \times 2 + N_3 \times 3 + N_4 \times 4), 10)$
>
> ア　0　　　　イ　2　　　　ウ　4　　　　エ　6

　この問題では、4桁の整数 $N_1N_2N_3N_4$ とは別に、1桁のチェックディジット C があります。チェックディジットを求めるのではなく、他の数字がわかっている状態で、N_1 を求める問題です。したがって、N_1 を未知数とした方程式を解くことになります。

　チェックディジットを求める式に、C = 4、$N_2 = 7$、$N_3 = 6$、$N_4 = 2$ を代入すると、$4 = \text{mod}\,((N_1 \times 1 + 7 \times 2 + 6 \times 3 + 2 \times 4), 10)$ という方程式が得られます。式を整理すると、$4 = \text{mod}\,((N_1 + 40), 10)$ になります。N_1 は、0～9の1桁の数字です。$4 = \text{mod}\,((N_1 + 40), 10)$ は、$N_1 + 40$ を10で割った余りが4になるという意味なので、$N_1 + 40 = 44$ であり、N_1 は4です。正解は、選択肢ウです。

第8章　テクノロジ系の計算問題

8-1　基礎理論の計算問題　325

Section 8-2 コンピュータシステムの計算問題

MIPS

　例題8.9は、コンピュータの性能を **MIPS** 単位で示す問題です。平均命令実行時間が20ナノ秒というのは、1個の命令を実行するのに20ナノ秒かかるという意味です。MIPSの意味を知っていれば、どのような計算をすればよいかがわかるでしょう。

● **例題8.9　コンピュータの性能を MIPS 単位で示す（H29 秋 問9）**

> 問9　平均命令実行時間が20ナノ秒のコンピュータがある。このコンピュータの性能は何 MIPS か。
>
> ア　5　　　　イ　10　　　　ウ　20　　　　エ　50

　MIPSは、Million Instructions Per Second の略で、1秒当たり何百万命令を実行できるかを示します。百万単位であることに注意してください。10のべき乗で示すと、百万は 10^6 です。

　20ナノ秒を10のべき乗で示すと、20×10^{-9} 秒です。1個の命令を実行するのに、20×10^{-9} 秒かかるのですから、1秒間に実行できる命令数は、1秒÷（20×10^{-9} 秒）＝ $1/20 \times 10^9$ という計算で求められます。百万は 10^6 なので、これを 10^6 の式にすると、$1/20 \times 10^9 = 1/20 \times 10^3 \times 10^6 = 1000/20 \times 10^6 = 50 \times 10^6 = 50$ 百万になります。1秒間に50百万個の命令を実行できるので、50MIPSです。正解は、選択肢エです。

メモリの実効アクセス時間

　メモリの種類には、高速だが高価な **SRAM**（**Static RAM**：エスラム）と、低

速だが安価な **DRAM**（Dynamic RAM：ディーラム）があります。コンピュータの内部では、それぞれの長所を活かして、SRAM と DRAM が使い分けられています。

大容量の**主記憶**（**メインメモリ**）には、安価な DRAM が使われます。もしも、SRAM を使ったら、コンピュータの価格が、あまりにも高価になってしまうからです。ただし、DRAM だけでは、処理が遅くなってしまうので、CPU の内部に、小容量の**キャッシュメモリ**があります。主記憶から CPU に読み出したデータを、高速なキャッシュメモリに貯蔵しておけば、同じデータを再利用する際に処理が速くなるからです。**キャッシュ**（**cache**）とは、「貯蔵場所」という意味です（図8.10）。

●図8.10　SRAMとDRAMの長所を活かして使い分ける

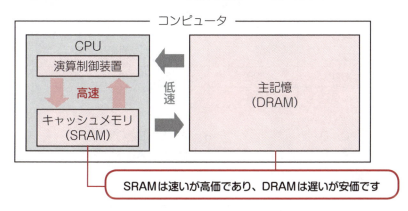

CPU の内部にある演算制御装置は、データが必要になると、はじめに高速なキャッシュメモリを読みます。もしも、そこにデータがなければ、低速な主記憶を読みます。運良くキャッシュメモリの中に目的のデータがある確率を**ヒット率**と呼びます。仮に、高速なキャッシュメモリを読むヒット率が 80% なら、残りの 100% − 80% = 20% の確率で低速な主記憶を読みます。

ここが大事

確率は、全部で 100% なので、ヒット率（キャッシュメモリに目的のデータがある確率）が 80% なら、残りの 20% がヒットしない率（キャッシュメモリに目的のデータがない確率）になります。

実際のメモリのアクセス時間は、「**キャッシュメモリのアクセス時間×ヒット率 ＋ 主記憶のアクセス時間×（100％－ヒット率）**」という計算で求められることになり、これを**実効アクセス時間**または**平均アクセス時間**と呼びます。この計算は、期待値の計算と同様です。例題 8.10 は、Ａ～Ｄという 4 つのシステムの実効アクセス時間を求める問題です。

● **例題8.10　実効アクセス時間の計算（H31 春 問10）**

問10　Ａ～Ｄを，主記憶の実効アクセス時間が短い順に並べたものはどれか。

		キャッシュメモリ		主記憶
	有無	アクセス時間 （ナノ秒）	ヒット率 （%）	アクセス時間 （ナノ秒）
A	なし	－	－	15
B	なし	－	－	30
C	あり	20	60	70
D	あり	10	90	80

ア A，B，C，D　　　　　　　　**イ** A，D，B，C
ウ C，D，A，B　　　　　　　　**エ** D，C，A，B

ＡとＢは、キャッシュメモリがないので、主記憶のアクセス時間がそのまま実効アクセス時間になります。Ａは 15 ナノ秒で、Ｂは 30 ナノ秒です。ＣとＤは、キャッシュメモリがあるので、期待値の計算方法で、実効アクセス時間を求めます。

Ｃは、60％ のヒット率で 20 ナノ秒のキャッシュメモリを読み、残りの 40％ の確率で 70 ナノ秒の主記憶を読みます。したがって、実効アクセス時間＝ 20 × 0.6 ＋ 70 × 0.4 ＝ 40 ナノ秒です。

Ｄは、90％ のヒット率で 10 ナノ秒のキャッシュメモリを読み、残りの 10％ の確率で 80 ナノ秒の主記憶を読みます。したがって、実効アクセス時間＝ 10 × 0.9 ＋ 80 × 0.1 ＝ 17 ナノ秒です。

以上のことから、実効アクセス時間が短い順に並べると、Ａ（15 ナノ秒）、Ｄ（17 ナノ秒）、Ｂ（30 ナノ秒）、Ｃ（40 ナノ秒）になります。正解は、選択肢イです。

磁気ディスク装置のアクセス時間

　磁気ディスク装置（ハードディスク装置）に関する問題は、磁気ディスク装置の仕組みがわかっていれば計算できるようになっています。**アクセス時間**と記憶容量に関する問題が出題されます。

　磁気ディスク装置のアクセス時間は、データを読み書きする時間と待ち時間の合計になります。磁気ディスク装置の中では、データを記憶する円盤が回転していて、その上を、データを読み書きする**ヘッド**が移動します。データがヘッドの下を通過する時間が、データを読み書きする時間です。ただし、そのためには、ヘッドがデータの格納位置に移動する**位置決め時間（シーク時間）**と、データの先頭がヘッドの下に来るまでの**回転待ち時間**も必要になります。位置決め時間と回転待ち時間を合わせたものが**待ち時間**です（図8.11）。

●図8.11　磁気ディスク装置の位置決め時間と回転待ち時間

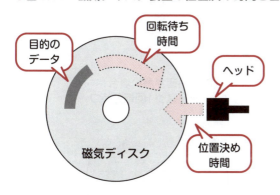

　例題8.11は、磁気ディスク装置のアクセス時間のうち、待ち時間だけを求める問題です。平均の値を求めるようになっています。**平均位置決め時間**は、問題文に示されています。**平均回転待ち時間**は、磁気ディスクの回転数から求めます。

●例題 8.11　磁気ディスク装置の平均待ち時間（H27 春 問 12）

> **問 12**　回転数が 4,200 回／分で，平均位置決め時間が 5 ミリ秒の磁気ディスク装置がある。この磁気ディスク装置の平均待ち時間は約何ミリ秒か。ここで，平均待ち時間は，平均位置決め時間と平均回転待ち時間の合計である。
>
> 　ア　7　　　　　イ　10　　　　　ウ　12　　　　　エ　14

　平均回転待ち時間は、ディスクが半回転する時間です。なぜなら、最も運が良ければ、ヘッドが移動した時点で、目的のデータの先頭がヘッドの真下に来ているので、待ち時間はゼロです。最も運が悪ければ、ヘッドが移動した時点で、目的のデータの先頭がヘッドの真下を通過した直後になっているので、待ち時間はディスク 1 回転分です。**ゼロと 1 回転の平均である半回転の時間が、平均回転待ち時間になります**（図 8.12）。

●図 8.12　平均回転待ち時間の考え方

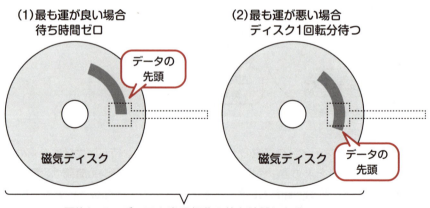

　磁気ディスク装置のように、回転する機械の速度は、1 分間当たりの回転数で示すことになっています。この問題では、回転数が 4,200 回／分です。この数字から、ディスクが 1 回転するのに要する時間を求めると、1 分＝ 60 秒で 4,200 回転するので、60 ÷ 4,200 ＝ 0.014……≒ 14 ミリ秒です。したがって、平均回転

待ち時間（ディスク半回転分の時間）は、約14÷2＝約7ミリ秒です。これに問題文に示された平均位置決め時間の5ミリ秒を加えて、平均待ち時間は、約7ミリ秒＋5ミリ秒＝約12ミリ秒になります。正解は、選択肢ウです。

ここが大事

磁気ディスク装置のアクセス時間は、データを読み書きする時間と待ち時間の合計です。待ち時間がかなり大きな値になるので、このようなテーマで問題が出題されます。1つのファイルが分断されて、不連続な領域に格納されていると、待ち時間が大きくなります。

磁気ディスク装置の記憶容量

今度は、磁気ディスク装置の**記憶容量**に関する計算問題を解いてみましょう。磁気ディスクを読み書きする最小単位を**セクタ**（**sector**）と呼びます。ただし、実際には、セクタ単位で読み書きすると細かすぎるので、いくつかのセクタをまとめた**ブロック**（**block**）単位で読み書きが行われています。例題8.12は、セクタとブロックに関する問題です。

●例題8.12　磁気ディスク装置の記憶領域（H27 秋 問12）

> **問12**　500バイトのセクタ8個を1ブロックとして，ブロック単位でファイルの領域を割り当てて管理しているシステムがある。2,000バイト及び9,000バイトのファイルを保存するとき，これら二つのファイルに割り当てられるセクタ数の合計は幾らか。ここで，ディレクトリなどの管理情報が占めるセクタは考慮しないものとする。
>
> **ア**　22　　　　**イ**　26　　　　**ウ**　28　　　　**エ**　32

1つのブロックには、**複数のファイルを詰めて格納できないことに注意してください**。なぜなら、複数のファイルを詰めて格納すると、どちらか一方だけを削除できなくなってしまうからです。

第8章　テクノロジ系の計算問題

8-2 コンピュータシステムの計算問題　331

ここでは、1 セクタの記憶容量が 500 バイトで、1 ブロックが 8 セクタなので、1 ブロックの記憶容量は、500 × 8 = 4,000 バイトです。2,000 バイトのファイルは、1 ブロック（4,000 バイト）を使い、9,000 バイトのファイルは、3 ブロック（12,000 バイト）を使います。全部で 4 ブロックが割り当てられ、1 ブロックが 8 セクタなので、4 × 8 = 32 セクタになります（図 8.13）。正解は、選択肢エです。

● **図8.13　2つのファイルに割り当てられるブロック**

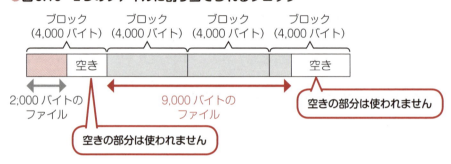

　ブロックの記憶容量に満たない部分は、空いたままになります。たとえば、4,000 バイトのブロックに、2,000 バイトのファイルを格納すると、2,000 バイトが空いたままになります。この空いた領域に、他のファイルを格納することはできません。もしも、それを可能にすると、どちらか一方だけを削除できなくなってしまうからです。削除もブロック単位で行われます。

タスクスケジューリング

　Windows や Linux などの **OS（Operating System** ＝基本ソフトウェア、オーエス）には、複数のプログラムを同時に実行する機能があり、これを**マルチタスク**と呼びます。**タスク**（**task** ＝仕事）とは、プログラムのことです。タスクは、**CPU** を使ってデータの計算を行ったり、I/O を使って周辺装置（キーボード、マウス、ディスプレイなど、コンピュータ本体に接続された装置）とデータの入出力を行ったりします。**I/O** は、Input/Output（入力／出力）の略で、「アイオー」と読みます。

　一般的なコンピュータシステムには、CPU が 1 つだけしかありません。したがって、複数のタスクが同時に CPU を利用しようとすると、競合が生じてしまい

ます。この競合を防ぐために、OSには、それぞれのタスクに順番にCPUを割り当てる機能が用意されています。これを**タスクスケジューリング**と呼びます。もしも、特定のI/Oが1つだけしかないコンピュータシステムの場合は、I/Oも順番に割り当てられます。

　例題8.13は、タスクスケジューリングに関する問題です。AとBの2つのタスクを同時に実行しています。CPUは、1台だけです。I/Oは、それぞれのタスクが同時に利用可能でしたが、CPUと同様に、1つのタスクだけに割り当てられるように変更されています。したがって、CPUとI/Oを2つのタスクに順番に割り当てることになります。この問題を解くときには、タスクスケジューリングの図を描くとよいでしょう。

● **例題8.13　タスクが終了するまでのCPUの使用率（H23 特別 問18）**

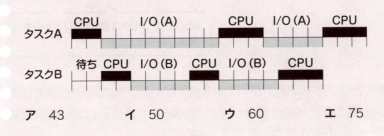

　もしも、タスクに優先順位が決められている場合は、優先順位が低いタスクがCPUやI/Oを使用中であっても、優先順位が高いタスクがCPUやI/Oを要求すれば、CPUやI/Oの割り当てが切り換わります。この問題では、優先順位が設定されていないので、あるタスクがCPUやI/Oを使用中に、別のタスクがCPUやI/Oを要求すると、別のタスクはCPUやI/Oが空くのを待つことになります。

　問題文に示されている図は、左から右に向かって時間が経過しています。1つの枠は、単位が示されていませんが、何らかの時間を意味しています。図8.14は、タスクAとタスクBの視点で描かれていますが、これを、**CPUとI/Oを2つの**

8-2　コンピュータシステムの計算問題　**333**

タスクに割り当てる OS の視点で描き換えれば、タスクスケジューリングの図になります。

● 図8.14　タスク視点の図を OS 視点の図に書き換える

(1) タスク視点の図

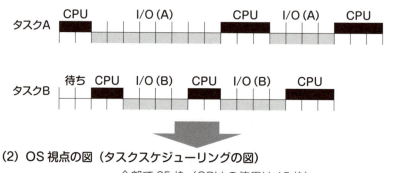

(2) OS 視点の図 (タスクスケジューリングの図)

OSは、2つのタスクにCPUとI/Oを順番に割り当てます

　タスク A とタスク B の両方が終了するまでに、全部で 25 個の枠があります。その中の 15 個の枠で、CPU が使われています。したがって、CPU の使用率は、15 ÷ 25 ＝ 0.6（60%）です。正解は、選択肢ウです。

Section 8-3 技術要素の計算問題

ビットマップフォント

　IT用語における**フォント（font）**は、文字の書体データを意味します。フォントの形式は、**ビットマップフォント（bitmap font）**と**スケーラブルフォント（scalable font）**に分類されます。

　ビットマップフォントは、ドット（点）を並べて文字の形を表現したものです。データのサイズが小さいという長所がありますが、文字を拡大するとギザギザになるという短所があります。

　スケーラブルフォントは、線の位置、形状、長さなどの情報から文字の形を表現したものです。文字を拡大しても滑らかであるという長所がありますが、データのサイズが大きくなるという短所があります。

▶ フォントの形式

ビットマップフォント…… データのサイズが小さいが、拡大するとギザギザになる
スケーラブルフォント…… 拡大しても滑らかだが、データのサイズが大きい

　例題8.14は、ビットマップフォントのサイズに関する問題です。**dpi**は、dot per inch（ドット／インチ）の略で、1インチに表示されるドットの数を示します。**ポイント**は、文字や余白のサイズを示す単位です。これらの用語や単位の意味がわかれば、計算ができるでしょう。

● 例題8.14　ビットマップフォントのサイズ（H31春 問11）

> 問11　96dpiのディスプレイに12ポイントの文字をビットマップで表示したい。正方フォントの縦は何ドットになるか。ここで，1ポイントは1／72インチとする。

ア 8 　　**イ** 9 　　**ウ** 12 　　**エ** 16

　このビットマップフォントは、**正方フォント**（正方形のフォント）なので、縦と横のサイズは同じです。1 ポイントが 1/72 インチで、12 ポイントなので、縦と横のサイズは、1/72 × 12 = 12／72 = 1/6 インチです。96dpi（1 インチに 96 ドット）のディスプレイなので、縦と横のドット数は、1/6 × 96 = 16 ドットです。正解は、選択肢エです。16 ドットのビットマップフォントの例を図 8.15 に示します。

●図8.15　16 ドットのビットマップフォントの例

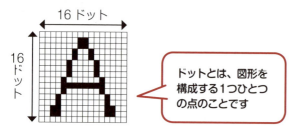

音声のサンプリング

　音声をコンピュータで取り扱える 2 進数のデータとして記録するときには、一定の時間間隔でデータを取り込むことを繰り返します。これを**サンプリング**（sampling＝標本化）と呼びます。サンプリングした値は、特定のビット数のデータにします。サンプリング間隔が小さく、ビット数が大きいほど、再生時に品質の高い音声を聞くことができます。

　例題 8.15 は、音声のサンプリングに関する問題です。サンプリングの意味がわかれば、計算できるでしょう。**フラッシュメモリ**（flash memory）とは、USB メモリや SD カードなどで使われているメモリのことです。

●例題8.15　音声のサンプリングにおけるデータの容量（H31 春 問25）

> **問 25**　音声のサンプリングを 1 秒間に 11,000 回行い，サンプリング
> した値をそれぞれ 8 ビットのデータとして記録する。このとき，512
> ×10^6 バイトの容量をもつフラッシュメモリに記録できる音声の長
> さは、最大何分か。
>
> **ア** 77　　　　**イ** 96　　　　**ウ** 775　　　　**エ** 969

　1 秒間に 11,000 回のサンプリングを行って、1 回のデータが 8 ビット＝ 1 バイトなので、1 分＝ 60 秒のデータ容量は、11,000 × 1 × 60 ＝ 660,000 ＝ 660 × 10^3 バイトです。フラッシュメモリの記憶容量は、512 × 10^6 バイトなので、(512 × 10^6) ÷ (660 × 10^3) ≒ 775 分の記録ができます。正解は、選択肢ウです。

ネットワークの転送時間

　例題 8.16 は、ネットワークでデータの転送時間を求める問題です。ネットワークの伝送速度は、bps（ビット／秒）で示されますが、100% の能力が使えるとは限りません。問題には、実際に利用できる能力が、**伝送効率**として示されています。問題文の中で、「伝送」という言葉と「転送」という言葉が混在していますが、両者の違いを気にする必要はありません。

●例題8.16　ネットワークの転送時間を求める（H27 春 問31）

> **問 31**　10M バイトのデータを 100,000 ビット／秒の回線を使って転
> 送するとき，転送時間は何秒か。ここで，回線の伝送効率を 50% と
> し，1M バイト＝ 10^6 バイトとする。
>
> **ア** 200　　　　**イ** 400　　　　**ウ** 800　　　　**エ** 1,600

　伝送速度の単位がビットであるのに対し、データ量の単位がバイトであることに注意してください。どちらかに単位を揃えて計算する必要があります。ここでは、ビット単位に揃えます。1 バイト＝ 8 ビットなので、10M バイトのデータ＝

80M ビットのデータです。

　伝送効率が 50% なので、実際の伝送速度は、100,000 ビット／秒の 50% の 50,000 ビット／秒です。したがって、転送時間は 80M ÷ 50,000 ＝（80 × 10^6）÷（5 × 10^4）＝ 16 × 10^2 ＝ 1,600 秒です。正解は、選択肢エです。

ネットワークの回線利用率

　ネットワークの通信線のことを**回線**と呼びます。回線が持つデータの伝送能力のうち何 % を使っているかを**回線利用率**と呼びます。例題 8.17 は、ネットワークの回線利用率を求める問題です。ここでも、回線速度の単位がビットであるのに対し、データ量の単位がバイトであることに注意してください。

● **例題8.17　ネットワークの回線利用率を求める（R01 秋 問30）**

> **問 30**　10M ビット／秒の回線で接続された端末間で，平均 1M バイトのファイルを，10 秒ごとに転送するときの回線利用率は何%か。ここで，ファイルの転送時には，転送量の 20%が制御情報として付加されるものとし，1M ビット＝ 10^6 ビットとする。
>
> **ア**　1.2　　　　**イ**　6.4　　　　**ウ**　8.0　　　　**エ**　9.6

　ビットとバイトの単位が混在しているので、ビット単位に揃えて計算してみましょう。10 秒ごとに転送されるファイルのサイズは、1M バイト＝ 8M ビットです。これに 20%の制御情報が付加されるので、全体のサイズは 8M ビット× 1.2 ＝ 9.6M ビットになります。10M ビット／秒の回線は、10 秒間に、100M ビットのデータを転送できます。したがって、回線利用率は、9.6M ビット÷ 100M ビット＝ 0.096（9.6%）になります。正解は、選択肢エです。

338　第 8 章　テクノロジ系の計算問題

Section 8-4 開発技術の計算問題

システムの処理能力

1秒間に処理できる**トランザクション**（処理のまとまり）の数で、システムの処理能力を示すことがあり、これを **TPS**（**Transactions Per Second** ＝トランザクション／秒）と呼びます。例題8.18は、TPSを求める問題です。運用条件に示された数字を使えば、TPSを計算できます。特殊な公式は、必要ありません。

● 例題8.18　データベースシステムのTPSを求める（H23 特別 問19）

問19　Webサーバとデータベースサーバ各1台で構成されているシステムがある。次の運用条件の場合，このシステムでは最大何TPS処理できるか。ここで，各サーバのCPUは，1個とする。

〔運用条件〕
(1)　トランザクションは，Webサーバを経由し，データベースサーバでSQLが実行される。
(2)　Webサーバでは，1トランザクション当たり，CPU時間を1ミリ秒使用する。
(3)　データベースサーバでは，1トランザクション当たり，データベースの10データブロックにアクセスするSQLが実行される。1データブロックのアクセスに必要なデータベースサーバのCPU時間は，0.2ミリ秒である。
(4)　CPU使用率の上限は，Webサーバが70%，データベースサーバが80%である。
(5)　トランザクション処理は，CPU時間だけに依存し，Webサーバとデータベースサーバは互いに独立して処理を行うものとする。

ア　400　　　イ　500　　　ウ　700　　　エ　1,100

このシステムは、1台のWebサーバと1台のデータベースサーバから構成されています。**複数のサーバから構成されたシステムでは、最も遅いサーバの処理能力が、全体の処理能力を決めることになります。**

　Webサーバの処理能力は、1トランザクション当たり1ミリ秒なので、1秒÷1ミリ秒＝1,000TPSです。ただし、CPUの使用率の上限が70％なので、実際には1,000×0.7＝700TPSになります。

　データベースサーバでは、1トランザクション当たり10データブロックにアクセスし、1データブロックの処理時間が0.2ミリ秒なので、1トランザクション当たりの処理時間は、10×0.2＝2ミリ秒です。したがって、データベースサーバの処理能力は、1秒÷2ミリ秒＝500TPSです。ただし、CPUの使用率の上限が80％なので、実際には500×0.8＝400TPSになります（図8.16）。

　Webサーバが700TPSで、データベースサーバが400TPSなので、遅い方の400TPSが、システムの処理能力になります。正解は、選択肢アです。

●図8.16　システムの処理能力

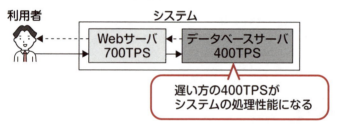

ターンアラウンドタイム

　1日の終業後や週末などに、それまでに蓄積された大量のデータをまとめて処理することを**バッチ処理**（batch＝束）と呼びます。バッチ処理を行うシステムでは、データの入力と出力に長い時間がかかるので、**CPUを使った計算時間だけでなく、データの入力と出力の時間も、システムの処理時間に加えます。**こうして得られた時間を**ターンアラウンドタイム**（**turn around time**）と呼びます（図8.17）。

●図8.17　ターンアラウンドタイムを求める式

ターンアラウンドタイム ＝ CPU実行時間 ＋ 入出力時間 ＋ オーバヘッド

計算をする時間

その他の時間

計算するデータをコンピュータに
入れる時間と、計算結果のデータを
コンピュータから取り出す時間

　例題 8.19 は、ターンアラウンドタイムに関する問題です。この問題では、CPU
実行時間と入出力時間の他にも、オーバヘッド（何らかの余分な時間）があると
しています。

●例題8.19　ターンアラウンドタイムを改善する（H21 春 問18）

> **問18** 　プログラムの CPU 実行時間が 300 ミリ秒，入出力時間が 600
> ミリ秒，その他のオーバヘッドが 100 ミリ秒の場合，ターンアラウ
> ンドタイムを半分に改善するには，入出力時間を現在の何倍にすれ
> ばよいか。
>
> ア　$\dfrac{1}{6}$　　　イ　$\dfrac{1}{4}$　　　ウ　$\dfrac{1}{3}$　　　エ　$\dfrac{1}{2}$

　改善前のターンアラウンドタイムは、CPU 実行時間＋入出力時間＋オーバヘッ
ド＝ 300 ＋ 600 ＋ 100 ＝ 1,000 ミリ秒です。これを半分に改善するので、500
ミリ秒にすればよいことになります。改善の対象とするのは、600 ミリの入出力
時間です。この入出力時間を 100 ミリ秒にすれば、ターンアラウンドタイムを 300
＋ 100 ＋ 100 ＝ 500 ミリ秒に改善できます。600 ミリ秒を 100 ミリ秒にするの
で、1/6 です。正解は、選択肢アです。

稼働率

稼働しているシステムは、いつか必ず故障するものです。もしも、故障して停止したら、修理して再度システムを稼働させます。システムが稼働している割合を**稼働率**と呼びます。たとえば、100時間のうち、90時間稼働したシステムの稼働率は、90／100＝90％です。

【直列のシステムの稼働率】

複数の装置から構成されたシステムの稼働率は、それぞれの装置の稼働率から求めることができます（図8.18）。たとえば、稼働率90％のパソコン1台と、稼働率80％のプリンタ1台から構成されたシステムがあるとしましょう。パソコンとプリンタの両方が稼働していなければならないとすれば、システムの稼働率は、それぞれの稼働率を乗算して0.9×0.8＝0.72＝72％という計算で求められます。これは、**確率の乗法定理**です。

●図8.18　パソコン1台とプリンタ1台から構成されたシステムの稼働率

【並列のシステムの稼働率】

同じ装置を複数台用意して、少なくともいずれか1台が稼働していればよいという構成にすれば、システムの稼働率を向上できます。たとえば、先ほどのシステムのプリンタをAとBの2台にして、稼働率を計算してみましょう（図8.19）。2台のプリンタの稼働率は、どちらも80％だとします。80％の確率で稼働するので、残りの20％の確率で停止します。

この場合には、確率の乗法定理と加法定理を使います。パソコンが稼働し、プリンタAまたはBのいずれか1台が稼働するパターンには、「パソコンが稼働、プリンタAが稼働、プリンタBが稼働（パターン①）」「パソコンが稼働、プリンタAが稼働、プリンタBが停止（パターン②）」「パソコンが稼働、プリンタAが

停止、プリンタ B が稼働（パターン③）」という 3 つがあります。

　それぞれの稼働率を、確率の乗法定理で求めると、パターン①が 0.9 × 0.8 × 0.8 = 0.576、パターン②が 0.9 × 0.8 × 0.2 = 0.144、パターン③が 0.9 × 0.2 × 0.8 = 0.144 になります。パターン①、②、③のいずれかになる確率が、システムの稼働率です。それは、**確率の加法定理**で求められ、0.576 + 0.144 + 0.144 = 0.864 = 86.4% になります。

●図8.19　プリンタを 2 台にしたシステムの稼働率の求め方（その 1）

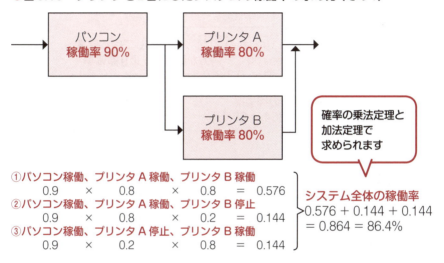

【稼働率の効率的な求め方】

　図 8.19 に示した計算は、確率の乗法定理と加法定理の練習をするには、よい題材ですが、実は、もっと簡単に、システムの稼働率を求めることができます。2 台のプリンタの少なくとも 1 台が稼働している確率を「**100% − 2 台が同時に停止する確率**」で求めるのです（図 8.20）。

　プリンタ A が停止する確率は 20% であり、プリンタ B が停止する確率も 20% です。したがって、両方が同時に停止する確率は、確率の乗法定理で、0.2 × 0.2 = 0.04 です。これを 100% から引くと、1 − 0.04 = 0.96 になります。これが、2 台のプリンタの少なくとも 1 台が稼働している確率です。さらに、プリンタと同時にパソコンも稼働していなければならないので、確率の乗法定理でパソコンの稼働率の 90% を掛けて、0.9 × 0.96 = 0.864 = 86.4% がシステムの稼働率です。これは、先ほどの面倒な計算で求めた値と同じです。

●図8.20　プリンタを2台にしたシステムの稼働率の求め方（その2）

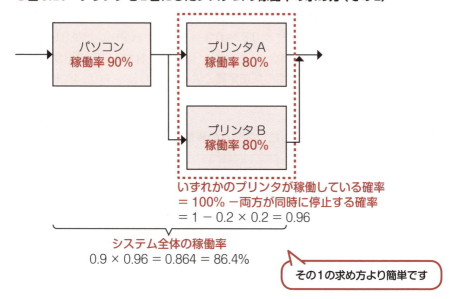

　ここまでの例で示したように、稼働率を計算するためにシステムの構成図を描く場合は、1台しかない装置を**直列**でつなぎ、複数台ある装置（少なくともいずれか1台が動作していればよい装置）を**並列**でつなぎます。例題8.20は、直列と並列のシステムの稼働率を求める問題です。

●例題8.20　直列と並列のシステムの稼働率を求める（R01 秋 問16）

> **問16** 2台の処理装置から成るシステムがある。少なくともいずれか一方が正常に動作すればよいときの稼働率と，2台とも正常に動作しなければならないときの稼働率の差は幾らか。ここで，処理装置の稼働率はいずれも0.9とし，処理装置以外の要因は考慮しないものとする。
>
> **ア** 0.09　　　**イ** 0.10　　　**ウ** 0.18　　　**エ** 0.19

　「少なくともいずれか一方が正常に動作すればよいとき」は、稼働率0.9の2台の装置が並列でつながれています。それぞれが停止する確率は、1 − 0.9 = 0.1 で

あり、両方が同時に停止する確率は、0.1 × 0.1 ＝ 0.01 です。したがって、少なくともいずれか一方が正常に動作する確率（稼働率）は、1 － 0.01 ＝ 0.99 です。「2 台とも正常に動作しなければならないとき」は、稼働率 0.9 の 2 台の装置が直列でつながれているので、稼働率は、0.9 × 0.9 ＝ 0.81 です。両者の差は、0.99 － 0.81 ＝ 0.18 なので、選択肢ウが正解です。

MTBFとMTTR

　システムを運用すると、稼働と停止を繰り返すことになります。ある期間において、システムが稼働していた時間の平均値を **MTBF（Mean Time Between Failure ＝平均故障間隔）** と呼び、システムが停止していた時間の平均値を **MTTR（Mean Time To Repair ＝平均修理時間）** と呼びます。システムは、故障と故障の間で稼働し、故障して停止したら修理するものだからです。

　たとえば、図 8.21 のように稼働と停止を繰り返したシステムでは、MTBF ＝（80 ＋ 90 ＋ 70）÷ 3 ＝ 80 時間であり、MTTR ＝（20 ＋ 10 ＋ 30）÷ 3 ＝ 20 時間です。

●図8.21　システムのMTBFとMTTR

MTBF（稼働した時間の平均値）＝（80＋90＋70）÷3＝80時間
MTTR（停止した時間の平均値）＝（20＋10＋30）÷3＝20時間

MTBFとMTTRの言葉の意味を覚えましょう

　MTBF と MTTR を使って稼働率を求めることができます。「**稼働率＝稼働した時間／すべての時間**」です。稼働した時間は、MTBF であり、すべての時間は、稼働した時間と停止した時間の合計値なので、MTBF ＋ MTTR です。したがって、「**稼働率＝ MTBF ／（MTBF ＋ MTTR）**」です。先ほど図 8.18 に示したシステムの稼働率は、80 ／（80 ＋ 20）＝ 0.8 ＝ 80％ になります。例題 8.21 は、MTBF と MTTR から稼働率を求める問題です。

●例題8.21　MTBFとMTTRから稼働率を求める（H23 特別 問16）

問16　装置aとbのMTBFとMTTRが表のとおりであるとき，aとb
を直列に接続したシステムの稼働率は幾らか。

単位 時間

装置	MTBF	MTTR
a	80	20
b	180	20

ア 0.72　　　**イ** 0.80　　　**ウ** 0.85　　　**エ** 0.90

　装置aの稼働率は、80 ／（80 ＋ 20）＝ 0.8 です。装置bの稼働率は、180 ／
（180 ＋ 20）＝ 0.9 です。これらを直列に接続したシステムの稼働率は、確率の
乗法定理で、0.8 × 0.9 ＝ 0.72 です。正解は、選択肢アです。

Section 8-5 テクノロジ系の計算問題の練習問題

MIPS

● 練習問題8.1　MIPSとトランザクションの処理能力（H25 秋 問9）

問9　1件のトランザクションについて80万ステップの命令実行を必要とするシステムがある。プロセッサの性能が200MIPSで，プロセッサの使用率が80%のときのトランザクションの処理能力（件／秒）は幾らか。

ア　20　　　　イ　200　　　　ウ　250　　　　エ　313

> 80万ステップの命令とは、80万個の命令ということです！

メモリの実効アクセス時間

● 練習問題8.2　キャッシュメモリのヒット率（H25 春 問12）

問12　図に示す構成で，表に示すようにキャッシュメモリと主記憶のアクセス時間だけが異なり，他の条件は同じ2種類のCPU XとYがある。
　あるプログラムをCPU XとYでそれぞれ実行したところ，両者の処理時間が等しかった。このとき，キャッシュメモリのヒット率は幾らか。ここで，CPUの処理以外の影響はないものとする。

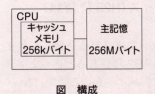

図　構成

表　アクセス時間

単位　ナノ秒

	CPU X	CPU Y
キャッシュメモリ	40	20
主記憶	400	580

> ヒット率を未知数として、方程式を立ててください！

ア 0.75　　**イ** 0.90　　**ウ** 0.95　　**エ** 0.96

タスクスケジューリング

●練習問題8.3　2つのタスクが完了するまでの時間（H26 秋 問17）

問17　2台のCPUから成るシステムがあり，使用中でないCPUは実行要求のあったタスクに割り当てられるようになっている。このシステムで，二つのタスクA，Bを実行する際，それらのタスクは共通の資源Rを排他的に使用する。それぞれのタスクA，BのCPU使用時間，資源Rの使用時間と実行順序は図に示すとおりである。二つのタスクの実行を同時に開始した場合，二つのタスクの処理が完了するまでの時間は何ミリ秒か。ここで，タスクA，Bを開始した時点では，CPU，資源Rともに空いているものとする。

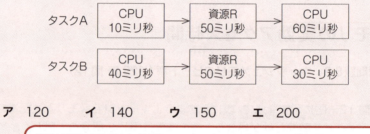

ア 120　　**イ** 140　　**ウ** 150　　**エ** 200

> CPUが2台あることに注意して、タスクスケジューリングを図示しましょう！

ビットマップフォント

●練習問題8.4　ビットマップフォント全体のサイズ（H25 秋 問11）

問11　1文字が，縦48ドット，横32ドットで表される2値ビットマップのフォントがある。文字データが8,192種類あるとき，文字データ全体を保存するために必要な領域は何バイトか。ここで，1Mバイト＝1,024kバイト，1kバイト＝1,024バイトとし，文字データは圧縮しないものとする。

ア	192k	イ	1.5M	ウ	12M	エ	96M

> 1k＝1024であり、1M＝1024×1024であることに注意しましょう！

音声のサンプリング

● 練習問題8.5　サンプリング間隔を求める（H25 春 問3）

> 問3　アナログ音声を PCM 符号化したとき，1 秒当たりのデータ量は 64,000 ビットであった。量子化ビット数を 8 ビットとするとき，サンプリング間隔は何マイクロ秒か。
>
> | ア | 0.125 | イ | 8 | ウ | 125 | エ | 512 |
> |---|---|---|---|---|---|---|---|

> サンプリング間隔を未知数として方程式を立ててください！

回線利用率

● 練習問題8.6　回線利用率を求める（H24 秋 問32）

> 問32　通信速度 64,000 ビット／秒の専用線で接続された端末間で，平均 1,000 バイトのファイルを，2 秒ごとに転送するときの回線利用率は何％か。ここで，ファイル転送に伴い，転送量の 20％の制御情報が付加されるものとする。
>
> | ア | 0.9 | イ | 6.3 | ウ | 7.5 | エ | 30.0 |
> |---|---|---|---|---|---|---|---|

> ビットとバイトのどちらかに単位を揃えて計算しよう！

第8章　テクノロジ系の計算問題

MTBFとMTTR

●練習問題8.7　MTBF から故障の割合を求める（H25 秋 問14）

問14　MTBF が 21 万時間の磁気ディスク装置がある。この装置 100 台から成る磁気ディスクシステムを 1 週間に 140 時間運転したとすると，平均何週間に 1 回の割合で故障を起こすか。ここで，磁気ディスクシステムは，信頼性を上げるための冗長構成は採っていないものとする。

ア　13　　　　イ　15　　　　ウ　105　　　　エ　300

> MTBF から故障する割合を求めます。100台の装置のいずれかが故障する割合は、1台の装置が故障する割合の100倍になります！

システムの処理時間

●練習問題8.8　印刷が終了するまでの時間（H24 春 問20）

問20　次の条件で四つのジョブが CPU 処理及び印刷を行う場合に，最初の CPU 処理を開始してから最後の印刷が終了するまでの時間は何分か。

〔条件〕
(1)　多重度 1 で実行される。
(2)　各ジョブの CPU 処理時間は 20 分である。
(3)　各ジョブは CPU 処理終了時に 400M バイトの印刷データをスプーリングする。
　　　スプーリング終了後に OS の印刷機能が働き，プリンタで印刷される。
(4)　プリンタは 1 台であり，印刷速度は 100M バイト当たり 10 分である。
(5)　CPU 処理と印刷機能は同時に動作可能で，互いに影響を及ぼさない。
(6)　スプーリングに要する時間など，条件に記述されていない時間は無視できる。

ア　120　　　　イ　160　　　　ウ　180　　　　エ　240

> この問題では、スプーリングとは、OSが印刷待ちデータを預かることです！

350　第 8 章　テクノロジ系の計算問題

稼働率

●練習問題8.9 システム全体の稼働率（H22 秋 問19）

問19　四つの装置 A～D で構成されるシステム全体の稼働率として，最も近いものはどれか。ここで，各装置の稼働率は，A と C が 0.9，B と D が 0.8 とする。また，並列接続部分については，いずれか一方が稼働しているとき，当該並列部分は稼働しているものとする。

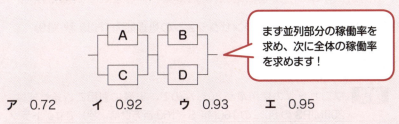

まず並列部分の稼働率を求め、次に全体の稼働率を求めます！

ア　0.72　　イ　0.92　　ウ　0.93　　エ　0.95

Section 8-6 テクノロジ系の計算問題の練習問題の解答・解説

MIPS

● 練習問題8.1　MIPSとトランザクションの処理能力（H25 秋 問9）

　イ

解説　プロセッサの使用率が80%なので、実際に利用できる性能は、200MIPSの80%の160MIPS（160百万命令／秒）です。トランザクション1件当たりが80万命令なので、1秒間に処理できる件数は、160百万÷80万＝200件になります。

メモリの実効アクセス時間

● 練習問題8.2　キャッシュメモリのヒット率（H25 春 問12）

　イ

解説　ヒット率をhとすると、CPU Xの実効アクセス時間は、40h＋400×（1－h）です。CPU Yの実効アクセス時間は、20h＋580×（1－h）です。問題文に、他の条件が同じで処理時間が等しいと示されているので、これら2つのCPUの実効アクセス時間も等しいはずです。したがって、40h＋400×（1－h）＝20h＋580×（1－h）という方程式が立てられます。これを解いて、h＝0.90です。

タスクスケジューリング

● 練習問題8.3　2つのタスクが完了するまでの時間（H26 秋 問17）

解答　イ

解説　図8.22 は、タスク A とタスク B に、CPU1、CPU2、および資源 R を割り当てるタスクスケジューリングです。1つの枠は、10 ミリ秒を表しています。2つのタスクが終了するまでには、14 枠があるので、140 ミリ秒です。

● 図8.22　2台のCPUと資源Rを割り当てるタスクスケジューリング

全部で14 枠＝140 ミリ秒

CPU1	A					A	A	A	A	A				
CPU2	B	B	B	B							B	B	B	
資源R		A	A	A	A	A	B	B	B	B	B			

時間の経過

ビットマップフォント

● 練習問題8.4　ビットマップフォント全体のサイズ（H25 秋 問11）

解答　イ

解説　**2値ビットマップフォント**とは、1ドットが1ビットで表されたものです。1ビットで表せるのは、0と1の2値なので、それを白と黒に割り当てれば、モノクロのフォントになります。
1文字当たりのサイズは、縦が48ドット、横が32ドットなので、48 × 32 ＝ 1,536 ビットになります。文字の種類が 8,192 種類あるので、文字データ全体のサイズは、1,536 × 8,192 ビットです。8,192 ＝ 8 × 1,024 で、k ＝ 1,024 であり、1 バイト＝ 8 ビットなので、1,536 × 8,192 ビット ＝ 1,536 × 8 × 1,024 ＝ 1,536k バイトです。この 1,536 を、さらに 1,024 で割ると、M 単位になります。1,536 ÷ 1,024 ＝ 1.5 なので、答えは 1.5M バイトです。

人間の世界では、k = 1,000 ですが、コンピュータの世界では、k = 1,024 とすることがあります。10 進数の 1,000 は、2 進数で 1111101000 という切りが悪い数になりますが、10 進数の 1,024 なら、2 進数で 10000000000 という切りが良い数になるからです。1,000 に近くて、2 進数で切りが良い 1,024 を k とするのです。1,024 を k とした場合は、M = 1,024 × k、G = 1,024 × M、T = 1,024 × G です。

音声のサンプリング

●練習問題8.5　サンプリング間隔を求める（H25 春 問3）

解答 ウ

解説 サンプリング間隔を s 秒とすると、1 秒間に 1/s 回のサンプリングが行われます。1 回のサンプリングで 8 ビットのデータを記録して、1 秒当たりのデータ量が 64,000 ビットになったことから、1/s × 8 = 64,000 という方程式が立てられます。これを解いて、s = 8/64,000 = 0.125×10^{-3} = 125×10^{-6} = 125 マイクロ秒です。

回線利用率

●練習問題8.6　回線利用率を求める（H24 秋 問32）

解答 ウ

解説 平均 1,000 バイトのファイルを 2 秒ごとに送って、それに 20% の制御情報が付加されるので、全体で 1,200 バイトになります。1 秒当たりに換算すると、その半分の 600 バイトです。通信速度の 64,000 ビット／秒をバイト単位にすると、8,000 バイト／秒です。したがって、回線利用率は、600 ／ 8,000 = 0.075 = 7.5% です。この章の中ほどで紹介した例題では、ビット単位に揃えて計算していましたが、この練習問題では、64,000 ビット／秒という数字が 8 で容易に割れるものだったので、バイト単位に揃えて計算しました。

MTBFとMTTR

● 練習問題8.7　MTBFから故障の割合を求める（H.

解答 イ

解説 装置の数が多くなるほど、いずれかの装置が故障する確率が高くなります。なぜなら、いずれかの装置が故障する確率は、確率の加法定理で、それぞれの装置が故障する確率を足したものだからです。
1台の磁気ディスク装置の MTBF（平均故障間隔）が 21 万時間ということは、故障する確率が、21 万時間に 1 回になります。磁気ディスクが全部で 100 台あるので、この確率は、100 倍大きくなり、2,100 時間に 1 回、いずれかの装置が故障することになります。
1 週間に 140 時間稼働するので、週単位で、いずれかの装置が故障する確率を示すと、2,100 ÷ 140 ＝ 15 週間に 1 回になります。

システムの処理時間

● 練習問題8.8　印刷が終了するまでの時間（H24 春 問20）

解答 ウ

解説 ジョブ（job ＝仕事）とは、プログラムのことです。**多重度**とは、同時に実行されるジョブ数のことです。4 つのジョブは、どれも CPU を 20 分使った後、400M バイトの印刷を行います。印刷速度は、100M バイト当たり 10 分なので、400M バイトの印刷には、40 分かかります。

● 図8.23　ジョブがCPUを使う順序と、OSが印刷を行う順序

	全部で 18 枠＝ 180 分																	
ジョブ1がCPUを使う	1	1																
ジョブ2がCPUを使う			2	2														
ジョブ3がCPUを使う					3	3												
ジョブ4がCPUを使う							4	4										
OSが印刷を行う			1	1	1	1	2	2	2	2	3	3	3	3	4	4	4	4

時間の経過 →

8-6　テクノロジ系の計算問題の練習問題の解答・解説　**355**

この問題では、スプーリング（spooling）とは、OSがジョブから印刷データを預かり、順番に印刷を実行することです。印刷は、ジョブではなく、OSの役目になります。ジョブがCPUを使う順序と、OSがジョブから預かった印刷を行う順序を図示すると図8.23のようになります。この図では、1枠を10分にしています。最後の印刷が終了するまで、18枠あるので、180分かかります。

稼働率

●練習問題8.9　システム全体の稼働率（H22 秋 問19）

解答 エ

解説 図8.24は、システムを構成する装置A、B、C、Dに、それぞれの稼働率を書き込んだものです。AとCが並列になっている部分の稼働率は、100%から両方が同時に停止する確率を引いて、0.99になります。BとDが並列になっている部分の稼働率は、100%から両方が同時に停止する確率を引いて、0.96になります。システム全体の稼働率は、確率の乗法定理で、これらを掛けたものとなり、0.99 × 0.96 = 0.9504 ≒ 95% です。

●図8.24　システム全体の稼働率

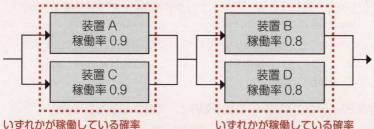

第9章

マネジメント系とストラテジ系の要点

この章では、マネジメント系とストラテジ系の問題を解くコツを説明します。どちらの分野も、つかみどころがない問題が多いのですが、言葉の意味を考えて、常識的な判断をすれば、選択肢の中から答えを絞り込めます。

- **9-0** なぜマネジメント系とストラテジ系の要点を学ぶのか？
- **9-1** マネジメント系の要点
- **9-2** ストラテジ系の要点
- **9-3** マネジメント系とストラテジ系の要点の練習問題
- **9-4** マネジメント系とストラテジ系の要点の練習問題の解答・解説

Section 9-0

なぜ マネジメント系とストラテジ系の要点を学ぶのか？

社会人には技術だけでなく管理と戦略の知識も必要

情報処理推進機能のWebページ（https://www.jitec.ipa.go.jp/1_11seido/fe.html）には、基本情報処理技術者試験の対象者像および役割と業務が、図9.1のように示されています。

● 図9.1　基本情報技術者試験の対象者像および役割と業務

【対象者像】
高度IT人材となるために必要な基本的知識・技能をもち、実践的な活用能力を身に付けた者

【役割と業務】
基本戦略立案又はITソリューション・製品・サービスを実現する業務に従事し、上位者の指導の下に、次のいずれかの役割を果たす。

(1) 需要者（企業経営、社会システム）が直面する課題に対して、情報技術を活用した戦略立案に参加する。

(2) システムの設計・開発を行い、又は汎用製品の最適組合せ（インテグレーション）によって、信頼性・生産性の高いシステムを構築する。また、その安定的な運用サービスの実現に貢献する。

これを見てわかるのは、基本情報処理技術者試験が、社会人を対象とした試験であることと、システムの設計と開発（テクノロジ）ができるだけでなく、情報技術を活用した戦略の立案（ストラテジ）に参加でき、システムの構築と運用（マネジメント）に貢献できることを示す試験であることです。そのため、基本情報処理技術者試験の内容は、テクノロジ系、マネジメント系、ストラテジ系から構成されているのです。情報技術と聞くと、真っ先にテクノロジを思い浮かべるか

もしれませんが、情報技術を活用できる社会人であることを示すには、マネジメントとストラテジの知識も必要なのです。

【マネジメント系とストラテジ系の問題を解くコツ】

　マネジメント（management）は、「管理」という意味です。ストラテジ（strategy）は、「戦略」という意味です。基本情報技術者試験の試験要綱では、それぞれの出題範囲が、図9.2に示したように分類されています。膨大な数のテーマがありますが、よく見ると、ほとんどのテーマが「プロジェクトの環境」や「変更のコントロール」のように、一般常識で意味がわかる言葉になっていることに注目してください。このことから、マネジメント系とストラテジ系の問題を解くコツは、言葉の意味を考えて、常識的な判断をすることだといえます。

【用語の意味を調べる】

　ただし、「エンタープライズアーキテクチャ（EA）」や「WBS」のように、一般常識では意味のわからない用語もあります（図の中で色文字にした用語です）。このような用語の多くは英語なので、辞書で日本語の意味を調べてください。これが、用語を覚えるコツです。エンタープライズアーキテクチャのエンタープライズ（enterprise）は「事業」という意味で、アーキテクチャ（architecture）は「構造」という意味です。WBSは、Work（作業）Breakdown（分解）Structure（構造）の略語です。

●図9.2　マネジメント系とストラテジ系の出題範囲

分類	テーマ
プロジェクトマネジメント	プロジェクト、プロジェクトマネジメント、プロジェクトの環境、プロジェクトガバナンス、プロジェクトライフサイクル、プロジェクトの制約、プロジェクト憲章の作成、プロジェクト計画の作成、プロジェクト作業の指揮、プロジェクト作業のコントロール、変更のコントロール、プロジェクトフェーズ又はプロジェクトの終結、学んだ教訓の収集、ステークホルダの特定、ステークホルダの管理、スコープの定義、WBSの作成、アクティビティの定義、スコープのコントロール、プロジェクトチームの結成、資源の見積り、プロジェクト組織の決定、プロジェクトチームの育成、資源のコントロール、プロジェクトチームの管理、アクティビティの順序付け、アクティビティ期間の見積り、スケジュールの作成、スケジュールのコントロール、コストの見積り、予算の編成、コストのコントロール、リスクの特定、リスクの評価、リスクへの対応、リスクのコントロール、品質の計画、品質保証の実施、品質コントロールの実施、調達の計画、サプライヤの選定、調達の管理、コミュニケーションの計画、情報の配布、コミュニケーションの管理　など

9-0　なぜマネジメント系とストラテジ系の要点を学ぶのか？　**359**

●図9.2 マネジメント系とストラテジ系の出題範囲（つづき）

分類	テーマ
サービスマネジメント	サービスマネジメント、サービスマネジメントシステム、サービス、サービスライフサイクル、ITIL、サービスの要求事項、サービスレベル合意書（SLA）、サービス及びプロセスのパフォーマンス、継続的改善、顧客、サービス提供者、サービスの計画、サービスの設計・開発、移行、サービス受入れ基準、運用引継ぎ、サービス提供プロセス（サービスレベル管理、サービスの報告、サービス継続及び可用性管理、サービスの予算業務及び会計業務、キャパシティ管理）、関係プロセス（事業関係管理、供給者管理）、解決プロセス（インシデント及びサービス要求管理、問題管理）、統合的制御プロセス（構成管理、変更管理、リリース及び展開管理）、システム運用管理、運用オペレーション、サービスデスク、運用の資源管理、システムの監視と操作、スケジュール設計、運用支援ツール（監視ツール、診断ツールほか）、設備管理（電源・空調設備ほか）、施設管理、施設・設備の維持保全、環境側面　など
システム監査	システム監査の意義と目的、システム監査の対象業務、システムの可監査性、システム監査人の要件、システム監査計画、システム監査の実施（予備調査、本調査、評価・結論）、システム監査の報告、システム監査の品質評価、システム監査基準、システム監査技法、監査証拠、監査調書、情報セキュリティ監査、保証型監査、助言型監査、コンピュータ支援監査技法（CAAT）、内部統制の意義と目的、相互けん制（職務の分離）、内部統制報告制度、IT ガバナンス、内部統制の評価・改善、CSA（統制自己評価）　など
システム戦略	情報システム戦略の意義と目的、全体最適化方針、全体最適化計画、情報化推進体制、情報化投資計画、ビジネスモデル、業務モデル、情報システムモデル、エンタープライズアーキテクチャ（EA）、プログラムマネジメント、システムオーナ、データオーナ、プロセスフレームワーク、コントロールフレームワーク、品質統制（品質統制フレームワーク）、情報システム戦略評価、情報システム戦略実行マネジメント、IT 投資マネジメント、IT 経営力指標、BPR、業務分析、業務改善、業務設計、ビジネスプロセスマネジメント（BPM）、BPO、オフショア、SFA、ソリューションビジネスの種類とサービス形態、業務パッケージ、問題解決支援、ASP、SOA、クラウドコンピューティング（SaaS、PaaS、IaaS ほか）、情報リテラシ、データ活用、普及啓発、人材育成計画、システム利用実態の評価・検証、ディジタルディバイド、システム廃棄　など

360　第9章　マネジメント系とストラテジ系の要点

●図9.2　マネジメント系とストラテジ系の出題範囲（つづき）

分類	テーマ
システム企画	システム化構想、システム化基本方針、全体開発スケジュール、プロジェクト推進体制、要員教育計画、開発投資対効果、投資の意思決定法（PBP、DCF 法ほか）、IT ポートフォリオ、システムライフサイクル、情報システム導入リスク分析、要求分析、ユーザニーズ調査、現状分析、課題定義、要件定義手法、業務要件定義、機能要件定義、非機能要件定義、利害関係者要件の確認、情報システム戦略との整合性検証、調達計画、調達の要求事項、調達の条件、提案依頼書（RFP）、提案評価基準、見積書、提案書、調達選定、調達リスク分析、内外作基準、ソフトウェア資産管理、ソフトウェアのサプライチェーンマネジメント　など
経営戦略マネジメント	競争戦略、差別化戦略、ブルーオーシャン戦略、コアコンピタンス、M ＆ A、アライアンス、グループ経営、企業理念、SWOT 分析、PPM、バリューチェーン分析、成長マトリクス、アウトソーシング、シェアドサービス、インキュベータ、マーケティング理論、マーケティング手法、マーケティング分析、ライフタイムバリュー（LTV）、消費者行動モデル、広告戦略、ブランド戦略、価格戦略、ビジネス戦略立案、ビジネス環境分析、ニーズ・ウォンツ分析、競合分析、PEST 分析、戦略目標、CSF、KPI、KGI、バランススコアカード、CRM、SCM、ERP、意思決定支援、ナレッジマネジメント、企業内情報ポータル（EIP）　など
技術戦略マネジメント	製品動向、技術動向、成功事例、発想法、コア技術、技術研究、技術獲得、技術供与、技術提携、技術経営（MOT）、産学官連携、標準化戦略、技術開発投資計画、技術開発拠点計画、人材計画、技術ロードマップ、製品応用ロードマップ、特許取得ロードマップ　など
ビジネスインダストリ	流通情報システム、物流情報システム、公共情報システム、医療情報システム、金融情報システム、電子政府、POS システム、XBRL、スマートグリッド、Web会議システム、ユビキタスコンピューティング、IoT、エンジニアリングシステムの意義と目的、生産管理システム、MRP、PDM、CAE、EC（BtoB、BtoC などの電子商取引）、電子決済システム、EDI、IC カード・RFID 応用システム、ソーシャルメディア（SNS、ミニブログほか）、ロングテール、AV 機器、家電機器、個人用情報機器（携帯電話、スマートフォン、タブレット端末ほか）、教育・娯楽機器、コンピュータ周辺/OA 機器、業務用端末機器、民生用通信端末機器、通信設備機器、運輸機器/ 建設機器、工業制御/FA 機器/ 産業機器、設備機器、医療機器、分析機器・計測機器　など

9-0　なぜマネジメント系とストラテジ系の要点を学ぶのか？　**361**

●図9.2　マネジメント系とストラテジ系の出題範囲（つづき）

分類	テーマ
企業活動	経営管理、PDCA、経営組織（事業部制、カンパニ制、CIO、CEO ほか）、コーポレートガバナンス、CSR、IR、コーポレートアイデンティティ、グリーンIT、ヒューマンリソース（OJT、目標管理、ケーススタディ、裁量労働制ほか）、行動科学（リーダシップ、コミュニケーション、テクニカルライティング、プレゼンテーション、ネゴシエーション、モチベーションほか）、TQM、リスクマネジメント、BCP、株式公開（IPO）、線形計画法（LP）、在庫問題、PERT/CPM、ゲーム理論、分析手法（作業分析、PTS 法、ワークサンプリング法ほか）、検査手法（OC 曲線、サンプリング、シミュレーションほか）、品質管理手法（QC 七つ道具、新QC 七つ道具ほか）、財務会計、管理会計、会計基準、財務諸表、連結会計、減価償却、損益分岐点、財務指標、原価、リースとレンタル、資金計画と資金管理、資産管理、経済性計算、IFRS　など
法務	著作権法、産業財産権法、不正競争防止法（営業秘密ほか）、サイバーセキュリティ基本法、不正アクセス禁止法、刑法（ウイルス作成罪ほか）、個人情報保護法、特定個人情報の適正な取扱いに関するガイドライン、プロバイダ責任制限法、特定電子メール法、コンピュータ不正アクセス対策基準、コンピュータウイルス対策基準、労働基準法、労働関連法規、外部委託契約、ソフトウェア契約、ライセンス契約、OSS ライセンス（GPL、BSD ライセンスほか）、パブリックドメイン、クリエイティブコモンズ、守秘契約（NDA）、下請法、労働者派遣法、民法、商法、公益通報者保護法、特定商取引法、コンプライアンス、情報公開、電気通信事業法、ネットワーク関連法規、会社法、金融商品取引法、リサイクル法、各種税法、輸出関連法規、システム管理基準、ソフトウェア管理ガイドライン、情報倫理、技術者倫理、プロフェッショナリズム、JIS、ISO、IEEE などの関連機構の役割、標準化団体、国際認証の枠組み（認定/ 認証/ 試験機関）、各種コード（文字コードほか）、JISQ15001、ISO9000、ISO14000　など

▌言葉の意味から判断する

　問題を解くコツの具体例を示しましょう。例題 9.1 は、マネジメント系のサービスマネジメントに関する問題です。

●例題9.1　一斉移行方式の特徴（H26 春 問55）

> **問 55**　システムの移行方式の一つである一斉移行方式の特徴として，最も適切なものはどれか。
>
> **ア**　新旧システム間を接続するアプリケーションが必要となる。
> **イ**　新旧システムを並行させて運用し，ある時点で新システムに移行する。

ウ 新システムへの移行時のトラブルの影響が大きい。
エ 並行して稼働させるための運用コストが発生する。

「システム」「移行」「一斉移行方式」という言葉の意味は、一般常識としてわかるでしょう。念のために説明すると、システムとは、何らかの業務で使用されるハードウェアとソフトウェア一式のことです。移行とは、現在のシステムを新しいシステムに置き換えることです。この問題では、旧システムと新システムと示されています。一斉移行方式とは、システムを分割して段階的に置き換えるのではなく、システム全体を一気に置き換えることです。これらの言葉の意味から、常識的な判断をすれば、答えを選べるでしょう。

【選べなかったら消去法】

もしも、答えを選べない場合は、不適切な選択肢を消していきましょう。基本情報技術者試験は、すべて選択問題なのですから、選べなかったら消去法です。第1章の問題解法テクニックで説明したように、選択肢に〇、△、×という印を付けて、最も無難なものを選びましょう。

選択肢アは、×です。旧システムと新システムを同時に使うのなら両者を接続するアプリケーションが必要ですが、一斉移行方式では、旧システムから新システムに一気に置き換えるのですから、その必要はありません。

選選択肢イも、×です。一気に置き換えるのですから、新旧システムを並行させて運用することはありません。

選択肢ウは、△です。消去法で大事なのは、〇と×だけにしないことです。なぜなら、この例のように、つかみどころのない問題では、すぐに〇と×の判断ができないことがあるからです。×ではなさそうだが、〇ともいえないなら、とりあえず△にしておきましょう。システムを一気に移行するのですから、移行時にトラブルが生じたら、業務に影響を与えそうです。これは、とりあえず△です。

選択肢エは、×です。一気に置き換えるのですから、並行して稼働させることはありません。

これで、すべての選択肢に、印を付けられました。アは×、イは×、ウは△、エは×です。これらの中から、最も無難なのは、△を付けたウです。答えとして、ウを選んでください。実際の正解も、選択肢ウです。

第**9**章 マネジメント系とストラテジ系の要点

9-0 なぜマネジメント系とストラテジ系の要点を学ぶのか? **363**

常識的な判断をする

　例題9.2は、ストラテジ系の法務に関する問題です。労働者派遣法がテーマになっていますが、試験対策として、労働者派遣法の内容を学習する必要はありません。この問題の内容は、労働者派遣契約は、誰と誰の間で結ぶものか、ということだけだからです。常識的な判断をすれば、答えを選べるでしょう。もちろんここでも、選べなかったら消去法です。

● 例題9.2　労働者派遣法の適用（H22 春 問79）

> 問79　労働者派遣法に基づいた労働者の派遣において，労働者派遣契約の関係が存在するのはどの当事者の間か。
>
> ア　派遣先事業主と派遣労働者　　　イ　派遣先責任者と派遣労働者
> ウ　派遣元事業主と派遣先事業主　　エ　派遣元事業主と派遣労働者

　もしも、法律の専門家の試験であれば、常識的な判断ではわからないような問題が出るでしょう。しかし、基本情報技術者試験は、法律の専門家の試験ではありません。したがって、たとえ労働者派遣法という法律がテーマの問題であっても、常識的な判断を超えた知識が要求されることはありません。

【常識的な判断の例】

　労働者派遣とは、派遣元の企業から、派遣先の企業に、労働者を派遣することです。労働者を求めている派遣先の企業は、派遣元の企業に依頼して、特定の技能を持った労働者を派遣してもらいます。したがって、労働者派遣契約は、派遣先の企業と、派遣元の企業の間で結ばれるものです。労働者と企業の間で結ばれるものではありません。

　このことから、労働者派遣契約の関係が存在するのは、選択肢ウの派遣元事業主と派遣先事業主が適切です。実際の正解も、選択肢ウです。事業主とは、事業を経営する人や団体のことです。契約書には、事業主の名前が示されるので、派遣元事業主と派遣先事業主という表現になっているのです。

364　第9章　マネジメント系とストラテジ系の要点

● **図9.3 派遣元の企業、派遣先の企業、および派遣労働者の関係**

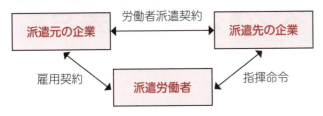

　図9.3は、派遣元の企業、派遣先の企業、および派遣労働者の関係を示したものです。このような図にすると難しく感じるかもしれませんが、常識的に判断できることを示しているだけです。派遣労働者は、派遣元の企業（派遣会社）に雇用されています。派遣元の企業と派遣先の企業が労働者派遣契約を結ぶと、派遣労働者が派遣先の企業に派遣されます。派遣労働者は、派遣先の企業に雇用されたわけではありませんが、派遣先の企業から業務に関する指揮命令を受けます。

　いかがでしょう。マネジメント系とストラテジ系には、つかみどころがない問題が多いのですが、「言葉の意味を考える」「常識的な判断をする」「選べなかったら消去法」というコツで、選択肢の中から答えを絞り込むことがわかったでしょう。これ以降では、マネジメント系とストラテジ系の出題範囲の中から代表的なテーマを取り上げて、コツを使って解ける問題を紹介します。用語の意味を覚えれば解ける問題も紹介します。問題が解けることを楽しんでください。

Section 9-1 マネジメント系の要点

プロジェクトマネジメント

　基本情報技術者試験において、プロジェクトとは、何らかのシステムに関する業務のことです。したがって、プロジェクトマネジメントとは、業務の管理という意味です。プロジェクトマネジメントのノウハウをまとめたPMBOK（Project Management Body of Knowledge：ピンボック）という世界的に有名なガイドブックがあります。プロジェクトマネジメントの分野では、PMBOKに示されている概念や用語を問題に出すことがよくあります。

【PMBOKの知識の分類】

　PMBOKでは、プロジェクトマネジメントに関する知識を図9.4のように分類しています。このような図で説明すると、ここに示された「○○マネジメント」という用語を全部覚えなければならないのか、と思ってしまうかもしれませんが、そうではありません。ほとんどの用語は、「タイム」や「コスト」のように、一般的に意味がわかる言葉からできているからです。覚えるまでもないでしょう。

●図9.4　PMBOKにおけるプロジェクトマネジメントに関する知識の分類

・インテグレーションマネジメント（Integration Management＝総合管理）
・スコープマネジメント（Scope Management＝スコープ管理）
・タイムマネジメント（Time Management＝スケジュール管理）
・コストマネジメント（Cost Management＝コスト管理）
・クオリティマネジメント（Quality Management＝品質管理）
・ヒューマンリソースマネジメント（Human Resource Management＝組織管理）
・コミュニケーションマネジメント（Communication Management＝コミュニケーション管理）
・リスクマネジメント（Risk Management＝リスク管理）
・プロキュアメントマネジメント（Procurement Management＝調達管理）
・ステークホルダマネジメント（Stakeholders Management＝ステークホルダ管理）

PMBOK は、とても有益なものですが、試験対策として、PMBOK の内容を学習する必要はありません。ほとんどの問題は、言葉の意味を考えて、常識的な判断をして、消去法で答えを絞り込めるからです。例題 9.3 は、PMBOK に示された「〇〇マネジメント」という用語に関する問題です。

●**例題9.3　マネジメントプロセス (H28 春 問 52)**

> **問 52**　プロジェクトの目的及び範囲を明確にするマネジメントプロセスはどれか。
>
> **ア**　コストマネジメント　　**イ**　スコープマネジメント
> **ウ**　タイムマネジメント　　**エ**　リスクマネジメント

プロジェクトの目的および範囲を明確にするのですから、選択肢イのスコープマネジメントが適切でしょう。スコープは、「範囲」という意味だからです。実際の正解も、選択肢イです。

他の選択肢が不適切であることも確認しておきましょう。選択肢アのコストは、「費用」という意味です。選択肢ウのタイムは、「時間」という意味です。選択肢エのリスクは、「危険」という意味です。どれもプロジェクトの目的および範囲には該当しません。

【辞書で調べる】

先ほど図 9.4 に示した用語の中には、あまり一般的でない言葉もあったでしょう。そのような言葉を見たときは、辞書で意味を調べる習慣を持ってください。たとえば、プロキュアメント（procurement）は、「調達」という意味です。ステークホルダ（stakeholder）は、「利害関係者」という意味です。試験には、ステークホルダという言葉の意味に関する問題が出されたことがあります。練習問題9.1に、問題の例を示します。

┃ サービスマネジメント

顧客に情報技術を利用させることを IT サービスと呼びます。サービスマネジメントは、顧客に適切な IT サービスを提供できるように管理することです。サービ

9-1　マネジメント系の要点　**367**

スマネジメントの世界的に有名なガイドブックとして、ITIL（Information Technology Infrastructure Library：アイティル）があります。サービスマネジメントの分野では、ITILに示されている概念や用語を問題に出すことがよくあります。ITILは、とても有益なものですが、試験対策として、ITILの内容を学習する必要はありません。ほとんどの問題は、言葉の意味を考えて、常識的な判断をして、消去法で答えを絞り込むからです。

【サービスマネジメントの分類】

ITILでは、サービスマネジメントの内容を「インシデント管理」「問題管理」「構成管理」「変更管理」「リリース管理」「サービスレベル管理」「サービス要求管理」「キャパシティ管理」などに分類しています。インシデント（incident）は、「出来事」や「事件」という意味です。リリース（release）は、新たなサービスを「提供する」という意味です。キャパシティ（capacity）は、「容量」という意味です。その他は、すべて一般用語なので、それぞれが何を管理することなのか、常識的に判断できるでしょう。例題9.4は、「インシデント管理」と「サービス要求管理」に関する問題です。

●例題9.4　インシデント管理とサービス要求管理（H29 春 問57）

> 問57　ITサービスマネジメントの活動のうち，インシデント及びサービス要求管理として行うものはどれか。
>
> ア　サービスデスクに対する顧客満足度が合意したサービス目標を満たしているかどうかを評価し，改善の機会を特定するためにレビューする。
> イ　ディスクの空き容量がしきい値に近づいたので，対策を検討する。
> ウ　プログラムを変更した場合の影響度を調査する。
> エ　利用者からの障害報告を受けて，既知の誤りに該当するかどうかを照合する。

言葉の意味で常識的に判断できる問題ですが、ITILの「○○管理」の○○の部分に、「インシデント」「問題」「構成」「変更」「リリース」「サービスレベル」「サービス要求」「キャパシティ」などが入ることを覚えておくと役に立ちます。なぜな

ら、正解以外の選択肢は、別の「〇〇管理」の説明になっているからです。別の「〇〇管理」の説明だとわかれば、自信を持って×を付けられます。選択肢イは、容量に関することなので「キャパシティ管理」でしょう。選択肢ウは、変更に関することなので「変更管理」でしょう。したがって、どちらも×です。

　残った選択肢アとエで、どちらがより適切かを判断しましょう。選択肢アは、「サービス」という言葉がありますが、サービス要求管理よりサービスレベル管理が適切でしょう。さらに、選択肢アには、インシデント管理に関する言葉がありません。それに対して、選択肢エは、「障害報告」という部分がインシデント管理に該当します。「サービス」という言葉がなくても、利用者のサービス要求が伴っていると考えることができます。このことから、選択肢アよりエの方がより適切でしょう。実際の正解も、選択肢エです。

システム監査

　監査に関する問題は、とてもよく出題されますが、ほとんどの問題は、「監査」という言葉の意味がわかれば、常識的な判断で答えを絞り込めます。監査とは、文字通り、監督して検査することです。一般的に知られている監査として、会計監査があります。これは、企業のお金のやり取りが適正であるかどうかを、監査人（公認会計士や監査法人）が監督して検査し、その結果を依頼者に報告することです。これは、システム監査でも同様です。監査人が、システムの信頼性、安全性、有効性などを監督して検査し、その結果を依頼者に報告します。

　監査でポイントとなるのは、監査人が監査対象から独立していること、すなわち監査対象となる企業やグループの内部の人間ではないことです。これは、常識的に納得できることでしょう。もしも、監査対象の内部の人間が監査を行ったら、わざと問題を見逃したり隠したりする恐れがあるからです。さらに、これも常識的なことですが、監査人が行うのは、監査だけであり、不備を改善する行為は行いません。監査に関する問題は、以上のような常識的な知識で解くことができます。

【ヒアリングの際に注意すること】

　例題9.5は、システム監査で実施するヒアリングに関する問題です。ヒアリングとは、相手から何かを聞き出すことです。監査人が、監査対象となるシステムの関係者から、監査に関わる情報を聞き出すのです。その際に注意することが何

9-1　マネジメント系の要点　**369**

であるかを問う内容になっています。

●例題9.5　システム監査で実施するヒアリング（H29 秋 問59）

> **問59**　システム監査人が実施するヒアリングに関する記述のうち，最も適切なものはどれか。
>
> **ア**　監査業務を経験したことのある被監査部門の管理者をヒアリングの対象者として選ぶ。
> **イ**　ヒアリングで被監査部門から得た情報を裏付けるための文書や記録を入手するよう努める。
> **ウ**　ヒアリングの中で気が付いた不備事項について，その場で被監査部門に改善を指示する。
> **エ**　複数人でヒアリングを行うと記録内容に相違が出ることがあるので，1人のシステム監査人が行う。

　選択肢アは、悪くなさそうな気がするかもしれませんが、「管理者」という部分が不適切に思われます。ヒアリングの対象者としては、管理者よりも、もっと直接システムに触れている人の方がよいでしょう。とりあえず、△を付けておきましょう。

　選択肢イは、「裏付けとなる文書や記録を入手する」のですから、とてもよいことです。〇どころか◎を付けたいくらいです。

　選択肢ウは、「その場で改善を指示する」という部分が×です。監査人は、不備を改善する行為は行いません。改善の助言はしますが、ヒアリングの時点では行いません。監査結果を報告するときに助言します。

　選択肢エは、1人の監査人よりも複数の監査人の方が、よりよいはずです。複数の記録内容の相違から、ヒアリングの誤りを見出しやすいからです。したがって、×です。

　以上のことから、選択肢イが最も適切だと判断できます。実際の正解も、選択肢イです。

370　第9章　マネジメント系とストラテジ系の要点

Section 9-2

ストラテジ系の要点

システム戦略

　ストラテジ系の問題の多くも、マネジメント系の問題と同様に、言葉の意味を考えて、常識的な判断をすれば、選択肢の中から答えを絞り込めます。例題9.6は、情報戦略策定段階の成果物に該当するものを選ぶ問題です。この問題における成果物とは、何らかの書類のことです。

●**例題9.6　情報戦略策定段階の成果物 (H28 春 問63)**

> **問63**　"システム管理基準"によれば，情報戦略策定段階の成果物はどれか。
>
> **ア**　関連する他の情報システムと役割を分担し，組織体として最大の効果を上げる機能を実現するために，全体最適化計画との整合性を考慮して策定する開発計画
> **イ**　経営戦略に基づいて組織体全体で整合性及び一貫性を確保した情報化を推進するために，方針及び目標に基づいて策定する全体最適化計画
> **ウ**　情報システムの運用を円滑に行うために，運用設計及び運用管理ルールに基づき，さらに規模，期間，システム特性を考慮して策定する運用手順
> **エ**　組織体として一貫し，効率的な開発作業を確実に遂行するために，組織体として標準化された開発方法に基づいて策定する開発手順

　情報戦略策定段階は、システム開発を始めるより前の段階です。選択肢アの「開発計画」は、システム開発の段階なので×です。選択肢イは、「全体」「方針」「目標」という言葉が、システム開発を始める前の段階として適切です。とりあえず、△にしておきましょう。選択肢ウの「運用」は、完成後のシステムを利用することなので、×です。選択肢エの「開発作業」は、システム開発の段階なので×で

第9章　マネジメント系とストラテジ系の要点

9-2　ストラテジ系の要点　**371**

す。以上のことから、選択肢イが最も適切だと判断できます。実際の正解も、選択肢イです。

問題文の冒頭にある「システム管理基準」は、経済産業省が作成した資料です。この資料の名前を出しているのは、正解の裏付けとするためです。マネジメント系やストラテジ系には、絶対的な正解というものはありません。何を正しいとするのかは、状況によって様々だからです。そのため、正解の裏付けが必要なのです。システム管理基準は、とても有益なものですが、試験対策として、システム管理基準の内容を学習する必要はありません。問題の内容は、常識的な判断で正解を選べるようになっているからです。

システム企画

システム企画とは、どのようなシステムを作るのか、ということです。システム企画における重要な書類として、RFI（Request For Information：情報提供依頼書）とRFP（Request For Proposal：提案依頼書）があります。

システムを調達する場合には、まず、システムの発注元（システムを利用する側）がシステム化の目的や業務内容などを示し、複数の調達元（システムを開発する側）に情報提供（企業の能力や商品などの情報）を依頼します。これが、RFIです。

次に、システムの発注元は、RFIに回答した調達元に対して、調達条件などを示して提案書（開発するシステムの構成、費用、納期など）の提供を依頼します。これが、RFPです。そして、システムの発注元は、提出された提案書の内容に基づいて、調達先を決定します（図9.5）。

●図9.5　システムの調達の手順

システムの発注元が複数の調達先にRFI（情報の提供）を依頼する
⇩
RFIに回答した調達先にRFP（提案書の提供）を依頼する
⇩
調達先から提出されたRFPの内容に基づいて、発注元が調達先を決定する

例題 9.7 は、RFI と RFP に関する問題です。RFI と RFP が、それぞれ何の略で、日本語でどういう意味かを覚えておけば、正解を選べるでしょう。もちろん、常識的な判断も必要です。この問題では、「公正」という言葉の意味を常識的に判断してください。

●**例題9.7　RFIとRFP（H28 秋 問66）**

> **問 66**　RFI に回答した各ベンダに対して RFP を提示した。今後のベンダ選定に当たって，公正に手続を進めるためにあらかじめ実施しておくことはどれか。
>
> **ア**　RFI の回答内容の評価が高いベンダに対して，選定から外れたときに備えて，再提案できる救済措置を講じておく。
> **イ**　現行のシステムを熟知したベンダに対して，RFP の要求事項とは別に，そのベンダを選定しやすいように評価を高くしておく。
> **ウ**　提案の評価基準や要求事項の適合度への重み付けをするルールを設けるなど，選定の手順を確立しておく。
> **エ**　ベンダ選定後，迅速に契約締結をするために，RFP を提示した全ベンダに内示書を発行して，契約書や作業範囲記述書の作成を依頼しておく。

RFI ではなく RFP の評価が高いベンダ（調達元のことです）を選定するので、選択肢アは×です。特定のベンダの評価を高くしたら公正ではないので、選択肢イも×です。確立しておいた手順で選定するのは公正なので、選択肢ウは○でしょう。実際の正解も、選択肢ウです。選択肢エは、RFP を提示した全ベンダに内示書を発行すると、実際には選定されなかったベンダに迷惑をかけることになるので×でしょう。

▌経営戦略マネジメント

経営戦略マネジメントの分野でも、用語に関する問題が出されることがあります。たとえば、CRM（Customer Relationship Management：顧客関係管理）、SCM（Supply Chain Management： 供給連鎖管理）、ERP（Enterprise Resources Planning：企業資源計画）などです。

第9章 マネジメント系とストラテジ系の要点

9-2　ストラテジ系の要点　**373**

CRMは、企業が顧客（カスタマ）との間に親密な信頼関係（リレーションシップ）を築くことで、顧客を何度も購入するリピータにして、収益の向上を目指す管理（マネジメント）手法およびシステムのことです。

SCMは、供給者から消費者までのつながり（サプライチェーン）を統合的に管理（マネジメント）することで、コスト削減や納期短縮を実現する手法およびシステムのことです。SCMに関する問題は、練習問題9.6で紹介します。

ERPは、企業全体（エンタープライズ）の経営資源（リソース）を有効かつ総合的に計画（プランニング）して管理することで、経営の効率を向上する手法およびシステムのことです。

【何の略であるかを覚える】

CRM、SCM、ERPのような英語の略語は、略語のまま丸暗記するのではなく、それぞれが何の略であるかを覚えてください。その際に、英語のスペルを正確に覚える必要はありません。カタカナ英語で十分です。たとえば、CRMなら、Cがカスタマ（顧客）で、Rがリレーションシップ（関係）で、Mがマネジメント（管理）と覚えてください。例題9.8は、CRMに関する問題です。この問題は、CRMのCがカスタマ（顧客）であることを覚えていれば、それだけで正解を選べるでしょう。

● **例題9.8　CRMの目的（H28 秋 問69）**

問69　CRMの目的はどれか。

ア　顧客ロイヤリティの獲得と顧客生涯価値の最大化
イ　在庫不足による販売機会損失の削減
ウ　製造に必要な資材の発注量と発注時期の決定
エ　販売時点での商品ごとの販売情報の把握

選択肢アの「顧客ロイヤリティ」とは、企業に対する顧客の信頼や愛着の大きさのことです。「顧客生涯価値」とは、1人の顧客から得られる収益の総額ことです。したがって、選択肢アが正解です。他の選択肢は、どれも、カスタマ（顧客）とのリレーションシップ（関係）には、直接関係しません。したがって、CRMの目的ではありません。

ビジネスインダストリ

　ビジネスインダストリの分野では、物流情報システム、医療情報システム、金融情報システムなどのビジネスシステムや、生産管理システムや MRP（Material Requirements Planning:資材所要量計画）などのエンジニアリングシステムがテーマになっています。練習問題 9.7 で、MRP に関する問題を紹介します。さらに、近年の話題となっている IoT（Internet of Things：モノのインターネット）もテーマになっています。例題 9.9 は、IoT に関する問題です。

●例題9.9　IoTの説明（H28 春 問65）

問 65　IoT(Internet of Things) を説明したものはどれか。

ア　インターネットとの接続を前提として設計されているデータセンタのことであり，サーバ運用に支障を来さないように，通信回線の品質管理，サーバのメンテナンス，空調設備，瞬断や停電に対応した電源対策などが施されている。

イ　インターネットを通して行う電子商取引の一つの形態であり，出品者が Web サイト上に，商品の名称，写真，最低価格などの情報を掲載し，期限内に最高額を提示した入札者が商品を落札する，代表的な C to C 取引である。

ウ　広告主の Web サイトへのリンクを設定した画像を広告媒体となる Web サイトに掲載するバナー広告や，広告主の Web サイトの宣伝をメールマガジンに掲載するメール広告など，インターネットを使った広告のことである。

エ　コンピュータなどの情報通信機器だけでなく様々なものに通信機能をもたせ，インターネットに接続することによって自動認識や遠隔計測を可能にし，大量のデータを収集・分析して高度な判断サービスや自動制御を実現することである。

　IoT のように、意味に明確な定義がない言葉をバズワード（buzzword）と呼びます。バズワードのイメージをつかむには、その言葉が誕生した経緯を知るとよいでしょう。IoT という言葉を最初に使ったのは、英国人のケビン・アシュトン氏です。同氏は、1999 年に、米国 P&G 社のサプライチェーンマネジメント（先ほ

第9章　マネジメント系とストラテジ系の要点

9-2　ストラテジ系の要点　**375**

ど説明した SCM です）に RFID（Radio Frequency ID）を使うことを推奨する
プレゼンテーションを行い、その中で IoT という言葉を使いました。

　基本情報技術者試験の問題でもよく取り上げられる RFID は、物品の識別情報
を通信で伝達できる小さな IC チップです。従来は、コンピュータへの情報の入力
は人間が行うものでしたが、RFID によって、モノが情報の入力を行うことが可能
になりました。この情報は、インターネットで利用することもできます。したがっ
て、モノが自ら通信機能を持ってインターネットに接続できることになります。こ
れが、そもそもの IoT です。イメージがつかめたでしょうか。

　それでは、問題を見てみましょう。データセンタを説明している選択肢アは、×
でしょう。人と人の取引を説明している選択肢イも、×でしょう。広告の説明を
している選択肢ウも、×でしょう。モノに通信機能を持たせることを説明してい
る選択肢エが、〇でしょう。実際の正解も、選択肢エです。

▌企業活動

　情報処理技術者は、社会人なのですから、お金の勘定ができなければなりませ
ん。企業活動の分野では、企業の財務諸表の種類がテーマになっています。さら
に、費用や利益の計算問題が出題されることもありますが、マネジメント系とス
トラテジ系の計算問題は、第 10 章で取り上げます。

　日本の会計基準における財務諸表には、「貸借対照表」「損益計算書」「キャッ
シュフロー計算書」「株主資本等変動計画書」があります。例題 9.10 は、財務諸
表の種類を問う問題です。それぞれの財務諸表の役割を知っていれば、答えを選
べるでしょう。もしも知らないなら、この問題を通して覚えてください。

●**例題9.10　財務諸表の種類（H29 秋 問77）**

　問 77　財務諸表のうち，一定時点における企業の資産，負債及び純資産
　　　を表示し，企業の財政状態を明らかにするものはどれか。

　ア　株主資本等変動計算書　　　**イ**　キャッシュフロー計算書
　ウ　損益計算書　　　　　　　　**エ**　貸借対照表

　図 9.6 に貸借対照表の例を示します。左右 2 つの部分から構成され、左側に資

376　第 9 章　マネジメント系とストラテジ系の要点

産（企業が持っている財産）を示し、右が負債（他から借りているもの）と純資産（自分で持っているもの）を示します。企業は、決算時に貸借対象を作成し、その時点での財政状態を示します。必ず資産＝負債＋純資産になるので、会社が持っている資産が、どのような負債と純資産から構成されているかがわかります。

●図9.6　貸借対照表の例

資産		負債・純資産	
【流動資産】	30,000	【流動負債】	10,000
現金預金	10,000	買掛金	5,000
受取手形	10,000	短期借入金	5,000
売掛金	5,000	【固定負債】	20,000
商品	5,000	長期借入金	20,000
【固定資産】	20,000	純資産	
土地	10,000		
建物	5,000	資本金	15,000
設備	5,000	利益剰余金	5,000
合計	50,000	合計	50,000

　損益計算書は、企業の会計期間における売上、費用、利益を示すものです。損益計算書の具体例と問題は、第10章で紹介します。

　キャッシュフロー計算書は、企業の会計期間におけるキャッシュ（現金）のフロー（収入と支出）を、営業活動、投資活動、財務活動ごとに示したものです。練習問題9.8で、キャッシュフロー計算書に関する問題を紹介します。

　株主資本等変動計画書は、貸借対照表の純資産の変動額のうち、資本金の変動事由を報告するものです。選択肢の1つになっていますが、これまでの試験に、株主資本等変動計画書をテーマとした問題が出たことはありません。

　それでは、問題を見てみましょう。企業の資産、負債、純資産から財政状態を示すのですから、選択肢エの貸借対照表が適切でしょう。実際の正解も、選択肢エです。

▋法務

　基本情報処理技術者試験のテーマには、様々な法律が示されていますが、これまでの試験に出題されているのは、不正アクセス禁止法、個人情報保護法、著作権法、独占禁止法、労働者派遣法、不正競争防止法などです。

第9章　マネジメント系とストラテジ系の要点

9-2　ストラテジ系の要点　**377**

法律には、難しいイメージがありますが、心配する必要はありません。ほとんどの問題は、法律の名前から常識的な判断をすれば、答えを絞り込めるからです。例題 9.11 は、不正アクセス禁止法に関する問題です。練習問題 9.9 では、個人情報保護法に関する問題を紹介します。

● **例題9.11　不正アクセス行為に該当するもの（H23 特別 問80）**

> **問80**　不正アクセス禁止法において，不正アクセス行為に該当するものはどれか。
>
> **ア**　会社の重要情報にアクセスし得る者が株式発行の決定を知り，情報の公表前に当該会社の株を売買した。
> **イ**　コンピュータウイルスを作成し，他人のコンピュータの画面表示をでたらめにする被害をもたらした。
> **ウ**　自分自身で管理運営するホームページに，昨日の新聞に載った報道写真を新聞社に無断で掲載した。
> **エ**　他人の利用者 ID，パスワードを許可なく利用して，アクセス制御機能によって制限されている Web サイトにアクセスした。

もしも、選択肢ア、イ、ウ、エは、どれも悪いことなので正解を選べない、と思ったなら、言葉の意味に注目してください。不正アクセス禁止法は、不正アクセス、すなわち利用権限のないネットワークを使うことを禁止する法律です。したがって、選択肢ア、イ、ウ、エの中から、利用権限のないネットワークを使っているものを選べばよいのです。

選択肢アは、ネットワークを使っていますが、利用権限があるので不正アクセスではありません。選択肢イは、コンピュータウイルスをばらまくために利用権限のないネットワークを使ったとは明記されていないので、不正アクセスとはいえません。選択肢ウは、利用権限のある自分のホームページを使っているので、不正アクセスではありません。選択肢エは、他人の ID とパスワードを許可なく利用したのですから、利用権限のないネットワークを使ったことになり、不正アクセスでしょう。実際の正解も、選択肢エです。

378　第 9 章　マネジメント系とストラテジ系の要点

Section 9-3 マネジメント系とストラテジ系の要点の練習問題

■ プロジェクトマネジメント

● 練習問題9.1　プロジェクトに関わるステークホルダ（H27 春 問52）

問52　プロジェクトに関わるステークホルダの説明のうち，適切なものはどれか。

ア　組織の内部に属しており，組織の外部にいることはない。
イ　プロジェクトに直接参加し，間接的な関与にとどまることはない。
ウ　プロジェクトの成果が，自らの利益になる者と不利益になる者がいる。
エ　プロジェクトマネージャのように，個人として特定できることが必要である。

> ステークホルダは、「利害関係者」という意味です！

■ サービスマネジメント

● 練習問題9.2　SLAを策定する方針（H25 秋 問56）

問56　SLAを策定する際の方針のうち，適切なものはどれか。

ア　考えられる全ての項目に対し，サービスレベルを設定する。
イ　顧客及びサービス提供者のニーズ，並びに費用を考慮して，サービスレベルを設定する。
ウ　サービスレベルを設定する全ての項目に対し，ペナルティとしての補償を設定する。
エ　将来にわたって変更が不要なサービスレベルを設定する。

> SLAは、Service Level Agreement（サービス水準合意）の略語です！

9-3　マネジメント系とストラテジ系の要点の練習問題　379

システム監査

● 練習問題9.3　システム監査人の独立性（R01 秋 問59）

問59　情報システム部が開発して経理部が運用している会計システムの運用状況を, 経営者からの指示で監査することになった。この場合におけるシステム監査人についての記述のうち, 最も適切なものはどれか。

ア　会計システムは企業会計に関する各種基準に準拠すべきなので, システム監査人を公認会計士とする。

イ　会計システムは機密性の高い情報を扱うので, システム監査人は経理部長直属とする。

ウ　システム監査を効率的に行うために, システム監査人は情報システム部長直属とする。

エ　独立性を担保するために, システム監査人は情報システム部にも経理部にも所属しない者とする。

> この章で解説した監査のポイントを思い出してください!

システム戦略

● 練習問題9.4　情報化投資計画を策定する段階（H22 秋 問62）

問62　"システム管理基準"によれば, 情報化投資計画を策定する段階はどれか。

ア　運用業務　　イ　開発業務　　ウ　企画業務　　エ　情報戦略

> 情報化投資計画という言葉の意味から常識的に判断してください!

380　第9章　マネジメント系とストラテジ系の要点

システム企画

● 練習問題9.5　情報システムの調達の手順（H30 秋 問66）

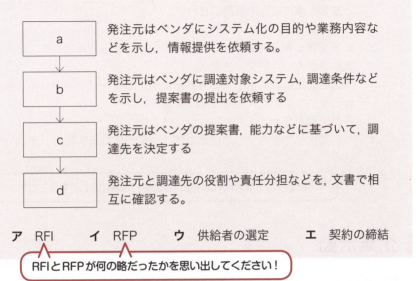

問66　図に示す手順で情報システムを調達するとき，bに入るものはどれか。

ア　RFI　　イ　RFP　　ウ　供給者の選定　　エ　契約の締結

> RFIとRFPが何の略だったかを思い出してください！

経営戦略マネジメント

● 練習問題9.6　SCMの目的（H26 春 問66）

問66　SCMの目的はどれか。

ア　顧客情報や購買履歴，クレームなどを一元管理し，きめ細かな顧客対応を行うことによって，良好な顧客関係の構築を目的とする。
イ　顧客情報や商談スケジュール，進捗状況などの商談状況を一元管理することによって，営業活動の効率向上を目的とする。
ウ　生産や販売，在庫，会計など基幹業務のあらゆる情報を統合管理することによって，経営効率の向上を目的とする。
エ　調達から販売までの複数の企業や組織にまたがる情報を統合的に管理することによって，コスト低減や納期短縮などを目的とする。

> SCMが何の略だったかを思い出してください！

ビジネスインダストリ

● 練習問題9.7　MRPシステムの導入で改善できる場面（H23 秋 問74）

問74　MRP（Material Requirements Planning）システムを導入すると改善が期待できる場面はどれか。

ア　図面情報が電子ファイルと紙媒体の両方で管理されていて，設計変更履歴が正しく把握できない。
イ　製造に必要な資材及びその必要量に関する情報が複雑で，発注量の算出を誤りやすく，生産に支障を来している。
ウ　設計変更が多くて，生産効率が上がらない。
エ　多品種少量生産を行っているので，生産設備の導入費用が増加している。

> Material Requirements Planningを日本語に訳して考えてください！

企業活動

● 練習問題9.8　キャッシュフロー計算書（H29 春 問77）

問77　キャッシュフロー計算書において，営業活動によるキャッシュフローに該当するものはどれか。

ア　株式の発行による収入
イ　商品の仕入による支出
ウ　短期借入金の返済による支出
エ　有形固定資産の売却による収入

> 営業活動という言葉の意味から常識的に判断してください！

法務

●練習問題9.9　個人情報保護法で適切なもの（H25 秋 問80）

問80 個人情報に関する記述のうち，個人情報保護法に照らして適切なものはどれか。

ア 構成する文字列やドメイン名によって特定の個人を識別できるメールアドレスは，個人情報である。

イ 個人に対する業績評価は，その個人を識別できる情報が含まれていても，個人情報ではない。

ウ 新聞やインターネットなどで既に公表されている個人の氏名，性別及び生年月日は，個人情報ではない。

エ 法人の本店住所，支店名，支店住所，従業員数及び代表電話番号は，個人情報である。

個人情報とは、特定の個人を識別できる情報のことです！

9-3　マネジメント系とストラテジ系の要点の練習問題　　383

Section 9-4 マネジメント系とストラテジ系の要点の練習問題の解答・解説

プロジェクトマネジメント

● 練習問題9.1　プロジェクトに関わるステークホルダ（H27 春 問52）

解答 ウ

解説 ステークホルダ（利害関係者）という言葉の意味から常識的に判断しましょう。組織の外部にいても、利害関係者となる場合があるので、選択肢アは×です。プロジェクトに間接的に関与しても、利害関係者となる場合があるので、選択肢イも×です。利害関係者であれば、利益を得る人も、不利益を被る人もいると思われるので、選択肢ウは△です。個人ではなく、企業やグループが利害関係者となる場合があるので、選択肢エは×です。以上のことから、最も無難な選択肢ウを選んでください。

サービスマネジメント

●練習問題9.2　SLAを策定する方針（H25 秋 問56）

解答 イ

解説 SLAは、サービスの提供者が、契約者に対して、どの程度の品質を保証するかを示すものです。SLAを策定する方針ですから、こういうことはしない方がよい、と思われることを除外しましょう。全ての項目にサービスレベルを設定するのは困難なので、選択肢アは△です。顧客と提供者のニーズと費用を考慮するのは、とてもよいことなので、選択肢イは○です。全ての項目に補償を設定するのは困難なので、選択肢ウは△です。サービスレベルは、状況に応じて変更できた方がよいので、選択肢エは×です。以上のことから、最も無難な選択肢イを選んでください。

システム監査

●練習問題9.3　システム監査人の独立性（R01 秋 問59）

解答 エ

解説 監査のポイントは、監査人が監査対象から独立していることです。したがって、「システム監査人は情報システム部にも経理部にも所属しない者とする」と示された選択肢エが適切です。システム監査人は、公認会計士である必要はないので、選択肢アは不適切です。システム監査人が経理部長直属とある選択肢イと、情報システム部長直属とある選択肢ウは、監査対象から独立していないので、どちらも不適切です。

システム戦略

● 練習問題9.4　情報化投資計画を策定する段階（H22 秋 問62）

> **解答**　エ
>
> **解説**　常識的に考えて、情報化投資計画の策定は、具体的なシステム開発の前段階で行われるはずです。したがって、選択肢アの運用業務と選択肢イの開発業務は、どちらも不適切です。選択肢ウの企画業務は、どのようなシステムを作るかを考えることなので、すでにシステム開発に着手しています。これも不適切です。選択肢エの情報戦略は、どのような情報活用を行うかを考えることです。まだシステム開発に着手していないので、情報化投資計画の策定段階として適切でしょう。なお、問題文の冒頭に示された「システム管理基準」は、正解の裏付けとなる資料です。

システム企画

● 練習問題9.5　情報システムの調達の手順（H30 秋 問66）

> **解答**　イ
>
> **解説**　RFI（Request For Information）は「情報提供依頼書」という意味で、RFP（Request For Proposal）は「提案依頼書」という意味です。まず、発注元から調達元に情報提供依頼（RFI）が行われます。次に、それに解答した調達元に対して提案依頼（RFP）が行われます。したがって、bに入るのは、選択肢イのRFPです。

経営戦略マネジメント

● 練習問題9.6　SCMの目的（H26 春 問66）

解答 エ

解説 SCM（Supply Chain Management）は、供給者から消費者までのつながりを統合的に管理することで、コスト削減や納期短縮を実現する手法およびシステムのことです。SCMの目的として最も適切なのは、「調達から販売まで」「統合的に管理」「コスト低減や納期短縮」と説明している選択肢エです。選択肢アのクレーム、選択肢イのスケジュール、選択肢ウの基幹業務のあらゆる情報は、SCMに直接関係するものではありません。

ビジネスインダストリ

● 練習問題9.7　MRPシステムの導入で改善できる場面（H23 秋 問74）

解答 イ

解説 MRP（Material Requirements Planning）は、「資材」「所要量」「計画」という意味です。MRPシステムは、製造に必要な資材の在庫量や発注を管理します。
MRPシステムを導入することで改善が期待できる場面は、「資材」「必要量」「発注量」という言葉がある選択肢イです。選択肢アの図面情報、選択肢ウの設計変更、選択肢エの生産設備は、MRPシステムとは直接関係がありません。

企業活動

● 練習問題9.8　キャッシュフロー計算書（H29 春 問77）

解答 イ

解説 キャッシュフロー計算書は、企業の会計期間における現金の収入と支出を、営業活動、投資活動、財務活動ごとに示したものです。ここでは、営業活動によるキャッシュフローを選びます。営業活動とは、商品を仕入れて販売することです。したがって、選択肢イが適切です。常識的に考えて、選択肢アの株式発行、選択肢ウの借入金返済、選択肢エの資産売却は、営業活動ではありません。

法務

● 練習問題9.9　個人情報保護法で適切なもの（H25 秋 問80）

解答 ア

解説 個人情報とは、氏名や生年月日など、特定の個人を識別できる情報のことです。試験には、個人情報保護法の内容ではなく、個人情報であるかどうかを判断する問題がよく出されます。選択肢アのメールアドレスは、特定の個人を識別できるので、個人情報です。適切な記述なので、選択肢アが正解です。選択肢イの業務評価には、特定の個人を識別できる情報が含まれているので個人情報です。選択肢ウの個人の氏名、性別、生年月日は、個人情報です。選択肢エの法人の情報は、個人情報ではありません。したがって、選択肢イ、ウ、エの記述は、不適切です。

第10章

マネジメント系とストラテジ系の計算問題

この章では、マネジメント系とストラテジ系の分野で出題される計算問題の種類と解き方を説明します。テクノロジ系と同様に、実際に手作業で計算して、計算問題に慣れることが重要です。

- **10-0** なぜマネジメント系とストラテジ系の計算問題が出題されるのか？
- **10-1** マネジメント系の計算問題
- **10-2** ストラテジ系の計算問題
- **10-3** マネジメント系とストラテジ系の計算問題の練習問題
- **10-4** マネジメント系とストラテジ系の計算問題の練習問題の解答・解説

Section 10-0

なぜ マネジメント系とストラテジ系の計算問題が出題されるのか?

数値で管理して判断する

　マネジメント系とストラテジ系の計算問題の多くは、数値で評価して管理したり、数値で判断して戦略を決めたりするものです。プロジェクトを管理するときに「少し遅れている」では、評価ができません。経営戦略を立てるときに「まあまあ良い」では、判断ができません。どちらにも、数値で示した明確な評価や判断の値が必要です。そのために、何らかの計算をして数値を得るのです。

　テクノロジ系と同様に、**マネジメント系とストラテジ系の計算問題を解くときにも、特殊な公式は必要ありません。**どの問題も、用語の意味や、業務の考え方がわかれば、計算できるようになっています。ただし、中学～高校程度の基本的な数学の知識が必要とされる場合があります。

　例題10.1は、能力不足となる工程を求める問題です。一見すると難しそうに思えるかもしれませんが、この問題を解くために、特殊な公式や高度な数学の知識は、一切必要とされません。

●**例題10.1　能力不足となる工程（H26 秋 問74）**

> **問74**　四つの工程 A, B, C, D を経て生産される製品を，1か月で1,000
> 個作る必要がある。各工程の，製品1個当たりの製造時間，保有機
> 械台数，機械1台1か月当たりの生産能力が表のとおりであるとき，
> 能力不足となる工程はどれか。
>
> | 工程 | 1個製造時間（時間） | 保有機械台数（台） | 生産能力（時間／台） |
> |:---:|:---:|:---:|:---:|
> | A | 0.4 | 3 | 150 |
> | B | 0.3 | 2 | 160 |
> | C | 0.7 | 4 | 170 |
> | D | 1.2 | 7 | 180 |
>
> **ア** A　　　　**イ** B　　　　**ウ** C　　　　**エ** D

　工程 A では、1台当たりの1か月の生産能力が150時間で、1個の製造に0.4
時間かかります。したがって、1台当たり1か月に150 ÷ 0.4 = 375個の製品を
作れます。工程 A には、機械が3台あるので、全部で 375 × 3 = 1125個の製品
を作れます。

　同様の計算で、工程 B では、1台当たり1か月に533個の製品を作れ、機械が
2台あるので、全部で1,066個の製品を作れます。工程 C では、1台当たり242
個の製品を作れ、機械が4台あるので、全部で968個の製品を作れます。工程 D
では、1台当たり150個の製品を作れ、機械が7台あるので、全部で1,050個の
製品を作れます。

　1か月で1,000個の製品を作る必要があるので、968個の製品しか作れない工
程 C だけが能力不足です。正解は、選択肢ウです。

10-0　なぜマネジメント系とストラテジ系の計算問題が出題されるのか？　　**391**

期待値

テクノロジ系の計算問題で紹介した**期待値**は、マネジメント系やストラテジ系の計算問題でも出題されます。例題 10.2 は、費用の期待値を求める問題です。

●例題10.2　費用の期待値（H23 特別 問75）

問 75　良品である確率が 0.9，不良品である確率が 0.1 の外注部品について，受入検査を行いたい。受入検査には四つの案があり，それぞれの良品と不良品 1 個に掛かる諸費用は表のとおりである。期待費用が最も低い案はどれか。

案	良品に掛かる費用	不良品に掛かる費用
A	0	1,500
B	40	1,000
C	80	500
D	120	200

　　ア A　　　　　**イ** B　　　　　**ウ** C　　　　　**エ** D

　良品である確率が 0.9 で、不良品である確率が 0.1 なので、費用の期待値は、「良品の費用 × 0.9 ＋不良品の費用 × 0.1」という計算で求められます。それぞれの案の費用の期待値は、案 A が 0 × 0.9 ＋ 1,500 × 0.1 ＝ 150、案 B が 40 × 0.9 ＋ 1,000 × 0.1 ＝ 136、案 C が 80 × 0.9 ＋ 500 × 0.1 ＝ 122、案 D が 120 × 0.9 ＋ 200 × 0.1 ＝ 128 です。したがって、費用の期待値が最も低いのは、案 C です。正解は、選択肢ウです。

重み付け

評価や判断の数値を得る際に、重要度に応じて**重み付け**をすることがあります。たとえば、例題10.3には、省力化、期間短縮、資源削減という3つの評価項目がありますが、それぞれに4、3、3という重みが付けられています。他の項目より省力化の重みが高くなっているのは、他の項目より重要だからでしょう。

● 例題 10.3　重み付け総合評価法（H28 秋 問 64）

問64　改善の効果を定量的に評価するとき, 複数の項目の評価点を統合し, 定量化する方法として重み付け総合評価法がある。表の中で優先すべき改善案はどれか。

評価項目	評価項目の重み	改善案			
		案1	案2	案3	案4
省力化	4	6	8	2	5
期間短縮	3	5	5	9	5
資源削減	3	6	4	7	6

　ア　案1　　　　　イ　案2　　　　　ウ　案3　　　　　エ　案4

　もしも、評価項目に重みがなければ、それぞれの改善案の評価は、単に省力化と期間短縮と資源削減の数字を足しただけのものになります。たとえば、案1の評価は、6 + 5 + 6 = 17 です。実際には、評価項目に4、3、3という重みがあるので、案1の評価は、それぞれの評価項目の数字に重みを掛けて集計して、$6 \times 4 + 5 \times 3 + 6 \times 3 = 57$ になります。

　同様に計算して、案2の評価は $8 \times 4 + 5 \times 3 + 4 \times 3 = 59$、案3の評価は $2 \times 4 + 9 \times 3 + 7 \times 3 = 56$、案4の評価は $5 \times 4 + 5 \times 3 + 6 \times 3 = 53$ です。したがって、最も評価の高い案2を優先すべきです。正解は、選択肢イです。

会計の基礎知識

基本情報技術者試験には、少しだけですが、会計の基礎知識を問う問題が出題されます。たとえば、例題 10.4 は、**帳簿価額**（ちょうぼかがく）と**減価償却**（げんかしょうきゃく）に関する問題です。帳簿価額とは、帳簿に記帳する資産の価額のことです。減価償却とは、使用年数に応じて、資産の価値を減らすことです。

●例題10.4　定額法による減価償却（H23 秋 問76）

> **問76**　事業年度初日の平成 21 年 4 月 1 日に，事務所用のエアコンを100 万円で購入した。平成 23 年 3 月 31 日現在の帳簿価額は何円か。ここで，耐用年数は 6 年，減価償却は定額法，定額法の償却率は 0.167，残存価額は 0 円とする。
>
> **ア**　332,000　　**イ**　499,000　　**ウ**　666,000　　**エ**　833,000

エアコンを 100 万円で購入しましたが、その価値は、いつまでも 100 万円のままではありません。耐用年数を 6 年としているので、6 年で価値が 0 になるとみなします。償却率が 0.167 であり、100 万円 × 0.167 ＝ 16.7 万円になるので、毎年 16.7 万円ずつ定額で価値を減らして行きます（図 10.1）。

平成 21 年 4 月 1 日に購入して、平成 23 年 3 月 31 日まで使うと、2 年間使ったことになります。したがって、16.7 万円 × 2 年 ＝ 33.4 万円の価値が減っているので、帳簿価額は、100 万円 － 33.4 万円 ＝ 66.6 万円になります。正解は、選択肢ウです。

●図10.1　6年の減価償却で価値が0になる

【年数】	【帳簿価額】
購入時	100万円
1年後	100万円－16.7万円＝83.3万円
2年後	83.3万円－16.7万円＝66.6万円
3年後	66.6万円－16.7万円＝49.9万円
4年後	49.9万円－16.7万円＝33.2万円
5年後	33.2万円－16.7万円＝16.5万円
6年後	16.5万円－16.7万円＝　　0円

毎年16.7万円ずつ減らして行く

Section 10-1 マネジメント系の計算問題

アローダイアグラム

アローダイアグラム（arrow diagram）は、複数の作業の関係と日程を明確にするための図です。アローダイアグラムを描くことで**クリティカルパス**（critical path＝重大な経路）を求めることができます。クリティカルパスとは、余裕のない作業を結んだ経路であり、その中にある作業が遅れると、全体に遅れが生じます。例題10.5のアローダイアグラムを使って、クリティカルパスの求め方を説明しましょう。

●例題10.5　アローダイアグラムとクリティカルパス（H21 春 問51）

> **問51**　アローダイアグラムのクリティカルパスと、Hの最早開始日の適切な組合せはどれか。ここで、矢線の数字は作業所要日数を示し、Aの作業開始時を0日とする。

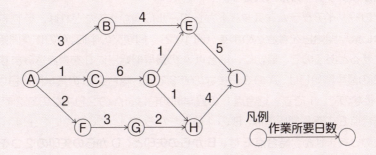

	クリティカルパス	Hの最早開始日
ア	A-B-E-I	7
イ	A-B-E-I	8
ウ	A-C-D-E-I	7
エ	A-C-D-E-I	8

アローダイアグラムのアロー（arrow）は、「矢」という意味です。アローダイアグラムでは、矢印で作業を表します。矢印には、作業の所要日数を書き添えます。作業と作業をつなぐ位置に円を描きます。この円を**結合点**と呼びます。アローダイアグラムの左から右に向かって、時間が経過します。このアローダイアグラムでは、結合点 A をスタートとして、3 つの作業が同時に開始されます。それぞれの作業の所要日数は、3 日、1 日、2 日です。右端にある結合点 I がゴールです。

クリティカルパスを求めるには、それぞれの結合点に 2 段重ねの四角形を描き、下段に**最早開始日**（いつから始められるか）を書き、上段に**最遅開始日**（いつまでに始めなければならないか）を書きます（下段と上段の使い方が逆でも構いません）。

▶ 結合点に書き込む数字

最早開始日… 次の作業をいつから始められるか
最遅開始日… 次の作業をいつまでに始めなければならないか

最早開始日と最遅開始日が一致した作業には、余裕がありません。 たとえば、最早開始日が 7 日（7 日から始められる）で、最遅開始日が 7 日（7 日までに始めなければならない）なら、1 日も余裕がないからです。**余裕のない作業を結んだ経路が、クリティカルパスです。**

アローダイアグラムをスタートからゴールに向かってたどれば、それぞれの結合点に最早開始日を書き込めます（図 10.2）。問題文の中に、A の作業開始時を 0 日とするとあるので、最初に、結合点 A の最早開始日に 0 を書き込みます。結合点 B の最早開始日は、A の 3 日後なので 3 です。結合点 C の最早開始日は、A の 1 日後なので、1 です。結合点 F の最早開始日は、A の 2 日後なので 2 です。

結合点 E の最早開始日は、B の 4 日後だからといって、すぐに 3 ＋ 4 ＝ 7 日とは決められません。**結合点 E は、B からの矢印と、D からの矢印の 2 つを待っているので、それらの遅い方を待って、最早開始日とします。** この部分は、後で書き込むことになります。

すぐに最早開始日がわかる部分から、どんどん書き込んでいきましょう（図 10.3）。結合点 D の最早開始日は、C の 6 日後なので、1 ＋ 6 ＝ 7 日です。結合点 G の最早開始日は、F の 3 日後なので、2 ＋ 3 ＝ 5 日です。

●図10.2　スタート位置から順に最早開始日を書き込む

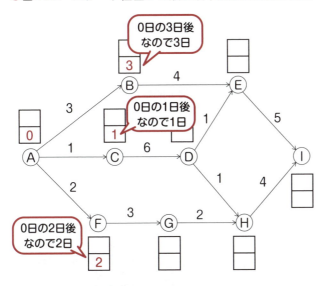

●図10.3　わかる部分から最早開始日を書き込んで行く

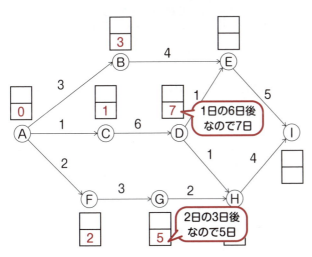

　複数の作業を待つ場合は、遅い方を最早開始日とします（図10.4）。結合点Eの最早開始日は、Bからの矢印を待つと3＋4＝7日であり、Dからの矢印を待つと7＋1＝8日なので、遅い方の8日です。同様に、結合点Hの最早開始日は、Dからの矢印を待つと7＋1＝8日であり、Gからの矢印を待つと5＋2＝

7日なので、遅い方の8日です。

結合点Iの最早開始日は、Eからの矢印を待つと 8 ＋ 5 ＝ 13 日であり、Hからの矢印を待つと 8 ＋ 4 ＝ 12 日なので、遅い方の 13 日です。結合点 I は、ゴールなので、すべての作業が完了するまでに 13 日かかることがわかりました。

●図10.4　複数の作業を待つ場合は、遅い方を最早開始日とする

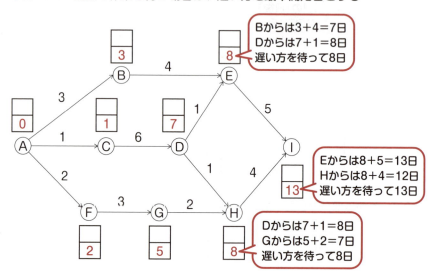

すべての作業が完了する日程がわかったら、アローダイアグラムをゴールからスタートに向かって逆にたどれば、最遅開始日を書き込むことができ、クリティカルパスがわかります（図10.5）。

まず、ゴールである結合点 I の最遅開始日として、最早開始日と同じ 13 日を書き込みます。次に、結合点 I につながっている E と H の最遅開始日を書き込みます。

E から I まで 5 日かかります。I では、作業が 13 日に終わることになっています。したがって、E から I の作業は、13 － 5 ＝ 8 日までに始めなければなりません。この作業は、8 日から始められて（最早開始日）、8 日までに始めなければならないので（最遅開始日）、余裕がありません。したがって、クリティカルパスの一部になります。

それに対して、結合点 H から I の作業を始めなければならないのは、13 － 4 ＝ 9 日までになります。この作業は、8 日から始められて（最早開始日）、9 日まで

に始めなければならないので（最遅開始日）、1日の余裕があります。したがって、クリティカルパスにはなりません。図10.5では、クリティカルパスの一部となる作業を太い矢印で示しています。

● **図10.5　最早開始日と最遅開始日が同じ作業には余裕がない**

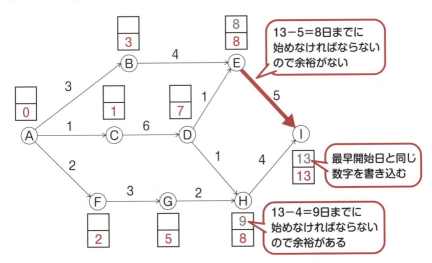

　すぐに最遅開始日がわかる部分から、どんどん書き込んで行きましょう。その際に、**複数の矢印が出ている結合点では、早く始めなければならない方を最遅開始日にすることに注意してください**（図10.6）。

　たとえば、結合点Dでは、DからEの作業を8－1＝7日までに、DからHの作業を9－1＝8日までに始めなければなりません。早く始めなければならないDからEの作業の7日が、最遅開始日になります。

　結合点Dの最早開始日は、7日なので、DからEの作業に余裕がないので、ここがクリティカルパスの一部となります。DからHの作業は、クリティカルパスではありません。

　同様の手順で、すべての結合点に最遅開始日と余裕のない作業を書き込むと、図10.7のようになります。この問題は、結合点Hの最早開始日の8日と、クリティカルパスA→C→D→E→Iを求めるものなので、選択肢エが正解です。

10-1　マネジメント系の計算問題　**399**

●**図10.6 早く始めなければならない方を最遅開始日とする**

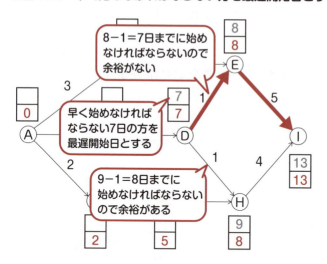

●**図10.7 すべての結合点に最遅開始日と余裕のない作業を書き込む**

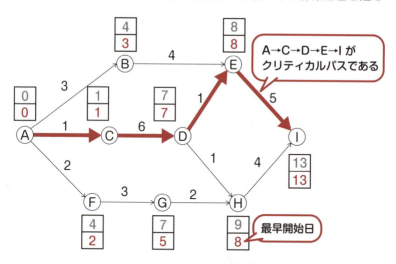

　アローダイアグラムの問題は、とてもよく出題されます。紙の上にアローダイアグラムを書き写し、最早開始日と最遅開始日を書き込んでクリティカルパスを求めることを、何度も繰り返し練習してください。問題によっては、最早開始日と最遅開始日のことを、**最早結合点時刻**と**最遅結合点時刻**と呼ぶことがあります。

工数の計算

工数（こうすう）とは、作業を完了させるために必要とされる仕事量のことで、多くの場合に、人数と時間の積で表されます。たとえば図 10.8 のように、ある作業を行うために、5 人で 3 か月かかるなら、工数は、5 × 3 = 15 人月です。**人月（にんげつ）**は、工数の単位です。

● 図 10.8　システム開発の仕事量は工数で示される

工数から、必要な要員や日数を計算することもできます。たとえば、100 人月の作業を 5 か月で行うには、100 ÷ 5 = 20 人の要員が必要です。100 人月の作業を 25 人で行うと、100 ÷ 25 = 4 か月の日数がかかります。例題 10.6 は、工数に関する問題です。

● 例題 10.6　システムの開発を完了させるための工数（H21 秋 問 52）

> **問 52**　あるシステムを開発するための工数を見積もったところ 150 人月であった。現在までの投入工数は 60 人月で、出来高は全体の 3 割であり、進捗に遅れが生じている。今後も同じ生産性が続くと想定したとき、このシステムの開発を完了させるためには何人月の工数が超過するか。
>
> ア　50　　　　イ　90　　　　ウ　105　　　　エ　140

見積もりとは、事前に工数を予測することです。ここでは、システム開発の工数が 150 人月であると見積もりました。ところが、実際に作業を始めてみると、60 人月を使って、全体の 3 割すなわち 150 人月 × 0.3 = 45 人月分の仕事しか終わっていません。これは、見積もりが適切ではなかったからです。

全体の 3 割を終わらせるのに、60 人月 − 45 人月 = 15 人月が超過しているの

ですから、全体の1割では、15人月÷3＝5人月の超過になります。全体は10割なので、システムの開発を完了させるには、5人月×10＝50人月の超過になります。正解は、選択肢アです。

■ ファンクションポイント法

ファンクションポイント法は、プログラムの開発規模を見積もる技法の1つです。プログラムの内容をいくつかの「ファンクション（function ＝機能）」に分類し、それぞれの難易度に応じた「ポイント（point ＝点）」を付けます。開発に時間がかかる機能ほど、ポイントを大きくします。ファンクションの数とポイントを掛けて集計すれば、プログラム全体の**ファンクションポイント値**が得られます。

例題10.7 は、ファンクションポイント値を求める問題です。ここでは、「重み付け係数」と示されている数字が、ファンクションごとのポイントです。「個数」は、それぞれのファンクションの数です。「補正係数」が示されているので、それを掛けた値が、最終的なファンクションポイント値になります。

● **例題10.7　ファンクションポイント値の計算（H27 秋 問52）**

> **問52**　表の機能と特性をもったプログラムのファンクションポイント値は幾らか。ここで，複雑さの補正係数は 0.75 とする。
>
> | ユーザファンクションタイプ | 個数 | 重み付け係数 |
> |---|---|---|
> | 外部入力 | 1 | 4 |
> | 外部出力 | 2 | 5 |
> | 内部論理ファイル | 1 | 10 |
> | 外部インタフェースファイル | 0 | 7 |
> | 外部照会 | 0 | 4 |
>
> ア　18　　　　　イ　24　　　　　ウ　30　　　　　エ　32

ファンクションごとに個数と重み付け係数を掛けて、その結果を集計すると、24になります。この値に、補正係数の 0.75 を掛けると、18 になります。したがっ

402　第10章　マネジメント系とストラテジ系の計算問題

て、正解は選択肢アです（図10.9）。

●図10.9　ファンクションポイント値を求める手順

外部入力	1 × 4	= 4
外部出力	2 × 5	= 10
内部論理ファイル	1 × 10	= 10
外部インタフェースファイル	0 × 7	= 0
外部照会	0 × 4	= 0

集計 4 + 10 + 10 = 24
補正 24 × 0.75 = 18

> 個数と重み付け係数を掛けて集計し、その結果に補正係数を掛けます

ROI

ROI（**Return On Investment**）は、投資の効果を評価する数字です。例題10.8は、4つの案件を5年間のROIで評価する問題です。

●例題10.8　ROIによる投資効果の評価（H27 秋 問65）

問65　IT投資案件において，5年間の投資効果をROI（Return On Investment）で評価した場合，四つの案件a～dのうち，最も効果が高いものはどれか。ここで，内部収益率（IRR）は0とする。

a

年目	0	1	2	3	4	5
利益		15	30	45	30	15
投資額	100					

b

年目	0	1	2	3	4	5
利益		105	75	45	15	0
投資額	200					

c

年目	0	1	2	3	4	5
利益		60	75	90	75	60
投資額	300					

10-1　マネジメント系の計算問題　403

年目	0	1	2	3	4	5
d	利益		105	105	105	105	105
	投資額	400					

ア a **イ** b **ウ** c **エ** d

　ROI は、「利益（Return）／投資額（Investment）× 100」という計算で求
めます。 この式は、投資に対する利益の割合をパーセント単位で求めているだけ
なので、暗記するまでもないでしょう。ROI の意味がわかれば、覚えられるはず
です。

　案件 a は、5 年間の利益が 15 ＋ 30 ＋ 45 ＋ 30 ＋ 15 ＝ 135 で、投資額が 100
なので、ROI ＝ 135 ／ 100 × 100 ＝ 135％ です。

　案件 b は、5 年間の利益が 105 ＋ 75 ＋ 45 ＋ 15 ＋ 0 ＝で 240、投資額が 200
なので、ROI ＝ 240 ／ 200 × 100 ＝ 120％ です。

　案件 c は、5 年間の利益が 60 ＋ 75 ＋ 90 ＋ 75 ＋ 60 ＝ 360 で、投資額が 300
なので、ROI ＝ 360 ／ 300 × 100 ＝ 120％ です。

　案件 d は、5 年間の利益が 105 ＋ 105 ＋ 105 ＋ 105 ＋ 105 ＝ 525 で、投資
額が 400 なので、ROI ＝ 525 ／ 400 × 100 ＝ 131.25％ です。

　したがって、最も効果が高い（ROI の値が大きい）のは、案件 a です。正解は、
選択肢アです。

　問題文の中にある「内部収益率（IRR ＝ Internal Rate of Return）」は、ROI
とは別の計算方法で、投資の効果を評価する数字です。この問題では、気にする
必要はありません。

404 第 10 章　マネジメント系とストラテジ系の計算問題

Section 10-2 ストラテジ系の計算問題

損益計算書

　損益計算書は、ある期間における企業の売上、費用、および利益を示すものです。単純に考えれば、「利益＝売上－費用」ですが、売上と費用が、いくつかに分類されているため、利益にも**売上総利益**、**営業利益**、**経常利益**、**税引前当期純利益**という種類があります。

　図10.10に、利益の計算式を示します。これらは、売上総利益 → 営業利益 → 経常利益 → 税引前当期純利益の順に求めるものです。それぞれの利益の意味がわかれば、丸暗記しなくても、覚えられます。

●図10.10　損益計算書に示される利益を求める計算式

売上総利益＝**売上高－売上原価**
営業利益＝**売上総利益－販売費及び一般管理費**
経常利益＝**営業利益＋営業外収益－営業外費用**
税引前当期純利益＝**経常利益＋特別利益－特別損失**

> 上の式で求めた値が、下の式で使われます

　売上総利益は、**売上高**から**売上原価**を引いたもので、一般には**粗利（あらり）**とも呼ばれます。たとえば、80万円（売上原価）で仕入れた品物を100万円（売上高）で売ったら、粗利（売上総利益）は20万円です。**この金額が、利益の計算のスタートラインに立つ最も大きな数字になるので、「総」利益と呼ぶと覚えるとよいでしょう。**この後の計算で、様々な費用が引かれて、利益が小さくなります。

　品物を売るための費用は、仕入れの原価だけではありません。広告費、交通費、人件費、家賃、光熱費などの**販売費及び一般管理費**も必要です。先ほど求めた売上総利益から販売費及び一般管理費を引いたものが、営業利益です。

　営業利益は、企業の本業によって得られた利益です。企業によっては、預金の利息や不動産の賃貸収入など、本業以外の収益もあり、これを**営業外収益**と呼びます。同様に、本業以外の費用を**営業外費用**と呼びます。先ほど求めた営業利益

に、営業外収益を足し、営業外費用を引いたものが、経常利益です。**企業の経営活動（本業と本業以外）によって通常得られる利益なので、「経常」と呼ぶと覚えるとよいでしょう。**

　不動産や有価証券の売却など、経常ではない特別な要因で発生した利益を**特別利益**と呼びます。同様に、特別な要因で発生した損失を**特別損失**と呼びます。先ほど求めた経常利益に、特別利益を足し、特別損失を引いたものが、税引前当期純利益です。

　例題10.9は、損益計算書から経常利益を計算する問題です。□□□になっている部分には、上から順に、売上利益、営業利益、経常利益、税引前当期純利益が入ります。順番に計算してみましょう。

●例題10.9　経常利益の計算（H24 春 問76）

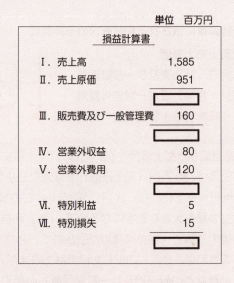

　売上総利益、営業利益、経常利益、税引前当期純利益を計算した結果を、図10.11に示します。この問題は、経常利益を求めるものなので、434百万円です。

正解は、選択肢イです。

●図10.11　損益計算書から利益を計算した結果

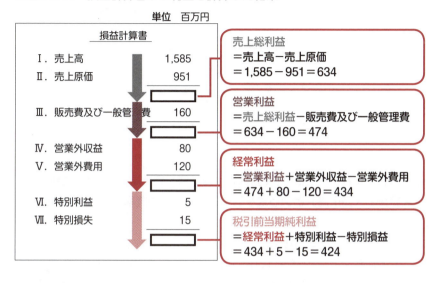

固定費と変動費

費用は、**固定費**と**変動費**に分けることができます。固定費とは、給与や家賃など、商品の売上数量に関わらず、固定的にかかる費用です。変動費とは材料費や販売手数料など、商品の売上数量に応じて増える費用です。

売上高に対する変動費の割合を**変動費率**と呼びます。「**変動費率＝変動費／売上高**」です。売上高が増えれば、変動費も増えるので、**変動費率は一定の数字になるとみなします**。

例題10.10は、18百万円という目標利益を達成するために必要な売上高を求め

ここが大事

- 利益 ＝ 売上高－費用
- 費用 ＝ 固定費＋変動費
- 変動費率 ＝ 変動費÷売上高

る問題です。「利益＝売上高－費用」「費用＝固定費＋変動費」「変動費率＝変動費／売上高」ということがわかっていれば、方程式を立てて計算できるでしょう。

● **例題10.10　目標利益を達成するために必要な売上（R01 秋 問78）**

> **問78**　売上高が100百万円のとき，変動費が60百万円，固定費が30百万円掛かる。変動費率，固定費は変わらないものとして，目標利益18百万円を達成するのに必要な売上高は何百万円か。
>
> **ア**　108　　　　　**イ**　120　　　　　**ウ**　156　　　　　**エ**　180

　この問題を解くポイントは、「変動費率＝変動費／売上高」という式から、「変動費＝変動費率×売上高」という式を導くことと、変動費率が変わらないということです。

　売上高が100百万円のときの変動費が60百万円なので、変動費率＝60／100＝0.6になります。この変動費率は、18百万円の利益を出す場合でも変わりません。

　18百万円の利益を出す場合の売上高を s 百万とすれば、変動費＝変動費率×売上高＝0.6s であり、費用＝固定費＋変動費＝30＋0.6s です。

　利益＝売上高－費用なので、18＝s－（30＋0.6s）という方程式が立てられます。これを解いて、s＝120です。正解は、選択肢イです。

　この計算方法を理解すれば、**損益分岐点**の計算もできるようになります。損益分岐点は、利益が0になる売上高のことです。この問題に示された数字で、損益分岐点を求めると、0＝s－（30＋0.6s）という方程式を解いて、s＝75になります。すなわち、売上高が75百万円のとき、利益が0になります。売上高が75百万円を下回れば損失が生じ、75百万円を上回れば利益が生じます。損失と利益の分岐点なので、損益分岐点と呼ぶのです。

408　第10章　マネジメント系とストラテジ系の計算問題

先入先出法

商品を販売する企業は、商品の仕入れと販売を繰り返しています。**先入先出法**は、先に仕入れた商品を先に販売したとみなして、売上原価や在庫の評価額を計算するものです。例題 10.11 は、先入先出法で売上原価を求める問題です。

● **例題10.11　先入先出法で売上原価を求める（H30 秋 問77）**

問77　ある商品の前月繰越と受払いが表のとおりであるとき、先入先出法によって算出した当月度の売上原価は何円か。

日付	摘要	受払個数		単価（円）
		受入	払出	
1日	前月繰越	100		200
5日	仕入	50		215
15日	売上		70	
20日	仕入	100		223
25日	売上		60	
30日	翌月繰越		120	

ア 26,290　　**イ** 26,450　　**ウ** 27,250　　**エ** 27,586

前月繰越で、単価 200 円で仕入れた商品が 100 個あります。5 日に 50 個仕入れましたが、そのときの単価は、215 円になっています。15 日に 70 個を払出し（販売）しましたが、このとき、先に仕入れた 200 円で 100 個の商品から 70 個を払出して販売したと考えるのが、先入先出法です。この時点で残っているのは、200 円で仕入れた商品が 30 個と、215 円で仕入れた商品が 50 個です。

以下同様に、先入先出法で商品の仕入れと払出しを行うと、当月に払出した商品は、200 円が 70 個、200 円が 30 個、215 円が 30 個の合計 130 個になります。当月の売上原価は、これらの合計値であり、200 × 70 + 200 × 30 + 215 × 30 = 26,450 円です。正解は、選択肢イです（図 10.12）。

第10章　マネジメント系とストラテジ系の計算問題

10-2　ストラテジ系の計算問題　**409**

●図10.12　先入先出法で商品の仕入れと払出しを行う

日付	摘要	受払個数 受入	受払個数 払出	単価（円）
1 日	前月繰越	100		200
5 日	仕入	50		215
15 日	売上		70	
20 日	仕入	100		223
25 日	売上		60	
30 日	翌月繰越		120	

在庫＝200円が100個

在庫＝200円が100個＋215円が50個

払出し＝200円が70個
在庫＝200円が30個＋215円が50個

在庫＝200円が30個＋215円が50個
＋223円が100個

払出し＝200円が30個＋215円が30個
在庫＝215円が20個＋223円が100個

線形計画法

線形計画法（**LP = Linear Programming**）とは、与えられた条件の中で目的とする項目の最大値または最小値を見出す技法です。**線形**とは、数学で 1 次式の関係を表す言葉です。線形計画法では、条件を表す式と、目的を表す式が 1 次式になります。例題 10.12 は、線形計画法で利益の最大値を求める問題です。

●例題10.12　線形計画法で利益の最大値を求める（R01 秋 問76）

問 76　製品 X 及び Y を生産するために 2 種類の原料 A，B が必要である。製品 1 個の生産に必要となる原料の量と調達可能量は表に示すとおりである。製品 X と Y の 1 個当たりの販売利益が，それぞれ 100 円，150 円であるとき，最大利益は何円か。

原料	製品Xの1個当たりの必要量	製品Yの1個当たりの必要量	調達可能量
A	2	1	100
B	1	2	80

ア　5,000　　**イ**　6,000　　**ウ**　7,000　　**エ**　8,000

　線形計画法をテーマにした問題の多くは、「製品が 2 種類ある」「製品を作るための原料が 2 種類ある」「原料の最大量が決められている（条件）」「この条件の中

410　第 10 章　マネジメント系とストラテジ系の計算問題

で、利益を最大にするには、製品をそれぞれ何個作ればよいか（目的）」という内容になっています。

この問題は、「XおよびYという2種類の製品がある」「AおよびBという2種類の原料がある」「Aの最大量が100で、Bの最大量が80である（条件）」「この条件の中で、利益を最大にするには、製品をそれぞれ何個作ればよいか（目的）」という内容です。

線形計画法で問題を解くには、条件と目的を式に表すことと、条件を図に示すことが必要になります。この問題では、条件を表す式が2つで、目的を表す式が1つになります。

まず、条件を式に表してみましょう（図10.13）。製品Xを1個作るのに原料Aを2使い、製品Yを1個作るのに原料Aを1使います。製品Xをx個、製品Yをy個作るとすれば、原料Aを全部で2x + y使います。原料Aの調達可能量は100なので、2x + y ≦ 100という式で表せます。これが、1つ目の条件です。

●図10.13　原料Aの調達可能量から得られる1つ目の条件の式

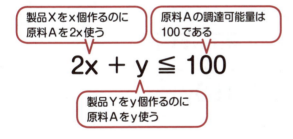

同様に、製品Xを1個作るのに原料Bを1使い、製品Yを1個作るのに原料Bを2使います。製品Xをx個、製品Yをy個作るとすれば、原料Bを全部でx + 2y使います。原料Bの調達可能量は80なので、x + 2y ≦ 80という式で表せます（図10.14）。これが2つ目の条件です。

●図10.14　原料Bの調達可能量から得られる2つ目の条件の式

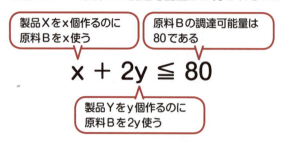

次に、目的を式に表してみましょう（図10.15）。製品Xの1個当たりの利益は、100円です。製品Yの1個当たりの利益は、150円です。製品Xをx個、製品Yをy個作るとすれば、利益の合計は100x + 150y円です。利益の合計をzで表すと、z = 100x + 150yになります。この問題は、zを最大にするためのxとyの値を求めることが目的です。そのため、z = 100x + 150yという式を**目的関数**と呼びます。

●図10.15　利益を表す目的関数の式

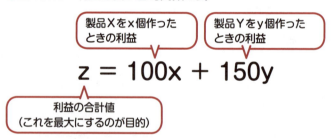

条件と目的を式に表せたら、条件を表す式をグラフに描いて、生産が可能な範囲を求めます（図10.16）。1つ目の条件の2x + y ≦ 100は、2x + y = 100というグラフより小さい範囲です。2x + y = 100をグラフに描くには、グラフがx軸と交わる点と、y軸と交わる点を求めます。

x軸と交わる点は、y = 0となる点なので、2x + y = 100のyに0を代入して2x + 0 = 100となり、x = 50になります。点の位置を（x, y）という形式で表せば、この点は（50, 0）です。y軸と交わる点は、x = 0となる点なので、2x + y = 100のxに0を代入して0 + y = 100となり、y = 100になります。この点は（0, 100）です。

x軸と交わる点（50, 0）と、y軸と交わる点（0, 100）を結べば、2x + y = 100のグラフが描けます。生産が可能なのは、このグラフ以下の範囲なので、グラフの下の部分です。さらに、常識的に考えて、マイナスの生産はできないので、xとyは、どちらも0以上の範囲（x ≧ 0, y ≧ 0）でなければなりません。

●図10.16　1つ目の条件の生産可能範囲を図に示す

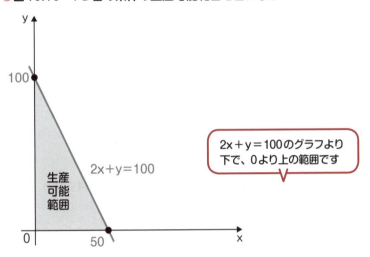

　同様に、2つ目の条件のx + 2y ≦ 80は、x + 2y = 80というグラフ以下の範囲です。グラフがx軸と交わる点は（80, 0）で、y軸と交わる点は（0, 40）です。これらの点を結んで、x + 2y = 80のグラフを描き、このグラフの下の部分と、1つ目の条件の範囲を重ねると、図10.17になります。これが、生産可能範囲です。

　生産可能範囲が求められたら、z = 100x + 150yという目的関数を最大にするxとyの値を求めます（図10.18）。最大値や最小値になるのは、生産可能範囲の中の、いずれかの頂点であるはずです。極端な値は、頂点で得られるものだからです。生産可能範囲には、4つの頂点があります。それぞれ、O、P、Q、Rと呼ぶことにしましょう。

●図10.17　2つ目の条件の生産可能範囲を重ねて図に示す

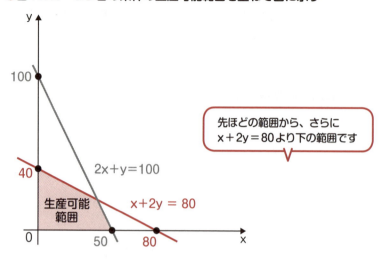

●図10.18　生産可能範囲のいずれかの頂点で最大値と最小値が得られる

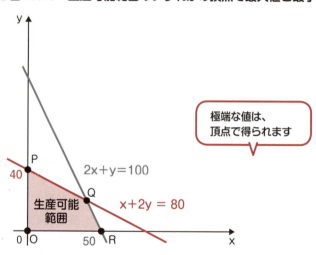

　点O (0, 0) で得られるのは、生産量ゼロなので、利益の最小値です。利益の最大値は、点P、Q、Rのいずれかであるはずです。図を見れば、点Pの座標は (0, 40) であり、点Rの座標は (50, 0) だとわかります。点Qの座標は、2x + y = 100 と x + 2y = 80 の交点なので、これら2つの式を**連立方程式**として解けば (40, 20) だとわかります（図10.19）。

●図10.19　連立方程式を解く手順

【手順1】最初の状態の連立方程式

$$\begin{cases} 2x + y = 100 & \cdots 式(1) \\ x + 2y = 80 & \cdots 式(2) \end{cases}$$

> 丁寧に計算して
> いきましょう

【手順2】式（1）を y ＝という形に変形する

$$y = 100 - 2x \qquad \cdots 式(1)$$

【手順3】$y = 100 - 2x$ を式（2）の y に代入して、x の値を求める

$$x + 2 \times (100 - 2x) = 80 \qquad \cdots 式(2)$$
$$x + 200 - 4x = 80$$
$$-3x = -120$$
$$x = 40$$

【手順4】$x = 40$ を式（2）の x に代入して、y の値を求める

$$40 + 2y = 80 \qquad \cdots 式(2)$$
$$2y = 40$$
$$y = 20$$

$z = 100x + 150y$ の x と y に、点 P（0, 40）、点 Q（40, 20）、点 R（50, 0）を代入すると、点 P は $z = 6,000$、点 Q は $z = 7,000$、点 R は $z = 5,000$ になります。したがって、利益が最大になるのは、点 Q です。この問題は、最大利益の金額を求めるものなので、7,000 円です。正解は、選択肢ウです。

第10章　マネジメント系とストラテジ系の計算問題

10-2　ストラテジ系の計算問題　　**415**

Section 10-3 マネジメント系とストラテジ系の計算問題の練習問題

数値で管理して判断する

● 練習問題 10.1　最も安く購入する方法（H26 春 問76）

> **問76**　六つの部署に合計 30 台の PC がある。その全ての PC で使用するソフトウェアを購入したい。表に示す購入方法がある場合，最も安く購入すると何円になるか。ここで，各部署には最低1冊のマニュアルが必要であるものとする。
>
> | 購入方法 | 使用権 | マニュアル | 価格（円） |
> |---|---|---|---|
> | 単体で1本 | 1 | 1 | 15,000 |
> | 1ライセンス | 1 | 0 | 12,000 |
> | 5ライセンス | 5 | 0 | 45,000 |
>
> ア　270,000　　イ　306,000　　ウ　315,000　　エ　318,000

> PC1台に1ライセンス、各部署に1冊のマニュアルが必要です！

期待値

● 練習問題 10.2　利益の期待値が最大になる仕入個数（H30 秋 問75）

> **問75**　商品の1日当たりの販売個数の予想確率が表のとおりであるとき，1個当たりの利益を 1,000 円とすると，利益の期待値が最大になる仕入個数は何個か。ここで，仕入れた日に売れ残った場合，1個当たり 300 円の廃棄ロスが出るものとする。

		販売個数			
		4	5	6	7
仕入個数	4	100%	—	—	—
	5	30%	70%	—	—
	6	30%	30%	40%	—
	7	30%	30%	30%	10%

ア 4　　　イ 5　　　ウ 6　　　エ 7

> まず、販売個数の期待値を求め、次に、利益の期待値を求めます！

重み付け

● 練習問題10.3　4段階評価のスコアリングモデル（H21 春 問64）

問64　定性的な評価項目を定量化する方法としてスコアリングモデルがある。4段階評価のスコアリングモデルを用いると，表に示した項目から評価されるシステム全体の目標達成度は何％となるか。

評価項目	重み	判定内容
省力化効果	5	予定どおりの効果があった
期間の短縮	8	従来と変わらない
情報の統合化	12	部分的には改善された

4段階評価点　3：予定どおり　2：ほぼ予定どおり
　　　　　　　1：部分改善　　0：変わらず

ア 27　　　イ 36　　　ウ 43　　　エ 52

> 重みと評価点を掛けて集計します！

アローダイアグラム

●練習問題10.4　最早結合点時刻を求める（H23 秋 問51）

問51　次のアローダイアグラムで表されるプロジェクトがある。結合点5の最早結合点時刻は第何日か。

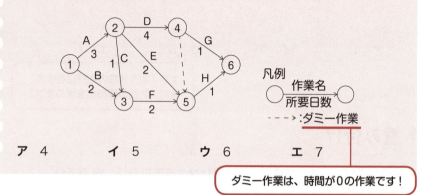

ア　4　　　　イ　5　　　　ウ　6　　　　エ　7

ダミー作業は、時間が0の作業です！

工数の計算

●練習問題10.5　工数から要員を求める（H31 春 問54）

問54　システムを構成するプログラムの本数とプログラム1本当たりのコーディング所要工数が表のとおりであるとき，システムを95日間で開発するには少なくとも何人の要員が必要か。ここで，システムの開発にはコーディングのほかに，設計及びテストの作業が必要であり，それらの作業にはコーディング所要工数の8倍の工数が掛かるものとする。

	プログラムの本数	プログラム1本当たりのコーディング所要工数（人日）
入力処理	20	1
出力処理	10	3
計算処理	5	9

ア 8	**イ** 9	**ウ** 12	**エ** 13

> 人月ではなく人日という単位で、工数を示しています！

損益計算書

● **練習問題10.6　売上総利益の計算式**（H23 特別 問77）

問 77　売上総利益の計算式はどれか。

ア　売上高－売上原価
イ　売上高－売上原価－販売費及び一般管理費
ウ　売上高－売上原価－販売費及び一般管理費＋営業外損益
エ　売上高－売上原価－販売費及び一般管理費＋営業外損益＋特別損益

> 売上総利益の「総」のイメージから、どのような利益か思い出してください！

固定費と変動費

● **練習問題10.7　損益分岐点の特性**（H22 春 問77）

問 77　損益分岐点の特性を説明したものはどれか。

ア　固定費が変わらないとき，変動費率が低くなると損益分岐点は高くなる。
イ　固定費が変わらないとき，変動費率の変化と損益分岐点の変化は正比例する。
ウ　損益分岐点での売上高は，固定費と変動費の和に等しい。
エ　変動費率が変わらないとき，固定費が小さくなると損益分岐点は高くなる。

> 損益分岐点を求める式を書いてみると、わかりやすいでしょう！

第10章 マネジメント系とストラテジ系の計算問題

10-3　マネジメント系とストラテジ系の計算問題の練習問題　419

先入先出法

●練習問題10.8　先入先出法による在庫の評価額（H30 春 問78）

問78　商品 A の当月分の全ての受払いを表に記載した。商品 A を先入先出法で評価した場合，当月末の在庫の評価額は何円か。

日付	摘要	受払個数		単価（円）
		受入	払出	
1	前月繰越	10		100
4	仕入	40		120
5	売上		30	
7	仕入	30		130
10	仕入	10		110
30	売上		30	

ア　3,300　　　　**イ**　3,600　　　　**ウ**　3,660　　　　**エ**　3,700

> 同じ商品Aでも、仕入れのタイミングで単価が異なることに注意してください！

線形計画法

● 練習問題10.9　線形計画法の条件と目的関数（H24 春 問75）

問75　ある工場で製品Ａ，Ｂを生産している。製品Ａを１トン生産するのに，原料Ｐ，Ｑをそれぞれ４トン，９トン必要とし，製品Ｂについてもそれぞれ８トン，６トン必要とする。また，製品Ａ，Ｂの１トン当たりの利益は，それぞれ２万円，３万円である。

　原料Ｐが40トン，Ｑが54トンしかないとき，製品Ａ，Ｂの合計の利益が最大となる生産量を求めるための線形計画問題として，定式化したものはどれか。ここで，製品Ａ，Ｂの生産量をそれぞれ x トン，y トンとする。

ア　条件　$4x + 8y \geqq 40$
　　　　　$9x + 6y \geqq 54$
　　　　　$x \geqq 0,\ y \geqq 0$
　　目的関数　$2x + 3y \rightarrow$ 最大化

イ　条件　$4x + 8y \leqq 40$
　　　　　$9x + 6y \leqq 54$
　　　　　$x \geqq 0,\ y \geqq 0$
　　目的関数　$2x + 3y \rightarrow$ 最大化

ウ　条件　$4x + 9y \geqq 40$
　　　　　$8x + 6y \geqq 54$
　　　　　$x \geqq 0,\ y \geqq 0$
　　目的関数　$2x + 3y \rightarrow$ 最大化

エ　条件　$4x + 9y \leqq 40$
　　　　　$8x + 6y \leqq 54$
　　　　　$x \geqq 0,\ y \geqq 0$
　　目的関数　$2x + 3y \rightarrow$ 最大化

> 製品Ａ、Ｂの生産量をa、bではなく、
> x、yとしていることに注意してください！

Section 10-4 マネジメント系とストラテジ系の計算問題の練習問題の解答・解説

数値で管理して判断する

● 練習問題10.1　最も安く購入する方法（H26 春 問76）

解答　ウ

解説　このソフトウェアの購入方法には、製品を単体で購入する方法と、ライセンス（使用権）だけを購入する方法があります。製品を購入すると、ライセンス1台分とマニュアル1冊が付いてきます。ただし、単体で購入するより、ライセンスだけを購入した方が割安です。さらに、5ライセンスをまとめて購入すると割安になります。

6つの部署それぞれに1冊のマニュアルが必要なので、少なくとも単体を6つ購入する必要があります。価格は 15,000 × 6 = 90,000 円で、ライセンスは6台分になります。

全部で30台のPCがあるので、あと24ライセンスが必要です。この中の20ライセンスは、5ライセンスを4つ購入することで割安になり、価格は 45,000 × 4 = 180,000 円です。

残りの4ライセンスは、1ライセンスを4つ購入すると 12,000 × 4 = 48,000 円になるので、5ライセンスを1つ購入した 45,000 円の方が割安です。ライセンスは、1つ余ることになります。

以上のことから、最も安く購入すると、90,000 + 180,000 + 45,000 = 315,000 円になります。正解は、選択肢ウです。

期待値

● 練習問題10.2　利益の期待値が最大になる仕入個数（H30 秋 問75）

解答　ウ

解説　販売確率の表の見方に注意してください。4個仕入れた場合は、4個売れる確率が100%ということです。5個仕入れた場合は、4個売れる確率が30%で、5個売れる確率が70%ということです。それぞれの仕入個数に対する販売個数の期待値を求めると、図10.20になります。

● 図10.20　仕入個数に対する販売個数の期待値

仕入個数4個　……　4個×100%＝4個
仕入個数5個　……　4個×30%＋5個×70%＝4.7個
仕入個数6個　……　4個×30%＋5個×30%＋6個×40%＝5.1個
仕入個数7個　……　4個×30%＋5個×30%＋6個×30%＋7個×10%＝5.2個

　1個当たりの利益が1,000円で、売れ残った場合の損失が1個当たり300円なので、最終的な利益は「売れた個数×利益 － 売れ残った個数×損失」になります。売れ残った個数は、仕入個数から、先ほど図10.20で求めた販売個数の期待値を引くことで求められます。たとえば、仕入個数5個のとき、販売個数の期待値は4.7個なので、5個－4.7個＝0.3個が売れ残った個数です。
　それぞれの仕入個数に対する最終的な利益の期待値は、図10.21になります。最終的な利益の期待値が最大になる仕入れ個数は、6個です。正解は、選択肢ウです。

● 図10.21　仕入個数に対する最終的な利益の期待値

仕入個数4個　……　4個×1,000円＝4,000円
仕入個数5個　……　4.7個×1,000円－0.3個×300円＝4,610円
仕入個数6個　……　5.1個×1,000円－0.9個×300円＝4,830円
仕入個数7個　……　5.2個×1,000円－1.8個×300円＝4,660円

重み付け

● 練習問題10.3　4段階評価のスコアリングモデル（H21 春 問64）

解答　イ

解説　省力化効果は、「予定どおり」の3点で重みが5なので、3×5＝15点です。期間の短縮は、「変わらず」の0点で重みが8なので、0×8＝0点です。情報の統合化は、「部分改善」の1点で重みが12なので、1×12＝12点です。これらを合計すると、15＋0＋12＝27点です。

すべての評価項目が、予定通りの3点になることが目標だと思われるので、目標の評価の合計は、3×5＋3×8＋3×12＝75点です。75点の目標に対して27点なので、目標達成度は、27÷75＝0.36＝36％です。正解は、選択肢イです。

アローダイアグラム

● 練習問題10.4　最早結合点時刻を求める（H23 秋 問51）

解答　エ

解説　は、時間が0の作業であり、破線の矢印で示します。この問題では、クリティカルパスを求めずに、結合点5の最早結合点時刻（いつから始められるか）だけを求めます。それぞれの結合点に最早結合点時刻を書き込むと、図10.22になります。結合点5の最早結合点時刻は、7日です。正解は、選択肢エです。

● 図10.22 アローダイアグラムに最早結合点時刻を書き込む

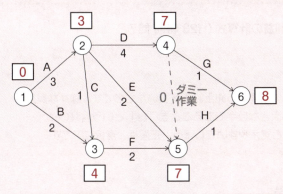

工数の計算

● 練習問題10.5　工数から要員を求める（H31 春 問54）

解答　イ

解説　それぞれの処理のプログラムの本数と、プログラム1本当たりのコーディング所要工数（人日）を掛けて集計すれば、コーディング全体の工数が求められます。20本×1人日＋10本×3人日＋5本×9人日＝95人日です。
コーディング（coding） とは、プログラムを作る作業のことです。このシステムの開発には、コーディングの他に、設計やテストの作業が必要であり、それらにコーディングの8倍の工数が掛かります。95人日×8＝760人日です。
システム開発の工数は、全部で95人日＋760人日＝855人日になります。人日＝人数×日数なので、855人日の工数を95日で終わらせるには、855人日÷95日＝9人の要員が必要です。正解は、選択肢イです。

損益計算書

●練習問題10.6　売上総利益の計算式（H23 特別 問77）

解答 ア

解説 売上総利益は、売上高から売上原価を引いたものです。様々な費用を引く前の最も大きな数字であることを「総」という言葉のイメージに結び付けると覚えやすいでしょう。正解は、選択肢アです。

固定費と変動費

●練習問題10.7　損益分岐点の特性（H22 春 問77）

解答 ウ

解説 利益、売上高、費用の関係を表す式を書き出してみましょう。基本は、「利益＝売上高－費用」です。費用を固定費と変動費に分けると、「利益＝売上高－（固定費＋変動費）」です。この式は、「利益＝売上高－（固定費＋変動費率×売上）」と示すこともできます。

損益分岐点とは、利益が0になる売上高のことです。上記の式の利益を0にして、「売上高＝」の形に変形すると、図10.23になります。選択肢に示された内容が、これらの式に合っているかどうかをチェックしてみましょう。

●図10.23　損益分岐点の売上高を示す式

売上高 ＝ 費用　　　　　　　…式（1）

売上高 ＝ 固定費 ＋ 変動費　…式（2）

売上高 ＝ $\dfrac{固定費}{1 - 変動費率}$　…式（3）

式（3）から、固定費が変わらないとき、変動費率が低くなると、損益分岐点の売上高が低くなると言えます。選択肢アは、誤りです。
変動費率と損益分岐点の売上高が正比例すれば、「売上高＝定数×変動費率」という式で表せるはずです。変動費率を含む式（3）は、そのような式ではないので、選択肢イは、誤りです。
式（2）から、損益分岐点の売上高は、固定費と変動費の和に等しいと言えます。選択肢ウは、適切です。
式（3）から、変動費が変わらないとき、固定費が小さくなると損益分岐点は低くなると言えます。選択肢エは、誤りです。
以上のことから、正解は選択肢ウです。

先入先出法

● **練習問題10.8　先入先出法による在庫の評価額（H30 春 問78）**

解答　エ

解説　先入先出法では、先に仕入れた商品を先に販売したとみなして、売上原価や在庫の評価額を計算します。先入先出法で当月末の在庫の評価額を求めると、図10.24に示したように、3,700円になります。正解は、選択肢エです。

● **図10.24　先入先出法で当月末の在庫の評価額を求める**

日付	摘要	受払個数 受入	受払個数 払出	単価（円）
1	前月繰越	10		100
4	仕入	40		120
5	売上		30	
7	仕入	30		130
10	仕入	10		110
30	売上		30	

在庫＝100円が10個

在庫＝100円が10個
＋120円が40個

在庫＝120円が20個

在庫＝120円が20個
＋130円が30個

在庫＝120円が20個
＋130円が30個
＋110円が10個

在庫＝130円が20個＋110円が10個＝3,700円

線形計画法

●練習問題10.9　線形計画法の条件と目的関数（H24 春 問75）

解答 イ

解説 製品 A、B の生産量を、x トン、y トンとして、条件と目的関数を式に表してみましょう。製品 A を 1 トン作るのに原料 P を 4 トン使い、製品 B を 1 トン作るのに原料 P を 8 トン使います。原料 P は、全部で 4x ＋ 8y トン使います。原料 P の最大量は 40 なので、4x ＋ 8y ≦ 40 という式で表せます。これが、1 つ目の条件です。

製品 A を 1 トン作るのに原料 Q を 9 トン使い、製品 B を 1 トン作るのに原料 Q を 6 トン使います。原料 Q は、全部で 9x ＋ 6y トン使います。原料 Q の最大量は 54 なので、9x ＋ 6y ≦ 54 という式で表せます。これが、2 つ目の条件です。

製品 A の 1 トン当たりの利益は、2 万円です。製品 B の 1 トン当たりの利益は、3 万円です。利益を表す目的関数は、z ＝ 2x ＋ 3y です。ここでは、z を最大化することが目的です。

以上のことから、正解は、選択肢イです。

第11章

令和元年度 秋期
基本情報技術者試験 問題と解答

この章では、令和元年度秋期基本情報技術者試験の午前試験と午後試験の全問と解答・解説を掲載しています。実際の試験を受ける前に、それぞれを2時間30分の制限時間内に解く練習をしておきましょう。

- **11-0** なぜ試験問題の全問を解くのか？
- **11-1** 午前試験の問題
- **11-2** 午前試験の解答
- **11-3** 午前試験の解説
- **11-4** 午後試験の問題
- **11-5** 午後試験の解答
- **11-6** 午後試験の解説

Section 11-0
なぜ 試験問題の全問を解くのか?

午前試験の全問を解いて苦手分野を知る

　午前試験の分野ごとの問題数は、毎回ほとんど同じです。したがって、得点を上げるには、苦手分野を克服するしかありません。本書の学習の総仕上げとして、午前試験の全問を解いて、自分の苦手分野を知ってください。苦手分野がわかったら、本書の該当する章を復習してください。解説、例題、練習問題がしっかりと理解できるようになるまで復習してください。

午後試験の全問を解いて解答順と時間配分を知る

　午後試験は、時間との勝負です。午後試験の全問を解くことで、問題を解く順序と時間配分を練習しておきましょう。おそらく、時間が足りなかった、解く順序を間違えた、選択問題を途中で変えて時間を無駄にした、などの反省があるはずです。これらの反省は、実際の試験で大いに活かせます。なお、令和2年度から午後試験の構成と配点が変更されています。詳しくは、第1章を参照してください。

過去問題で学習を続ける

　この章に掲載されている過去問題は、本書執筆時点で最新のものです。その他の過去問題は、情報処理推進機構のWebページ (https://www.jitec.ipa.go.jp/) からダウンロードできます。試験の制限時間は、午前試験と午後試験のどちらも2時間30分 (150分) です。試験の合格基準は、午前試験と午後試験のそれぞれで60点です。本書の学習が終了したら、制限時間内に合格点が取れるようになるまで、過去問題を使って学習を続けてください。

Section 11-1 午前試験の問題

問題文中で共通に使用される表記ルール

各問題文中に注記がない限り，次の表記ルールが適用されているものとする。

〔論理回路〕

図記号	説明
![AND]	論理積素子（AND）
![NAND]	否定論理積素子（NAND）
![OR]	論理和素子（OR）
![NOR]	否定論理和素子（NOR）
![XOR]	排他的論理和素子（XOR）
![XNOR]	論理一致素子
![BUF]	バッファ
![NOT]	論理否定素子（NOT）
![3ST]	スリーステートバッファ
![BOX]	素子や回路の入力部又は出力部に示される○印は，論理状態の反転又は否定を表す。

問1　次の流れ図は，10進整数 j（$0 < j < 100$）を 8 桁の 2 進数に変換する処理を表している。2 進数は下位桁から順に，配列の要素 NISHIN (1) から NISHIN (8) に格納される。流れ図の a 及び b に入れる処理はどれか。ここで，$j \,\text{div}\, 2$ は j を 2 で割った商の整数部分を，$j \,\text{mod}\, 2$ は j を 2 で割った余りを表す。

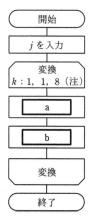

（注）ループ端の繰返し指定は，変数名：初期値，増分，終値を示す。

	a	b
ア	$j \leftarrow j \,\text{div}\, 2$	NISHIN(k) $\leftarrow j \,\text{mod}\, 2$
イ	$j \leftarrow j \,\text{mod}\, 2$	NISHIN(k) $\leftarrow j \,\text{div}\, 2$
ウ	NISHIN(k) $\leftarrow j \,\text{div}\, 2$	$j \leftarrow j \,\text{mod}\, 2$
エ	NISHIN(k) $\leftarrow j \,\text{mod}\, 2$	$j \leftarrow j \,\text{div}\, 2$

問2　8ビットの値の全ビットを反転する操作はどれか。

　　ア　16進表記 00 のビット列と排他的論理和をとる。
　　イ　16進表記 00 のビット列と論理和をとる。
　　ウ　16進表記 FF のビット列と排他的論理和をとる。
　　エ　16進表記 FF のビット列と論理和をとる。

問3　ノードとノードの間のエッジの有無を，隣接行列を用いて表す。ある無向グラフの隣接行列が次の場合，グラフで表現したものはどれか。ここで，ノードを隣接行列の行と列に対応させて，ノード間にエッジが存在する場合は 1 で，エッジが存在しない場合は 0 で示す。

$$\begin{array}{c|cccccc} & a & b & c & d & e & f \\ \hline a & 0 & 1 & 0 & 0 & 0 & 0 \\ b & 1 & 0 & 1 & 1 & 0 & 0 \\ c & 0 & 1 & 0 & 1 & 1 & 0 \\ d & 0 & 1 & 1 & 0 & 0 & 0 \\ e & 0 & 0 & 1 & 0 & 0 & 1 \\ f & 0 & 0 & 0 & 0 & 1 & 0 \end{array}$$

ア
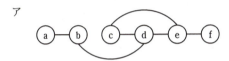

イ
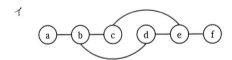

ウ
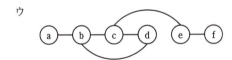

エ
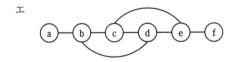

問4 a 及び b を定数とする関数 $f(t) = \dfrac{a}{t+1}$ 及び $g(t) = \dfrac{b}{t^2 - t}$ に対して，$\displaystyle\lim_{t \to \infty} \dfrac{g(t)}{f(t)}$ はどれか。ここで，$a \neq 0$, $b \neq 0$, $t > 1$ とする。

ア 0　　　　　イ 1　　　　　ウ $\dfrac{b}{a}$　　　　　エ ∞

問5 平均が60，標準偏差が10の正規分布を表すグラフはどれか。

ア
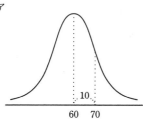

イ
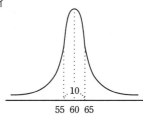

ウ
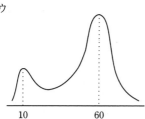

エ
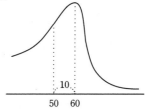

問6　Random(n) は，0 以上 n 未満の整数を一様な確率で返す関数である。整数型の変数 A，B 及び C に対して次の一連の手続を実行したとき，C の値が 0 になる確率はどれか。

$$A = \text{Random}(10)$$
$$B = \text{Random}(10)$$
$$C = A - B$$

ア　$\dfrac{1}{100}$　　　　イ　$\dfrac{1}{20}$　　　　ウ　$\dfrac{1}{10}$　　　　エ　$\dfrac{1}{5}$

問7　次の BNF で定義される ＜変数名＞ に合致するものはどれか。

＜数字＞ ::= 0 | 1 | 2 | 3 | 4 | 5 | 6 | 7 | 8 | 9
＜英字＞ ::= A | B | C | D | E | F
＜英数字＞ ::= ＜英字＞ | ＜数字＞ | _
＜変数名＞ ::= ＜英字＞ | ＜変数名＞＜英数字＞

ア　_B39　　　　イ　246　　　　ウ　3E5　　　　エ　F5_1

問8　A, C, K, S, T の順に文字が入力される。スタックを利用して，S, T, A, C, K という順に文字を出力するために，最小限必要となるスタックは何個か。ここで，どのスタックにおいてもポップ操作が実行されたときには必ず文字を出力する。また，スタック間の文字の移動は行わない。

ア　1　　　　イ　2　　　　ウ　3　　　　エ　4

11-1　午前試験の問題　　435

問9 配列 A が図2の状態のとき,図1の流れ図を実行すると,配列 B が図3の状態になった。図1のaに入れる操作はどれか。ここで,配列 A, B の要素をそれぞれ $A(i, j)$, $B(i, j)$ とする。

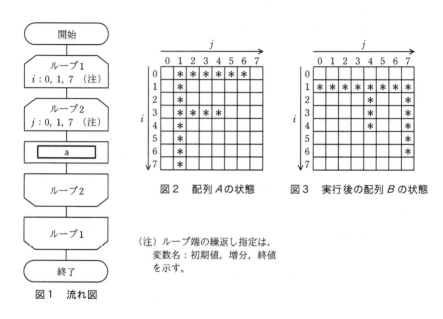

ア $B(7-i, 7-j) \leftarrow A(i, j)$　　イ $B(7-j, i) \leftarrow A(i, j)$
ウ $B(i, 7-j) \leftarrow A(i, j)$　　エ $B(j, 7-i) \leftarrow A(i, j)$

問10　10進法で5桁の数 $a_1\ a_2\ a_3\ a_4\ a_5$ を，ハッシュ法を用いて配列に格納したい。ハッシュ関数を $\mathrm{mod}(a_1+a_2+a_3+a_4+a_5,\ 13)$ とし，求めたハッシュ値に対応する位置の配列要素に格納する場合，54321 は配列のどの位置に入るか。ここで，$\mathrm{mod}(x,\ 13)$ は，x を 13 で割った余りとする。

位置　　　配列

```
0
1
2
⋮   ⋮
11
12
```

ア　1　　　　　イ　2　　　　　ウ　7　　　　　エ　11

問11　自然数 n に対して，次のとおり再帰的に定義される関数 $f(n)$ を考える。$f(5)$ の値はどれか。

$f(n)$ ：　if　$n\leqq1$　then　return　1　else　return　$n+f(n-1)$

ア　6　　　　　イ　9　　　　　ウ　15　　　　　エ　25

問12　1 GHz のクロックで動作する CPU がある。この CPU は，機械語の 1 命令を平均 0.8 クロックで実行できることが分かっている。この CPU は 1 秒間に平均何万命令を実行できるか。

ア　125　　　　　イ　250　　　　　ウ　80,000　　　　　エ　125,000

問13 メイン処理，及び表に示す二つの割込み A，B の処理があり，多重割込みが許可されている。割込み A，B が図のタイミングで発生するとき，0 ミリ秒から 5 ミリ秒までの間にメイン処理が利用できる CPU 時間は何ミリ秒か。ここで，割込み処理の呼出し及び復帰に伴うオーバヘッドは無視できるものとする。

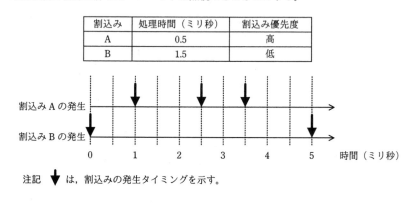

ア 2　　　イ 2.5　　　ウ 3.5　　　エ 5

問14 次に示す接続のうち，デイジーチェーンと呼ばれる接続方法はどれか。

ア　PC と計測機器とを RS-232C で接続し，PC とプリンタとを USB を用いて接続する。
イ　Thunderbolt 接続ポートが 2 口ある 4K ディスプレイ 2 台を，PC の Thunderbolt 接続ポートから 1 台目のディスプレイにケーブルで接続し，さらに，1 台目のディスプレイと 2 台目のディスプレイとの間をケーブルで接続する。
ウ　キーボード，マウス及びプリンタを USB ハブにつなぎ，USB ハブと PC とを接続する。
エ　数台のネットワークカメラ及び PC をネットワークハブに接続する。

問15 RAIDの分類において,ミラーリングを用いることで信頼性を高め,障害発生時には冗長ディスクを用いてデータ復元を行う方式はどれか。

　ア　RAID1　　　　イ　RAID2　　　　ウ　RAID3　　　　エ　RAID4

問16 2台の処理装置から成るシステムがある。少なくともいずれか一方が正常に動作すればよいときの稼働率と,2台とも正常に動作しなければならないときの稼働率の差は幾らか。ここで,処理装置の稼働率はいずれも0.9とし,処理装置以外の要因は考慮しないものとする。

　ア　0.09　　　　イ　0.10　　　　ウ　0.18　　　　エ　0.19

問17 図の送信タスクから受信タスクに T 秒間連続してデータを送信する。1秒当たりの送信量を S,1秒当たりの受信量を R としたとき,バッファがオーバフローしないバッファサイズ L を表す関係式として適切なものはどれか。ここで,受信タスクよりも送信タスクの方が転送速度は速く,次の転送開始までの時間間隔は十分にあるものとする。

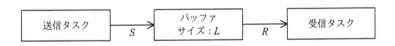

　ア　$L < (R-S) \times T$　　　　イ　$L < (S-R) \times T$
　ウ　$L \geq (R-S) \times T$　　　　エ　$L \geq (S-R) \times T$

問18 優先度に基づくプリエンプティブなスケジューリングを行うリアルタイム OS で，二つのタスク A，B をスケジューリングする。A の方が B よりも優先度が高い場合にリアルタイム OS が行う動作のうち，適切なものはどれか。

ア A の実行中に B に起動がかかると，A を実行可能状態にして B を実行する。
イ A の実行中に B に起動がかかると，A を待ち状態にして B を実行する。
ウ B の実行中に A に起動がかかると，B を実行可能状態にして A を実行する。
エ B の実行中に A に起動がかかると，B を待ち状態にして A を実行する。

問19 バックアップ方式の説明のうち，増分バックアップはどれか。ここで，最初のバックアップでは，全てのファイルのバックアップを取得し，OS が管理しているファイル更新を示す情報はリセットされるものとする。

ア 最初のバックアップの後，ファイル更新を示す情報があるファイルだけをバックアップし，ファイル更新を示す情報は変更しないでそのまま残しておく。
イ 最初のバックアップの後，ファイル更新を示す情報にかかわらず，全てのファイルをバックアップし，ファイル更新を示す情報はリセットする。
ウ 直前に行ったバックアップの後，ファイル更新を示す情報があるファイルだけをバックアップし，ファイル更新を示す情報はリセットする。
エ 直前に行ったバックアップの後，ファイル更新を示す情報にかかわらず，全てのファイルをバックアップし，ファイル更新を示す情報は変更しないでそのまま残しておく。

問20　DRAMの特徴はどれか。

ア　書込み及び消去を一括又はブロック単位で行う。
イ　データを保持するためのリフレッシュ操作又はアクセス操作が不要である。
ウ　電源が遮断された状態でも，記憶した情報を保持することができる。
エ　メモリセル構造が単純なので高集積化することができ，ビット単価を安くできる。

問21　クロックの立上りエッジで，8ビットのシリアル入力パラレル出力シフトレジスタの内容を上位方向へシフトすると同時に正論理のデータをレジスタの最下位ビットに取り込む。また，ストローブの立上りエッジで値を確定する。各信号の波形を観測した結果が図のとおりであるとき，確定後のシフトレジスタの値はどれか。ここで，数値は16進数で表記している。

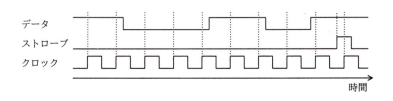

ア　63　　　　イ　8D　　　　ウ　B1　　　　エ　C6

問22 次の回路の入力と出力の関係として,正しいものはどれか。

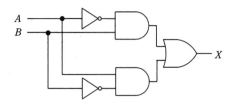

ア
入力		出力
A	B	X
0	0	0
0	1	0
1	0	0
1	1	1

イ
入力		出力
A	B	X
0	0	0
0	1	1
1	0	1
1	1	0

ウ
入力		出力
A	B	X
0	0	1
0	1	0
1	0	0
1	1	0

エ
入力		出力
A	B	X
0	0	1
0	1	1
1	0	1
1	1	0

問23 コードから商品の内容が容易に分かるようにしたいとき,どのコード体系を選択するのが適切か。

　　ア 区分コード　　イ 桁別コード　　ウ 表意コード　　エ 連番コード

問24　H.264/MPEG-4 AVC の説明として，適切なものはどれか。

ア　5.1 チャンネルサラウンドシステムで使用されている音声圧縮技術
イ　携帯電話で使用されている音声圧縮技術
ウ　ディジタルカメラで使用されている静止画圧縮技術
エ　ワンセグ放送で使用されている動画圧縮技術

問25　UML を用いて表した図の概念データモデルの解釈として，適切なものはどれか。

ア　従業員の総数と部署の総数は一致する。
イ　従業員は，同時に複数の部署に所属してもよい。
ウ　所属する従業員がいない部署の存在は許されない。
エ　どの部署にも所属しない従業員が存在してもよい。

問26 "得点"表から，学生ごとに全科目の点数の平均を算出し，平均が 80 点以上の学生の学生番号とその平均点を求める。a に入れる適切な字句はどれか。ここで，実線の下線は主キーを表す。

得点 (学生番号, 科目, 点数)

〔SQL 文〕

SELECT 学生番号, AVG(点数)

FROM 得点

GROUP BY | a |

ア 科目 HAVING AVG(点数) >= 80

イ 科目 WHERE 点数 >= 80

ウ 学生番号 HAVING AVG(点数) >= 80

エ 学生番号 WHERE 点数 >= 80

問27　関係モデルにおいて，関係から特定の属性だけを取り出す演算はどれか。

ア　結合（join）　　　　　　　イ　射影（projection）

ウ　選択（selection）　　　　　エ　和（union）

問28　一つのトランザクションはトランザクションを開始した後，五つの状態（アクティブ，アボート処理中，アボート済，コミット処理中，コミット済）を取り得るものとする。このとき，**取ることのない状態遷移**はどれか。

	遷移前の状態	遷移後の状態
ア	アボート処理中	アボート済
イ	アボート処理中	コミット処理中
ウ	コミット処理中	アボート処理中
エ	コミット処理中	コミット済

問29 2相ロッキングプロトコルに従ってロックを獲得するトランザクションA, Bを図のように同時実行した場合に、デッドロックが発生しないデータ処理順序はどれか。ここで、readとupdateの位置は、アプリケーションプログラムでの命令発行時点を表す。また、データWへのreadは共有ロックを要求し、データX, Y, Zへのupdateは各データへの専有ロックを要求する。

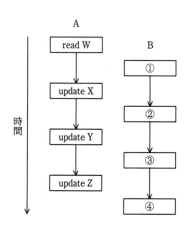

	①	②	③	④
ア	read W	update Y	update X	update Z
イ	read W	update Y	update Z	update X
ウ	update X	read W	update Y	update Z
エ	update Y	update Z	update X	read W

問30 10Mビット/秒の回線で接続された端末間で、平均1Mバイトのファイルを、10秒ごとに転送するときの回線利用率は何%か。ここで、ファイル転送時には、転送量の20%が制御情報として付加されるものとし、1Mビット＝10^6ビットとする。

ア 1.2　　　　イ 6.4　　　　ウ 8.0　　　　エ 9.6

問31 CSMA/CD 方式の LAN に接続されたノードの送信動作として，適切なものはどれか。

ア　各ノードに論理的な順位付けを行い，送信権を順次受け渡し，これを受け取ったノードだけが送信を行う。

イ　各ノードは伝送媒体が使用中かどうかを調べ，使用中でなければ送信を行う。衝突を検出したらランダムな時間の経過後に再度送信を行う。

ウ　各ノードを環状に接続して，送信権を制御するための特殊なフレームを巡回させ，これを受け取ったノードだけが送信を行う。

エ　タイムスロットを割り当てられたノードだけが送信を行う。

問32 メディアコンバータ，リピータハブ，レイヤ 2 スイッチ，レイヤ 3 スイッチのうち，レイヤ 3 スイッチだけがもつ機能はどれか。

ア　データリンク層において，宛先アドレスに従って適切な LAN ポートにパケットを中継する機能

イ　ネットワーク層において，宛先アドレスに従って適切な LAN ポートにパケットを中継する機能

ウ　物理層において，異なる伝送媒体を接続し，信号を相互に変換する機能

エ　物理層において，入力信号を全ての LAN ポートに対して中継する機能

11-1　午前試験の問題　447

問33 LAN に接続されている複数の PC をインターネットに接続するシステムがあり,装置 A の WAN 側インタフェースには 1 個のグローバル IP アドレスが割り当てられている。この 1 個のグローバル IP アドレスを使って複数の PC がインターネットを利用するのに必要な装置 A の機能はどれか。

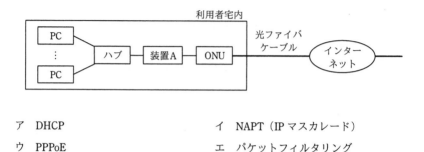

ア　DHCP
イ　NAPT（IP マスカレード）
ウ　PPPoE
エ　パケットフィルタリング

問34　クライアント A がポート番号 8080 の HTTP プロキシサーバ B を経由してポート番号 80 の Web サーバ C にアクセスしているとき，宛先ポート番号が常に 8080 になる TCP パケットはどれか。

ア　A から B への HTTP 要求及び C から B への HTTP 応答
イ　A から B への HTTP 要求だけ
ウ　B から A への HTTP 応答だけ
エ　B から C への HTTP 要求及び C から B への HTTP 応答

問35 攻撃者が用意したサーバ X の IP アドレスが，A 社 Web サーバの FQDN に対応する IP アドレスとして，B 社 DNS キャッシュサーバに記憶された。これによって，意図せずサーバ X に誘導されてしまう利用者はどれか。ここで，A 社，B 社の各従業員は自社の DNS キャッシュサーバを利用して名前解決を行う。

    ア　A 社 Web サーバにアクセスしようとする A 社従業員

    イ　A 社 Web サーバにアクセスしようとする B 社従業員

    ウ　B 社 Web サーバにアクセスしようとする A 社従業員

    エ　B 社 Web サーバにアクセスしようとする B 社従業員

問36 マルウェアの動的解析に該当するものはどれか。

    ア　検体のハッシュ値を計算し，オンラインデータベースに登録された既知のマルウェアのハッシュ値のリストと照合してマルウェアを特定する。

    イ　検体をサンドボックス上で実行し，その動作や外部との通信を観測する。

    ウ　検体をネットワーク上の通信データから抽出し，さらに，逆コンパイルして取得したコードから検体の機能を調べる。

    エ　ハードディスク内のファイルの拡張子とファイルヘッダの内容を基に，拡張子が偽装された不正なプログラムファイルを検出する。

問37 WPA3 はどれか。

    ア　HTTP 通信の暗号化規格

    イ　TCP/IP 通信の暗号化規格

    ウ　Web サーバで使用するディジタル証明書の規格

    エ　無線 LAN のセキュリティ規格

問38 メッセージに RSA 方式のディジタル署名を付与して 2 者間で送受信する。そのときのディジタル署名の検証鍵と使用方法はどれか。

ア　受信者の公開鍵であり，送信者がメッセージダイジェストからディジタル署名を作成する際に使用する。

イ　受信者の秘密鍵であり，受信者がディジタル署名からメッセージダイジェストを算出する際に使用する。

ウ　送信者の公開鍵であり，受信者がディジタル署名からメッセージダイジェストを算出する際に使用する。

エ　送信者の秘密鍵であり，送信者がメッセージダイジェストからディジタル署名を作成する際に使用する。

問39　情報セキュリティにおいてバックドアに該当するものはどれか。

ア　アクセスする際にパスワード認証などの正規の手続が必要な Web サイトに，当該手続を経ないでアクセス可能な URL

イ　インターネットに公開されているサーバの TCP ポートの中からアクティブになっているポートを探して，稼働中のサービスを特定するためのツール

ウ　ネットワーク上の通信パケットを取得して通信内容を見るために設けられたスイッチの LAN ポート

エ　プログラムが確保するメモリ領域に，領域の大きさを超える長さの文字列を入力してあふれさせ，ダウンさせる攻撃

問40　ファイルの提供者は，ファイルの作成者が作成したファイル A を受け取り，ファイル A と，ファイル A に SHA-256 を適用して算出した値 B とを利用者に送信する。そのとき，利用者が情報セキュリティ上実現できることはどれか。ここで，利用者が受信した値 B はファイルの提供者から事前に電話で直接伝えられた値と同じであり，改ざんされていないことが確認できているものとする。

ア　値 B に SHA-256 を適用して値 B からディジタル署名を算出し，そのディジタル署名を検証することによって，ファイル A の作成者を確認できる。

イ　値 B に SHA-256 を適用して値 B からディジタル署名を算出し，そのディジタル署名を検証することによって，ファイル A の提供者がファイル A の作成者であるかどうかを確認できる。

ウ　ファイル A に SHA-256 を適用して値を算出し，その値と値 B を比較することによって，ファイル A の内容が改ざんされていないかどうかを検証できる。

エ　ファイル A の内容が改ざんされていても，ファイル A に SHA-256 を適用して値を算出し，その値と値 B の差分を確認することによって，ファイル A の内容のうち改ざんされている部分を修復できる。

問41　検索サイトの検索結果の上位に悪意のあるサイトが表示されるように細工する攻撃の名称はどれか。

ア　DNS キャッシュポイズニング　　　イ　SEO ポイズニング
ウ　クロスサイトスクリプティング　　　エ　ソーシャルエンジニアリング

問42　1台のファイアウォールによって，外部セグメント，DMZ，内部セグメントの三つのセグメントに分割されたネットワークがあり，このネットワークにおいて，Webサーバと，重要なデータをもつデータベースサーバから成るシステムを使って，利用者向けのWebサービスをインターネットに公開する。インターネットからの不正アクセスから重要なデータを保護するためのサーバの設置方法のうち，最も適切なものはどれか。ここで，Webサーバでは，データベースサーバのフロントエンド処理を行い，ファイアウォールでは，外部セグメントとDMZとの間，及びDMZと内部セグメントとの間の通信は特定のプロトコルだけを許可し，外部セグメントと内部セグメントとの間の直接の通信は許可しないものとする。

ア　WebサーバとデータベースサーバをDMZに設置する。

イ　Webサーバとデータベースサーバを内部セグメントに設置する。

ウ　WebサーバをDMZに，データベースサーバを内部セグメントに設置する。

エ　Webサーバを外部セグメントに，データベースサーバをDMZに設置する。

問43　SIEM（Security Information and Event Management）の機能はどれか。

ア　隔離された仮想環境でファイルを実行して，C&Cサーバへの通信などの振る舞いを監視する。

イ　様々な機器から集められたログを総合的に分析し，管理者による分析と対応を支援する。

ウ　ネットワーク上の様々な通信機器を集中的に制御し，ネットワーク構成やセキュリティ設定などを変更する。

エ　パケットのヘッダ情報の検査だけではなく，通信先のアプリケーションプログラムを識別して通信を制御する。

問44 電子メールをドメイン A の送信者がドメイン B の宛先に送信するとき，送信者をドメイン A のメールサーバで認証するためのものはどれか。

　ア　APOP　　　　イ　POP3S　　　　ウ　S/MIME　　　　エ　SMTP-AUTH

問45 図は，構造化分析法で用いられる DFD の例である。図中の"○"が表しているものはどれか。

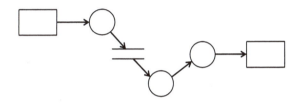

　ア　アクティビティ　　　　　　　イ　データストア
　ウ　データフロー　　　　　　　　エ　プロセス

問46 モジュール結合度が最も弱くなるものはどれか。

　ア　一つのモジュールで，できるだけ多くの機能を実現する。
　イ　二つのモジュール間で必要なデータ項目だけを引数として渡す。
　ウ　他のモジュールとデータ項目を共有するためにグローバルな領域を使用する。
　エ　他のモジュールを呼び出すときに，呼び出したモジュールの論理を制御するための引数を渡す。

問47 エラー埋込法において，埋め込まれたエラー数を S，埋め込まれたエラーのうち発見されたエラー数を m，埋め込まれたエラーを含まないテスト開始前の潜在エラー数を T，発見された総エラー数を n としたとき，S，T，m，n の関係を表す式はどれか。

ア $\dfrac{m}{S} = \dfrac{n-m}{T}$　　　　　　　イ $\dfrac{m}{S} = \dfrac{T}{n-m}$

ウ $\dfrac{m}{S} = \dfrac{n}{T}$　　　　　　　　エ $\dfrac{m}{S} = \dfrac{T}{n}$

問48 テストで使用するスタブ又はドライバの説明のうち，適切なものはどれか。

ア スタブは，テスト対象モジュールからの戻り値の表示・印刷を行う。

イ スタブは，テスト対象モジュールを呼び出すモジュールである。

ウ ドライバは，テスト対象モジュールから呼び出されるモジュールである。

エ ドライバは，引数を渡してテスト対象モジュールを呼び出す。

問49 単一の入り口をもち，入力項目を用いた複数の判断を含むプログラムのテストケースを設計する。命令網羅と判定条件網羅の関係のうち，適切なものはどれか。

ア 判定条件網羅を満足しても，命令網羅を満足しない場合がある。

イ 判定条件網羅を満足するならば，命令網羅も満足する。

ウ 命令網羅を満足しなくても，判定条件網羅を満足する場合がある。

エ 命令網羅を満足するならば，判定条件網羅も満足する。

454　第 11 章　令和元年度 秋期 基本情報技術者試験 問題と解答

問50　XP（eXtreme Programming）において，プラクティスとして提唱されているものはどれか。

ア　インスペクション　　　　　イ　構造化設計
ウ　ペアプログラミング　　　　エ　ユースケースの活用

問51　二つのアクティビティが次の関係にあるとき，論理的な依存関係はどれか。

"システム要件定義プロセス"が完了すれば，"システム方式設計プロセス"が開始できる。

ア　FF関係（Finish-to-Finish）
イ　FS関係（Finish-to-Start）
ウ　SF関係（Start-to-Finish）
エ　SS関係（Start-to-Start）

問52　あるプロジェクトの日程計画をアローダイアグラムで示す。クリティカルパスはどれか。

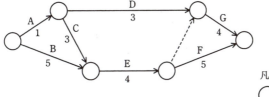

ア　A, C, E, F　　　　　　　イ　A, D, G
ウ　B, E, F　　　　　　　　エ　B, E, G

問53 ソフトウェア開発の見積方法の一つであるファンクションポイント法の説明として，適切なものはどれか。

ア 開発規模が分かっていることを前提として，工数と工期を見積もる方法である。ビジネス分野に限らず，全分野に適用可能である。

イ 過去に経験した類似のソフトウェアについてのデータを基にして，ソフトウェアの相違点を調べ，同じ部分については過去のデータを使い，異なった部分は経験に基づいて，規模と工数を見積もる方法である。

ウ ソフトウェアの機能を入出力データ数やファイル数などによって定量的に計測し，複雑さによる調整を行って，ソフトウェア規模を見積もる方法である。

エ 単位作業項目に適用する作業量の基準値を決めておき，作業項目を単位作業項目まで分解し，基準値を適用して算出した作業量の積算で全体の作業量を見積もる方法である。

問54 10人のメンバで構成されているプロジェクトチームにメンバ2人を増員する。次の条件でメンバ同士が打合せを行う場合，打合せの回数は何回増えるか。

〔条件〕
・打合せは1対1で行う。
・各メンバが，他の全てのメンバと1回ずつ打合せを行う。

ア 12   イ 21   ウ 22   エ 42

456 第11章 令和元年度 秋期 基本情報技術者試験 問題と解答

問55 サービスマネジメントシステムに PDCA 方法論を適用するとき，Act に該当する
ものはどれか。

ア　サービスの設計，移行，提供及び改善のためにサービスマネジメントシステム
を導入し，運用する。

イ　サービスマネジメントシステム及びサービスのパフォーマンスを継続的に改善
するための処置を実施する。

ウ　サービスマネジメントシステムを確立し，文書化し，合意する。

エ　方針，目的，計画及びサービスの要求事項について，サービスマネジメントシ
ステム及びサービスを監視，測定及びレビューし，それらの結果を報告する。

問56 システムの移行計画に関する記述のうち，適切なものはどれか。

ア　移行計画書には，移行作業が失敗した場合に旧システムに戻す際の判断基準が
必要である。

イ　移行するデータ量が多いほど，切替え直前に一括してデータの移行作業を実施
すべきである。

ウ　新旧両システムで環境の一部を共有することによって，移行の確認が容易にな
る。

エ　新旧両システムを並行運用することによって，移行に必要な費用が低減できる。

問57 事業継続計画で用いられる用語であり，インシデントの発生後，次のいずれかの事項までに要する時間を表すものはどれか。

(1) 製品又はサービスが再開される。

(2) 事業活動が再開される。

(3) 資源が復旧される。

　ア　MTBF　　　　　イ　MTTR　　　　　ウ　RPO　　　　　エ　RTO

問58 システムテストの監査におけるチェックポイントのうち，最も適切なものはどれか。

　ア　テストケースが網羅的に想定されていること
　イ　テスト計画は利用者側の責任者だけで承認されていること
　ウ　テストは実際に業務が行われている環境で実施されていること
　エ　テストは利用者側の担当者だけで行われていること

458 第11章 令和元年度 秋期 基本情報技術者試験 問題と解答

問59　情報システム部が開発して経理部が運用している会計システムの運用状況を，経営者からの指示で監査することになった。この場合におけるシステム監査人についての記述のうち，最も適切なものはどれか。

ア　会計システムは企業会計に関する各種基準に準拠すべきなので，システム監査人を公認会計士とする。

イ　会計システムは機密性の高い情報を扱うので，システム監査人は経理部長直属とする。

ウ　システム監査を効率的に行うために，システム監査人は情報システム部長直属とする。

エ　独立性を担保するために，システム監査人は情報システム部にも経理部にも所属しない者とする。

問60　アクセス制御を監査するシステム監査人の行為のうち，適切なものはどれか。

ア　ソフトウェアに関するアクセス制御の管理台帳を作成し，保管した。

イ　データに関するアクセス制御の管理規程を閲覧した。

ウ　ネットワークに関するアクセス制御の管理方針を制定した。

エ　ハードウェアに関するアクセス制御の運用手続を実施した。

問61　情報化投資において，リスクや投資価値の類似性でカテゴリ分けし，最適な資源配分を行う際に用いる手法はどれか。

ア　3C 分析　　　　　　　　　　　イ　IT ポートフォリオ

ウ　エンタープライズアーキテクチャ　　エ　ベンチマーキング

問62　自社の経営課題である人手不足の解消などを目標とした業務革新を進めるために活用する，RPAの事例はどれか。

ア　業務システムなどのデータ入力，照合のような標準化された定型作業を，事務職員の代わりにソフトウェアで自動的に処理する。

イ　製造ラインで部品の組立てに従事していた作業員の代わりに組立作業用ロボットを配置する。

ウ　人が接客して販売を行っていた店舗を，ICタグ，画像解析のためのカメラ，電子決済システムによる無人店舗に置き換える。

エ　フォークリフトなどを用いて人の操作で保管商品を搬入・搬出していたものを，コンピュータ制御で無人化した自動倉庫システムに置き換える。

問63　企業がマーケティング活動に活用するビッグデータの特徴に沿った取扱いとして，適切なものはどれか。

ア　ソーシャルメディアで個人が発信する商品のクレーム情報などの，不特定多数によるデータは処理の対象にすべきではない。

イ　蓄積した静的なデータだけでなく，Webサイトのアクセス履歴などリアルタイム性の高いデータも含めて処理の対象とする。

ウ　データ全体から無作為にデータをサンプリングして，それらを分析することによって全体の傾向を推し量る。

エ　データの正規化が難しい非構造化データである音声データや画像データは，処理の対象にすべきではない。

問64 システム開発の上流工程において，システム稼働後に発生する可能性がある個人情報の漏えいや目的外利用などのリスクに対する予防的な機能を検討し，その機能をシステムに組み込むものはどれか。

ア　情報セキュリティ方針　　　　　イ　セキュリティレベル
ウ　プライバシーバイデザイン　　　エ　プライバシーマーク

問65 非機能要件の定義で行う作業はどれか。

ア　業務を構成する機能間の情報（データ）の流れを明確にする。
イ　システム開発で用いるプログラム言語に合わせた開発基準，標準の技術要件を作成する。
ウ　システム機能として実現する範囲を定義する。
エ　他システムとの情報授受などのインタフェースを明確にする。

問66 リレーションシップマーケティングの説明はどれか。

ア　顧客との良好な関係を維持することで個々の顧客から長期間にわたって安定した売上を獲得することを目指すマーケティング手法
イ　数時間から数日間程度の短期間の時間制限を設け，その時間内だけネット上で商品を販売するマーケティング手法
ウ　スマートフォンの GPS 機能を利用し，現在地に近い店舗の広告を配信するマーケティング手法
エ　テレビ，新聞，雑誌などの複数のメディアを併用し，消費者への多角的なアプローチを目指すマーケティング手法

第11章　令和元年度秋期　基本情報技術者試験 問題と解答

11-1　午前試験の問題　　461

問67　バランススコアカードの内部ビジネスプロセスの視点における戦略目標と業績評価指標の例はどれか。

ア　持続的成長が目標であるので，受注残を指標とする。

イ　主要顧客との継続的な関係構築が目標であるので，クレーム件数を指標とする。

ウ　製品開発力の向上が目標であるので，製品開発領域の研修受講時間を指標とする。

エ　製品の製造の生産性向上が目標であるので，製造期間短縮日数を指標とする。

問68　技術経営におけるプロダクトイノベーションの説明として，適切なものはどれか。

ア　新たな商品や他社との差別化ができる商品を開発すること

イ　技術開発の成果によって事業利益を獲得すること

ウ　技術を核とするビジネスを戦略的にマネジメントすること

エ　業務プロセスにおいて革新的な改革をすること

問69　ディジタルディバイドを説明したものはどれか。

ア　PC などの情報通信機器の利用方法が分からなかったり，情報通信機器を所有していなかったりして，情報の入手が困難な人々のことである。

イ　高齢者や障害者の情報通信の利用面での困難が，社会的又は経済的な格差につながらないように，誰もが情報通信を利活用できるように整備された環境のことである。

ウ　情報通信機器やソフトウェア，情報サービスなどを，高齢者・障害者を含む全ての人が利用可能であるか，利用しやすくなっているかの度合いのことである。

エ　情報リテラシの有無や IT の利用環境の相違などによって生じる，社会的又は経済的な格差のことである。

462　第 11 章　令和元年度 秋期 基本情報技術者試験 問題と解答

問70　"かんばん方式"を説明したものはどれか。

　ア　各作業の効率を向上させるために，仕様が統一された部品，半製品を調達する。

　イ　効率よく部品調達を行うために，関連会社から部品を調達する。

　ウ　中間在庫を極力減らすために，生産ラインにおいて，後工程の生産に必要な部品だけを前工程から調達する。

　エ　より品質が高い部品を調達するために，部品の納入指定業者を複数定め，競争入札で部品を調達する。

問71　ブロックチェーンによって実現されている仮想通貨マイニングの説明はどれか。

　ア　仮想通貨取引の確認や記録の計算作業に参加し，報酬として仮想通貨を得る。

　イ　仮想通貨を売買することによってキャピタルゲインを得る。

　ウ　個人や組織に対して，仮想通貨による送金を行う。

　エ　実店舗などで仮想通貨を使った支払や決済を行う。

問72　インターネットを活用した仕組みのうち，クラウドファンディングを説明したものはどれか。

　ア　Webサイトに公表されたプロジェクトの事業計画に協賛して，そのリターンとなる製品や権利の入手を期待する不特定多数の個人から小口資金を調達すること

　イ　Webサイトの閲覧者が掲載広告からリンク先のECサイトで商品を購入した場合，広告主からそのWebサイト運営者に成果報酬を支払うこと

　ウ　企業などが，委託したい業務内容を，Webサイトで不特定多数の人に告知して募集し，適任と判断した人々に当該業務を発注すること

　エ　複数のアカウント情報をあらかじめ登録しておくことによって，一度の認証で複数の金融機関の口座取引情報を一括して表示する個人向けWebサービスのこと

11-1　午前試験の問題　　463

問73 生産現場における機械学習の活用事例として，適切なものはどれか。

ア 工場における不良品の発生原因をツリー状に分解して整理し，アナリストが統計的にその原因や解決策を探る。

イ 工場の生産設備を高速通信で接続し，ホストコンピュータがリアルタイムで制御できるようにする。

ウ 工場の生産ロボットに対して作業方法をプログラミングするのではなく，ロボット自らが学んで作業の効率を高める。

エ 累積生産量が倍増するたびに工場従業員の生産性が向上し，一定の比率で単位コストが減少する。

問74 BCP（事業継続計画）の策定，運用に関する記述として，適切なものはどれか。

ア ITに依存する業務の復旧は，技術的に容易であることを基準に優先付けする。

イ 計画の内容は，経営戦略上の重要事項となるので，上級管理者だけに周知する。

ウ 計画の内容は，自社組織が行う範囲に限定する。

エ 自然災害に加え，情報システムの機器故障やマルウェア感染も検討範囲に含める。

問75 CIOの果たすべき役割はどれか。

ア 各部門の代表として，自部門のシステム化案を情報システム部門に提示する。

イ 情報技術に関する調査，利用研究，関連部門への教育などを実施する。

ウ 全社的観点から情報化戦略を立案し，経営戦略との整合性の確認や評価を行う。

エ 豊富な業務経験，情報技術の知識，リーダシップをもち，プロジェクトの運営を管理する。

問76　製品 X 及び Y を生産するために 2 種類の原料 A，B が必要である。製品 1 個の生産に必要となる原料の量と調達可能量は表に示すとおりである。製品 X と Y の 1 個当たりの販売利益が，それぞれ 100 円，150 円であるとき，最大利益は何円か。

原料	製品 X の 1 個当たりの必要量	製品 Y の 1 個当たりの必要量	調達可能量
A	2	1	100
B	1	2	80

ア　5,000　　　　イ　6,000　　　　ウ　7,000　　　　エ　8,000

問77　ROI を説明したものはどれか。

ア　一定期間におけるキャッシュフロー（インフロー，アウトフロー含む）に対して，現在価値でのキャッシュフローの合計値を求めるものである。

イ　一定期間におけるキャッシュフロー（インフロー，アウトフロー含む）に対して，合計値がゼロとなるような，割引率を求めるものである。

ウ　投資額に見合うリターンが得られるかどうかを，利益額を分子に，投資額を分母にして算出するものである。

エ　投資による実現効果によって，投資額をどれだけの期間で回収可能かを定量的に算定するものである。

問78　売上高が 100 百万円のとき，変動費が 60 百万円，固定費が 30 百万円掛かる。変動費率，固定費は変わらないものとして，目標利益 18 百万円を達成するのに必要な売上高は何百万円か。

ア　108　　　　イ　120　　　　ウ　156　　　　エ　180

問79　シュリンクラップ契約において，ソフトウェアの使用許諾契約が成立するのはどの時点か。

　　ア　購入したソフトウェアの代金を支払った時点
　　イ　ソフトウェアの入った DVD-ROM を受け取った時点
　　ウ　ソフトウェアの入った DVD-ROM の包装を解いた時点
　　エ　ソフトウェアを PC にインストールした時点

問80　ソフトウェアやデータに瑕疵がある場合に，製造物責任法の対象となるものはどれか。

　　ア　ROM 化したソフトウェアを内蔵した組込み機器
　　イ　アプリケーションソフトウェアパッケージ
　　ウ　利用者が PC にインストールした OS
　　エ　利用者によってネットワークからダウンロードされたデータ

Section 11-2 午前試験の解答

令和元年度　秋期　基本情報技術者試験　解答例

午前試験

問番号	正解	分野
問1	エ	T
問2	ウ	T
問3	ウ	T
問4	ア	T
問5	ア	T
問6	ウ	T
問7	エ	T
問8	ウ	T
問9	エ	T
問10	イ	T
問11	ウ	T
問12	エ	T
問13	ア	T
問14	イ	T
問15	ア	T
問16	ウ	T
問17	エ	T
問18	ウ	T
問19	ウ	T
問20	エ	T
問21	イ	T
問22	イ	T
問23	ウ	T
問24	エ	T
問25	イ	T
問26	ウ	T
問27	イ	T

問番号	正解	分野
問28	イ	T
問29	ウ	T
問30	エ	T
問31	イ	T
問32	イ	T
問33	イ	T
問34	イ	T
問35	イ	T
問36	イ	T
問37	エ	T
問38	ウ	T
問39	ア	T
問40	ウ	T
問41	イ	T
問42	ウ	T
問43	イ	T
問44	エ	T
問45	エ	T
問46	イ	T
問47	ア	T
問48	エ	T
問49	イ	T
問50	ウ	T
問51	イ	M
問52	ウ	M
問53	ウ	M
問54	イ	M

問番号	正解	分野
問55	イ	M
問56	ア	M
問57	エ	M
問58	ア	M
問59	エ	M
問60	イ	M
問61	イ	S
問62	ア	S
問63	イ	S
問64	ウ	S
問65	イ	S
問66	ア	S
問67	エ	S
問68	ア	S
問69	エ	S
問70	ウ	S
問71	ア	S
問72	ア	S
問73	ウ	S
問74	エ	S
問75	ウ	S
問76	ウ	S
問77	ウ	S
問78	イ	S
問79	ウ	S
問80	ア	S

分野の「T」はテクノロジ系，「M」はマネジメント系，「S」はストラテジ系の問題です。

Section 11-3 午前試験の解説

問1　正解ーエ

　10進数を2進数に変換するには、10進数を2で割った余りを求めることを繰り返します。これによって、変換後の2進数が下位桁から得られます。ここでは、10進数 j を2進数に変換して、変換後の2進数を下位桁から順に NISHIN (1) 〜 NISHIN (8) に格納するので、「NISHIN (k) ← j mod 2」です。その後に、j を、j を2で割った商で更新するので「j ← j div 2」です。したがって、選択肢エが正解です。

問2　正解ーウ

　8ビットの全ビットを反転するには、NOT演算（論理否定）を行うか、全てのビットが1のデータとXOR演算（排他的論理和）のどちらかを行います。選択肢には、NOT演算がないので、XOR演算です。8ビットが全て1の11111111は、16進数表記でFFです。したがって、選択肢ウが正解です。

問3　正解ーウ

　選択肢の違いに注目してください。a と b の間にエッジがあるのは、どれも同じです。隣接行列を見て、b 以降をチェックして、正解を絞り込んでみましょう。

　b は、a、c、d との間にエッジがあります。これに該当するのは、選択肢イ、ウ、エです。

　c は、b、d、e との間にエッジがあります。選択肢イ、ウ、エの中で、これに該当するのは、選択肢ウ、エです。

　d は、b、c との間にエッジがあります。選択肢ウ、エの中で、これに該当するのは、ウです。

したがって、選択肢ウが正解です。

問4　正解－ア

「lim」は、limit（極限）という意味です。「t →∞」は、t を無限大にするという意味です。f(t) と g(t) は、それぞれ関数で、f(t) = a/(t + 1) であり、g (t) = b/(t^2− t) です。さらに、a ≠ 0、b ≠ 0、t > 1 という条件が付いています。

まず、g (t) /f (t) に、それぞれの関数の計算式を入れて、式を整理します。

$$\frac{g(t)}{f(t)} = \frac{b/(t^2 - t)}{a/(t + 1)} = \frac{b \cdot (t + 1)}{a \cdot (t^2 - t)} = \frac{bt + b}{at^2 - at}$$

この式の状態で、t →∞、つまり t を無限大にすると、以下のように∞ / ∞になります。これは、値の定まらない「不定形」です。問題の選択肢には、不定形がありません。

$$\frac{bt + b}{at^2 - at} = \frac{b \cdot \infty + b}{a \cdot \infty^2 - a \cdot \infty} = \frac{\infty}{\infty}$$

そこで、分母にある項の最大次数である t^2 で、分母と分子を割って、式を整理します。

$$\frac{bt + b}{at^2 - at} = \frac{(bt + b)/t^2}{(at^2 - at)/t^2} = \frac{b/t + b/t^2}{a - a/t}$$

この式の状態で、t を無限大にすると、b/t = b/ ∞ = 0、b/t^2 = b/ ∞^2 = 0、a/t = a/ ∞ = 0 になるので、式のそれぞれの部分を 0 に置き換えて、式を整理します。

$$\frac{b/t + b/t^2}{a - a/t} = \frac{0 + 0}{a - 0} = \frac{0}{a}$$

0/a という式になりました。a ≠ 0 なのですから、0/a = 0 です。したがって、選択肢アが正解です。

問5　正解－ア

「標準偏差」は、平均値を中心にして左右対称な釣鐘形の正規分布を対象とした

第 **11** 章

令和元年度 秋期 基本情報技術者試験 問題と解答

11-3　午前試験の解説　　**469**

値です。したがって、左右対称でない選択肢ウとエは、不適切です。標準偏差は、平均からの偏差です。したがって、選択肢アが正解です。

問6　正解－ウ

Aには、0～9の整数が一様な確率で格納されます。Bにも、0～9の整数が一様な確率で格納されます。A－Bの値の組み合わせは、Aが10通り、Bが10通りなので、100通りです。それらの中で、A－Bが0になるのは、AとBが同じ値になる場合なので、0と0、1と1、……、9と9の10通りです。したがって、その確率は、10/100＝1/10であり、選択肢ウが正解です。

問7　正解－エ

BNFでは、「左辺∷＝右辺」という形式で、「左辺とは、右辺である」を定義します。縦棒（｜）は、「または」を意味します。ここでは、＜変数名＞に合致するものを選びます。＜変数名＞は、＜英字＞または＜変数名＞の後に＜英数字＞を付けたものであると定義されています。つまり、変数名は、＜英字＞から始まるものでなければなりません。

選択肢アは、先頭が英字でないので、＜変数名＞ではありません。

選択肢イは、先頭が英字でないので、＜変数名＞ではありません。

選択肢ウは、先頭が英字でないので、＜変数名＞ではありません。

選択肢エは、先頭が英字で、そのあとに英数字が付いているので、＜変数名＞です。

したがって、選択肢エが正解です。

問8　正解－ウ

スタックが1個の場合、以下のようにSTまで表示した時点で、スタックの最上部にあるのが［K］なので、次に［A］をポップして表示できません。ここでは、図の左端をスタックの底とします。

[A]				Aをプッシュ
[A]	[C]			Cをプッシュ
[A]	[C]	[K]		Kをプッシュ
[A]	[C]	[K]	[S]	Sをプッシュ
[A]	[C]	[K]		Sをポップ、Sを表示
[A]	[C]	[K]	[T]	Tをプッシュ
[A]	[C]	[K]		Tをポップ、STまで表示

スタックが2個の場合、以下のようにSTAまで表示した時点で、スタック2の最上部にあるのが［K］なので、次に［C］をポップして表示できません。ここでは、スタックの左端にある番号で、2個のスタックを区別しています。

1 [A]			1にAをプッシュ
2 [C]			2にCをプッシュ
2 [C]	[K]		2にKをプッシュ
2 [C]	[K]	[S]	2にSをプッシュ
2 [C]	[K]		2からSをポップ、Sを表示
2 [C]	[K]	[T]	2にTをプッシュ
2 [C]	[K]		2からTをポップ、STまで表示
1			1からAをポップ、STAまで表示

スタックが3個の場合、以下のようにSTACKまで表示できます。したがって、選択肢ウが正解です。

1 [A]			1にAをプッシュ
2 [C]			2にCをプッシュ
3 [K]			3にKをプッシュ
3 [K]	[S]		3にSをプッシュ
3 [K]			3からSをポップ、Sを表示
3 [K]	[T]		3にTをプッシュ
3 [K]			3からTをポップ、STまで表示
1			1からAをポップ、STAまで表示
2			2からCをポップ、STACまで表示

11-3 午前試験の解説　471

3　　　　　　　　　3からKをポップ、STACKまで表示

問9　正解－エ

　具体的な1つの要素を想定して、その要素が、配列Aから配列Bのどこに移動するかを考えてみましょう。たとえば、配列AのA（3,4）は、配列BのB（4,4）に移動します。配列Aでi=3、j=4を想定したわけですから、選択肢の左辺のBの要素番号がi=3、j=4のときにB（4,4）になるものが正解です。

　選択肢アは、B（7－i,7－j）なので、B（4,3）になります。

　選択肢イは、B（7－j,i）なので、B（3,3）になります。

　選択肢ウは、B（i,7－j）なので、B（4,3）になります。

　選択肢エは、B（j,7－i）なので、B（4,4）になります。

　したがって、選択肢エが正解です。

問10　正解－イ

　54321というデータのハッシュ値は、mod（5＋4＋3＋2＋1,13）＝mod（15,13）＝2になります。したがって、54321の格納位置は2であり、イが正解です。

問11　正解－ウ

　f(n)は、nが1以下なら1を返し、そうでないならn＋f(n－1)を返します。これによって、n～1までの合計値が得られます。f(5)は、5＋4＋3＋2＋1＝15になります。したがって、選択肢ウが正解です。

問12　正解－エ

　1GHzのクロックとは、1秒間に1G＝10^9のクロックが与えられるということです。1命令を平均0.8クロックで実行できるのですから、1秒間に10^9÷0.8＝125000×10^4＝125000万命令を実行できます。したがって、選択肢エが正解です。

472　第11章　令和元年度 秋期 基本情報技術者試験 問題と解答

問13　正解 ― ア

　下図は、問題に示された図に、割込みAと割込みBの処理区間を横棒で書き入れたものです。どちらの割込みも処理を行っていない部分（メイン処理が利用できるCPU時間）は、点線の枠で囲んだ4つあります。1つの枠が0.5ミリ秒なので、全部で2ミリ秒です。したがって、選択肢アが正解です。

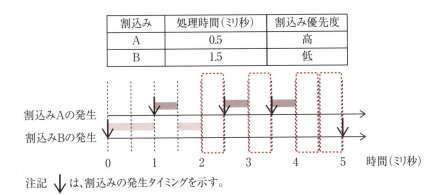

問14　正解 ― イ

　「デイジーチェーン」とは、周辺装置を数珠つなぎにする（1つの周辺装置から、別の周辺装置につなぐ）ことです。選択肢イの「1台目のディスプレイと2台目のディスプレイとの間をケーブルで接続する」が数珠つなぎに該当します。したがって、選択肢イが正解です。

問15　正解 ― ア

　RAIDの中で「ミラーリング」と呼ばれるのは、RAID1です。したがって、選択肢アが正解です。

問16　正解 ― ウ

　2台の装置のいずれか一方が正常に動作する確率は、「100％－2台が同時に故障する確率」で求められます。ここでは、装置の稼働率が0.9なので、故障する確率は0.1であり、2台が同時に故障する確率は、0.1×0.1＝0.01です。2台の装置のいずれか一方が正常に動作する確率は、1－0.01＝0.99になります。2台とも正常に動作する稼働率は、「1台目の装置の稼働率×2台目の装置の稼働率」

で求められ、$0.9 \times 0.9 = 0.81$ になります。両者の差は、$0.99 - 0.81 = 0.18$ です。したがって、選択肢ウが正解です。

問17　正解－エ

1秒間に処理できずにたまるデータ量は、「送信量S －受信量R」です。これがT秒間連続するので、「(S － R) × T」だけのデータがたまります。バッファのサイズL が、これ以上ならオーバーフローしないので、「L ≧ (S － R) × T」です。したがって、選択肢エが正解です。

問18　正解－ウ

タスクには、実行中（CPU 使用中）、待ち状態（周辺装置とのデータ入出力待ち）、実行可能状態（他のタスクの実行終了待ち）があります。優先度の低いタスクB の実行中に、優先度の高いタスクA に起動がかかると、タスクB を実行可能状態にして、タスクA が実行されます。したがって、選択肢ウが正解です。

問19　正解－ウ

バックアップ方式には、「フルバックアップ」「差分バックアップ」「増分バックアップ」があります。フルバックアップは、全てのファイルをバックアップします。差分バックアップは、前回のフルバックアップから変更のあったファイルをバックアップします。増分バックアップは、直前のバックアップ（何らかのバックアップ）から変更のあったファイルをバックアップします。

選択肢アは、ファイル更新情報を変更しないので、差分バックアップです。

選択肢イは、全てのファイルをバックアップするので、フルバックアップです。

選択肢ウは、ファイル更新情報をリセットするので、増分バックアップです。

選択肢エは、全てのファイルをバックアップするので、フルバックアップです。

したがって、選択肢ウが正解です。

474　第 11 章　令和元年度 秋期 基本情報技術者試験 問題と解答

問20　正解ーエ

「DRAM」は、メモリセルにコンデンサを使った単純な構造の揮発性メモリであり、ビット単価を安くできるので、パソコンの大容量の主記憶として使われます。コンデンサは、時間が経過すると放電してしまうので、定期的にリフレッシュ（記憶の再書き込み）が必要になります。これらのDRAMの特徴に該当するのは、選択肢エです。

問21　正解ーイ

ストローブ信号の立ち上がりで値を確定するとあるので、その前にある8ビットのデータを正論理（電圧の高を1として、低を0とする）で読み取ります。データは、クロックの立ち上がりエッジで最下位ビットに取り込み、それを上位方向にシフトするので、読み取った順に上位にシフトされます。したがって、下図の10001101という8ビットデータが得られます。10001101を16進数表記で記述すると、8Dです。したがって、選択肢イが正解です。

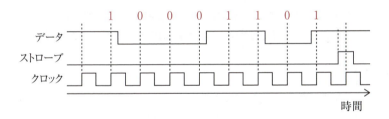

問22　正解ーイ

下図のように、A=0、B=0のとき、X=0になります。この時点で、正解を選択肢アとイに絞り込めます。

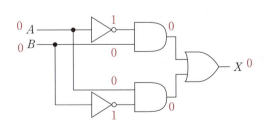

下図のように、A=0、B=1 のとき、X=1 になります。この時点で、正解を選択肢イに絞り込めます。したがって、選択肢イが正解です。

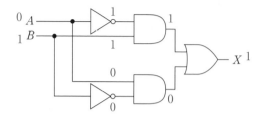

問23　正解-ウ

「コードから内容が容易にわかる」に該当するのは、「区分」「桁別」「表意（意味を表す）」「連番」の中では、「表意」です。したがって、選択肢ウが正解です。

問24　正解-エ

MPEG（Motion Picture Expert Group）という言葉から、動画の規格であることがわかります。したがって、「動画」という言葉のある選択肢エが正解です。

問25　正解-イ

問題に示された UML の図は、従業員は1つ以上（1..*）の部署に所属し、部署には0人以上（0..*）の従業員がいることを示しています。

従業員数と部署数は一致するとは限らないので、選択肢アは不適切です。

従業員は、複数の部署に所属することがあり得るので、選択肢イは適切です。

部署には、従業員0があり得るので、選択肢ウは不適切です。

従業員は、1つ以上の部署に所属するので、選択肢エは不適切です。

したがって、選択肢イが正解です。

問26　正解－ウ

「学生ごと」なので、学生番号でグループ化する「GROUP BY 学生番号」です。グループに対して「平均点が 80 点以上」ですから、「HAVING AVG（点数） >=80」です。したがって、選択肢ウが正解です。

問27　正解－イ

「関係」は「表」に該当し、「属性」は「列」に該当します。表から特定の列だけを取り出す演算は、「射影」です。したがって、選択肢イが正解です。

問28　正解－イ

「アボート」とは、トランザクションで行われた全ての処理を破棄することです。「コミット」とは、トランザクションで行われた全ての処理を確定することです。アボート処理中からアボート済に遷移することと、コミット処理中からコミット済に遷移することは当然のことなので、選択肢アとエは適切です。アボート処理中からコミット処理に遷移することはあり得ないので、選択肢イは不適切です。コミット処理中に障害が発生してアボート処理に遷移することはあり得るので、選択肢ウは適切です。したがって、選択肢イが正解です。

問29　正解－ウ

「2 相ロッキングプロトコル」とは、トランザクションがデータを読み書きするときに、共有ロックまたは専有ロックをかけ、トランザクションをコミットするときに、全てのロックを解除するというロックの形式です。

選択肢アは、B が②の update Y でかけた専有ロックの解除を、A が update Y で待ち、A が update X でかけた専有ロックの解除を、B が③の update X で待つのでデッドロックになります。

選択肢イは、A が update X でかけた専有ロックの解除を、B が④の update X で待ち、B が②の update Y でかけた専有ロックを、A が update Y で待つので、デッドロックになります。

選択肢ウは、B が①の update X でかけた専有ロックを、A が update X で待ち、その後で B の read W、update Y、update Z は、待つことなく実行され、

11-3　午前試験の解説　477

Bがコミットして全てのロックが解除されます。その後で、待たされていたAの
残りの処理が全て実行されるので、デッドロックになりません。

　選択肢エは、Bが①のupdate Yでかけた専有ロックを、Aがupdate Yで待
ち、Aがupdate Xでかけた専有ロックを、Bが③のupdate Xで待つので、デッ
ドロックになります。

　したがって、選択肢ウが正解です。

問30　正解－エ

　ファイル転送時に20%の制御情報が付加されるので、10秒ごとに転送される
データ量は、1Mバイト×1.2 = 1.2Mバイト= 9.6Mビットです。1秒あたりの
データ量は、9.6Mビット÷10 = 0.96Mビットになります。10Mビット/秒の
回線を使っているので、回線利用率は、0.96Mビット÷10Mビット= 0.096 =
9.6%です。したがって、選択肢エが正解です。

問31　正解－イ

　「CSMA/CD（Carrier Sense Multiple Access with Collision Detection）」
は、LANで利用されているイーサネットの通信方式です。誰も利用していないこ
とを示す搬送波を確認することで（Carrier Sense）、複数の端末が多重にアクセ
スし（Multiple Access）、もしもデータの衝突を検出したら（Collision
Detection）、ランダムな時間待ってから再送します。これに該当するのは、選択
肢イです。

問32　正解－イ

　レイヤ3スイッチの「レイヤ3」は、OSI基本参照モデルの「第3層（ネット
ワーク層）」を意味しています。したがって、「ネットワーク層において」と説明
している、選択肢イが正解です。

問33　正解－イ

　1個のグローバルIPアドレスを、ポート番号を使って複数のプライベートIPア
ドレスに対応付けることで、複数のPCがインターネットを利用できるようにす
る仕組みを「NAPT（Network Address Port Translation、別名IPマスカレー

478　第11章　令和元年度 秋期 基本情報技術者試験 問題と解答

ド）」と呼びます。したがって、選択肢イが正解です。

問34　正解ーイ

　AからBへのHTTP要求のあて先はプロキシサーバBなので、ポート番号は8080になります。CからBへのHTTP応答のあて先はクライアントBなので、ポート番号は1024以降になります。BからAへのHTTP応答のあて先はクライアントAなので、ポート番号は1024以降になります。BからCへのHTTP要求のあて先はWebサーバCなので、ポート番号は80になります。したがって、選択肢イが正解です。

問35　正解ーイ

　「FQDN（Fully Qualified Domain Name）」とは、https://www.shoeisha.co.jp/ のように、省略せずに指定された完全なドメイン名のことです。B社のDNSキャッシュサーバで、A社のFQDNに対するIPアドレスが、攻撃者のサーバXのIPアドレスに書き換えられているので、B社のDNSキャッシュサーバを利用するB社の従業員が、A社のWebサーバを利用するときに、サーバXに誘導されてしまいます。したがって、選択肢イが正解です。

問36　正解ーイ

　「動的解析」ですから、マルウェア（悪意のあるソフトウェア）の動作を調べている、選択肢イが適切です。選択肢ア、ウ、エは、静的です。

問37　正解ーエ

　「WPA3（Wi-Fi Protected Access 3）」は、Wi-Fi Allianceが定義したセキュリティ規格です。したがって「無線LANのセキュリティ規格」とある、選択肢エが正解です。

問38　正解ーウ

　ディジタル署名では、送信者の秘密鍵で署名を行い、送信者の公開鍵で検証を行います。ここでは、ディジタル署名の検証鍵を選ぶので、「送信者の公開鍵」とある選択肢ウが正解です。

11-3　午前試験の解説　**479**

問39　正解ーア

「バックドア」は、システムに不正に侵入するための「裏口」のことです。選択肢の中で「裏口」に該当するのは、選択肢アの「正規の手続が必要な Web サイトに、当該手続を経ないでアクセス可能な URL」です。

問40　正解ーウ

「SHA-256（Secure Hash Algorithm 256bit）」は、256 ビットのハッシュ値を得るアルゴリズムです。ファイル A とハッシュ値 B が利用者に送信され、利用者は改ざんされていないハッシュ値 B を電話で知らされています。受信したファイル A のハッシュ値 B を求め直して、それを電話で知らされているハッシュ値 B と比較すれば、改ざんされていないかどうかを検証できます。したがって、選択肢ウが正解です。

問41　正解ーイ

検索サイトの上位に特定のサイトが表示されるように工夫することを「SEO（Search Engine Optimization）」と呼びます。悪意のあるサイトを上位にすることを「SEO ポイズニング」と呼びます。したがって、選択肢イが正解です。

問42　正解ーウ

フロントエンド処理を行う Web サーバは、外部セグメントから直接アクセスできなければならないので、DMZ に設置します。重要なデータをもつデータベースサーバは、外部セグメントから直接アクセスできないように、内部セグメントに設置します。したがって、選択肢ウが正解です。

問43　正解ーイ

「SIEM（Security Information and Event Management）」は、ハードウェアとソフトウェアの動作記録を分析して、セキュリティ上の脅威を検知するシステムです。したがって、選択肢イが正解です。

問44　正解ーエ

送信者をメールサーバが認証するのは、選択肢エの「SMTP-AUTH（SMTP-Authentication）」です。電子メールの転送プロトコルの SMTP には、もともと送信者の認証機能がありませんでした。SMTP-AUTH は、SMTP を拡張して、

480　第 11 章　令和元年度 秋期 基本情報技術者試験 問題と解答

メールの送信時に認証を行い、正規の利用者であることを確認できるようにしたものです。

問45　正解－エ

DFD（Data Flow Diagram）では、円で「プロセス」、矢印で「データフロー」、2本の平行線で「データストア」、四角形で「ターミネータ」を示します。したがって、選択肢エが正解です。

問46　正解－イ

モジュールの機能が少ないほど、モジュール結合度は弱くなります。複数のモジュールから任意にアクセスできるグローバル変数を使うより、モジュールの呼び出し時だけに受け渡される引数を使う方が、モジュール結合度は弱くなります。計算に使うデータではなく、モジュールの処理内容を変える指示を引数で渡すと、モジュール結合度が強くなります。以上のことから、選択肢の中でモジュール結合度が最も弱いのは、選択肢イです。

問47　正解－ア

埋め込まれたエラーが発見される確率は、m/S です。潜在エラーが発見される確率は、$(n－m)/T$ です。両者は、等しいと考えられるので、$m/S ＝ (n－m)/T$ です。したがって、選択肢アが正解です。

問48　正解－エ

テスト用に作成された仮の上位モジュールを「ドライバ」と呼び、仮の下位モジュールを「スタブ」と呼びます。ドライバは、テスト対象モジュールを呼び出す側になり、スタブは、テスト対象モジュールから呼び出される側になります。したがって、選択肢エが正解です。

問49　正解－イ

フローチャートからテストケースを設計する場合、「命令網羅」は、全ての処理（四角形、ひし形などの図形で表されるもの）を網羅し、「判定条件網羅」は、全ての流れ（図形を結ぶ線で表されるもの）を網羅します。多くの場合に、判定条件網羅は、命令網羅を含んだものとなります。そのため、命令網羅を満足しても判定条件網羅を満足しない場合がありますが、判定条件網羅を満足するなら命令

11-3　午前試験の解説　481

網羅を満足します。したがって、選択肢イが正解です。

問50　正解-ウ

XP（eXtreme Programming）のプラクティスには「テスト駆動開発」「ペアプログラミング」「リファクタリング」「継続的インテグレーション」などがあります。したがって、選択肢ウが正解です。

問51　正解-イ

「完了すれば開始できる」という関係なので、選択肢イの「FS関係（Finish-to-Start）」が正解です。

問52　正解-ウ

以下は、アローダイヤグラムを左から右にたどって、各結合点に最早開始日を記入したものです。破線の矢印で示されたダミー作業は、所要日数０の作業とみなします。

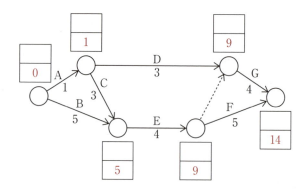

以下は、アローダイヤグラムを右から左にたどって、各結合点に最遅開始日を記入し、最早開始日と最遅開始日が同じになる作業（余裕のない作業）を太線で示したものです。

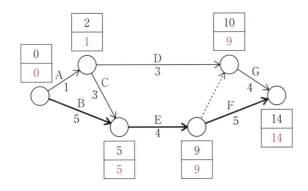

余裕のない作業のB、E、Fをつないだものがクリティカルパスなので、選択肢ウが正解です。

問53　正解－ウ

ファンクションポイント法は、ソフトウェアを構成する個々の機能にポイントを付け、それらを合計した値に補正係数を掛けて、ソフトウェア開発の見積を定量的に行う技法です。したがって、選択肢ウが正解です。

問54　正解－イ

10人のチームにメンバが2人増えた場合、まず1人目が10人のメンバと1対1で10回の打合せを行い、2人目が11人のメンバと1対1で11回の打合せを行います。打合せの回数は、10 + 11 = 21回増えるので、選択肢イが正解です。

問55　正解－イ

PDCAのPはPlan（計画）、DはDo（実行）、CはCheck（評価）、AはAct（改善）を意味します。選択肢アはDoに、選択肢イはActに、選択肢ウはPlanに、選択肢エはCheckに、それぞれ該当します。したがって、選択肢イが正解です。

問56　正解－ア

選択肢アは、適切です。選択肢イは、データ量が少ないなら一括して移行すべきなので、不適切です。選択肢ウは、新旧システムの共有は、移行の確認を困難にするので、不適切です。選択肢エは、並行運用することで、移行の費用が増加

するので、不適切です。したがって、選択肢アが正解です。

問57　正解－エ

　システム障害発生時に、復旧させるまでの目標時間を「RTO（Recovery Time Objective、目標復旧時間）」と呼びます。したがって、選択肢エが正解です。

問58　正解－ア

　選択肢アは、適切です。選択肢イは、利用者側だけでなく開発者側でも承認されるべきなので、不適切です。選択肢ウは、実際に業務が行われている環境でテストを行ったら、不具合が生じた場合に業務に影響を与えてしまうので、不適切です。選択肢エは、利用者だけでなく開発者もテストするべきなので、不適切です。したがって、選択肢アが正解です。

問59　正解－エ

　システム監査人が公認会計士である必要はないので、選択肢アは不適切です。システム監査人は、システムや業務から独立しているべきなので、選択肢イと選択肢ウは不適切であり、選択肢エは適切です。したがって、選択肢エが正解です。

問60　正解－イ

　システム監査人の行為は、監査（監督と検査）であり、実務に関わることはありません。したがって、「作成」「閲覧」「制定」「実施」の中では、選択肢イの「閲覧」を行うのが適切です。

問61　正解－イ

　選択肢アの「3C分析」は、Customer（顧客）、Competitor（競合）、Company（自社）の3つの観点から市場環境を分析し、経営戦略を見出すことです。

　選択肢イの「ITポートフォリオ」とは、IT関連の投資を行う対象を、その特性によって分類して、投資の配分を調整することです。

　選択肢ウ「エンタープライズアーキテクチャ」は、企業の情報システム全体のデザインのことであり、ビジネスアーキテクチャ、データアーキテクチャ、アプリケーションアーキテクチャ、テクノロジーアーキテクチャという4つの視点が

484　第11章　令和元年度 秋期 基本情報技術者試験 問題と解答

あります。

選択肢エの「ベンチマーキング」とは、業績の優れた企業と自社を比較することです。

したがって、選択肢イが正解です。

問62　正解ーア

「RPA（Robotics Process Automation）」は、単純な定型業務をソフトウェアによるロボットが代行するものです。したがって、選択肢アが正解です。

問63　正解ーイ

「ビッグデータ」は、データの量、種類、発生頻度が、従来の技術では対応できないほど巨大なデータを意味します。選択肢アは、不特定多数による巨大なデータも処理の対象にすべきなので、不適切です。選択肢イは、リアルタイム性の高いデータも含めて巨大なデータを処理すべきなので、適切です。選択肢ウは、無作為なサンプリングでは小規模なので、不適切です。選択肢エは、非構造化データも処理の対象とすべきなので、不適切です。したがって、選択肢イが正解です。

問64　正解ーウ

システム開発の上流工程で、個人情報の漏洩に対する機能をシステムに組み込むのですから、「プライバシー（個人情報）」の「デザイン（設計）」が適切です。したがって、選択肢ウが正解です。

問65　正解ーイ

「非機能要件」とは、システムの機能（何ができるか）以外の要件であり、性能、信頼性、拡張性、運用性、セキュリティなどに関する要件です。選択肢アは、「機能間」とあるので、機能要件です。選択肢イは、「開発基準」「技術要件」であり、機能ではないので、非機能要件です。選択肢ウは、「機能として」とあるので、機能要件です。選択肢エは、「情報授受」という機能なので、機能要件です。したがって、選択肢イが正解です。

第11章　令和元年度 秋期 基本情報技術者試験 問題と解答

11-3　午前試験の解説　485

問66 正解ーア

「リレーションシップマーケティング」は、顧客との良好な関係（リレーションシップ）を維持するマーケティング手法です。したがって、選択肢アが正解です。

問67 正解ーエ

バランススコアカードには、「財務」「顧客」「ビジネスプロセス」「学習と成長」という4つの視点があります。選択肢アは、受注残なので「財務」の視点です。選択肢イは、クレーム件数なので「顧客」の視点です。選択肢ウは、研修なので「学習と成長」の視点です。選択肢エは、生産性なので「ビジネスプロセス」の視点です。したがって、選択肢エが正解です。

問68 正解ーア

「プロダクト（製品）」の「イノベーション（技術革新）」なので、「商品を開発すること」とある、選択肢アが適切です。

問69 正解ーエ

「ディジタルディバイド」とは、ディジタル機器の取り扱い能力や環境の有無によって、生活に格差（ディバイド）が生じることです。したがって、選択肢エが正解です。

問70 正解ーウ

「かんばん方式」とは、生産ラインで、前工程が次工程の生産指示を「かんばん」と呼ばれる指示書で受け取ることで、工程間の在庫を最小化する仕組みです。したがって、選択肢ウが正解です。

問71 正解ーア

仮想通貨の取引は、データをつなぐことで実現されていて、これを「ブロックチェーン」と呼びます。ブロックチェーンの計算作業に参加し、その成功者となると報奨金が得られ、これを「マイニング」と呼びます。したがって、選択肢アが正解です。

問72 正解ーア

「クラウドファンディング」とは、インターネットを介して、不特定多数の人た

486　第11章　令和元年度 秋期 基本情報技術者試験 問題と解答

ちから資金を調達することです。したがって、選択肢アが正解です。

問73　正解－ウ

「機械学習」は、人間が機械に教える（設定を行う）のではなく、機械自らが様々なデータから学習を行うことです。したがって、選択肢ウが正解です。

問74　正解－エ

技術的に容易であることではなく、業務の重要性に応じて優先順位を決めるべきなので、選択肢アは不適切です。上級管理者だけでなく、幅広く周知すべきことなので、選択肢イは不適切です。自社組織だけでなく、業務に関わる他社組織も考慮すべきなので、選択肢ウは不適切です。自然災害だけでなく、故障やマルウェア感染も考慮すべきなので、選択肢エは適切です。したがって、選択肢エが正解です。

問75　正解－ウ

「CIO（Chief Information Officer）」は、企業の情報システムや情報戦略における最高責任者です。したがって、「全社的観点から情報化戦略を立案し」とある、選択肢ウが正解です。

問76　正解－ウ

製品Xの生産個数をX個、製品Yの生産個数をY個とします。

原料Aの調達可能量から、以下の制限があります。
$2X + Y ≦ 100$……式1

原料Bの調達可能量から、以下の制限があります。
$X + 2Y ≦ 80$……式2

式1と式2から、製品XとYの生産可能範囲をX-Y平面に示すと、以下になります。これらの中で、頂点のP（0, 40）、Q（40, 20）、R（50, 0）のいずれかで、販売利益が最大になります。

第11章　令和元年度 秋期 基本情報技術者試験 問題と解答

11-3　午前試験の解説　487

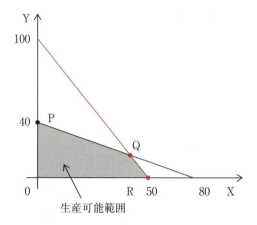

P(0, 40) の利益は、100 × 0 + 150 × 40 = 6000 円です。

Q(40, 20) の利益は、100 × 40 + 150 × 20 = 7000 円です。

R(50, 0) の利益は、100 × 50 + 150 × 0 = 5000 円です。

したがって、Q(40, 20) の利益が最大であり、選択肢ウが正解です。

問77　正解－ウ

「ROI（Return On Investment）」は、投資した費用（Investment）に対する利益（Return）の割合を示す値であり、「利益 / 費用」という計算で得られます。したがって、選択肢ウが正解です。

問78　正解－イ

変動費率は、60 百万円 / 100 百万円 = 0.6 です。目標利益 18 百万円を達成するための売上高を P 百万円とすると、18 = P － P × 0.6 － 30 であり、P = 120 です。したがって、選択肢イが正解です。

問79　正解－ウ

「シュリンクラップ契約」では、プログラムの記憶媒体の包装を開封すると同時に、契約条項に同意したものとみなされます。したがって、選択肢ウが正解です。

問80　正解－ア

　「製造物責任法（PL 法）」は、ソフトウェアには適用されませんが、ソフトウェアを組み込んだ機器には適用されます。したがって、選択肢アが正解です。

11-3　午前試験の解説　**489**

Section 11-4 午後試験の問題

〔問題一覧〕

●問 1（必須問題）

問題番号	出題分野	テーマ
問 1	情報セキュリティ	テレワークの導入

●問 2〜問 7（6 問中 4 問選択）

問題番号	出題分野	テーマ
問 2	ソフトウェア	スレッドを使用した並列実行
問 3	データベース	書籍及び貸出情報を管理する関係データベースの設計及び運用
問 4	ネットワーク	NAT
問 5	ソフトウェア設計	ストレスチェックの検査支援を行うシステム
問 6	プロジェクトマネジメント	販売管理システム開発の結合テストにおける進捗及び品質管理
問 7	経営戦略・企業と法務	製品別の収益分析

●問 8（必須問題）

問題番号	出題分野	テーマ
問 8	データ構造及びアルゴリズム	Bitap 法による文字列検索

●問 9〜問 13（5 問中 1 問選択）

問題番号	出題分野	テーマ
問 9	ソフトウェア開発（C）	入力ファイルの内容を文字及び 16 進数で表示
問 10	ソフトウェア開発（COBOL）	スーパーマーケットの弁当の販売データの集計
問 11	ソフトウェア開発（Java）	通知メッセージの配信システム
問 12	ソフトウェア開発（アセンブラ）	パック 10 進数の加算
問 13	ソフトウェア開発（表計算）	メロンの仕分

共通に使用される擬似言語の記述形式

擬似言語を使用した問題では，各問題文中に注記がない限り，次の記述形式が適用されているものとする。

〔宣言，注釈及び処理〕

記述形式	説明
○	手続，変数などの名前，型などを宣言する。
/* 文 */	文に注釈を記述する。
・変数 ← 式	変数に式の値を代入する。
・手続(引数, …)	手続を呼び出し，引数を受け渡す。
▲ 条件式 　　処理	単岐選択処理を示す。 　条件式が真のときは処理を実行する。
▲ 条件式 　　処理1 ─── 　　処理2	双岐選択処理を示す。 　条件式が真のときは処理1を実行し，偽のときは処理2を実行する。
■ 条件式 　　処理	前判定繰返し処理を示す。 　条件式が真の間，処理を繰り返し実行する。
■ 　　処理 ■ 条件式	後判定繰返し処理を示す。 　処理を実行し，条件式が真の間，処理を繰り返し実行する。
■ 変数: 初期値, 条件式, 増分 　　処理	繰返し処理を示す。 　開始時点で変数に初期値（式で与えられる）が格納され，条件式が真の間，処理を繰り返す。また，繰り返すごとに，変数に増分（式で与えられる）を加える。

〔演算子と優先順位〕

演算の種類	演算子	優先順位
単項演算	＋，－，not	高
乗除演算	×，÷，％	
加減演算	＋，－	
関係演算	＞，＜，≧，≦，＝，≠	
論理積	and	
論理和	or	低

注記　整数同士の除算では，整数の商を結果として返す。％演算子は，剰余算を表す。

〔論理型の定数〕

true, false

次の問1は必須問題です。必ず解答してください。

問1　テレワークの導入に関する次の記述を読んで，設問1～3に答えよ。

　　ソフトウェア開発会社であるA社では，従業員が働き方を柔軟に選択できるように，場所や時間の制約を受けずに働く勤務形態であるテレワークを導入することにした。
　　A社には，事務業務だけが行えるPC（以下，事務PCという）と，事務業務及びソフトウェア開発業務が行えるPC（以下，開発PCという）がある。開発部の従業員は開発PCを使用し，開発部以外の従業員は事務PCを使用している。
　　A社には事務室，開発室及びサーバ室があり，各部屋のネットワークはファイアウォール（以下，A社FWという）を介して接続されている。A社のネットワーク構成を，図1に示す。

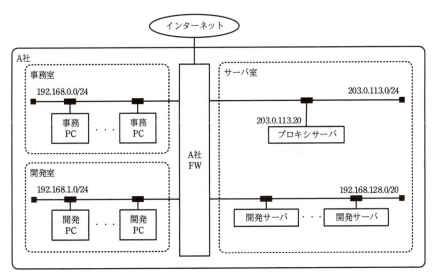

図1　A社のネットワーク構成

事務室には，事務 PC だけが設置されている。開発室には開発 PC だけが設置されており，開発部の従業員だけが入退室できる。サーバ室には，プロキシサーバ 1 台と，ソフトウェア開発業務に必要なソースコード管理，バグ管理，テストなどに利用するサーバ（以下，開発サーバという）が複数台設置されている。

　A 社 FW では，開発室のネットワークだけから開発サーバに HTTP over TLS（以下，HTTPS という）又は SSH でアクセスできるように通信を制限している。また，A 社ネットワークからのインターネットの Web サイト閲覧は，事務 PC 及び開発 PC だけからプロキシサーバを経由してできるように通信を制限している。

　テレワークで働く従業員は，データを保存できないシンクライアント端末を A 社から支給され，遠隔からインターネットを経由して A 社のネットワークに接続し，業務を行う。そのために，安全に A 社のネットワークに接続する VPN，及び仮想マシンの画面を転送して遠隔から操作できるようにする画面転送型の仮想デスクトップ環境（以下，VDI という）の導入を検討した。テレワーク導入後の A 社のネットワーク構成案を，図 2 に示す。

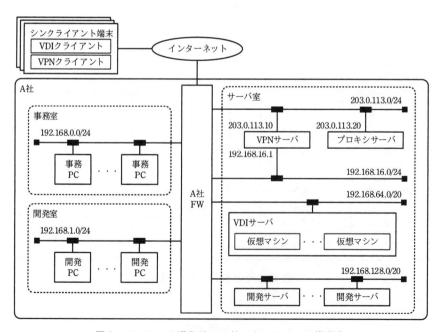

図 2　テレワーク導入後の A 社のネットワーク構成案

〔A社が検討したテレワークによる業務の開始までの流れ〕

(1) 利用者は，シンクライアント端末の VPN クライアントを起動して，VPN サーバに接続する。

(2) VPN サーバは，VPN クライアントが提示するクライアント証明書を検証する。検証に成功した場合，処理を継続する。

(3) VPN サーバは，利用者を認証する。認証が成功した場合，VPN クライアントに対して，192.168.16.0/24 の範囲で使用されていない IP アドレスを一つ選択して割り当てる。

(4) VPN クライアントは，(3)で割り当てられた IP アドレスを使用して，VPN サーバ経由で A社のネットワークに接続する。

(5) 利用者は，シンクライアント端末の VDI クライアントを起動して，VDI サーバに接続する。

(6) VDI サーバは，VPN サーバで認証された利用者が開発部以外の従業員であれば事務業務だけが行える仮想マシン（以下，事務 VM という）を，開発部の従業員であれば事務業務及びソフトウェア開発業務が行える仮想マシン（以下，開発 VM という）を割り当てる。また，VDI サーバは，事務 VM には 192.168.64.0/24，開発 VM には 192.168.65.0/24 の範囲で使用されていない IP アドレスを一つ選択して割り当てる。

(7) 利用者は，仮想マシンにログインして業務を開始する。VDI クライアントと仮想マシンとの間では，画面データ，並びにキーボード及びマウスの操作データだけが送受信される。

　　テレワーク導入後の A 社 FW に設定するパケットフィルタリングのルール案を，表 1 に示す。

表1 A社FWに設定するパケットフィルタリングのルール案

ルール番号	送信元	宛先	サービス	動作
1	インターネット	203.0.113.10	VPN	許可
2	203.0.113.20	インターネット	HTTP，HTTPS，DNS	許可
3	192.168.16.0/24	192.168.64.0/20	VDI	許可
4	192.168.0.0/23	203.0.113.20	プロキシ	許可
5	192.168.64.0/23	203.0.113.20	プロキシ	許可
6	192.168.1.0/24	192.168.128.0/20	HTTPS，SSH	許可
7	192.168.64.0/23	192.168.128.0/20	HTTPS，SSH	許可
8	全て	全て	全て	拒否

注記1 ルール番号の小さいものから順に，最初に一致したルールが適用される。
注記2 許可された通信に対する戻りのパケットは，無条件に許可される。

ところが，表1のルール案ではルール番号7の条件に誤りがあり，　　a　　ことが分かった。そこで，開発サーバに対するアクセスを正しく制限するために，ルール番号7の条件について，送信元を　　b　　に変更した。

設問1　本文中の　　　　　に入れる適切な答えを，解答群の中から選べ。

aに関する解答群

　ア　開発PCから開発サーバにアクセスできない

　イ　開発VMから開発サーバにアクセスできない

　ウ　事務PCから開発サーバにアクセスできる

　エ　事務VMから開発サーバにアクセスできる

bに関する解答群

　ア　192.168.0.0/24　　　イ　192.168.1.0/24　　　ウ　192.168.16.0/24

　エ　192.168.64.0/24　　　オ　192.168.65.0/24　　　カ　192.168.128.0/20

　キ　192.168.128.0/24　　　ク　203.0.113.0/24　　　ケ　インターネット

設問2　シンクライアント端末から開発サーバにアクセスするときの接続経路として
　　　　適切な答えを，解答群の中から選べ。

解答群

　ア　シンクライアント端末 → VDI サーバ → VPN サーバ → 開発 PC → 開発サーバ

　イ　シンクライアント端末 → VDI サーバ → VPN サーバ → 開発 VM → 開発サーバ

　ウ　シンクライアント端末 → VDI サーバ → 開発 VM → 開発 PC → 開発サーバ

　エ　シンクライアント端末 → VPN サーバ → VDI サーバ → 開発 PC → 開発サーバ

　オ　シンクライアント端末 → VPN サーバ → VDI サーバ → 開発 VM → 開発サーバ

　カ　シンクライアント端末 → VPN サーバ → 開発 PC → 開発 VM → 開発サーバ

設問3　A 社がテレワークの検討を進める過程で，"常に同一の業務環境を使用でき
　　　　るように，テレワークで働くときだけでなく，事務 PC 及び開発 PC からも仮
　　　　想マシンを使用したい"との要望が挙がった。検討した結果，この要望に応え
　　　　てもセキュリティ上のリスクは変わらないと判断した。また，A 社のネットワ
　　　　ーク内からアクセスするので VPN で接続する必要はなく，利用者認証を VPN
　　　　サーバではなく VDI サーバで行えばよいことを確認した。
　　　　　　この要望に応えるとき，表 1 のルール案に必要な変更として適切な答えを，
　　　　解答群の中から選べ。ここで，表 1 のルール番号 7 の送信元には，設問 1 で選
　　　　択した適切な答えが設定されているものとする。

解答群

　ア　変更する必要はない。

　イ　ルール番号 3 と 4 の間に，送信元を 192.168.0.0/23，宛先を 192.168.64.0/20，
　　　サービスを VDI，及び動作を許可とするルールを新たに挿入する必要がある。

　ウ　ルール番号 3 と 4 の間に，送信元を 192.168.64.0/23，宛先を 192.168.0.0/23，
　　　サービスを VDI，及び動作を許可とするルールを新たに挿入する必要がある。

　エ　ルール番号 3 と 4 の間に，送信元をインターネット，宛先を 192.168.64.0/20，
　　　サービスを VDI，及び動作を許可とするルールを新たに挿入する必要がある。

次の問2から問7までの6問については，この中から4問を選択し，選択した問題については，答案用紙の選択欄の⟨選⟩をマークして解答してください。

なお，5問以上マークした場合には，はじめの4問について採点します。

問2　スレッドを使用した並列実行に関する次の記述を読んで，設問1～3に答えよ。

　　プログラム中の並列実行が可能な部分を取り出し，その部分を分割して複数のスレッドで並列に実行する方法（以下，スレッド並列法という）がある。マルチプロセッサシステムでは，スレッド並列法を適用することによって，プログラムの実行時間を短縮できることがある。

　　プログラムにおいて，スレッド並列法を適用しないで実行したときの実行時間を，スレッド並列法を適用したときの実行時間で割った値を，プログラム実行時間の高速化率という。

　　プログラムをスレッド並列法を適用しないで実行したときの，プログラム全体の実行時間に対する，並列実行可能な部分の実行時間の割合を r（$0 \leqq r \leqq 1$）とする。スレッドの個数を n（$n \geqq 1$）にして，プログラムにスレッド並列法を適用すると，マルチプロセッサシステムでは，プログラム実行時間の高速化率 E は，次の式で求められる。ここで，各スレッドはそれぞれ異なるプロセッサに割り当てられるものとし，プログラムの実行に使用する全てのプロセッサの性能は同じとする。

$$E = \frac{1}{(1 - r) + \dfrac{r}{n}}$$

　　この式は，並列実行可能な部分のプログラム実行時間がスレッド並列法の適用によって $\dfrac{1}{n}$ になり，その他の部分のプログラム実行時間は変化しないときの高速化率を計算するものである。

　　プログラム中に並列実行が可能な部分をもつプログラム A に対してスレッドの個数を 2 にしてスレッド並列法を適用すると，高速化率は $\dfrac{3}{2}$ になった。この場合，r

498　第11章　令和元年度 秋期 基本情報技術者試験 問題と解答

は $\boxed{\quad a \quad}$ である。

r が $\dfrac{3}{4}$ であるプログラム B の場合，スレッドの個数を増やしても，高速化率の上限は $\boxed{\quad b \quad}$ である。

設問1　本文中の $\boxed{}$ に入れる正しい答えを，解答群の中から選べ。

aに関する解答群

ア $\dfrac{1}{6}$　　　　　　　イ $\dfrac{1}{4}$　　　　　　　ウ $\dfrac{1}{3}$

エ $\dfrac{1}{2}$　　　　　　　オ $\dfrac{2}{3}$

bに関する解答群

ア 2　　　　イ 3　　　　　ウ 4　　　　　エ 6　　　　　オ 8

設問2　次の記述中の $\boxed{}$ に入れる正しい答えを，解答群の中から選べ。

　　配列の操作を行う繰返しの処理において，図1，図2のように繰返しの範囲を分割して，スレッド並列法を適用することを考える。

　　このとき，操作の内容によって，正しい結果が得られる場合と得られない場合があるので，十分に検討することが必要である。

　　正しい結果が得られる場合の例を，図1に示す。

　　図1に示すプログラム1は，制御変数 i の取る範囲を分けることによって繰返し範囲を分割した繰返しの処理を，それぞれ異なるスレッドで実行できる。

　　なお，図1，図2において，実線の四角はプログラム，破線の四角は繰返しの処理，破線の四角から出る二つの矢印は分割を示す。

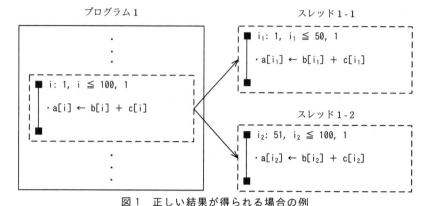

図1　正しい結果が得られる場合の例

　正しい結果が得られない場合の二つの例を，図2に示す。
　プログラム 2 の繰返しの処理を，スレッド 2-1 とスレッド 2-2 の二つに分割すると，　c　　ことがあるので，スレッド並列法を適用しない場合の実行結果と等しくなることを保証できない。したがって，プログラム 2 に対しては，繰返しの範囲の分割によるスレッド並列法を適用できない。
　また，プログラム 3 の繰返しの処理を，スレッド 3-1 とスレッド 3-2 の二つに分割すると，　d　　ことがあるので，スレッド並列法を適用しない場合の実行結果と等しくなることを保証できない。したがって，プログラム 3 に対しても，繰返しの範囲の分割によるスレッド並列法を適用できない。

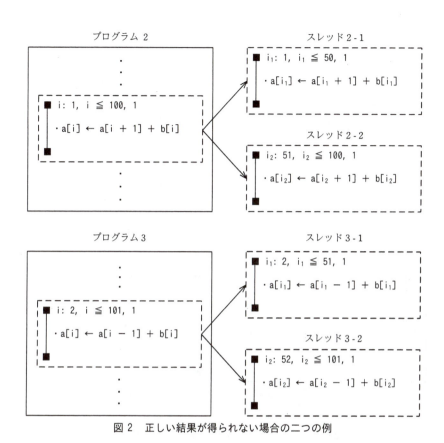

図2　正しい結果が得られない場合の二つの例

cに関する解答群

　ア　a[51]の値をスレッド2-1で更新するより先にスレッド2-2で更新する
　イ　a[51]の値をスレッド2-1で更新するより先にスレッド2-2で参照する
　ウ　a[51]の値をスレッド2-1で参照するより先にスレッド2-2で更新する
　エ　a[51]の値をスレッド2-1で参照するより先にスレッド2-2で参照する

dに関する解答群

　ア　a[51]の値をスレッド3-1で更新するより先にスレッド3-2で更新する
　イ　a[51]の値をスレッド3-1で更新するより先にスレッド3-2で参照する
　ウ　a[51]の値をスレッド3-1で参照するより先にスレッド3-2で更新する
　エ　a[51]の値をスレッド3-1で参照するより先にスレッド3-2で参照する

設問3　図3に示すプログラム4では，配列aにおける更新対象の位置を配列ipの要素の値で指している。このプログラムでは，配列ipの要素の値によって，スレッド並列法を適用できる場合とできない場合がある。

図4に示す配列ipであれば，スレッド並列法を適用できる。図4中の　　　　　に入れる正しい答えを，解答群の中から選べ。

なお，図3において，実線の四角はプログラム，破線の四角は繰返しの処理，破線の四角から出る二つの矢印は分割を示す。

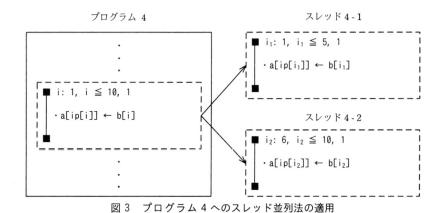

図3　プログラム4へのスレッド並列法の適用

要素番号	1	2	3	4	5	6	7	8	9	10
ip[]	1	2	3	4	5	\multicolumn{5}{c}{e}

図4　スレッド並列法を適用できる配列ip

eに関する解答群

ア | 1 | 2 | 8 | 9 | 10 |

イ | 5 | 6 | 7 | 8 | 9 |

ウ | 6 | 7 | 4 | 9 | 10 |

エ | 6 | 7 | 8 | 9 | 10 |

選択した問題は，選択欄の⛶をマークしてください。マークがない場合は，採点されません。

問3　書籍及び貸出情報を管理する関係データベースの設計及び運用に関する次の記述を読んで，設問1〜3に答えよ。

　D社の部署である資料室は，業務に関連する書籍を所蔵しており，従業員への貸出しを2015年4月から実施している。
　所蔵する書籍を管理するデータベースは，書籍の情報を管理する書籍情報表と貸出状況を管理する貸出表とで構成されている。データベース構成を，図1に示す。下線付きの項目は主キーを表し，下破線付きの項目は外部キーを表す。各書籍は1冊しか所蔵していない。

書籍情報表（ISBNコード，書籍名，著者名，出版社名，出版年）
貸出表（貸出番号，ISBNコード，従業員番号，貸出日，返却予定日，返却日）

図1　データベース構成

〔貸出表に関する説明〕
(1)　従業員に書籍を貸し出す際は，一意の貸出番号，貸し出す書籍のISBNコード，従業員番号，貸出日及び返却予定日を設定し，返却日にはNULLを設定したレコードを追加する。
(2)　書籍が返却されたら，対象のレコードの返却日に返却された日付を設定する。

設問1　次の SQL 文は，ISBN コードが ISBN978-4-905318-63-7 の書籍の貸出し状態を表示する SQL 文である。ISBN コードで貸出表を検索し，最も新しい貸出日のレコードの返却日に NULL が設定されている場合は，"貸出中"が表示される。また，最も新しい貸出日のレコードの返却日に日付が設定されている場合，及び貸出実績のない書籍の場合は，"貸出可"が表示される。[　　　　]に入れる正しい答えを，解答群の中から選べ。ここで，検索に使用する ISBN コードの書籍は必ず所蔵されているものとする。また，返却された書籍はその日のうちに再び貸し出されることはない。

```
SELECT 貸出表.ISBNコード,
       CASE WHEN [                    a                    ]
       END AS 書籍状態
FROM 貸出表
WHERE 貸出表.ISBNコード = 'ISBN978-4-905318-63-7'
      AND 貸出表.貸出日 = (SELECT [  b  ] FROM 貸出表
          WHERE 貸出表.ISBNコード = 'ISBN978-4-905318-63-7')
UNION ALL
SELECT DISTINCT 書籍情報表.ISBNコード, '貸出可' AS 書籍状態
FROM 書籍情報表
WHERE 書籍情報表.ISBNコード = 'ISBN978-4-905318-63-7'
      AND NOT EXISTS (SELECT 貸出表.ISBNコード FROM 貸出表
          WHERE 貸出表.ISBNコード = 'ISBN978-4-905318-63-7')
```

a に関する解答群

ア　貸出表.返却日 IS NOT NULL THEN '貸出中' ELSE '貸出可'

イ　貸出表.返却日 IS NOT NULL THEN '貸出中'
　　 WHEN 貸出表.返却日 IS NULL THEN '貸出可'

ウ　貸出表.返却日 IS NULL THEN '貸出可' ELSE '貸出中'

エ　貸出表.返却日 IS NULL THEN '貸出中'
　　 WHEN 貸出表.返却日 IS NOT NULL THEN '貸出可'

b に関する解答群

ア　DISTINCT 貸出表.貸出日　　　イ　MAX(貸出表.貸出日)

ウ　MIN(貸出表.貸出日)　　　　　エ　貸出表.貸出日

504　第 11 章　令和元年度 秋期 基本情報技術者試験 問題と解答

設問2　2018 年 4 月 1 日から 2019 年 3 月 31 日までの間に 4 回以上貸し出した書籍
　　　の一覧を取得することにした。次の SQL 文の　　　　　　　に入れる正しい答え
　　　を，解答群の中から選べ。

```
SELECT 書籍情報表.ISBNコード, 書籍情報表.書籍名, COUNT(*) AS 貸出回数
    FROM 書籍情報表, 貸出表
    WHERE 書籍情報表.ISBNコード = 貸出表.ISBNコード
    ┌─────────────────── c ───────────────────┐
    └─────────────────────────────────────────┘
```

c に関する解答群

ア　AND (貸出表.貸出日 >= '2018-04-01' OR 貸出表.貸出日 <= '2019-03-31')
　　GROUP BY 書籍情報表.ISBN コード, 書籍情報表.書籍名
　　HAVING COUNT(*) >= 4

イ　AND 貸出表.貸出日 BETWEEN '2018-04-01' AND '2019-03-31'
　　GROUP BY 書籍情報表.ISBN コード, 書籍情報表.書籍名
　　HAVING COUNT(*) >= 4

ウ　AND 貸出表.貸出日 >= '2018-04-01' AND 貸出表.貸出日 <= '2019-03-31'
　　AND COUNT(*) >= 4

エ　GROUP BY 書籍情報表.ISBNコード, 書籍情報表.書籍名, 貸出表.貸出日
　　HAVING 貸出表.貸出日 >= '2018-04-01' AND 貸出表.貸出日 <= '2019-03-31'
　　　AND COUNT(*) >= 4

設問3　従業員と資料室担当者の利便性を向上させる目的で，所蔵する書籍を管理するデータベースを再構築することにした。

データベースの再構築に当たり，従業員と資料室担当者から要望が出された。次の記述中の　　　　　に入れる適切な答えを，解答群の中から選べ。

〔従業員と資料室担当者からの要望〕

要望1　ISBNコードが同じ書籍を複数冊所蔵できるようにしたい。

要望2　書籍の購入日を管理できるようにしたい。

要望3　ISBNコードごとに所蔵する書籍数及び貸出し中の書籍数（以下，貸出中件数という）が分かるようにしたい。

要望4　ISBNコードが同じ書籍は同じラックに保管して，書籍が収納されているラックが分かるようにしたい。

従業員と資料室担当者からの要望を反映したデータベース構成案を，図2に示す。下線付きの項目は主キーを表し，下破線付きの項目は外部キーを表す。

```
書籍情報表（ISBNコード，書籍名，著者名，出版社名，出版年，ラック番号）
貸出表（貸出番号，書籍番号，従業員番号，貸出日，返却予定日，返却日）
書籍表（書籍番号，ISBNコード，購入日）
書籍管理ビュー（ISBNコード，所蔵書籍数，貸出中件数）
ラック表（ラック番号，ラック名）
```

図2　要望を反映したデータベース構成案

〔要望に対するデータベース修正内容〕

修正1　要望1に対応するために書籍表を追加して，資料室で所蔵している各書籍に一意の書籍番号を割り振って，それを主キーとした。また，貸出表のISBNコードを書籍番号に変更した。

修正2　要望2に対応するために書籍表に購入日を設けた。

修正3　要望3に対応するために書籍管理ビューを追加した。

修正4　要望4に対応するためにラック表を追加して，書籍情報表に外部キーとしてラック番号を追加した。

506　第11章　令和元年度 秋期 基本情報技術者試験 問題と解答

要望を反映したデータベース構成案では，既に所蔵している書籍とISBNコードが同じ書籍を追加購入した場合に，レコードを追加する必要のある表は　d　である。

また，需要がなくなった書籍を廃棄する場合は，ISBNコードが同じ書籍を全て廃棄する。データベースに対して行う操作は，次の①～④を，　e　の順序で行う必要がある。

① 書籍情報表の主キーが対象ISBNコードのレコードを削除する。

② 書籍表から対象ISBNコードに対応する書籍番号を抽出する。

③ 書籍表の対象ISBNコードに対応するレコードを削除する。

④ 貸出表の対象書籍番号に対応するレコードを削除する。

dに関する解答群

ア　書籍表

イ　書籍表及びラック表

ウ　書籍情報表及び書籍表

エ　書籍情報表，書籍表及びラック表

eに関する解答群

ア　②→①→③→④　　イ　②→①→④→③　　ウ　②→③→①→④

エ　②→③→④→①　　オ　②→④→①→③　　カ　②→④→③→①

11-4　午後試験の問題　　507

選択した問題は，選択欄の**選**をマークしてください。マークがない場合は，採点されません。

問4　NATに関する次の記述を読んで，設問1，2に答えよ。

　IPv4のIPアドレスのうち，全世界で重複しないように管理されているグローバルIPアドレスはインターネットへの接続に利用でき，プライベートIPアドレスは社内LANなどの閉じたネットワークだけで利用できる。

　プライベートIPアドレスだけが割り当てられている機器（以下，LAN内機器という）とインターネットに接続されている外部の機器（以下，インターネット機器という）とは直接通信することはできないが，例えば，NAT（Network Address Translation）を使うことによって通信することができるようになる。

　本問で扱うNATは，NAPT（Network Address Port Translation）とも呼ばれる，ルータが搭載している機能であり，通過するパケットのIPアドレス及びポート番号を書き換えることによって，LAN内機器とインターネット機器との通信を可能にする。表1に，LAN内機器とインターネット機器との通信の際にルータを通過するパケットの，IPアドレス及びポート番号の書換えの概要を示す。ここで，送信パケットとはLAN内機器がインターネット機器に向けて送信するパケットのことをいい，受信パケットとはルータがインターネット機器から受信するパケットのことをいう。

表1　IPアドレス及びポート番号の書換えの概要

	書換え対象	書換え前	書換え後
送信パケット	送信元IPアドレス	LAN内機器のIPアドレス	ルータのグローバルIPアドレス
	送信元ポート番号	LAN内機器のポート番号	ルータのポート番号
受信パケット	宛先IPアドレス	ルータのグローバルIPアドレス	LAN内機器のIPアドレス
	宛先ポート番号	ルータのポート番号	LAN内機器のポート番号

　NATには，静的NATと動的NATがある。

　静的NATでは，ルータのグローバルIPアドレス及びルータのポート番号の組みとLAN内機器のIPアドレス及びLAN内機器のポート番号の組みとの対応をあらかじめ定義しておき，その定義に基づいて，送信パケットと受信パケットの書換え対象の

508　第11章　令和元年度 秋期 基本情報技術者試験 問題と解答

IP アドレス及びポート番号を書き換える。

　動的 NAT では，送信パケットと受信パケットの書換え対象の IP アドレス及びポート番号を，次のように書き換える。

(1) 送信パケットの送信元 IP アドレス及び送信元ポート番号の書換え
　① 送信パケットの送信元 IP アドレス及び送信元ポート番号の，書換え前の組み（LAN 内機器の IP アドレス及び LAN 内機器のポート番号の組み）と書換え後の組み（ルータのグローバル IP アドレス及びルータのポート番号の組み）とを，関連付けて一定期間記憶する。
　② 送信パケットの送信元 IP アドレス及び送信元ポート番号の組みを，書換え前の組みとして記憶している間は，関連付けられている書換え後の組みに書き換える。
　③ 送信パケットの送信元 IP アドレス及び送信元ポート番号の組みを，書換え前の組みとして記憶していないときは，ルータに割り当てられている幾つかのグローバル IP アドレスのうちの一つと，その IP アドレスで使用されていないポート番号のうちの一つとの組みに書き換える。
(2) 受信パケットの宛先 IP アドレス及び宛先ポート番号の書換え
　① 受信パケットの宛先 IP アドレスと宛先ポート番号の組みが，上記 (1)① の書換え後の組みとして記憶されている間は，関連付けられている書換え前の組みに書き換える。

設問1　次の (1)〜(3) のケースのうち，静的 NAT よりも動的 NAT の方が適しているものを，解答群の中から選べ。

　(1) インターネット機器からアクセス可能なサーバを，LAN 内機器として設置する。
　(2) LAN 内機器から，インターネット機器にアクセスする。
　(3) インターネットを介する異なる LAN の LAN 内機器同士が，あらかじめ決まった固定のポートを使い，相互に通信する。

11-4　午後試験の問題　**509**

解答群

ア　(1)だけ　　　　　　　イ　(1)と(2)　　　　　　　ウ　(1)と(3)

エ　(2)だけ　　　　　　　オ　(2)と(3)　　　　　　　カ　(3)だけ

設問2　次の記述中の　　　　　　　に入れる正しい答えを，解答群の中から選べ。こ
こで，a1 ～ a3 に入れる答えは，a に関する解答群の中から組合せとして正し
いものを選ぶものとする。

　　IPv6 と IPv4 とは互換性がないので，IPv6 のネットワーク内の機器（以下，
IPv6 機器という）と IPv4 のネットワーク内の機器（以下，IPv4 機器という）
とは直接通信することができない。IPv6 機器から IPv4 機器にアクセスする方
法の一つに，NAT の機能を拡張した NAT64 と，DNS の機能を拡張した
DNS64 との組合せによる方法がある。この方法による IPv6 機器から IPv4 機
器へのアクセスの流れを次に示す。

(1)　IPv6 機器は，アクセス先の機器の IP アドレスを，DNS64 から入手する。
　　DNS64 は　　 a1 　　のネットワークに置かれる DNS であり，ホスト名
　　に対応する IP アドレスの問合せに対し，対応する　　 a2 　　アドレスがあ
　　ればそれを返し，対応する　　 a2 　　アドレスがなく，　　 a3 　　アドレ
　　スがあればそれを　　 a2 　　アドレスに変換して返す。ここで，IPv4 アド
　　レスの IPv6 アドレス表現は，当該 IPv4 アドレスを示す 4 バイトの前に，あ
　　らかじめ決められた 12 バイトのプレフィクスを付加したものである。

(2)　IPv6 機器は，入手した IP アドレスに宛てて IPv6 のパケットを送信する。

(3)　(2)のパケットが IPv4 機器向けならば，当該パケットとその返信パケット
　　は，NAT64 の機能をもつルータ（以下，NAT64 ルータという）が受信する。

(4)　NAT64 ルータは，IPv6 機器から IPv4 機器に向けて送信された IPv6 のパ
　　ケットを IPv4 のパケットに，その返信パケットである IPv4 のパケットを
　　IPv6 のパケットに，それぞれ変換し，転送する。このとき，IP アドレス及
　　びポート番号は，動的 NAT による書換えの考え方を用いて変換する。
　　NAT64 ルータによる IP アドレスとポート番号の変換例を，図1に示す。

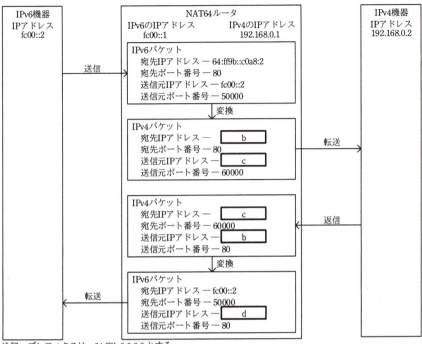

図1 NAT64ルータによるIPアドレスとポート番号の変換例

a に関する解答群

	a1	a2	a3
ア	IPv4	IPv4	IPv6
イ	IPv4	IPv6	IPv4
ウ	IPv6	IPv4	IPv6
エ	IPv6	IPv6	IPv4

b～d に関する解答群

ア 192.168.0.0　　　イ 192.168.0.1　　　ウ 192.168.0.2

エ 64:ff9b::　　　　オ 64:ff9b::c0a8:1　　カ 64:ff9b::c0a8:2

キ fc00::　　　　　　ク fc00::1　　　　　　ケ fc00::2

選択した問題は，選択欄の⬚選をマークしてください。マークがない場合は，採点されません。

問5　ストレスチェックの検査支援を行うシステムに関する次の記述を読んで，設問 1，2に答えよ。

　　K社は，厚生労働省が作成した"労働安全衛生法に基づくストレスチェック制度実施マニュアル（平成28年4月改訂）"を基に，労働者の，職業上の心理的な負担の程度を把握するための検査を支援するシステムを開発している。このシステムは，"職業性ストレス簡易調査票"の質問の全てに回答が入力されると，質問項目の領域ごとに回答の合計点を求めて，高ストレス者を簡易的に判別する。

〔職業性ストレス簡易調査票の説明〕
(1)　職業性ストレス簡易調査票には，全部で57項目の質問があり，次の4領域に分類される。
　　領域A　職場における当該労働者の心理的な負担の原因に関する質問（17項目）
　　領域B　心理的な負担による心身の自覚症状に関する質問（29項目）
　　領域C　職場における他の労働者による当該労働者への支援に関する質問（9項目）
　　領域D　仕事及び家庭生活の満足度に関する質問（2項目）
(2)　各質問に対して，四つの選択肢から一つを選択して回答する。各選択肢には，あらかじめ点数（1，2，3，4点のいずれか）が割り振られている。領域Aの一部を例に，質問，選択肢，回答例及び回答例での点数を，表1に示す。

〔高ストレス者を判別する方法〕
(1)　領域ごとに，質問に対する回答の合計点を求める。
(2)　次のいずれかを満たす場合に，高ストレス者と判別する。領域Dの合計点は，高ストレス者の判別には利用しない。

512　第11章　令和元年度 秋期 基本情報技術者試験 問題と解答

① 領域Bの合計点が77点以上である。
② 領域Bの合計点が63点以上76点以下であって，かつ，領域A及びCの合計点の和が76点以上である。

合計点によって高ストレス者と判別する〔高ストレス者を判別する方法〕の(2)の①及び②の範囲を，図1に示す。図1の網掛けの範囲に入る場合は高ストレス者であるとし，それ以外の場合は高ストレス者ではないとする。

表1 質問，選択肢，回答例及び回答例での点数（領域Aの一部）

領域Aの質問	そうだ	まあそうだ	ややちがう	ちがう	点数回答例での
1. 非常にたくさんの仕事をしなければならない	○				4
2. 時間内に仕事が処理しきれない	○				4
3. 一生懸命働かなければならない		○			3
4. かなり注意を集中する必要がある			○		2
5. 高度の知識や技術が必要なむずかしい仕事だ			○		2
6. 勤務時間中はいつも仕事のことを考えていなければならない	○				4
7. からだを大変よく使う仕事だ				○	1
8. 自分のペースで仕事ができる				○	4
9. 自分で仕事の順番・やり方を決めることができる			○		3

注記 "○"は，選択した回答を示す。

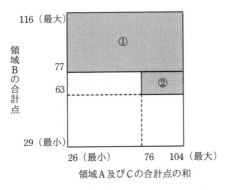

図1 高ストレス者と判別する範囲（網掛け）

設問1　図2中の [　　　] に入れる正しい答えを，解答群の中から選べ。

職業性ストレス簡易調査票の回答結果から高ストレス者を判別する処理の流れ図を，図2に示す。変数"判別結果"に初期値として0を格納しておき，高ストレス者と判別した場合は，"判別結果"に1を格納する。

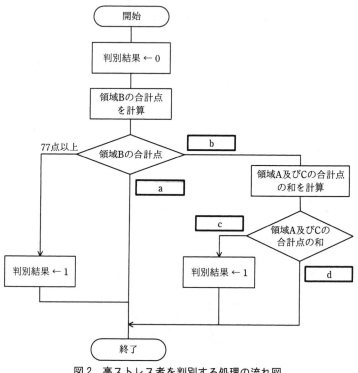

図2　高ストレス者を判別する処理の流れ図

a～dに関する解答群

　ア　62点以下
　イ　62点以上
　ウ　63点以下
　エ　63点以上
　オ　63点以上かつ76点以下
　カ　63点以上かつ77点以下
　キ　75点以下
　ク　76点以上

設問2　次の記述中の ＿＿＿＿＿ に入れる適切な答えを，解答群の中から選べ。

　このシステムのテストに備えてテストデータを用意した。各テストデータは，領域 A 〜 C の回答の合計点が表 2 に示す合計点になるように回答が入力された職業性ストレス簡易調査票である。

　図1に基づいて，①，②及びそれ以外の場合を判別できるかどうかをテストするには，テストデータ ＿＿e＿＿ を使用する。また，図 2 の流れ図で，分岐による全てのパスを通るテストをするには，テストデータ ＿＿f＿＿ を使用する。ここで，どちらのテストも，使用するテストデータの件数が最少となるように実施する。

表 2　用意したテストデータの各領域の合計点

テストデータ	領域 A の合計点	領域 B の合計点	領域 C の合計点
1	34	63	18
2	34	87	27
3	34	63	36
4	51	87	36
5	51	58	36
6	51	66	36

e，fに関する解答群

ア　1，2 及び 3　　　　　　　イ　1，2 及び 4

ウ　1，3 及び 6　　　　　　　エ　2，4 及び 6

オ　4，5 及び 6　　　　　　　カ　1，2，3 及び 4

キ　1，3，4 及び 5　　　　　ク　1，4，5 及び 6

ケ　2，3，4 及び 5　　　　　コ　2，4，5 及び 6

選択した問題は，選択欄の**選**をマークしてください。マークがない場合は，採点されません。

問6　販売管理システム開発の結合テストにおける進捗及び品質管理に関する次の記述を読んで，設問1～3に答えよ。

　製造業のP社では，販売管理システムを構築するプロジェクト（以下，Qプロジェクトという）を進めており，情報システム部門のRさんがプロジェクトマネージャを担当している。P社では，結合テスト工程において，バグ管理図を用いて，テストの進捗とソフトウェアの品質を評価している。本問におけるバグ管理図とは，横軸に結合テスト期間の経過率を，縦軸に未消化テスト項目数及び累積バグ検出数を表したグラフのことである。

　P社では，過去のシステム構築の実績値を基に，テスト項目数及びバグ検出数の標準値を定めており，Qプロジェクトの結合テストで用いる，テスト項目1件当たりのバグ検出数の標準値は，0.02件である。Qプロジェクトにおける結合テスト期間の経過率ごとの未消化テスト項目数及び累積バグ検出数の計画値を，表1に示す。

　Qプロジェクトでは，未消化テスト項目数，消化済テスト項目数及び累積バグ検出数の計画値と実績値から進捗と品質を評価する。また，結合テスト工程では，累積バグ検出数の実績値が，消化済テスト項目数の実績値に基づいて算出した累積バグ検出数の計画値の±25％の範囲内の場合，品質に問題はないと判断する。

表1　結合テスト期間の経過率ごとの未消化テスト項目数及び累積バグ検出数の計画値

結合テスト期間の経過率（％）	0	20	40	60	80	100
未消化テスト項目数　　　　（件）	3,500	3,000	2,200	1,400	900	0
累積バグ検出数　　　　　　（件）	0	10	26	42	52	70

　表1を基にしたバグ管理図を，図1に示す。Rさんは，図1に示すバグ管理図に，結合テスト期間の60％が経過した時点（以下，60％経過時点という）の未消化テスト項目数及び累積バグ検出数の実績値をプロットして進捗と品質を評価することにした。結合テストの担当者は，検出したバグの原因調査と修正も行う。結合テストの担当者A～Eそれぞれのテスト項目数の計画値と60％経過時点での消化済テスト項目

516　第11章　令和元年度 秋期 基本情報技術者試験 問題と解答

数及び累積バグ検出数の実績値を，表2に示す。60％経過時点での結合テスト全体の未消化テスト項目数の実績値は図1の　a　，累積バグ検出数の実績値は図1の　b　。Rさんはプロットした結果を基に，結合テストは計画どおりには進捗していないと判断した。また，担当者A～Eの60％経過時点での累積バグ検出数の実績値の合計値は，担当者A～Eの60％経過時点での消化済テスト項目数の実績値の合計値に，バグ検出数の標準値である0.02を乗じて算出した累積バグ検出数の　c　と判断した。

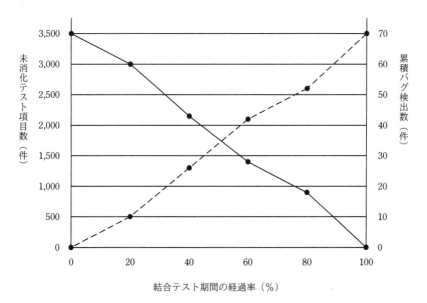

注記　実線の折れ線は未消化テスト項目数の計画値の推移を，破線の折れ線は累積バグ検出数の計画値の推移を表す。

図1　表1を基にしたバグ管理図

表2　担当者A～Eが担当するテスト項目数の計画値と60％経過時点での実績値

単位　件

担当者	A	B	C	D	E
担当するテスト項目数（計画値）	500	700	700	800	800
60％経過時点での消化済テスト項目数（実績値）	210	390	400	450	300
60％経過時点での累積バグ検出数（実績値）	4	9	8	11	13

設問1 本文中の ☐ に入れる適切な答えを，解答群の中から選べ。

a に関する解答群

　ア　実線の折れ線が示す未消化テスト項目数の値より大きく

　イ　実線の折れ線が示す未消化テスト項目数の値と等しく

　ウ　実線の折れ線が示す未消化テスト項目数の値より小さく

b に関する解答群

　ア　破線の折れ線が示す累積バグ検出数の値より大きい

　イ　破線の折れ線が示す累積バグ検出数の値と等しい

　ウ　破線の折れ線が示す累積バグ検出数の値より小さい

c に関する解答群

　ア　計画値の 75％未満なので，品質に問題がある

　イ　計画値の 75％以上 100％未満なので，品質に問題はない

　ウ　計画値の 100％以上 125％以下なので，品質に問題はない

　エ　計画値の 125％を超えているので，品質に問題がある

設問2 次の記述中の ☐ に入れる適切な答えを，解答群の中から選べ。

　　Rさんは，更に結合テストの担当者ごとの進捗を評価することにした。60％
経過時点での担当者ごとの消化済テスト項目数の計画値は，次の式で求める。

$$\text{担当するテスト項目数の計画値} \times \frac{\text{60％経過時点での消化済テスト項目数の計画値}}{\text{結合テスト全体のテスト項目数の計画値}}$$

　　60％経過時点での消化済テスト項目数の計画値は，表1で示す未消化テスト
項目数の計画値に基づいて算出した値である。60％経過時点での担当者ごと
の消化済テスト項目数の計画値を，表3に示す。

表3　60%経過時点での担当者ごとの消化済テスト項目数の計画値

単位　件

担当者	A	B	C	D	E
消化済テスト項目数	300	d		480	480

注記　網掛けの部分は表示していない。

　　Qプロジェクトでは，結合テスト工程において，消化済テスト項目数の実績値が計画値の±10%の範囲内の場合，進捗に問題はないと判断する。Bさん，Cさん，Dさんの消化済テスト項目数の実績値は計画値の±10%の範囲内であり，累積バグ検出数の実績値も60%経過時点での消化済テスト項目数の実績値に基づいて算出した累積バグ検出数の計画値の±25%の範囲内なので，進捗及び品質に問題はないと判断した。

　　Aさんが担当するテストの進捗とソフトウェアの品質に基づく判断は，次のとおりである。

・進捗：消化済テスト項目数の実績値が計画値の90%未満なので，進捗は遅れている。

・品質：バグの検出及び検出したバグの原因調査と修正は，順調に行われている。60%経過時点での消化済テスト項目数の実績値に基づいて算出した累積バグ検出数の計画値は4.2件であり，累積バグ検出数の実績値は計画値の±25%の範囲内なので，品質に問題はない。

　　Rさんは，Aさんが担当するテストの進捗が遅れているので，Aさんの作業に問題がないかどうかを確認した。テスト項目の内容及びテスト手順は正しく，報告書も適切に記載されていたが，結合テストデータの作成に時間を要していることが分かった。そこで，RさんはAさんの進捗遅れに対して，
　　　　e　　　という対応を実施することにした。

dに関する解答群

　ア　280　　　　　イ　300　　　　　ウ　360　　　　　エ　420

e に関する解答群

　ア　テスト項目を再度洗い出す

　イ　テスト要員を追加する

　ウ　テストデータを再作成する

　エ　テスト証跡の記載を一部省略する

　オ　テストの結果を A さんの結合テスト完了後に確認する

設問3　次の記述中の　　　　　　　に入れる適切な答えを，解答群の中から選べ。

　　　R さんは，60％経過時点での E さんの消化済テスト項目数の実績値が計画
　　値の 90％未満であり，累積バグ検出数の実績値が消化済テスト項目数の実績
　　値に基づいて算出した累積バグ検出数の計画値よりも大きくなっていたので，
　　原因を調査することにした。E さんは，E さん以外の担当者が単体テストまで
　　を行った機能 1～5 の結合テストを担当している。各機能は独立してテストが
　　可能であり，機能 1 から順番にテストを行う計画である。
　　　調査の結果，E さんは機能 1 のテストは順調に完了したが，機能 2 のテスト
　　がはかどっていないことが分かった。理由を確認すると，機能 2 はバグの検出
　　数が多く，バグの原因調査に時間を要したからであった。そこで，これまでに
　　機能 2 で検出されたバグの原因を調査した結果，"詳細設計書の論理誤り"が
　　多く見受けられた。R さんは，更に，機能 2 の詳細設計を担当した者（以下，
　　機能 2 担当者という）が詳細設計を担当した他の機能について，その結合テス
　　トの進捗を確認したところ，いずれの機能も結合テストの開始前であった。い
　　ずれの機能も，機能 2 と同じように問題が発生するおそれがあるので，R さん
　　は，販売管理システムに精通した要員を追加して，　　f　　を実施するこ
　　とにした。

f に関する解答群

　ア　E さんがテストを担当した機能の詳細設計書の再レビュー

　イ　機能 2 担当者が担当した機能の詳細設計書の再レビュー

　ウ　全機能の詳細設計書の再レビュー

　エ　販売管理システムの要件を理解するための勉強会

選択した問題は，選択欄の**選**をマークしてください。マークがない場合は，採点されません。

問7　製品別の収益分析に関する次の記述を読んで，設問1〜3に答えよ。

S社は，製品 X，製品 Y，製品 Z を販売している。S社では，収益改善を目的にして，製品別の営業利益と営業利益率に関する分析を行っている。製品別の前年度実績を，表1に示す。

なお，本問における営業利益率などのパーセント（％）表記の値は，表においては，小数第1位を四捨五入して，整数で表示している。他の文中のパーセント（％）表記の値は，そのままの値を示している。

表1　製品別の前年度実績

		製品 X	製品 Y	製品 Z	全体
売上高	（百万円）	2,200	1,000	800	4,000
営業費用	（百万円）	2,100	850	680	3,630
営業利益	（百万円）	100	150	120	370
営業利益率	（％）	5	15	15	9

注記　営業費用は，売上原価と販売費及び一般管理費で構成される。

設問1　営業利益率の改善に関する次の記述中の 　　　　　 に入れる正しい答えを，解答群の中から選べ。

製品 X は，S社の売上高の半分以上を占めているが，営業利益率は全製品の中で最も低くなっている。そこで S社は，製品 X の営業利益率を上げるための施策を検討することにした。

製品 X の営業利益率を，ほかの製品の前年度実績を上回る 16％にするためには，営業費用が前年度と同額ならば，売上高を 　a　 百万円増やす必要がある。売上高が前年度と同額ならば，営業費用を 　b　 百万円減らす必要がある。

aに関する解答群

ア　242　　　　　　　　　イ　300

ウ　352　　　　　　　　　エ　400

bに関する解答群

ア　231　　　　　　　　　イ　252

ウ　336　　　　　　　　　エ　352

設問2　収益改善に関する次の記述中の　　　　　　　に入れる正しい答えを，解答群
　　　の中から選べ。ここで，c1 と c2 に入れる答えは，c に関する解答群の中から
　　　組合せとして正しいものを選ぶものとする。

　　　S 社は，各製品の収益を分析するために，製品別の営業費用を調査し，営業
　　費用を固定費と変動費に分けた。調査結果を，表2に示す。ここで，固定費は
　　販売数量の増減にかかわらず発生する一定額の費用のことであり，変動費は販
　　売数量に比例して変化する費用のことである。

表2　製品別の固定費と変動費

単位　百万円

	製品 X	製品 Y	製品 Z
固定費	1,000	350	280
変動費	1,100	500	400

　　次に S 社は，各製品の安全余裕率の分析を行った。安全余裕率は，売上高
　　と損益分岐点売上高との差から算出される指標であり，数値が大きいほど売上
　　高が低下した場合に赤字になる可能性が低いといった余裕度を示す。安全余裕
　　率を求める式は，次のとおりである。安全余裕率に関わる項目の値を表3に，
　　S 社が定めている安全余裕率の基準とその状態を表4に示す。

限界利益率 ＝ （売上高 － 変動費）÷ 売上高

損益分岐点売上高 ＝ 固定費 ÷ 限界利益率

安全余裕率 ＝ （売上高 － 損益分岐点売上高）÷ 売上高

表3　安全余裕率に関わる項目の値

		製品 X	製品 Y	製品 Z
売上高	（百万円）	2,200	1,000	800
限界利益率	（％）	50	50	50
損益分岐点売上高（百万円）		2,000	700	560
安全余裕率	（％）	9	30	30

表4　安全余裕率の基準とその状態

安全余裕率（％）	状態
10 未満	危険
10 以上 20 未満	普通
20 以上 40 未満	優良
40 以上	極めて優良

　表3の安全余裕率を見ると，製品 X は危険な状態にある。S 社は，固定費を削減することによって，前年度実績と同じ売上高で安全余裕率 20％を達成できるように，製品 X の固定費の削減目標の値を　　c1　　百万円と設定した。S 社は，この目標値を達成するために，製品 X だけを販売している営業所を統廃合して賃借料などの固定費を削減することとした。ここで，営業所の統廃合によって製品 X の売上高は変化しないものとし，統廃合時に一時的に発生する費用は考慮しない。

　さらに，統廃合の結果として削減される製品 X の固定費の削減金額　　c1　　百万円を製品 Z の固定費である人件費に追加して，営業を強化することにした。これによって，製品 Z の固定費は　　c1　　百万円増えるが，売上高は 1,000 百万円に増やせると見込んだ。ここで，製品 1 個当たりの販売価格は販売数量にかかわらず同じとする。安全余裕率に関わる項目の試算値を，表5に示す。

表 5　安全余裕率に関わる項目の試算値

		製品 X	製品 Z
売上高	（百万円）	2,200	1,000
限界利益率	（％）		
損益分岐点売上高	（百万円）		
安全余裕率	（％）	20	c2

注記　網掛けの部分は表示していない。

c に関する解答群

	c1	c2
ア	120	20
イ	120	33
ウ	240	20
エ	240	33

設問3　営業利益率の試算に関する次の記述中の　　　　　　に入れる正しい答えを，解答群の中から選べ。

　　S社では，製品Xの売上高を確保するために，販売時に本来の販売価格に対して一律 12%の値引きを行っていた。値引きなしで同じ売上高を達成した場合に製品 X の営業利益率がどうなるか，前年度実績に基づいて試算した。試算結果を，表6に示す。ここで，値引きなしで売る場合においても，製品1個当たりの販売価格は販売数量にかかわらず同じとする。

表6　試算結果

		値引きあり	値引きなし
売上高　　（百万円）		2,200	2,200
営業費用　（百万円）	変動費	1,100	d
	固定費	1,000	
営業利益　（百万円）		100	
営業利益率（%）		5	e

注記　網掛けの部分は表示していない。

dに関する解答群

　ア　880　　　　　　　　　　　イ　968

　ウ　1,100　　　　　　　　　　エ　1,232

　オ　1,250

eに関する解答群

　ア　5　　　　　　　　　　　　イ　10

　ウ　11　　　　　　　　　　　エ　15

次の問 8 は必須問題です。必ず解答してください。

問 8　次のプログラムの説明及びプログラムを読んで，設問 1 ～ 3 に答えよ。

〔プログラムの説明〕

関数 BitapMatch は，Bitap 法を使って文字列検索を行うプログラムである。

Bitap 法は，検索対象の文字列（以下，対象文字列という）と検索文字列の照合に，個別の文字ごとに定義されるビット列を用いるという特徴をもつ。

なお，本問では，例えば 2 進数の 16 ビット論理型の定数 0000000000010101 は，上位の 0 を省略して "10101"B と表記する。

(1)　関数 BitapMatch は，対象文字列を Text[] に，検索文字列を Pat[] に格納して呼び出す。配列の要素番号は 1 から始まり，Text[] の i 番目の文字は Text[i] と表記する。Pat[] についても同様に i 番目の文字は Pat[i] と表記する。対象文字列と検索文字列は，英大文字で構成され，いずれも最長 16 文字とする。

対象文字列 Text[] が "AACBBAACABABAB"，検索文字列 Pat[] が "ACABAB" の場合の格納例を，図 1 に示す。

要素番号	1	2	3	4	5	6	7	8	9	10	11	12	13	14
Text[]	A	A	C	B	B	A	A	C	A	B	A	B	A	B

要素番号	1	2	3	4	5	6
Pat[]	A	C	A	B	A	B

図 1　対象文字列と検索文字列の格納例

(2)　関数 BitapMatch は，関数 GenerateBitMask を呼び出す。

関数 GenerateBitMask は，文字 "A" ～ "Z" の文字ごとに，検索文字列に応じたビット列（以下，ビットマスクという）を生成し，要素数 26 の 16 ビット論理型配列 Mask[] に格納する。Mask[1] には文字 "A" に対するビットマスクを，Mask[2]

526　第 11 章　令和元年度 秋期 基本情報技術者試験 問題と解答

には文字"B"に対するビットマスクを格納する。このように Mask[1]～Mask[26] に文字"A"～"Z"に対応するビットマスクを格納する。

関数 GenerateBitMask は，Mask[] の全ての要素を"0"Bに初期化した後，1以上で Pat[] の文字数以下の全てのiに対して，Pat[i]の文字に対応する Mask[] の要素である Mask[Index(Pat[i])] に格納されている値の，下位から数えてi番目のビットの値を1にする。

関数 Index は，引数にアルファベット順でn番目の英大文字を設定して呼び出すと，整数n（1 ≦ n ≦ 26）を返す。

(3) 図1で示した，Pat[] が"ACABAB"の例の場合，関数 GenerateBitMask を実行すると，Mask[] は図2のとおりになる。

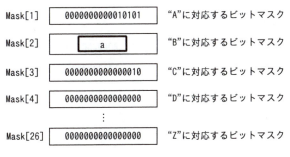

図2 図1で示した Pat[] に対する Mask[] の値

(4) 関数 GenerateBitMask の引数と返却値の仕様は，表1のとおりである。

表1 関数 GenerateBitMask の引数と返却値の仕様

引数／返却値	データ型	入力／出力	説明
Pat[]	文字型	入力	検索文字列が格納されている1次元配列
Mask[]	16ビット論理型	出力	文字"A"～"Z"に対応するビットマスクが格納される1次元配列
返却値	整数型	出力	検索文字列の文字数

〔プログラム 1〕

    ○整数型関数: GenerateBitMask(文字型: Pat[], 16 ビット論理型: Mask[])
    ○整数型: i, PatLen

    ・ PatLen ← Pat[] の文字数
    ■ i: 1, i ≦ 26, 1
      ・ Mask[i] ← | b | /* 初期化 */

    ■ i: 1, i ≦ PatLen, 1
      ・ Mask[Index(Pat[i])] ← | c | と
                      Mask[Index(Pat[i])] とのビットごとの論理和

    ・ return (PatLen)

設問 1　プログラムの説明及びプログラム 1 中の | | に入れる正しい答えを，
    解答群の中から選べ。

a に関する解答群

  ア　0000000000000101　　　　　イ　0000000000101000

  ウ　0001010000000000　　　　　エ　1010000000000000

b に関する解答群

  ア　"0"B

  イ　"1"B

  ウ　"1"B を PatLen ビットだけ論理左シフトした値

  エ　"1"B を (PatLen − 1) ビットだけ論理左シフトした値

  オ　"1111111111111111"B

c に関する解答群

  ア　"1"B を (i − 1) ビットだけ論理左シフトした値

  イ　"1"B を i ビットだけ論理左シフトした値

  ウ　"1"B を (PatLen − 1) ビットだけ論理左シフトした値

  エ　"1"B を PatLen ビットだけ論理左シフトした値

  オ　"1"B

〔関数 BitapMatch の説明〕

(1) Text[] と Pat[] を受け取り，Text[] の要素番号の小さい方から Pat[] と一致する文字列を検索し，見つかった場合は，一致した文字列の先頭の文字に対応する Text[] の要素の要素番号を返し，見つからなかった場合は，-1 を返す。

(2) 図1の例では，Text[7]～Text[12] の文字列が Pat[] と一致するので，7を返す。

(3) 関数 BitapMatch の引数と返却値の仕様は，表2のとおりである。

表2 関数 BitapMatch の引数と返却値の仕様

引数／返却値	データ型	入力／出力	説明
Text[]	文字型	入力	対象文字列が格納されている1次元配列
Pat[]	文字型	入力	検索文字列が格納されている1次元配列
返却値	整数型	出力	対象文字列中に検索文字列が見つかった場合は，一致した文字列の先頭の文字に対応する対象文字列の要素の要素番号を，検索文字列が見つからなかった場合は，-1を返す。

〔プログラム2〕
```
○整数型関数: BitapMatch(文字型: Text[], 文字型: Pat[])
○16 ビット論理型: Goal, Status, Mask[26]
○整数型: i, TextLen, PatLen
・TextLen ← Text[] の文字数
・PatLen ← GenerateBitMask(Pat[], Mask[])
・Status ← "0"B
・Goal ← "1"B を (PatLen － 1) ビットだけ論理左シフトした値
■ i: 1, i ≦ TextLen, 1
    ・Status ← Status を1ビットだけ論理左シフトした値と
                    "1"B とのビットごとの論理和         ← α
    ・Status ← Status と Mask[Index(Text[i])] とのビットごとの論理積  ← β
  ▲ Status と Goal とのビットごとの論理積 ≠ "0"B
  │ ・return (i － PatLen ＋ 1)
  │
■

・return (－1)
```

11-4 午後試験の問題　529

設問2 次の記述中の に入れる正しい答えを，解答群の中から選べ。

図1で示したとおりに，Text[] と Pat[] に値を格納し，関数 BitapMatch を実行した。プログラム2の行 β を実行した直後の変数 i と配列要素 Mask[Index(Text[i])]と変数 Status の値の遷移は，表3のとおりである。

例えば，i が1のときに行 β を実行した直後の Status の値は "1"B であることから，i が2のときに行 α を実行した直後の Status の値は，"1"B を1ビットだけ論理左シフトした "10"B と "1"B とのビットごとの論理和を取った "11"B となる。次に，i が2のときに行 β を実行した直後の Status の値は，Mask[Index(Text[2])] の値が "10101"B であることを考慮すると， d となる。

同様に，i が8のときに行 β を実行した直後の Status の値が "10"B であるということに留意すると，i が9のときに行 α を実行した直後の行 β で参照する Mask[Index(Text[9])] の値は e であるので，行 β を実行した直後の Status の値は f となる。

表3 図1の格納例に対してプログラム2の行 β を実行した直後の
配列要素 Mask[Index(Text[i])] と変数 Status の値の遷移

i	1	2	…	8	9	…
Mask[Index(Text[i])]	"10101"B	"10101"B	…	"10"B	e	…
Status	"1"B	d	…	"10"B	f	…

d～fに関する解答群

ア "0"B　　　　イ "1"B　　　　ウ "10"B　　　　エ "11"B

オ "100"B　　　カ "101"B　　　キ "10101"B

530 第11章 令和元年度 秋期 基本情報技術者試験 問題と解答

設問3　関数 GenerateBitMask の拡張に関する，次の記述中の　　　　　　　に入れる正しい答えを，解答群の中から選べ。ここで，プログラム 3 中の　 b 　には，設問1の　 b 　の正しい答えが入っているものとする。

　　　表 4 に示すような正規表現を検索文字列に指定できるように，関数 GenerateBitMask を拡張し，関数 GenerateBitMaskRegex を作成した。

表4　正規表現

記号	説明
[]	[] 内に記載されている文字のいずれか 1 文字に一致する文字を表す。例えば，"A[XYZ]B"は，"AXB"，"AYB"，"AZB"を表現している。

〔プログラム 3〕
```
○整数型関数: GenerateBitMaskRegex(文字型: Pat[],
                              16 ビット論理型: Mask[])
○整数型: i, OriginalPatLen, PatLen, Mode

・ OriginalPatLen ← Pat[] の文字数
・ PatLen ← 0
・ Mode ← 0
■ i: 1, i ≦ 26, 1
  ・ Mask[i] ←  b          /* 初期化 */
■

■ i: 1, i ≦ OriginalPatLen, 1
  ▲ Pat[i] = "["
    ・ Mode ← 1
    ・ PatLen ← PatLen + 1

    ▲ Pat[i] = "]"
      ・ Mode ← 0

      ▲ Mode = 0
        ・ PatLen ← PatLen + 1

      ・ Mask[Index(Pat[i])] ← "1"B を (PatLen − 1) ビットだけ
          論理左シフトした値と Mask[Index(Pat[i])] とのビットごとの論理和

・ return (PatLen)
```

Pat[]に "AC[BA]A[ABC]A" を格納して，関数 GenerateBitMaskRegex を呼び出した場合を考える。この場合，文字 "A" に対応するビットマスクである Mask[1] は 　　g　　 となり，関数 GenerateBitMaskRegex の返却値は 　　h　　 となる。また，Pat[] に格納する文字列中において [] を入れ子にすることはできないが，誤って Pat[] に "AC[B[AB]AC]A" を格納して関数 GenerateBitMaskRegex を呼び出した場合，Mask[1] は 　　i　　 となる。

g，iに関する解答群

　ア　"1001101"B　　　　　　イ　"1010100001"B

　ウ　"1011001"B　　　　　　エ　"101111"B

　オ　"110011"B　　　　　　　カ　"111101"B

hに関する解答群

　ア　4　　　　　　イ　6　　　　　　ウ　9　　　　　　エ　13

次の問9から問13までの5問については，この中から1問を選択し，選択した問題については，答案用紙の選択欄の⦿（選）をマークして解答してください。

なお，2問以上マークした場合には，はじめの1問について採点します。

問9　次のCプログラムの説明及びプログラムを読んで，設問1，2に答えよ。

　　　　入力ファイルの内容を，文字及び16進数で表示するプログラムである。

〔プログラムの説明〕

(1)　関数dumpの引数の仕様は，次のとおりである。

　　　char *filename　入力ファイルのファイル名

　　　long from　　　　表示を開始するバイト位置

　　　long to　　　　　表示を終了するバイト位置（値が負の場合はファイルの末尾）

　　　ここで，バイト位置は，ファイルの先頭のバイトから順に0，1，… と数える。

(2)　入力ファイルは，バイナリファイルとして読み込む。入力ファイル中の各バイトの内容（ビット構成）に制約はない。図1に，入力ファイルの例を示す。

(3)　入力ファイル中の各バイトの内容を，文字及び16進数で表示する。図2は図1の入力ファイルの先頭から末尾までの表示例であり，図3は同じファイルのバイト位置17から40までの表示例である。

(4)　表示の様式を，次に示す。説明中の①，②，… は，図中の網掛け部分を指している。

　・入力ファイルのバイト位置fromから60バイトずつを，3行1組で表示する。

　・各組の1行目に各バイトが表す文字を，2行目に各バイトの16進数表示の上位桁を，3行目に同下位桁を，それぞれ表示する。例えば，①のバイトは，文字表示が"i"で，その16進数表示が69である。

　・バイトの内容が16進数表示で20～7E以外の場合は，そのバイトが表す文字として，②のように"."を表示する。

　・各組の1行目の行頭に，その組に表示する最初のバイトのバイト位置を10進数で③の形式で表示する。

第11章
令和元年度 秋期
基本情報技術者試験 問題と解答

11-4　午後試験の問題　533

・入力ファイルの内容の表示が終わった後，最終行の ④ の位置には，入力ファイルの終わりに達して終了した場合は "END OF DATA" を，表示を終了するバイト位置に達して終了した場合は "END OF DUMP" を表示する。⑤ の位置には，表示した入力ファイルの内容のバイト数を 10 進数で表示する。

(5) 入力ファイルのファイルサイズ（バイト数）及び引数 from, to の値は，次の式を満たすものとする。

    $to < 0$ の場合： $to < 0 \leqq from <$ ファイルサイズ $< 2^{31}$

    $to \geqq 0$ の場合： $0 \leqq from \leqq to <$ ファイルサイズ $< 2^{31}$

(6) プログラム中で使用している関数 fgetc(s)は，ストリーム s から 1 文字を読み込んで返す。ファイルの終わりに達しているときは，EOF を返す。

```
int main() {
    /* for testing dump() */
    dump("main.c", 0L, -1L);
    dump("main.c", 17L, 40L);
}
```

注記　各行の行末には，復帰文字(0x0D)及び改行文字(0x0A)がある。

図1　入力ファイルの例

  ③   ①   ②
     0 int main() {..   /* for testing dump() */..   dump("main.c",
     66726666222700222222667276776662676722222002226767226666 2622
     9E40D19E890BDA000FA06F2045349E7045D0890AFDA00045D082D19EE32C

  ③
    60 0L, -1L);..   dump("main.c", 17L, 40L);..}..
     2342223423002226767226666262223342233423300700
     00CC0D1C9BDA00045D082D19EE32C017CC040C9BDADDA

  ④   ⑤
END OF DATA ... 105 byte(s)

図2　図1の入力ファイルの先頭から末尾までの表示例

  ③
    17 /* for testing dump() */
     2226672767766626767222222
     FA06F2045349E7045D0890AF

  ④   ⑤
END OF DUMP ... 24 byte(s)

図3　図1の入力ファイルのバイト位置 17 から 40 までの表示例

〔プログラム〕

```c
#include <stdio.h>

#define  WIDTH    60      /* 行当たり表示バイト数 */
#define  MASKCHR  '.'     /* 16進数表示で 20～7E 以外の場合の表示用文字 */

void dump(char *filename, long from, long to) {
   FILE *infile;
   int  chr, pos = 0;
   long cnt = 0;
   char tblC[256], bufC[WIDTH + 1];
   char tblH[256], bufH[WIDTH + 1];
   char tblL[256], bufL[WIDTH + 1];
   char hex[] = "0123456789ABCDEF";

   for (chr = 0x00; chr <= 0xFF; chr++) {
      if ((0x20 <= chr) && (chr <= 0x7E))
         tblC[chr] = chr;
      else
         tblC[chr] = MASKCHR;
      tblH[chr] = hex[chr >> 4];
      tblL[chr] = hex[    a    ];
   }
   bufC[WIDTH] = bufH[WIDTH] = bufL[WIDTH] = '\0';
   infile = fopen(filename, "rb");
   while (((chr = fgetc(infile)) != EOF)
         &&  b1   ((to < 0)  b2   (cnt <= to))) {
      cnt++;
      if (    c    ) {
         bufC[pos] = tblC[chr];
         bufH[pos] = tblH[chr];
         bufL[pos] = tblL[chr];
         pos++;
         if (    d    ) {
            printf("%10ld  %s\n%12s%s\n%12s%s\n\n",
                   cnt - WIDTH, bufC, " ", bufH, " ", bufL);
            pos = 0;
         }
      }
   }
}
```

11-4 午後試験の問題   535

```
    if (pos > 0) {
        bufC[pos] = bufH[pos] = bufL[pos] = '\0';
        printf("%10ld  %s\n%12s%s\n%12s%s\n\n",
               cnt - pos, bufC, " ", bufH, " ", bufL);
    }
    if (chr == EOF)
        printf("END OF DATA ... %ld byte(s)\n", cnt - from);
    else
        printf("END OF DUMP ... %ld byte(s)\n", cnt - from);
    fclose(infile);
}
```

設問1　プログラム中の　　　　　　　に入れる正しい答えを，解答群の中から選べ。
　　　ここで，b1 と b2 に入れる答えは，b に関する解答群の中から組合せとして正
　　　しいものを選ぶものとする。

a に関する解答群

　　ア　chr & 0x0F　　　　　　　　　　イ　chr & 0xF0

　　ウ　chr && 0x0F　　　　　　　　　エ　chr && 0xF0

b に関する解答群

	b1	b2
ア	&&	&&
イ	&&	||
ウ	||	&&
エ	||	||

c に関する解答群

　　ア　cnt > from　　　　　　イ　cnt >= from　　　　　　ウ　cnt >= from - 1

d に関する解答群

　　ア　cnt == WIDTH - 1　　　イ　cnt == WIDTH　　　　ウ　cnt == WIDTH + 1

　　エ　pos == WIDTH - 1　　　オ　pos == WIDTH　　　　カ　pos == WIDTH + 1

設問2　関数 dump の動作に関する次の記述中の￼に入れる正しい答えを，解答群の中から選べ。

　　　表示結果の最終行（表示が 1 行だけの場合はその行）の表示内容について，次の二つのケースを考える。

　〔ケース 1〕　ファイルサイズ ＝ 100，from ＝ 99，to ＝ 99
　　　　この場合，最終行の表示内容は “　　e　　” となる。
　〔ケース 2〕　ファイルサイズ ＝ 0，from ＝ 0，to ＜ 0
　　　　この場合，ファイルサイズ及び from の値がプログラムの説明 (5) の条件を満たしていない。このケースについて関数 dump を実行すると，最終行の表示内容は “　　f　　” となる。

e, f に関する解答群

　　ア　END OF DATA ... -1 byte(s)　　　　イ　END OF DUMP ... -1 byte(s)

　　ウ　END OF DATA ... 0 byte(s)　　　　エ　END OF DUMP ... 0 byte(s)

　　オ　END OF DATA ... 1 byte(s)　　　　カ　END OF DUMP ... 1 byte(s)

選択した問題は，選択欄の**選**をマークしてください。マークがない場合は，採点されません。

問10　次の COBOL プログラムの説明及びプログラムを読んで，設問1，2に答えよ。

〔プログラムの説明〕

　　ある地域で 5 店舗のスーパマーケットを展開する W 社では，全店舗で弁当を販売している。どの店舗も，1 日に仕入れる弁当の個数は，一つの種類について 50 個以内である。売れ残ってしまう弁当を減らす目的で，18 時以降は正価の 20％引きで，19 時以降は正価の 50％引きで販売している。閉店後は売れ残った弁当を廃棄し，販売状況を分析して，翌営業日の仕入れの参考にしている。

　　このプログラムは，販売ファイルに格納された弁当の販売データを読み込み，店舗ごとに集計して，販売リストに印字する。

(1)　販売ファイル SAL-FILE は，図 1 に示すレコード様式の順ファイルであり，全 5 店舗で 1 日に販売又は廃棄した弁当のデータが格納されている。弁当 1 個に対して 1 レコードが作成される。

店舗番号 2桁	弁当種別 4桁	値引率 3桁

図 1　販売ファイルのレコード様式

①　店舗番号には，店舗の番号が 01～05 で格納されている。
②　弁当種別には，弁当の種類ごとに一意に割り振られた番号が格納されている。
③　値引率には，正価で販売した場合は 000 が，20％引きで販売した場合は 020 が，50％引きで販売した場合は 050 が，廃棄した場合は 100 が格納されている。

(2) 販売リストの印字様式を，図2に示す。見出しは印刷済みとする。

店舗番号	弁当種別	販売個数	平均値引率	廃棄個数
99	9999	Z9	Z9	Z9

図2　販売リストの印字様式

① 販売個数には，販売した弁当の個数を印字する。廃棄した分は含めない。

② 平均値引率には，弁当種別ごとに，販売した弁当の値引率の平均を印字する。
廃棄した分は含めない。全ての弁当を廃棄した場合は，0を印字する。

③ 販売リストには，図3の印字例のように，店舗番号及び弁当種別の昇順に印字
する。

店舗番号	弁当種別	販売個数	平均値引率	廃棄個数
01	0001	18	10	2
01	0010	12	14	3
⋮				
02	0001	24	12	1
⋮				

図3　販売リストの印字例

〔プログラム〕

（行番号）

```
 1  DATA DIVISION.
 2  FILE SECTION.
 3  SD SRT-FILE.
 4  01 SRT-REC.
 5     02 SRT-STOR      PIC 9(2).
 6     02 SRT-CODE      PIC 9(4).
 7     02 SRT-DSCT      PIC 9(3).
 8  FD SAL-FILE.
 9  01 SAL-REC          PIC X(9).
10  FD PRT-FILE.
11  01 PRT-REC.
12     02 PRT-STOR      PIC 9(2).
13     02 PRT-SP1       PIC X(8).
14     02 PRT-CODE      PIC 9(4).
15     02 PRT-SP2       PIC X(6).
```

11-4　午後試験の問題　　**539**

```
16      02 PRT-SALNO     PIC Z9.
17      02 PRT-SP3       PIC X(8).
18      02 PRT-DSCT      PIC Z9.
19      02 PRT-SP4       PIC X(10).
20      02 PRT-DSPNO     PIC Z9.
21  WORKING-STORAGE SECTION.
22  77 SRT-FLAG      PIC X(1) VALUE SPACE.
23     88 SRT-EOF       VALUE "E".
24  77 CR-STOR       PIC 9(2) VALUE ZERO.
25  77 CR-CODE       PIC 9(4).
26  77 W-SALNO       PIC 9(2).
27  77 W-DSPNO       PIC 9(2).
28  77 W-TOTAL       PIC 9(4).
29  77 W-DSCT        PIC 9(2).
30  PROCEDURE DIVISION.
31  MAIN-PROC.
32     OPEN OUTPUT PRT-FILE.
33     SORT SRT-FILE ASCENDING KEY SRT-STOR SRT-CODE
34         USING SAL-FILE
35         OUTPUT PROCEDURE IS RET-PROC.
36     CLOSE PRT-FILE.
37     STOP RUN.
38  RET-PROC.
39     PERFORM UNTIL SRT-EOF
40        RETURN SRT-FILE AT END     SET SRT-EOF TO TRUE
41                           NOT AT END PERFORM CAL-PROC
42        END-RETURN
43     END-PERFORM.
44     PERFORM PRT-PROC.
45  CAL-PROC.
46     IF ┌──────── a ────────┐    THEN
47        PERFORM PRT-PROC
48        MOVE ZERO TO ┌────────── b ──────────┐
49        MOVE SRT-STOR TO CR-STOR
50        MOVE SRT-CODE TO CR-CODE
51     END-IF.
52     IF SRT-DSCT = 100 THEN
53        ADD 1 TO W-DSPNO
54     ELSE
55        ADD 1 TO W-SALNO
56     ┌──────────── c ────────────┐
57     END-IF.
```

```
58   PRT-PROC.
59       IF [          d          ] THEN
60           INITIALIZE PRT-REC
61           MOVE CR-STOR TO PRT-STOR
62           MOVE CR-CODE TO PRT-CODE
63           MOVE W-SALNO TO PRT-SALNO
64           IF W-SALNO NOT = ZERO THEN
65               COMPUTE W-DSCT = W-TOTAL / W-SALNO
66               MOVE W-DSCT  TO PRT-DSCT
67           END-IF
68           MOVE W-DSPNO TO PRT-DSPNO
69           WRITE PRT-REC
70       END-IF.
```

設問1　プログラム中の　　　　　　　に入れる正しい答えを，解答群の中から選べ。

aに関する解答群

　　ア　SRT-STOR = CR-STOR AND SRT-CODE = CR-CODE

　　イ　SRT-STOR = CR-STOR OR SRT-CODE = CR-CODE

　　ウ　SRT-STOR NOT = CR-STOR AND SRT-CODE NOT = CR-CODE

　　エ　SRT-STOR NOT = CR-STOR OR SRT-CODE NOT = CR-CODE

bに関する解答群

　　ア　CR-STOR CR-CODE　　　　　　　　イ　PRT-SALNO PRT-DSPNO

　　ウ　PRT-STOR PRT-CODE　　　　　　　エ　W-DSCT

　　オ　W-SALNO W-DSPNO W-TOTAL

cに関する解答群

　　ア　ADD 1 TO W-TOTAL　　　　　　　　イ　ADD SRT-DSCT TO W-TOTAL

　　ウ　MOVE SRT-DSCT TO W-TOTAL　　　　エ　MOVE ZERO TO SRT-DSCT

　　オ　MOVE ZERO TO W-DSPNO

dに関する解答群

　　ア　CR-STOR = ZERO　　　　　　　　　イ　CR-STOR NOT = ZERO

　　ウ　NOT SRT-EOF　　　　　　　　　　　エ　SRT-EOF

11-4　午後試験の問題　　541

設問2　図4に示すとおり，販売リストに販売グラフを追加して印字するようにプログラムを変更する。表1中の □□□□□ に入れる正しい答えを，解答群の中から選べ。

店舗番号	弁当種別	販売個数	平均値引率	廃棄個数	販売グラフ
01	0001	18	10	2	000000000000oooo--**
01	0010	12	14	3	00000000o---***
⋮					
02	0001	24	12	1	000000000000000000oo-----*
⋮					

図4　販売グラフを追加した販売リストの印字例

〔販売グラフの説明〕

弁当を正価で販売した場合は"0"を，20％引きで販売した場合は"o"を，50％引きで販売した場合は"-"を，廃棄した場合は"*"を，該当する個数だけ，この順で印字する。

542　第11章　令和元年度 秋期 基本情報技術者試験 問題と解答

表1　プログラムの変更内容

処置	変更内容
行番号 20 と 21 の間 に追加	`02 PRT-SP5      PIC X(8).` `02 PRT-GRAPH    PIC X(50).`

行番号 29 と 30 の間
に追加
	`77 W-DSCT00     PIC 9(2).`
	`77 W-DSCT20     PIC 9(2).`
	`77 W-DSCT50     PIC 9(2).`
	`77 W-POS        PIC 9(2).`

行番号 47 と 48 の間 に追加	`MOVE ZERO TO W-DSCT00 W-DSCT20 W-DSCT50`

┌──────────┐
│   e   │
└──────────┘
に追加
	`EVALUATE SRT-DSCT`
	`    WHEN 0`
	`        ADD [   f   ] TO W-DSCT00`
	`    WHEN 20`
	`        ADD [   f   ] TO W-DSCT20`
	`    WHEN 50`
	`        ADD [   f   ] TO W-DSCT50`
	`END-EVALUATE`

行番号 68 と 69 の間
に追加
	`MOVE 1 TO W-POS`
	`IF W-DSCT00 > ZERO THEN`
	`    MOVE ALL "O" TO PRT-GRAPH(W-POS:W-DSCT00)`
	`    ADD W-DSCT00 TO W-POS`
	`END-IF`
	`IF W-DSCT20 > ZERO THEN`
	`    MOVE ALL "o" TO PRT-GRAPH(W-POS:W-DSCT20)`
	`    ADD W-DSCT20 TO W-POS`
	`END-IF`
	`IF W-DSCT50 > ZERO THEN`
	`    MOVE ALL "-" TO PRT-GRAPH(W-POS:W-DSCT50)`
	`    ADD W-DSCT50 TO W-POS`
	`END-IF`
	`IF W-DSPNO > ZERO THEN`
	`    MOVE ALL "*" TO PRT-GRAPH(W-POS:W-DSPNO)`
	`END-IF`

e に関する解答群

　　ア　行番号 50 と 51 の間　　　　　イ　行番号 53 と 54 の間

　　ウ　行番号 56 と 57 の間　　　　　エ　行番号 59 と 60 の間

f に関する解答群

ア	1	イ	W-DSCT	ウ	W-DSPNO
エ	W-SALNO	オ	W-TOTAL		

選択した問題は，選択欄の⑱をマークしてください。マークがない場合は，採点されません。

問11　次のJavaプログラムの説明及びプログラムを読んで，設問1，2に答えよ。

（Javaプログラムで使用するAPIの説明は，この冊子の末尾を参照してください。）

〔プログラムの説明〕

スマートフォンやタブレット端末といった携帯端末に通知メッセージを配信するシステム（以下，通知システムという）を模したプログラムである。この通知システムは，メール着信を通知するメッセージを非同期で携帯端末に配信する。このプログラムでは，通知メッセージを配信する処理及び各携帯端末の処理を，それぞれ独立したスレッドとして実行する。

このプログラムは，次のインタフェース及びクラスから成る。ここで，各コンストラクタ及びメソッドには，正しい引数が与えられるものとする。

(1)　インタフェース NotificationListener は，通知メッセージを受け取るためのメソッドを定義する。以下，NotificationListener のインスタンスをリスナという。

①　メソッド onNotificationReceived は，通知メッセージを受信したときに呼び出される。受信した通知メッセージは，引数の文字列のリストで与えられる。

(2)　クラス MobileDevice は，携帯端末を表す。

①　コンストラクタは，引数で指定された携帯端末名及びリスナをもつ携帯端末を生成する。

②　メソッド getListener はリスナを，getName は携帯端末名を返す。

(3)　クラス Notifier は，携帯端末の管理や通知メッセージの配信などを行う。Notifier のインスタンスは，シングルトン（Java仮想計算機内で唯一の存在）である。

①　メソッド register は，引数で指定された利用者名とその携帯端末名を登録する。指定された利用者名に対応する携帯端末名が既に登録されている場合は，その利用者名に対応する携帯端末名として追加登録する。

第11章

令和元年度 秋期
基本情報技術者試験 問題と解答

11-4　午後試験の問題　545

② メソッド send は，引数で指定された利用者名で登録されている各携帯端末に，引数で指定された文字列を通知メッセージとして配信する。携帯端末に対して未配信の通知メッセージがある場合，引数のメッセージを未配信のメッセージリストに追加する。

③ メソッド loopForMessages は，引数で指定された携帯端末に対して，通知メッセージがあれば携帯端末のリスナに通知し，なければ通知メッセージを受け取れる状態（以下，待ち受け状態という）にする。この処理を，通知システムが停止されるまで繰り返す。

④ メソッド shutdown は，通知システムを停止する。未配信の全メッセージ，全利用者名及び全携帯端末名の登録情報を削除し，登録されている全携帯端末の待ち受け状態を解除する。

(4) クラス Tester は，プログラム 1～3 をテストする。

① メソッド main は，利用者名 Taro の携帯端末名 phone 及び tablet を通知システムに登録して，Taro にメッセージを送信する。その後，通知システムを停止する。

② メソッド createUserMobileDevice は，利用者名とその携帯端末名を登録して，通知メッセージを受信できる状態にする処理を，新しく生成したスレッドで実行する。

図 1 は，クラス Tester のメソッド main を実行して得られた出力の例である。ここで，プログラムは，スレッドの実行速度及び事象発生に対する応答が十分速いシステムで実行されるものとする。また，スレッドのスケジューリングによって，各行の出力順は異なることがある。

```
phone: [You have a message.]
tablet: [You have a message.]
Terminating Taro's tablet
Terminating Taro's phone
```

図 1　メソッド main の実行結果の例

〔プログラム 1〕
```java
import java.util.List;

public interface NotificationListener {
    void onNotificationReceived(List<String> messageList);
}
```

〔プログラム 2〕
```java
public final class MobileDevice {
    private final String name;
    private final NotificationListener listener;

    public MobileDevice(String name, NotificationListener listener) {
        this.name = name;
        this.listener = listener;
    }

    public NotificationListener getListener() { return listener; }

    public String getName() { return name; }
}
```

〔プログラム 3〕
```java
import java.util.ArrayList;
import java.util.HashMap;
import java.util.List;
import java.util.Map;

public final class Notifier {
    private static final Notifier INSTANCE = new Notifier();

    private final Object lock = new Object();
    // 利用者ごとに携帯端末を管理
    private final Map<String, List<MobileDevice>> userMobileDevices
        = new HashMap<>();
    // 携帯端末ごとに通知メッセージを保持
    private final Map<MobileDevice, List<String>> messagesToDeliver
        = new HashMap<>();
    private volatile boolean active = true;

    public static Notifier getInstance() { return     a    ; }
```

第11章 令和元年度 秋期 基本情報技術者試験 問題と解答

11-4 午後試験の問題   547

```
private Notifier() { }

public void register(String user, MobileDevice device) {
    synchronized (lock) {
        List<MobileDevice> devices = userMobileDevices.get(user);
        if (devices == null) {
            devices = new ArrayList<>();
            userMobileDevices.put(      b      );
        }
        devices.add(device);
    }
}

public void send(String user, String message) {
    List<MobileDevice> devices = new ArrayList<>();
    synchronized (lock) {
        if (userMobileDevices.containsKey(user)) {
            for (MobileDevice device : userMobileDevices.get(user)) {
                List<String> messageList = messagesToDeliver.get(device);
                if (messageList == null) {
                    messageList = new ArrayList<>();
                    messagesToDeliver.put(      c      );
                }
                messageList.add(message);
                devices.add(device);
            }
        }
    }
    for (MobileDevice device : devices) {
        synchronized (device) {
            // 通知メッセージがあることを待ち受け状態のスレッドに通知
            device.notifyAll();
        }
    }
}

public void loopForMessages(MobileDevice device) {
    while (active) {
        List<String> messageList;
        synchronized (lock) {
            messageList = messagesToDeliver.remove(device);
        }
```

548 第 11 章 令和元年度 秋期 基本情報技術者試験 問題と解答

```
            if (messageList != null) {
                device.getListener().onNotificationReceived(messageList);
            }
            synchronized (device) {
                try {
                    // 通知メッセージが到着するかタイムアウトするまで待つ
                    device.wait(3000L);
                } catch (InterruptedException e) {
                    break;
                }
            }
        }
    }

    public void shutdown() {
        active = false;
        List<MobileDevice> devices = new ArrayList<>();
        synchronized (lock) {
            messagesToDeliver.clear();
            for (String user : userMobileDevices.keySet()) {
                for (MobileDevice device : userMobileDevices.get(user)) {
                    devices.add(device);
                }
            }
            userMobileDevices.clear();
        }
        for (MobileDevice device : devices) {
            synchronized (device) {
                // 待ち受け状態のスレッドに通知
                device.notifyAll();
            }
        }
    }
}
```

〔プログラム 4〕

```
public class Tester {
    public static void main(String[] args)     d      InterruptedException {
        createUserMobileDevice("Taro", "phone");
        createUserMobileDevice("Taro", "tablet");
        Notifier notifier = Notifier.getInstance();
        notifier.send("Taro", "You have a message.");
```

```
            Thread.sleep(500L);
            notifier.shutdown();
            /* α */
        }

    private static void createUserMobileDevice(String user, String name) {
        MobileDevice device = new MobileDevice(name, messageList ->
                System.out.println(        e        + ": " + messageList));
        Notifier notifier = Notifier.getInstance();
        notifier.register(user, device);
        new Thread(() -> {
            notifier.loopForMessages(device);
            System.out.printf("Terminating %s's %s%n", user, name);
        }).start();
    }
}
```

設問1　プログラム中の　　　　　　　に入れる正しい答えを，解答群の中から選べ。

aに関する解答群

ア　getInstance()　　　　　イ　INSTANCE　　　　　ウ　new Notifier()

エ　Notifier()　　　　　　　オ　Notifier.class　　　カ　this

b, cに関する解答群

ア　device, devices　　　イ　device, messageList　ウ　device, user

エ　user, device　　　　　オ　user, devices　　　　カ　user, messageList

dに関する解答群

ア　extends　　　　　　　　イ　implements　　　　　　ウ　requires

エ　throw　　　　　　　　　オ　throws　　　　　　　　カ　uses

eに関する解答群

ア　device　　　　　　　　　イ　device.getName()　　ウ　name

エ　Tester.this.name　　　オ　this.name　　　　　　カ　user

設問2　プログラム4のクラス Tester において，メソッド main の /* α */ を図2 の2行で置き換えて実行したとき，この2行に対するプログラムの動作に関する記述として，正しい答えを，解答群の中から選べ。

```
            notifier.send("Taro", "You have 2 messages.");
            Thread.sleep(500L);
```
図2　/* α */ と置き換える行

解答群

ア　"phone: [You have 2 messages.]" だけを出力する。

イ　"tablet: [You have 2 messages.]" だけを出力する。

ウ　メソッド loopForMessages で，NullPointerException が発生する。

エ　メソッド send で，NullPointerException が発生する。

オ　利用者名 Taro が登録されていないので，メソッド send は何もしないで終了する。

カ　利用者名 Taro は登録されているが，利用者名 Taro の携帯端末が何も登録されていないので，メソッド send は何もしないで終了する。

11-4　午後試験の問題　551

選択した問題は，選択欄の⦅選⦆をマークしてください。マークがない場合は，採点されません。

問 12　次のアセンブラプログラムの説明及びプログラムを読んで，設問 1～3 に答えよ。

〔プログラム 1 の説明〕

　符号が同一である二つの 16 ビットのパック 10 進数を加算する副プログラム ADDP1 である。本問では，パック 10 進数は，3 桁の 10 進数の各桁をそれぞれ 4 ビットで表現し，最下位の 4 ビットに符号として，正又は 0 の場合は 1100 を，負の場合は 1101 を付与する数値表現とする。10 進数 246 を，パック 10 進数で表現した例を，図 1 に示す。

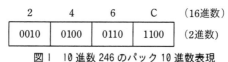

図 1　10 進数 246 のパック 10 進数表現

　符号が同一である二つのパック 10 進数の加算例を，図 2 に示す。

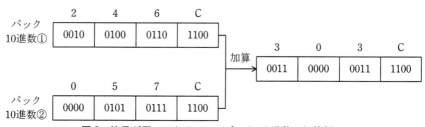

図 2　符号が同一である二つのパック 10 進数の加算例

(1)　副プログラム ADDP1 は，加算の対象となる符号が同一である二つの 16 ビットのパック 10 進数が，GR1，GR2 に設定されて，呼び出される。

(2)　副プログラム ADDP1 は，加算結果を GR0 に設定して呼出し元に戻る。このとき，汎用レジスタ GR1～GR7 の内容は元に戻す。ここで，加算において，10 進数の百の位からの桁上がりは発生しないものとする。

〔プログラム 1〕

```
ADDP1   START
        RPUSH
        ST    GR1, A
        ST    GR2, B
        LAD   GR3, 4        ;ビット数カウンタの初期化
        ┌─────────────────┐
        │        a        │
        └─────────────────┘
        ST    GR1, RESULT   ;符号部を退避
        LD    GR1, A
        SRL   GR1, 0, GR3
        LD    GR2, B
        SRL   GR2, 0, GR3
LOOP    AND   GR1, =#000F
        AND   GR2, =#000F
        LAD   GR0, 0
        ADDL  GR1, GR2
        CPL   GR1, =10      ;10 以上の場合は桁上げ
        ┌─────────────────┐
        │        b        │
        └─────────────────┘
        SUBL  GR1, =10
        LAD   GR0, 1
MERGE   ┌─────────────────┐
        │        c        │
        └─────────────────┘
        OR    GR1, RESULT   ;中間結果との併合
        LAD   GR3, 4, GR3
        CPL   GR3, =16
        JZE   FIN           ;終了判定
        ST    GR1, RESULT   ;中間結果を退避
        LD    GR1, A
        SRL   GR1, 0, GR3
        LD    GR2, B
        SRL   GR2, 0, GR3
        ADDL  GR1, GR0
        JUMP  LOOP
FIN     LD    GR0, GR1
        RPOP
        RET
A       DS    1
B       DS    1
RESULT  DS    1
        END
```

11-4 午後試験の問題　**553**

設問1　プログラム1中の □ に入れる正しい答えを，解答群の中から選べ。

aに関する解答群

ア　AND　GR1,=#000F　　イ　AND　GR1,=#F000　　ウ　AND　GR1,=#FFFF
エ　OR　 GR1,=#000F　　オ　OR 　GR1,=#F000　　カ　OR 　GR1,=#FFFF

bに関する解答群

ア　JMI　MERGE　　イ　JNZ　MERGE　　ウ　JPL　MERGE
エ　JOV　MERGE　　オ　JZE　MERGE

cに関する解答群

ア　SLA　GR1,0,GR3　　イ　SLL　GR1,0,GR3　　ウ　SLL　GR1,=4
エ　SRA　GR1,0,GR3　　オ　SRL　GR1,0,GR3　　カ　SRL　GR1,=4

設問2の枝問fは問題誤りにつき，問12を選択した受験者全員正解の措置済み

設問2　符号が異なる二つの16ビットのパック10進数を加算する副プログラムADDP2を作成した。プログラム2中の □ に入れる正しい答えを，解答群の中から選べ。ここで，プログラム2中の a , c には，設問1の正しい答えが入っているものとする。

〔プログラム2の説明〕

(1) 副プログラムADDP2は，加算の対象となる符号が異なる二つの16ビットのパック10進数が，GR1，GR2に設定されて，呼び出される。

(2) 副プログラムADDP2は，加算結果をGR0に設定して呼出し元に戻る。このとき，汎用レジスタGR1〜GR7の内容は元に戻す。

〔プログラム2〕

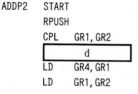

```
ADDP2   START
        RPUSH
        CPL     GR1,GR2
           d
        LD      GR4,GR1
        LD      GR1,GR2
```

```
        LD    GR2,GR4
INI     ST    GR1,A
        ST    GR2,B
        LAD   GR3,4      ;ビット数カウンタの初期化
              a
        ST    GR1,RESULT ;符号部を退避
        LD    GR1,A
        SRL   GR1,0,GR3
        LD    GR2,B
        SRL   GR2,0,GR3
LOOP    AND   GR1,=#000F
        AND   GR2,=#000F
        LAD   GR0,0
        SUBL  GR1,GR2
        JPL   MERGE
              e
        ADDL  GR1,=10
        LAD   GR0,1
MERGE         c
        OR    GR1,RESULT
        LAD   GR3,4,GR3
        CPL   GR3,=16
        JZE   FIN        ;終了判定
        ST    GR1,RESULT ;中間結果を退避
        LD    GR1,A
        SRL   GR1,0,GR3
        LD    GR2,B
        SRL   GR2,0,GR3
              f
        JUMP  LOOP
FIN     LD    GR0,GR1
        CPL   GR0,=#000D
        JNZ   FIN2
        LAD   GR0,#000C
FIN2    RPOP
        RET
A       DS    1
B       DS    1
RESULT  DS    1
        END
```

dに関する解答群

| ア | JMI | INI | イ | JNZ | INI | ウ | JOV | INI |
| エ | JPL | INI | オ | JZE | INI | | | |

eに関する解答群

| ア | JMI | MERGE | イ | JNZ | MERGE | ウ | JOV | MERGE |
| エ | JZE | MERGE | オ | SLL | GR1,0,GR3 | カ | SRL | GR1,0,GR3 |

fに関する解答群

| ア | ADDA | GR1,GR0 | イ | ADDL | GR1,=1 | ウ | ADDL | GR1,GR0 |
| エ | ADDL | GR3,GR0 | オ | SUBL | GR1,=1 | カ | SUBL | GR1,GR0 |

設問3　符号にかかわらず二つの16ビットのパック10進数を加算できるように，符号の組合せによって副プログラムADDP1とADDP2を使い分ける副プログラムADDPを作成した。プログラム3中の　　　　　に入れる正しい答えを，解答群の中から選べ。

〔プログラム3の説明〕
(1) 副プログラムADDPは，加算の対象となる二つの16ビットのパック10進数が，GR1，GR2に設定されて，呼び出される。
(2) 副プログラムADDPの呼出し元に戻ったとき，加算結果はGR0に入っている。

〔プログラム3〕

```
ADDP    START
        LD      GR0,GR1
                g
        SRL     GR0,1
                h
        CALL    ADDP1
        JUMP    FIN
P2      CALL    ADDP2
FIN     RET
        END
```

gに関する解答群

　ア　ADDL　GR1,=1　　　　イ　AND　GR0,GR2　　　　ウ　OR　　GR1,GR2

　エ　SUBL　GR1,=1　　　　オ　XOR　GR0,GR2

hに関する解答群

　ア　JMI　P2　　　　　　　イ　JNZ　P2　　　　　　ウ　JOV　P2

　エ　JPL　P2　　　　　　　オ　JZE　P2

選択した問題は，選択欄の**選**をマークしてください。マークがない場合は，採点されません。

問13　次の表計算のワークシート及びマクロの説明を読んで，設問1，2に答えよ。

　　Z組合では，収穫したメロンのうち 1kg 以上かつ 3kg 未満のものだけを組合で決めた 3 等級に分類して直接小売店に出荷している。出荷するメロンの等級と価格を決定する処理に，表計算ソフトを用いている。

〔メロンの等級〕

　　出荷するメロンは，形状及び表皮色をそれぞれ評価して "優"，"良"，"並" のいずれかに分類する。評価は "優" が最も高く，"並" が最も低い。形状と表皮色の評価のうち低い方が，そのメロンの等級となる。メロンの等級ごとに "キログラム当たり単価" が設定されている。

〔ワークシート：単価表〕

　　キログラム当たり単価が格納されたワークシート "単価表" を，図1に示す。

	A	B	C	D
1	等級	優	良	並
2	キログラム当たり単価（円／kg）	1,500	1,200	800

図1　ワークシート "単価表"

(1)　列 A は，見出し列である。

(2)　セル B1〜D1 には，等級として，順に "優"，"良"，"並" を入力する。

(3)　セル B2〜D2 には，各等級のキログラム当たり単価を入力する。

〔ワークシート：集計表〕

　　1 回の出荷ごとに，出荷する個々のメロンに対して一意となる ID を付与する。1 回の出荷数は 1,000 個以内である。各メロンの等級と価格（価格は，等級が "優" と "良" のものだけ）を決定するワークシート "集計表" の例を，図2に示す。

558　第 11 章　令和元年度 秋期 基本情報技術者試験 問題と解答

	A	B	C	D	E	F	G
1	ID	重量 (kg)	形状	表皮色	等級	算出価格 (円)	販売価格 (円)
2	1	1.621	優	優	優	2,431.5	2,450
3	2	1.854	良	優	良	2,224.8	2,250
4	3	2.023	良	良	良	2,427.6	2,450
5	4	2.456	並	良	並	－	－
⋮	⋮	⋮	⋮	⋮	⋮	⋮	⋮
16	15	2.454	優	良	良	2,944.8	2,950
17	16	2.858	優	優	優	4,287.0	4,300
18	17	1.214	良	優	良	1,456.8	1,500
19	18	1.014	良	並	並	－	－
⋮	⋮	⋮	⋮	⋮	⋮	⋮	⋮
79	78	2.812	優	優	優	4,218.0	4,250
⋮	⋮	⋮	⋮	⋮	⋮	⋮	⋮
1001							

図 2　ワークシート "集計表" の例

(1)　行 1 は見出し行である。出荷するメロンのデータは，行 2 以降にそれぞれ 1 行で入力する。

(2)　データの最終行よりも下の行の列 A〜D の各セルには空値が入力されている。

(3)　列 A には，付与した ID を入力する。

(4)　列 B には，メロンの重量を kg 単位で小数第 3 位まで入力する。

(5)　列 C と列 D には，メロンの形状と表皮色の評価をそれぞれ入力する。

(6)　セル E2 には，セル C2 及び D2 の評価に基づいて，メロンの等級を表示する次の式を入力し，セル E3〜E1001 に複写する。

　　　IF(A2＝null, null, a)

(7)　セル F2 には，次の式を入力し，セル F3〜F1001 に複写する。この式は，等級が "並" のときは "－" を表示し，それ以外のときは，メロンの算出価格を表示する。算出価格は，ワークシート "単価表" を参照して，メロンのキログラム当たり単価に重量を掛けた値である。

　　　IF(A2＝null, null, IF(E2＝'並', '－', b ＊ B2))

11-4　午後試験の問題　　**559**

(8) セル G2 には，次の式を入力し，セル G3～G1001 に複写する。この式は，等級
　　が"並"のときは"－"を表示し，それ以外のときは，メロンの販売価格を表示す
　　る。販売価格は，算出価格を 50 円単位で切り上げた値である。

　　　IF(A2＝null, null, IF(E2＝'並', '－', ⬚c⬚))

設問1　ワークシート"集計表"の説明文中の ⬚⬚⬚ に入れる正しい答えを，
　　　解答群の中から選べ。

a に関する解答群

　ア　IF(論理積(C2＝'並', D2＝'並'), '並',
　　　　　IF(論理積(C2＝'良', D2＝'良'), '良', '優'))

　イ　IF(論理積(C2＝'優', D2＝'優'), '優',
　　　　　IF(論理積(C2＝'並', D2＝'並'), '並', '良'))

　ウ　IF(論理積(C2＝'優', D2＝'優'), '優',
　　　　　IF(論理積(C2＝'良', D2＝'良'), '良', '並'))

　エ　IF(論理和(C2＝'並', D2＝'並'), '並',
　　　　　IF(論理和(C2＝'良', D2＝'良'), '良', '優'))

　オ　IF(論理和(C2＝'優', D2＝'優'), '優',
　　　　　IF(論理和(C2＝'並', D2＝'並'), '並', '良'))

　カ　IF(論理和(C2＝'優', D2＝'優'), '優',
　　　　　IF(論理和(C2＝'良', D2＝'良'), '良', '並'))

b に関する解答群

　ア　照合一致(E2, 単価表!$B2:$D2, 0)

　イ　照合一致(E2, 単価表!B$2:D$2, 0)

　ウ　水平照合(E2, 単価表!$B1:$D2, 2, 0)

　エ　水平照合(E2, 単価表!B$1:D$2, 2, 0)

　オ　表引き(単価表!$B1:$D2, 2, 1)

　カ　表引き(単価表!B$1:D$2, 2, 1)

560　第 11 章　令和元年度 秋期 基本情報技術者試験 問題と解答

cに関する解答群

ア	切上げ(F2 ＊ 2, 0) ／ 2	イ	切上げ(F2 ／ 2, 0) ＊ 2
ウ	切上げ(F2 ／ 50, 0) ＊ 50	エ	四捨五入(F2, －2)
オ	四捨五入(F2 ＋ 50, －2) －50	カ	四捨五入(F2 ／ 50, 0) ＊ 50

設問2　等級が“優”及び“良”のメロンは，1個ずつ箱に入れて梱包する。等級が
　　　　“並”のメロンは，複数個を大箱に入れて梱包する。大箱の販売価格は，梱包
　　　　したメロンの合計重量に，等級が“並”のキログラム当たり単価を掛けて，
　　　　50円単位で切り上げた値である。等級が“並”のメロンを大箱に割り振るた
　　　　めに，ワークシート“重量計算表”を作成し，マクロPackingを格納した。マ
　　　　クロPacking中の　　　　　　　に入れる正しい答えを，解答群の中から選べ。

〔ワークシート：重量計算表〕

　　ワークシート“集計表”の行2以降のデータを上から順に参照し，メロンを大箱に
割り振っていく。大箱には箱連番を付与する。一つの大箱には，出荷条件である“メ
ロンの合計重量が5kg以上”又は“メロンの個数が4個”のどちらかを満たすまでメ
ロンを割り振る。ワークシート“重量計算表”の例を，図3に示す。

	A	B	C	D	E	F	G
1	箱連番	1個目の ID	2個目の ID	3個目の ID	4個目の ID	合計重量 (kg)	販売価格 （円）
2	1	4	7	18		5.728	4,600
3	2	26	29			5.434	4,350
4	3	32	36	39	41	4.822	3,900
5	4	42	50	58		6.859	5,500
6	5	61	69	72	77	6.536	5,250
7	6	80	88	91		5.312	4,250
8							
⋮	⋮	⋮	⋮	⋮	⋮	⋮	⋮
1001							

図3　ワークシート“重量計算表”の例

行 1 は見出し行である。マクロ Packing の実行前に，セル A2〜F1001 には，空値が格納されている。セル G2〜G1001 には，箱連番が示す大箱に割り振られたメロンの合計重量から販売価格を算出する式を入力しておく。この式は，合計重量を格納するセルが空値の場合は，空値を表示する。

マクロ Packing は，処理(1)〜(4)を実行する。

(1) 列 A の行 2 以降には，1 から順に箱連番を格納する。

(2) 列 B〜E の行 2 以降には，箱連番が示す大箱に割り振られたメロンの ID を格納する。割り振られたメロンの個数が 4 未満だった場合，ID を格納しなかったセルは空値のままとなる。

(3) 列 F の行 2 以降には，箱連番が示す大箱に割り振られたメロンの合計重量を格納する。

(4) 割り振った結果，出荷条件を満たさない大箱に関する情報は，表示しないようにする。

〔マクロ：Packing〕

```
○マクロ： Packing
○数値型： i, j, k, CurrentColumn
・ i ← 1
・ j ← 1
・ CurrentColumn ← 0
■ 相対(集計表!A1, i, 0) ≠ null
  ▲ 相対(集計表!E1, i, 0) = '並'
    ▲ CurrentColumn = 0
      ・ 相対(A1, j, 0) ← j
      ・ 相対(F1, j, 0) ← 0
    ・ 相対(B1, j, CurrentColumn) ← 相対(集計表!A1, i, 0)
    ・ ┌─────────┐
      │    d    │
      └─────────┘
    ・ CurrentColumn ← CurrentColumn + 1
    ▲ ┌─────────┐
      │    e    │
      └─────────┘
      ・ j ← j + 1
      ・ CurrentColumn ← 0
  ・ i ← i + 1
▲ 相対(F1, j, 0) ≠ null
  ■ k: 0, k ≦ 5, 1
    ・ ┌─────────┐
      │    f    │
      └─────────┘
```

11-4 午後試験の問題 **563**

dに関する解答群

ア　相対(F1, i, 0) ← 相対(F1, i, 0) + 相対(集計表!B1, 1, 0)

イ　相対(F1, i, 0) ← 相対(F1, i, 0) + 相対(集計表!B1, i, 0)

ウ　相対(F1, i, 0) ← 相対(F1, i, 0) + 相対(集計表!B1, j, 0)

エ　相対(F1, i, 0) ← 相対(F1, j, 0) + 相対(集計表!B1, j, 0)

オ　相対(F1, j, 0) ← 相対(F1, i, 0) + 相対(集計表!B1, 0, 0)

カ　相対(F1, j, 0) ← 相対(F1, j, 0) + 相対(集計表!B1, 0, 0)

キ　相対(F1, j, 0) ← 相対(F1, j, 0) + 相対(集計表!B1, i, 0)

ク　相対(F1, j, 0) ← 相対(F1, j, 0) + 相対(集計表!B1, j, 0)

eに関する解答群

ア　論理積(相対(F1, j, 0) = 5, CurrentColumn = 4)

イ　論理積(相対(F1, j, 0) = 5, CurrentColumn ≧ 4)

ウ　論理積(相対(F1, j, 0) < 5, CurrentColumn = 4)

エ　論理積(相対(F1, j, 0) ≧ 5, CurrentColumn < 4)

オ　論理和(相対(F1, j, 0) = 5, CurrentColumn ≧ 4)

カ　論理和(相対(F1, j, 0) < 5, CurrentColumn = 4)

キ　論理和(相対(F1, j, 0) ≧ 5, CurrentColumn = 4)

ク　論理和(相対(F1, j, 0) ≧ 5, CurrentColumn < 4)

fに関する解答群

ア　相対(A1, j, 1) ← null

イ　相対(A1, j, k) ← null

ウ　相対(A1, j, k) ← 相対(A1, j, k) + 1

エ　相対(A1, k, 1) ← null

オ　相対(A1, k, j) ← null

カ　相対(A1, k, j) ← 相対(A1, k, j) + 1

■ Java プログラムで使用する API の説明

---

java.util

  public interface Map<K, V>

    型 K のキーに型 V の値を対応付けて保持するインタフェースを提供する。各キーは，一つの値としか対応付けられない。

メソッド

---

  public void clear()

    保持しているキーと値の対応付けを，全て削除する。

- -

  public boolean containsKey(Object key)

    指定されたキーに値が対応付けられていれば，true を返す。

    引数： key ― キー

    戻り値：指定されたキーに値が対応付けられていれば true

           それ以外は false

- -

  public V get(Object key)

    指定されたキーに対応付けられた値を返す。

    引数： key ― キー

    戻り値：指定されたキーに対応付けられた型 V の値

           このキーと値の対応付けがなければ null

- -

  public Set<K> keySet()

    登録されているキーの集合を返す。

    戻り値：登録されているキーの集合

- -

  public V put(K key, V value)

    指定されたキーに指定された値を対応付けて登録する。このキーが既に他の値と対応付けられていれば，その値は指定された値で置き換えられる。

    引数： key ― キー

           value ― 値

    戻り値：指定されたキーに対応付けられていた型 V の値

           このキーに対応付けられていた値がなければ null

- -

  public V remove(Object key)

    指定されたキーの対応付けが登録されていれば，削除する。

    引数： key ― キー

    戻り値：指定されたキーに対応付けられていた型 V の値

           このキーに対応付けられていた値がなければ null

第11章

令和元年度 秋期
基本情報技術者試験 問題と解答

```
java.util
    public class HashMap<K, V>
        インタフェース Map のハッシュを用いた実装である。キー及び値は，null でもよい。
        この実装は同期化（synchronized）を行わない。複数スレッドが並行して一つの HashMap の
        インスタンスにアクセスし，そのうちの少なくとも一つのスレッドがマップに対して構造的な
        変更をする場合は，マップを使用する側で同期化を行わなければならない（構造的な変更とは
        一つ以上のマッピングの追加や削除を伴う操作であり，単に既存のキーに対応付けられた値を
        変更する操作は構造的な変更ではない）。

コンストラクタ
- - - - - - - - - - - - - - - - - - - - - - - - - - - - - - - - - - - - - - - - - - - - - - - - -
    public HashMap()
        空の HashMap を作る。
```

```
java.util
    public interface List<E>
        型 E の要素をリストとして管理するインタフェースを提供する。
        インタフェース Collection を継承する。

メソッド
- - - - - - - - - - - - - - - - - - - - - - - - - - - - - - - - - - - - - - - - - - - - - - - - -
    public boolean add(E e)
        指定された要素をリストに追加する。
        引数：  e ― リストに追加される要素
        戻り値：true
```

```
java.util
    public class ArrayList<E>
        インタフェース List の配列を用いた実装である。

コンストラクタ
- - - - - - - - - - - - - - - - - - - - - - - - - - - - - - - - - - - - - - - - - - - - - - - - -
    public ArrayList()

        空の ArrayList を作る。

メソッド
- - - - - - - - - - - - - - - - - - - - - - - - - - - - - - - - - - - - - - - - - - - - - - - - -
    public String toString()
        リストの要素を文字列で表したものを ”[” と ”]” で囲った文字列を返す。
        要素が複数あるときは，各要素を表す文字列を ”, ”（コンマと空白文字）で区切る。
        戻り値：このリストを表現した文字列

        注：このメソッドはクラス AbstractCollection で定義され，ArrayList は，そのクラスを継
            承する。
```

■アセンブラ言語の仕様

1. システム COMET II の仕様
1.1 ハードウェアの仕様
(1) 1語は 16 ビットで，そのビット構成は，次のとおりである。

(2) 主記憶の容量は 65536 語で，そのアドレスは 0 ～ 65535 番地である。
(3) 数値は，16 ビットの 2 進数で表現する。負数は，2 の補数で表現する。
(4) 制御方式は逐次制御で，命令語は 1 語長又は 2 語長である。
(5) レジスタとして，GR（16 ビット），SP（16 ビット），PR（16 ビット），FR（3 ビット）の 4 種類がある。

　GR（汎用レジスタ，General Register）は，GR0 ～ GR7 の 8 個があり，算術，論理，比較，シフトなどの演算に用いる。このうち，GR1 ～ GR7 のレジスタは，指標レジスタ（index register）としてアドレスの修飾にも用いる。

　SP（スタックポインタ，Stack Pointer）は，スタックの最上段のアドレスを保持している。

　PR（プログラムレジスタ，Program Register）は，次に実行すべき命令語の先頭アドレスを保持している。

　FR（フラグレジスタ，Flag Register）は，OF（Overflow Flag），SF（Sign Flag），ZF（Zero Flag）と呼ぶ 3 個のビットからなり，演算命令などの実行によって次の値が設定される。これらの値は，条件付き分岐命令で参照される。

OF	算術演算命令の場合は，演算結果が－32768 ～ 32767 に収まらなくなったとき 1 になり，それ以外のとき 0 になる。論理演算命令の場合は，演算結果が 0 ～ 65535 に収まらなくなったとき 1 になり，それ以外のとき 0 になる。
SF	演算結果の符号が負（ビット番号 15 が 1）のとき 1，それ以外のとき 0 になる。
ZF	演算結果が零（全部のビットが 0）のとき 1，それ以外のとき 0 になる。

(6) 論理加算又は論理減算は，被演算データを符号のない数値とみなして，加算又は減算する。

1.2 命令
　命令の形式及びその機能を示す。ここで，一つの命令コードに対し 2 種類のオペランドがある場合，上段はレジスタ間の命令，下段はレジスタと主記憶間の命令を表す。

命　　令	書　き　方 命令コード	書　き　方 オペランド	命　令　の　説　明	FRの設定
ロード LoaD	LD	r1,r2	r1 ← (r2)	○*1
		r,adr [,x]	r ← （実効アドレス）	
ストア STore	ST	r,adr [,x]	実効アドレス ← (r)	―
ロードアドレス Load ADdress	LAD	r,adr [,x]	r ← 実効アドレス	

(1) ロード，ストア，ロードアドレス命令

(2) 算術, 論理演算命令

算術加算 ADD Arithmetic	ADDA	r1, r2	r1 ← (r1) + (r2)	
		r, adr [, x]	r ← (r) + (実効アドレス)	
論理加算 ADD Logical	ADDL	r1, r2	r1 ← (r1) +$_L$ (r2)	
		r, adr [, x]	r ← (r) +$_L$ (実効アドレス)	
算術減算 SUBtract Arithmetic	SUBA	r1, r2	r1 ← (r1) − (r2)	○
		r, adr [, x]	r ← (r) − (実効アドレス)	
論理減算 SUBtract Logical	SUBL	r1, r2	r1 ← (r1) −$_L$ (r2)	
		r, adr [, x]	r ← (r) −$_L$ (実効アドレス)	
論理積 AND	AND	r1, r2	r1 ← (r1) AND (r2)	
		r, adr [, x]	r ← (r) AND (実効アドレス)	
論理和 OR	OR	r1, r2	r1 ← (r1) OR (r2)	○*1
		r, adr [, x]	r ← (r) OR (実効アドレス)	
排他的論理和 eXclusive OR	XOR	r1, r2	r1 ← (r1) XOR (r2)	
		r, adr [, x]	r ← (r) XOR (実効アドレス)	

(3) 比較演算命令

算術比較 ComPare Arithmetic	CPA	r1, r2	(r1) と (r2), 又は (r) と (実効アドレス) の算術比較又は論理比較を行い, 比較結果によって, FR に次の値を設定する。	○*1
		r, adr [, x]		
論理比較 ComPare Logical	CPL	r1, r2		
		r, adr [, x]		

比較結果	FR の値	
	SF	ZF
(r1) > (r2) (r) > (実効アドレス)	0	0
(r1) = (r2) (r) = (実効アドレス)	0	1
(r1) < (r2) (r) < (実効アドレス)	1	0

(4) シフト演算命令

算術左シフト Shift Left Arithmetic	SLA	r, adr [, x]	符号を除き (r) を実効アドレスで指定したビット数だけ左又は右にシフトする。	○*2
算術右シフト Shift Right Arithmetic	SRA	r, adr [, x]	シフトの結果, 空いたビット位置には, 左シフトのときは 0, 右シフトのときは符号と同じものが入る。	
論理左シフト Shift Left Logical	SLL	r, adr [, x]	符号を含み (r) を実効アドレスで指定したビット数だけ左又は右にシフトする。	
論理右シフト Shift Right Logical	SRL	r, adr [, x]	シフトの結果, 空いたビット位置には 0 が入る。	

(5) 分岐命令

正分岐 Jump on PLus	JPL	adr [, x]	FR の値によって, 実効アドレスに分岐する。分岐しないときは, 次の命令に進む。	―
負分岐 Jump on MInus	JMI	adr [, x]		
非零分岐 Jump on Non Zero	JNZ	adr [, x]		
零分岐 Jump on ZEro	JZE	adr [, x]		
オーバフロー分岐 Jump on OVerflow	JOV	adr [, x]		
無条件分岐 unconditional JUMP	JUMP	adr [, x]	無条件に実効アドレスに分岐する。	

命令	分岐するときの FR の値		
	OF	SF	ZF
JPL		0	0
JMI		1	
JNZ			0
JZE			1
JOV	1		

(6) スタック操作命令

プッシュ PUSH	PUSH　adr [,x]	SP　←　(SP) $-_L$ 1, (SP)　←　実効アドレス	—
ポップ POP	POP　r	r　←　((SP)), SP　←　(SP) $+_L$ 1	

(7) コール, リターン命令

コール CALL subroutine	CALL　adr [,x]	SP　←　(SP) $-_L$ 1, (SP) ← (PR), PR　←　実効アドレス	—
リターン RETurn from subroutine	RET	PR　←　((SP)), SP　←　(SP) $+_L$ 1	

(8) その他

スーパバイザコール SuperVisor Call	SVC　adr [,x]	実効アドレスを引数として割出しを行 う。実行後の GR と FR は不定となる。	—
ノーオペレーション No OPeration	NOP	何もしない。	

注記　r, r1, r2　　　　いずれも GR を示す。指定できる GR は GR0 ～ GR7
　　　adr　　　　　　　アドレスを示す。指定できる値の範囲は 0 ～ 65535
　　　x　　　　　　　　指標レジスタとして用いる GR を示す。指定できる GR は GR1 ～ GR7
　　　[　]　　　　　 [　] 内の指定は省略できることを示す。
　　　(　)　　　　　 (　) 内のレジスタ又はアドレスに格納されている内容を示す。
　　　実効アドレス　　adr と x の内容との論理加算値又はその値が示す番地
　　　←　　　　　　　演算結果を，左辺のレジスタ又はアドレスに格納することを示す。
　　　$+_L$, $-_L$　　　 論理加算，論理減算を示す。
　　　FR の設定　　　 ○　　：設定されることを示す。
　　　　　　　　　　　○*1 ：設定されることを示す。ただし，OF には 0 が設定される。
　　　　　　　　　　　○*2 ：設定されることを示す。ただし，OF にはレジスタから最後に送り出
　　　　　　　　　　　　　　されたビットの値が設定される。
　　　　　　　　　　　－　　：実行前の値が保持されることを示す。

1.3　文字の符号表

(1) JIS X 0201 ラテン文字・片仮名用 8 ビット符号
で規定する文字の符号表を使用する。

(2) 右に符号表の一部を示す。1 文字は 8 ビットか
らなり，上位 4 ビットを列で，下位 4 ビットを行
で示す。例えば，間隔，4，H，¥ のビット構成は，
16 進表示で，それぞれ 20，34，48，5C である。
16 進表示で，ビット構成が 21 ～ 7E（及び表では
省略している A1 ～ DF）に対応する文字を図形
文字という。図形文字は，表示（印刷）装置で，
文字として表示（印字）できる。

(3) この表にない文字とそのビット構成が必要な場
合は，問題中で与える。

行　列	02	03	04	05	06	07
0	間隔	0	@	P	`	p
1	!	1	A	Q	a	q
2	"	2	B	R	b	r
3	#	3	C	S	c	s
4	$	4	D	T	d	t
5	%	5	E	U	e	u
6	&	6	F	V	f	v
7	'	7	G	W	g	w
8	(	8	H	X	h	x
9	)	9	I	Y	i	y
10	*	:	J	Z	j	z
11	+	;	K	[	k	{
12	,	<	L	¥	l	
13	-	=	M	]	m	}
14	.	>	N	^	n	~
15	/	?	O	_	o	

第 11 章

令和元年度 秋期
基本情報技術者試験 問題と解答

11-4　午後試験の問題　　569

2. アセンブラ言語 CASL II の仕様

2.1 言語の仕様

(1) CASL II は，COMET II のためのアセンブラ言語である。
(2) プログラムは，命令行及び注釈行からなる。
(3) 1 命令は 1 命令行で記述し，次の行へ継続できない。
(4) 命令行及び注釈行は，次に示す記述の形式で，行の 1 文字目から記述する。

行 の 種 類		記 述 の 形 式
命令行	オペランドあり	［ラベル］〔空白〕〔命令コード〕〔空白〕〔オペランド〕［〔空白〕［コメント］］
	オペランドなし	［ラベル］〔空白〕〔命令コード〕［〔空白〕［｛;｝［コメント］］］
注釈行		〔空白〕｛;｝［コメント］

注記 ［ ］ ［ ］ 内の指定が省略できることを示す。

〔 〕 〔 〕 内の指定が必須であることを示す。

ラベル　その命令の（先頭の語の）アドレスを他の命令やプログラムから参照するための名前である。長さは 1 ～ 8 文字で，先頭の文字は英大文字でなければならない。以降の文字は，英大文字又は数字のいずれでもよい。なお，予約語である GR0 ～ GR7 は，使用できない。

空白　　1 文字以上の間隔文字の列である。

命令コード　命令ごとに記述の形式が定義されている。

オペランド　命令ごとに記述の形式が定義されている。

コメント　覚え書きなどの任意の情報であり，処理系で許す任意の文字を書くことができる。

2.2 命令の種類

命令は，4 種類のアセンブラ命令（START, END, DS, DC），4 種類のマクロ命令（IN, OUT, RPUSH, RPOP）及び機械語命令（COMET II の命令）からなる。その仕様を次に示す。

命令の種類	ラベル	命令コード	オペランド	機　能
アセンブラ命令	ラベル	START	［実行開始番地］	プログラムの先頭を定義 プログラムの実行開始番地を定義 他のプログラムで参照する入口名を定義
		END		プログラムの終わりを明示
	［ラベル］	DS	語数	領域を確保
	［ラベル］	DC	定数［,定数］…	定数を定義
マクロ命令	［ラベル］	IN	入力領域,入力文字長領域	入力装置から文字データを入力
	［ラベル］	OUT	出力領域,出力文字長領域	出力装置へ文字データを出力
	［ラベル］	RPUSH		GR の内容をスタックに格納
	［ラベル］	RPOP		スタックの内容を GR に格納
機械語命令	［ラベル］		（「1.2　命令」を参照）	

2.3 アセンブラ命令

アセンブラ命令は，アセンブラの制御などを行う。

(1)　| START | ［実行開始番地］ |

START 命令は，プログラムの先頭を定義する。

実行開始番地は，そのプログラム内で定義されたラベルで指定する。指定がある場合はその番地から，省略した場合は START 命令の次の命令から，実行を開始する。

また，この命令につけられたラベルは，他のプログラムから入口名として参照できる。

(2) | END | |

END 命令は，プログラムの終わりを定義する。

(3) | DS | 語数 |

DS 命令は，指定した語数の領域を確保する。

語数は，10 進数（≧0）で指定する。語数を 0 とした場合，領域は確保しないが，ラベルは有効である。

(4) | DC | 定数［,定数］… |

DC 命令は，定数で指定したデータを（連続する）語に格納する。

定数には，10 進数，16 進数，文字定数，アドレス定数の 4 種類がある。

定数の種類	書き方	命 令 の 説 明
10 進数	n	n で指定した 10 進数値を，1 語の 2 進数データとして格納する。ただし，n が−32768〜32767 の範囲にないときは，その下位 16 ビットを格納する。
16 進数	#h	h は 4 けたの 16 進数（16 進数字は 0〜9，A〜F）とする。h で指定した 16 進数値を 1 語の 2 進数データとして格納する（0000 ≦ h ≦ FFFF）。
文字定数	'文字列'	文字列の文字数（＞0）分の連続する領域を確保し，最初の文字は第 1 語の下位 8 ビットに，2 番目の文字は第 2 語の下位 8 ビットに，…と順次文字データとして格納する。各語の上位 8 ビットには 0 のビットが入る。文字列には，間隔及び任意の図形文字を書くことができる。ただし，アポストロフィ（'）は 2 個続けて書く。
アドレス定数	ラベル	ラベルに対応するアドレスを 1 語の 2 進数データとして格納する。

2.4　マクロ命令

マクロ命令は，あらかじめ定義された命令群とオペランドの情報によって，目的の機能を果たす命令群を生成する（語数は不定）。

(1) | IN | 入力領域,入力文字長領域 |

IN 命令は，あらかじめ割り当てた入力装置から，1 レコードの文字データを読み込む。

入力領域は，256 語長の作業域のラベルであり，この領域の先頭から，1 文字を 1 語に対応させて順次入力される。レコードの区切り符号（キーボード入力の復帰符号など）は，格納しない。格納の形式は，DC 命令の文字定数と同じである。入力データが 256 文字に満たない場合，入力領域の残りの部分は実行前のデータを保持する。入力データが 256 文字を超える場合，以降の文字は無視される。

入力文字長領域は，1 語長の領域のラベルであり，入力された文字の長さ（≧0）が 2 進数で格納される。ファイルの終わり（end of file）を検出した場合は，−1 が格納される。

IN 命令を実行すると，GR の内容は保存されるが，FR の内容は不定となる。

(2) | OUT | 出力領域,出力文字長領域 |

OUT 命令は，あらかじめ割り当てた出力装置に，文字データを，1 レコードとして書き出す。

出力領域は，出力しようとするデータが 1 文字 1 語で格納されている領域のラベルである。格納の形式は，DC 命令の文字定数と同じであるが，上位 8 ビットは，OS が無視するので 0 でなくてもよい。

出力文字長領域は，1 語長の領域のラベルであり，出力しようとする文字の長さ（≧0）を 2 進数で格納しておく。

OUT 命令を実行すると，GR の内容は保存されるが，FR の内容は不定となる。

第11章　令和元年度秋期　基本情報技術者試験 問題と解答

11-4　午後試験の問題　　571

(3) | RPUSH | |

　　RPUSH 命令は，GR の内容を，GR1，GR2，…，GR7 の順序でスタックに格納する。

(4) | RPOP | |

　　RPOP 命令は，スタックの内容を順次取り出し，GR7，GR6，…，GR1 の順序で GR に格納する。

2.5　機械語命令

　　機械語命令のオペランドは，次の形式で記述する。

r, r1, r2　　　GR は，記号 GR0 ～ GR7 で指定する。

x　　　　　　　指標レジスタとして用いる GR は，記号 GR1 ～ GR7 で指定する。

adr　　　　　　アドレスは，10 進定数，16 進定数，アドレス定数又はリテラルで指定する。
　　　　　　　　リテラルは，一つの 10 進定数，16 進定数又は文字定数の前に等号（=）を付けて記述する。CASL Ⅱは，等号の後の定数をオペランドとする DC 命令を生成し，そのアドレスを adr の値とする。

2.6　その他

(1) アセンブラによって生成される命令語や領域の相対位置は，アセンブラ言語での記述順序とする。ただし，リテラルから生成される DC 命令は，END 命令の直前にまとめて配置される。

(2) 生成された命令語，領域は，主記憶上で連続した領域を占める。

3.　プログラム実行の手引

3.1　OS

　　プログラムの実行に関して，次の取決めがある。

(1) アセンブラは，未定義ラベル（オペランド欄に記述されたラベルのうち，そのプログラム内で定義されていないラベル）を，他のプログラムの入口名（START 命令のラベル）と解釈する。この場合，アセンブラはアドレスの決定を保留し，その決定を OS に任せる。OS は，実行に先立って他のプログラムの入口名との連係処理を行いアドレスを決定する（プログラムの連係）。

(2) プログラムは，OS によって起動される。プログラムがロードされる主記憶の領域は不定とするが，プログラム中のラベルに対応するアドレス値は，OS によって実アドレスに補正されるものとする。

(3) プログラムの起動時に，OS はプログラム用に十分な容量のスタック領域を確保し，その最後のアドレスに 1 を加算した値を SP に設定する。

(4) OS は，CALL 命令でプログラムに制御を渡す。プログラムを終了し OS に制御を戻すときは，RET 命令を使用する。

(5) IN 命令に対応する入力装置，OUT 命令に対応する出力装置の割当ては，プログラムの実行に先立って利用者が行う。

(6) OS は，入出力装置や媒体による入出力手続の違いを吸収し，システムでの標準の形式及び手続（異常処理を含む）で入出力を行う。したがって，IN, OUT 命令では，入出力装置の違いを意識する必要はない。

3.2　未定義事項

　　プログラムの実行等に関し，この仕様で定義しない事項は，処理系によるものとする。

表計算ソフトの機能・用語（基本情報技術者試験用）

表計算ソフトの機能，用語などは，原則として次による。

なお，ワークシートの保存，読出し，印刷，罫線作成やグラフ作成など，ここで示す以外の機能などを使用するときには，問題文中に示す。

1. ワークシート

   (1) 列と行とで構成される升目の作業領域をワークシートという。ワークシートの大きさは 256 列，10,000 行とする。

   (2) ワークシートの列と行のそれぞれの位置は，列番号と行番号で表す。列番号は，最左端列の列番号を A とし，A，B，…，Z，AA，AB，…，AZ，BA，BB，…，BZ，…，IU，IV と表す。行番号は，最上端行の行番号を 1 とし，1，2，…，10000 と表す。

   (3) 複数のワークシートを利用することができる。このとき，各ワークシートには一意のワークシート名を付けて，他のワークシートと区別する。

2. セルとセル範囲

   (1) ワークシートを構成する各升をセルという。その位置は列番号と行番号で表し，それをセル番地という。

   ［例］列 A 行 1 にあるセルのセル番地は，A1 と表す。

   (2) ワークシート内のある長方形の領域に含まれる全てのセルの集まりを扱う場合，長方形の左上端と右下端のセル番地及び“：”を用いて，“左上端のセル番地：右下端のセル番地”と表す。これを，セル範囲という。

   ［例］左上端のセル番地が A1 で，右下端のセル番地が B3 のセル範囲は，A1:B3 と表す。

   (3) 他のワークシートのセル番地又はセル範囲を指定する場合には，ワークシート名と“！”を用い，それぞれ“ワークシート名！セル番地”又は“ワークシート名！セル範囲”と表す。

   ［例］ワークシート“シート1”のセル B5 〜 G10 を，別のワークシートから指定する場合には，シート1!B5:G10 と表す。

3. 値と式

   (1) セルは値をもち，その値はセル番地によって参照できる。値には，数値，文字列，論理値及び空値がある。

   (2) 文字列は一重引用符“’”で囲って表す。

   ［例］文字列“A”，“BC”は，それぞれ ’A’，’BC’ と表す。

   (3) 論理値の真を true，偽を false と表す。

   (4) 空値を null と表し，空値をもつセルを空白セルという。セルの初期状態は，空白セルとする。

11-4　午後試験の問題　**573**

(5) セルには，式を入力することができる。セルは，式を評価した結果の値をもつ。

(6) 式は，定数，セル番地，演算子，括弧及び関数から構成される。定数は，数値，文字列，論理値又は空値を表す表記とする。式中のセル番地は，その番地のセルの値を参照する。

(7) 式には，算術式，文字式及び論理式がある。評価の結果が数値となる式を算術式，文字列となる式を文字式，論理値となる式を論理式という。

(8) セルに式を入力すると，式は直ちに評価される。式が参照するセルの値が変化したときには，直ちに，適切に再評価される。

4. 演算子

(1) 単項演算子は，正符号 "＋" 及び負符号 "－" とする。

(2) 算術演算子は，加算 "＋"，減算 "－"，乗算 "＊"，除算 "／" 及びべき乗 "＾" とする。

(3) 比較演算子は，より大きい "＞"，より小さい "＜"，以上 "≧"，以下 "≦"，等しい "＝" 及び等しくない "≠" とする。

(4) 括弧は丸括弧 "（" 及び "）" を使う。

(5) 式中に複数の演算及び括弧があるときの計算の順序は，次表の優先順位に従う。

演算の種類	演算子	優先順位
括弧	（ ）	高
べき乗演算	＾	
単項演算	＋，－	↕
乗除演算	＊，／	
加減演算	＋，－	
比較演算	＞, ＜, ≧, ≦, ＝, ≠	低

5. セルの複写

(1) セルの値又は式を，他のセルに複写することができる。

(2) セルを複写する場合で，複写元のセル中にセル番地を含む式が入力されているとき，複写元と複写先のセル番地の差を維持するように，式中のセル番地を変化させるセルの参照方法を相対参照という。この場合，複写先のセルとの列番号の差及び行番号の差を，複写元のセルに入力された式中の各セル番地に加算した式が，複写先のセルに入る。

　［例］セル A6 に式 A1 ＋ 5 が入力されているとき，このセルをセル B8 に複写すると，セル B8 には式 B3 ＋ 5 が入る。

(3) セルを複写する場合で，複写元のセル中にセル番地を含む式が入力されているとき，そのセル番地の列番号と行番号の両方又は片方を変化させないセルの参照方法を絶対参照という。絶対参照を適用する列番号と行番号の両方又は片方の直前には "$" を付ける。

　［例］セル B1 に式 A1 ＋ $A2 ＋ A$5 が入力されているとき，このセルをセル C4 に複写す

ると，セル C4 には式 A1 ＋ $A5 ＋ B$5 が入る。

(4) セルを複写する場合で，複写元のセル中に，他のワークシートを参照する式が入力されているとき，その参照するワークシートのワークシート名は複写先でも変わらない。

　　［例］ワークシート "シート2" のセル A6 に式 シート1!A1 が入力されているとき，このセルをワークシート "シート3" のセル B8 に複写すると，セル B8 には式 シート1!B3 が入る。

6．関数

式には次の表で定義する関数を利用することができる。

書式	解　　説
合計 (セル範囲[1))	セル範囲に含まれる数値の合計を返す。 ［例］合計 (A1:B5) は，セル A1 ～ B5 に含まれる数値の合計を返す。
平均 (セル範囲[1))	セル範囲に含まれる数値の平均を返す。
標本標準偏差 (セル範囲[1))	セル範囲に含まれる数値を標本として計算した標準偏差を返す。
母標準偏差 (セル範囲[1))	セル範囲に含まれる数値を母集団として計算した標準偏差を返す。
最大 (セル範囲[1))	セル範囲に含まれる数値の最大値を返す。
最小 (セル範囲[1))	セル範囲に含まれる数値の最小値を返す。
IF (論理式 , 式1, 式2)	論理式の値が true のとき式 1 の値を，false のとき式 2 の値を返す。 ［例］IF(B3 ＞ A4,' 北海道 ',C4) は，セル B3 の値がセル A4 の値より大きいとき文字列 "北海道" を，それ以外のときセル C4 の値を返す。
個数 (セル範囲)	セル範囲に含まれるセルのうち，空白セルでないセルの個数を返す。
条件付個数 (セル範囲 , 検索条件の記述)	セル範囲に含まれるセルのうち，検索条件の記述で指定された条件を満たすセルの個数を返す。検索条件の記述は比較演算子と式の組で記述し，セル範囲に含まれる各セルと式の値を，指定した比較演算子によって評価する。 ［例1］条件付個数 (H5:L9, ＞ A1) は，セル H5 ～ L9 のセルのうち，セル A1 の値より大きな値をもつセルの個数を返す。 ［例2］条件付個数 (H5:L9, = 'A4') は，セル H5 ～ L9 のセルのうち，文字列 "A4" をもつセルの個数を返す。
整数部 (算術式)	算術式の値以下で最大の整数を返す。 ［例1］整数部 (3.9) は，3 を返す。 ［例2］整数部 (－3.9) は，－4 を返す。
剰余 (算術式1, 算術式2)	算術式1 の値を被除数，算術式2 の値を除数として除算を行ったときの剰余を返す。関数 "剰余" と "整数部" は，剰余 (x,y) ＝ x － y ＊ 整数部 (x ／ y) という関係を満たす。 ［例1］剰余 (10,3) は，1 を返す。 ［例2］剰余 (－10,3) は，2 を返す。
平方根 (算術式)	算術式の値の非負の平方根を返す。算術式の値は，非負の数値でなければならない。
論理積 (論理式1, 論理式2, …)[2)	論理式1, 論理式2, … の値が全て true のとき，true を返す。それ以外のとき false を返す。
論理和 (論理式1, 論理式2, …)[2)	論理式1, 論理式2, … の値のうち，少なくとも一つが true のとき，true を返す。それ以外のとき false を返す。
否定 (論理式)	論理式の値が true のとき false を，false のとき true を返す。

切上げ (算術式 , 桁位置) 四捨五入 (算術式 , 桁位置) 切捨て (算術式 , 桁位置)	算術式の値を指定した桁位置で，関数"切上げ"は切り上げた値を，関数"四捨五入"は四捨五入した値を，関数"切捨て"は切り捨てた値を返す。ここで，桁位置は小数第1位の桁を0とし，右方向を正として数えたときの位置とする。 〔例1〕切上げ (−314.059,2) は，−314.06 を返す。 〔例2〕切上げ (314.059,−2) は，400 を返す。 〔例3〕切上げ (314.059,0) は，315 を返す。
結合 (式1, 式2, ⋯) [2]	式1，式2，⋯ のそれぞれの値を文字列として扱い，それらを引数の順につないでできる一つの文字列を返す。 〔例〕結合 ('北海道 ',' 九州 ',123,456) は，文字列"北海道九州123456"を返す
順位 (算術式 , セル範囲 [1] , 順序の指定)	セル範囲の中での算術式の値の順位を，順序の指定が0の場合は昇順で，1の場合は降順で数えて，その順位を返す。ここで，セル範囲の中に同じ値がある場合，それらを同順とし，次の順位は同順の個数だけ加算した順位とする。
乱数 ( )	0 以上 1 未満の一様乱数（実数値）を返す。
表引き (セル範囲 , 行の位置 , 列の位置)	セル範囲の左上端から行と列をそれぞれ1，2，⋯ と数え，セル範囲に含まれる行の位置と列の位置で指定した場所にあるセルの値を返す。 〔例〕表引き (A3:H11,2,5) は，セル E4 の値を返す。
垂直照合 (式 , セル範囲 , 列の位置 , 検索の指定)	セル範囲の左端列を上から下に走査し，検索の指定によって指定される条件を満たすセルが現れる最初の行を探す。その行に対して，セル範囲の左端列から列を1，2，⋯ と数え，セル範囲に含まれる列の位置で指定した列にあるセルの値を返す。 ・検索の指定が0の場合の条件：式の値と一致する値を検索する。 ・検索の指定が1の場合の条件：式の値以下の最大値を検索する。このとき，左端列は上から順に昇順に整列されている必要がある。 〔例〕垂直照合 (15,A2:E10,5,0) は，セル範囲の左端列をセル A2，A3，⋯，A10 と探す。このとき，セル A6 で 15 を最初に見つけたとすると，左端列 A から数えて 5 列目の列 E 中で，セル A6 と同じ行にあるセル E6 の値を返す。
水平照合 (式 , セル範囲 , 行の位置 , 検索の指定)	セル範囲の上端行を左から右に走査し，検索の指定によって指定される条件を満たすセルが現れる最初の列を探す。その列に対して，セル範囲の上端行から行を1，2，⋯ と数え，セル範囲に含まれる行の位置で指定した行にあるセルの値を返す。 ・検索の指定が0の場合の条件：式の値と一致する値を検索する。 ・検索の指定が1の場合の条件：式の値以下の最大値を検索する。このとき，上端行は左から順に昇順に整列されている必要がある。 〔例〕水平照合 (15,A2:G6,5,1) は，セル範囲の上端行をセル A2，B2，⋯，G2 と探す。このとき，15 以下の最大値をセル D2 で最初に見つけたとすると，上端行 2 から数えて 5 行目の行 6 中で，セル D2 と同じ列にあるセル D6 の値を返す。
照合検索 (式 , 検索のセル範囲 , 抽出のセル範囲)	1 行又は 1 列を対象とする同じ大きさの検索のセル範囲と抽出のセル範囲に対して，検索のセル範囲を左端又は上端から走査し，式の値と一致する最初のセルを探す。見つかったセルの検索のセル範囲の中での位置と，抽出のセル範囲の中での位置が同じセルの値を返す。 〔例〕照合検索 (15,A1:A8,C6:C13) は，セル A1 〜 A8 をセル A1，A2，⋯ と探す。このとき，セル A5 で 15 を最初に見つけたとすると，セル C6 〜 C13 の上端から数えて 5 番目のセル C10 の値を返す。

576　第 11 章　令和元年度 秋期 基本情報技術者試験 問題と解答

照合一致 (式 , セル範囲 , 検索の指定)	1 行又は 1 列を対象とするセル範囲に対して，セル範囲の左端又は上端から走査し，検索の指定によって指定される条件を満たす最初のセルを探す。見つかったセルの位置を，セル範囲の左端又は上端から 1，2，… と数えた値とし，その値を返す。 ・検索の指定が 0 の場合の条件：式の値と一致する値を検索する。 ・検索の指定が 1 の場合の条件：式の値以下の最大値を検索する。このとき，セル範囲は左端又は上端から順に昇順に整列されている必要がある。 ・検索の指定が −1 の場合の条件：式の値以上の最小値を検索する。このとき，セル範囲は左端又は上端から順に降順に整列されている必要がある。 〔例〕照合一致 (15,B2:B12,−1) は，セル B2 〜 B12 をセル B2，B3，…と探す。このとき，15 以上の最小値をセル B9 で最初に見つけたとすると，セル B2 から数えた値 8 を返す。
条件付合計 (検索のセル範囲 , 検索条件の記述 , 合計のセル範囲[1])	行数及び列数が共に同じ検索のセル範囲と合計のセル範囲に対して，検索と合計を行う。検索のセル範囲に含まれるセルのうち，検索条件の記述で指定される条件を満たすセルを全て探す。検索条件の記述を満たした各セルについての左上端からの位置と，合計のセル範囲中で同じ位置にある各セルの値を合計して返す。 検索条件の記述は比較演算子と式の組で記述し，検索のセル範囲に含まれる各セルと式の値を，指定した比較演算子によって評価する。 〔例1〕条件付合計 (A1:B8,＞E1,C2:D9) は，検索のセル範囲であるセル A1 〜 B8 のうち，セル E1 の値より大きな値をもつ全てのセルを探す。このとき，セル A2，B4，B7 が見つかったとすると，合計のセル範囲であるセル C2 〜 D9 の左上端からの位置が同じであるセル C3，D5，D8 の値を合計して返す。 〔例2〕条件付合計 (A1:B8,＝160,C2:D9) は，検索のセル範囲であるセル A1 〜 B8 のうち，160 と一致する値をもつ全てのセルを探す。このとき，セル A2，B4，B7 が見つかったとすると，合計のセル範囲であるセル C2 〜 D9 の左上端からの位置が同じであるセル C3，D5，D8 の値を合計して返す。

注[1] 引数として渡したセル範囲の中で，数値以外の値は処理の対象としない。

　　[2] 引数として渡すことができる式の個数は，1 以上である。

7. マクロ

(1) ワークシートとマクロ

　　ワークシートには複数のマクロを格納することができる。

　　マクロは一意のマクロ名を付けて宣言する。マクロの実行は，表計算ソフトのマクロの実行機能を使って行う。

　　〔例〕○マクロ: Pro

　　　　例は，マクロ Pro の宣言である。

(2) 変数とセル変数

　　変数の型には，数値型，文字列型及び論理型があり，変数は宣言することで使用できる。変数名にセル番地を使用することはできない。

　　〔例〕○数値型: row, col

　　　　例は，数値型の変数 row, col の宣言である。

　　セルを変数として使用でき，これをセル変数という。セル変数は，宣言せずに使用できる。

セル変数の表現方法には，絶対表現と相対表現とがある。

セル変数の絶対表現は，セル番地で表す。

セル変数の相対表現は，次の書式で表す。

書式	解説
相対 (セル変数 , 行の位置 , 列の位置)	セル変数で指定したセルを基準のセルとする。そのセルの行番号と列番号の位置を 0 とし，下又は右方向を正として数え，行の位置と列の位置で指定した数と一致する場所にあるセルを表す変数である。

〔例1〕相対(B5, 2, 3) は，セル E7 を表す変数である。

〔例2〕相対(B5, −2, −1) は，セル A3 を表す変数である。

(3) 配列

数値型，文字列型又は論理型の配列は宣言することで使用できる。添字を " [" 及び "] " で囲み，添字が複数ある場合はコンマで区切る。添字は 0 から始まる。

なお，数値型及び文字列型の変数及び配列の要素には，空値を格納することができる。

〔例〕○文字列型: table[100, 200]

例は，100 × 200 個 の文字列型の要素をもつ 2 次元配列 table の宣言である。

(4) 宣言，注釈及び処理

宣言，注釈及び処理の記述は，"共通に使用される擬似言語の記述形式"の〔宣言，注釈及び処理〕に従う。

処理の記述中に式又は関数を使用する場合，その記述中に変数，セル変数又は配列の要素が使用できる。

〔例〕○数値型: row

■ row: 0, row ＜ 5, 1

・相対(E1, row, 1) ← 垂直照合(相対(E1, row, 0), A1:B10, 2, 0) ＊ 10

■

例は，セル E1，E2，…，E5 の各値に対して，セル A1 〜 A10 の中で同じ値をもつセルが現れる最初の行を探し，見つけた行の列 B のセルの値を10倍し，セル F1，F2，…，F5 の順に代入する。

Section 11-5 午後試験の解答

令和元年度　秋期　基本情報技術者試験　解答例

午後試験

問番号			正解	備考
問1	設問1	a	エ	
		b	オ	
	設問2		オ	
	設問3		イ	
問2	設問1	a	オ	
		b	ウ	
	設問2	c	ウ	
		d	イ	
	設問3	e	エ	
問3	設問1	a	エ	
		b	イ	
	設問2	c	イ	
	設問3	d	ア	
		e	カ	
問4	設問1		エ	
	設問2	a	エ	
		b	ウ	
		c	イ	
		d	カ	
問5	設問1	a	ア	
		b	オ	
		c	ク	
		d	キ	
	設問2	e	オ	
		f	ク	
問6	設問1	a	ア	
		b	ア	
		c	エ	
	設問2	d	エ	
		e	イ	
	設問3	f	イ	
問7	設問1	a	イ	
		b	イ	
	設問2	c	ア	
	設問3	d	イ	
		e	ウ	
問8	設問1	a	イ	
		b	ア	
		c	ア	

問番号			正解	備考
	設問2	d	イ	
		e	キ	
		f	カ	
	設問3	g	カ	
		h	イ	
		i	ウ	
問9	設問1	a	ア	
		b	イ	
		c	ア	
		d	オ	
	設問2	e	オ	
		f	ウ	
問10	設問1	a	エ	
		b	オ	
		c	イ	
		d	イ	
	設問2	e	ウ	
		f	ア	
問11	設問1	a	イ	
		b	オ	
		c	イ	
		d	オ	
		e	ウ	
	設問2		オ	
問12	設問1	a	ア	
		b	ア	
		c	イ	
	設問2	d	エ	
		e	エ	
		f	正解なし	
	設問3	g	オ	
		h	ウ	
問13	設問1	a	エ	
		b	エ	
		c	ウ	
	設問2	d	キ	
		e	キ	
		f	イ	

11-5　午後試験の解答　579

問1

出題趣旨
近年, 働き方改革の一環として場所や時間の制約を受けずに働く勤務形態であるテレワークの導入を検討する企業が増えており, テレワークを実現するリモートアクセスを安全に行うための技術であるVPN及びVDIについて理解しておくことが重要になってきている。 　本問は, テレワークを題材に, VPN及びVDIの導入に伴うファイアウォールでのパケットフィルタリングの検討を主題としている。 　本問では, パケットフィルタリングのルールを正しく読み取り, セキュリティ上の問題点の解消や業務要件を変更する場合に適切な対応を選択する能力などを評価する。

問2

出題趣旨
プログラム中に並列実行可能な部分があれば, そこを複数のスレッドで並列に実行することは, プログラムの実行時間短縮に有用である。 　本問は, プログラムの高速化に関連して, スレッドを使用した並列実行における高速化率や, 繰返しの処理における並列実行の可否を主題としている。 　本問では, スレッドを使用した並列実行を題材に, プログラム実行時間の高速化率に関する計算や, 並行実行が可能か不可能かを見極める能力などを評価する。

問3

出題趣旨
関係データベースを使用したシステムを管理する上では, データベース修正に伴って発生するデータ更新処理の適切な手順を理解しておくことは重要である。 　本問は, 企業の資料室で行っている書籍の貸出しを題材に, 表からの必要なデータ抽出と, 要望を反映して修正した表の利用を主題としている。 　本問では, 表からの各種条件下でのデータ抽出方法, 及び各種制約が設定されている条件下でのデータ削除方法を問うことによって, データベースに関する能力を評価する。

問4

出題趣旨
IPv4のIPアドレスが枯渇する中, ネットワーク構築などの際に, グローバルIPアドレスの不足を補う手段として広く用いられているNATの仕組みを理解しておくことは重要である。 　本問は, NATと, NATの拡張でありIPv6のネットワーク内の機器からIPv4のネットワーク内の機器への通信を可能にする, NAT64の理解を主題としている。 　本問では, 静的NAT及び動的NATそれぞれの適性の理解や, 動的NATのIPアドレス及びポート番号書換えの考え方をNAT64に応用する能力などを評価する。

問5

出題趣旨

　ソフトウェアの設計においては，要件に基づき処理を正しく設計する能力と，テストの目的に合致したテストを実施する能力が必要である。

　本問は，ストレスチェックの検査支援を行うシステムを題材に，要件に基づいた処理の設計とテストデータの選定を主題としている。

　本問では，求められる要件に基づいた処理の流れ図を作成する能力と，テストの目的に合致したテストデータを選定する能力を評価する。

問6

出題趣旨

　テスト工程では，進捗及び品質管理の指標を用いて計画を立案し，スケジュール通りにテストを実施し，その結果を評価して，問題があれば適切に対処することが重要である。

　本問は，販売管理システム開発の結合テストを題材に，バグ管理図を用いた進捗及び品質管理の理解を主題としている。

　本問では，結合テストの計画値及び実績値から進捗及び品質を評価，判断し，評価結果に対する必要な改善策を検討する能力を評価する。

問7

出題趣旨

　企業では的確な経営判断を行うためにBI（Business Intelligence）などの情報システムを利用したデータ活用が行われており，その要件検討に当たり管理会計の基礎知識が求められる。

　本問は，製品別の損益に基づく収益改善策の検討を題材に，経営分析に用いる指標の基礎知識についての理解を主題としている。

　本問では，収益性指標や安全性指標の計算式の理解，数値的根拠に基づく分析や，収益改善策を検討する能力を評価する。

問8

出題趣旨

　文字列照合は，アルゴリズムの中でも重要な項目の一つであり，情報セキュリティ分野など幅広く利用されている。Bitap法は文字ごとに定義されるビット列を用い，ビット演算の並列性を利用する特徴をもつ。

　本問は，Bitap　法を用いた関数のプログラムを題材に，プログラムの仕様の把握や，アルゴリズムのロジックの理解を主題としている。

　本問では，与えられた仕様を基に文字列からビット列の配列を作成する処理を実装する能力，ビット演算を用いて文字列の照合を行う処理においてプログラムを正しく追跡する能力，プログラムの一部を変更した場合の動作を理解する能力などを評価する。

問9

出題趣旨
プログラムの開発工程において，また実務での問題解決において，ファイルの内容を表示する汎用的な ツールが役に立つ。 　本問は，入力ファイルの内容を文字及び16進数で表示する処理を題材に，ファイル内容の読込み，編集， 及び書出しの操作を行う処理を主題としている。 　本問では，ファイル中の指定した範囲の内容を表示するための制御や，1行当たりの表示バイト数の制 御などについて，プログラムの作成能力を評価する。また，具体的なケースにおけるプログラムの動作内 容を追跡させることによって，プログラムの分析能力を評価する。

問10

出題趣旨
順ファイルに格納されたデータを読み込んで集計し，結果を出力する処理は，COBOLで記述された業 務プログラムで多用される。 　本問は，スーパマーケットで販売した弁当を題材に，種類ごとの販売個数や平均値引率などを集計し， 印字する処理を主題としている。 　本問では，順ファイルの操作，整列，部分参照の手法を問うことによって，COBOLプログラムの作成能 力を評価する。

問11

出題趣旨
非同期でデータを処理する場合，Javaではスレッドを利用することができる。このとき，複数スレッド で同時に更新が行われるデータの一貫性を保ち，スレッド間の同期処理を実装するのは基礎的な技術で ある。 　本問は，携帯端末へ非同期で通知メッセージを配信するシステムの処理を，擬似的に実装することを主 題としている。 　本問では，スレッド間でデータの一貫性を保ち，スレッド間の同期処理を行うプログラムの理解力など を評価する。

問12

出題趣旨
2進化10進数で表現された値を，コンピュータ内部では，どのように取り扱うのかを理解することは重 要である。 　本問は，パック10進数の加算処理を，アセンブラ言語でどのように実装するかを主題としている。 　本問では，1語16ビットのハードウェアのアセンブラ言語で，同一符号の10進数の加算処理をどのよ うに実現すればよいのかを問うことによって，プログラム作成の基本能力と，符号を考慮した加算処理に 拡張することによって，プログラム作成の応用能力を評価する。

問13

出題趣旨
与えられた条件を踏まえて，複数のデータから処理の対象とするデータを抽出し，集計などをすること は，表計算ソフトの基本的な利用方法の一つである。 　本問は，メロンの仕分を題材に，未整理のデータを分類して販売価格を計算することを主題としている。 　本問では，複数の関数を組み合わせた条件の記述，複数の表の扱い方及び指定された条件を満たすマク ロの作成といった，表計算ソフトを利用する際に求められる実務的な能力を評価する。

582　第11章　令和元年度 秋期 基本情報技術者試験 問題と解答

Section 11-6 午後試験の解説

問1　情報セキュリティ　テレワークの導入

> 設問1　a　正解－エ

　誤りのあるルール番号7では、192.168.64.0/23（192.168.64.1～192.168.65.254）の送信元が、開発サーバ（192.168.128.0/20）にHTTPSおよびSSHでアクセスすることを許可しています。これに照らし合わせて、解答群を1つずつ確認してみましょう。

　開発PC（192.168.1.0/24）は、ルール番号6で開発サーバにアクセスできます。したがって、選択肢アは正しくありません。

　開発VM（192.168.65.0/24）は、ルール番号7で開発サーバにアクセスできます。したがって、選択肢イは正しくありません。

　事務PC（192.168.0.0/24）は、開発サーバにアクセスを許可するルールがないので、アクセスできません。したがって、選択肢ウは正しくありません。

　事務VM（192.168.64.0/24）は、開発サーバにアクセスできないはずですが、ルール番号7の送信元の範囲にあるのでアクセスできてしまいます。したがって、選択肢エが正解です。

> 設問1　b　正解－オ

　開発サーバ（192.168.128.0/20）にアクセスを許可するのは、開発PC（192.168.1.0/24）と開発VM（192.168.65.0/24）です。ルール番号6で、開発PCの開発サーバへのアクセスが許可されています。したがって、ルール番号7では、開発VMが開発サーバへアクセスできるようにします。そのためには、誤りのある192.168.64.0/23という送信元を、開発VMの192.168.65.0/24に修

正します。選択肢オが正解です。

設問2　正解-オ

　解答群は、どれも最後が開発サーバになっているので、開発VMで開発サーバにアクセスすることを想定します。問題文に示された「A社が検討したテレワークによる業務開始までの流れ」を見ると、シンクライアントがVPNサーバに接続し、VPNサーバ経由でA社のネットワークに接続し、VDIサーバに接続し、仮想マシン（開発VM）が割り当てられ、仮想マシンにログインして業務（開発VMで開発サーバへアクセスして行う業務）を開始する、という手順であることがわかります。これに該当するのは、選択肢オの「シンクライアント端末→VPNサーバ→VDIサーバ→開発VM→開発サーバ」です。

設問3　正解-イ

　現状のFWのルールは、以下のようになっています。

ルール番号1：インタネットからVPNサーバへのアクセスを許可しています。
ルール番号2：プロキシサーバからインターネットへのアクセスを許可しています。
ルール番号3：VPNサーバからVDIサーバへのアクセスを許可しています。
ルール番号4：事務PCと開発PCからプロキシサーバへのアクセスを許可しています。
ルール番号5：事務VMと開発VMからプロキシサーバへのアクセスを許可しています。
ルール番号6：開発PCから開発サーバへのアクセスを許可しています。
ルール番号7（修正後）：開発VMから開発サーバへのアクセスを許可しています。

　ここでは、事務PCと開発PCからVDIサーバへアクセスできるようにしたいのですから、そのためのルールを追加する必要があります。それは、192.168.0.0/23（事務PCと開発PC）から192.168.64.0/20（VDIサーバ）へのVDIサービスを許可することであり、選択肢イが正解です。

問2　ソフトウェア　スレッドを使用した並列実行

設問　a　正解ーオ

プログラム実行時間の高速化率 E を求める式が与えられているので、式の E に 3/2 を、n に 2 を設定して r を求めると、以下のように 2/3 になります。したがって、選択肢オが正解です。

$$E = \frac{1}{(1-r)+r/n}$$

$$\frac{3}{2} = \frac{1}{(1-r)+r/2}$$

$$\frac{2}{3} = (1-r)+r/2$$

$$\frac{2}{3} = 1-r/2$$

$$r/2 = 1-\frac{2}{3}$$

$$r = \frac{2}{3}$$

設問　b　正解ーウ

プログラム実行時間の高速化率 E を求める式で、r に 3/4 を設定すると、以下になります。

$$E = \frac{1}{(1-3/4)+(3/4)/n} - \frac{1}{1/4+(3/4)/n}$$

この式で、スレッドの数 n の値を大きくすると、(3/4)/n が無視できるほど小さくなるので、以下のように、E は 4 になります。これが、E の上限です。したがって、選択肢ウが正解です。

$$E = \frac{1}{1/4} = 4$$

設問　c　正解ーウ

スレッド 2-1 で、i_1 が 50 のときに、$a[i_1+1]$ は a[51] であり、a[51] を読み出

11-6　午後試験の解説　**585**

して演算します。もしも、その前にスレッド2-2で、i_2が51のときに、$a[i_2]$は$a[51]$であり、$a[51]$を書き換えてしまうと、正しい結果が得られません。したがって、選択肢ウが正解です。

設問 d 正解－イ

スレッド3-2で、i_2が52のときに、$a[i_2-1]$は$a[51]$であり、$a[51]$を読み出して演算します。もしも、その前にスレッド3-1で、i_1が51のときに、$a[i_1]$は$a[51]$であり、$a[51]$を書き換えてしまうと、正しい結果が得られません。したがって、選択肢イが正解です。

設問 e 正解－エ

スレッド4-1は、$a[ip[1]]$ 〜 $a[ip[5]]$ の要素に値を書き込みます。スレッド4-2は、$a[ip[6]]$ 〜 $a[ip[10]]$ の要素に値を書き込みます。$ip[1]$ 〜 $ip[5]$ の値と、$ip[6]$ 〜 $ip[10]$ の値に、重複する部分がなければ、2つのスレッドが同じ要素に書き込むことがないのでスレッド並列法を適用できます。図4に示された $ip[1]$ 〜 $ip[5]$ の値は、[1][2][3][4][5]です。解答群の中で、[1][2][3][4][5]と重複がないのは、選択肢エの[6][7][8][9][10]だけです。したがって、選択肢エが正解です。

問3 データベース 書籍及び貸出情報を管理する 関係データベースの設計及び運用

設問1 a 正解－エ

返却日がNULLなら'貸出中'であり、返却日がNOT NULLなら'貸出可'なので、選択肢エが正解です。

設問1 b 正解－イ

最も新しい貸出日のレコードは、貸出日の最大値で求められるので、選択肢イのMAX(貸出表.貸出日)が正解です。日付は、大きいほど新しいことに注意してください。

設問2 c 正解－イ

選択肢アの「貸出表.貸出日 >= '2018-04-01' OR 貸出表.貸出日 <= '2019-03-31'」は、ORなので、2018年4月1日から2019年3月31日までの間、と

いう条件にならないので、正しくありません。

選択肢イは、問題に示された目的の結果が得られます。選択肢イが正解です。

選択肢ウは、集約関数である COUNT を WHERE 句で使っているので、正しくありません。

選択肢エは、HAVING に貸し出し期間の条件（グループ化とは無関係の条件）を指定しているので、正しくありません。

設問3 d 正解ーア

空欄 d の解答群には、書籍表、書籍情報表、ラック表があります。すでに所蔵している書籍と ISBN コードが同じ書籍を追加購入したのですから、書籍番号を主キーとした書籍表にレコードを追加しますが、ISBN コードを主キーとした書籍情報表にはレコードを追加しません。新たなラックを追加するのではないので、ラック表にレコードを追加することもありません。したがって、書籍表だけにレコードを追加するので、選択肢アが正解です。

設問3 e 正解ーカ

たとえば。表 A のレコードが別の表 B のレコードを参照しているときに、レコードを削除する順序は、表 A のレコードが先になります。なぜなら、表 B のレコードを先に削除すると、表 A のレコードの参照先がなくなってしまうからです。問題に示されたデータベースの構成では、貸出表のレコードが書籍表のレコードを参照し、書籍表のレコードが書籍情報表のレコードを参照しています。したがって、レコードを削除する順序は、「貸出表のレコード」→「書籍表のレコード」→「書籍情報表のレコード」であり、④→③→①です。空欄 d の解答群は、すべて先頭が②なので、④→③→①の先頭に②を付けた選択肢カが正解です。

問4　ネットワーク　NAT

設問1 正解ーエ

サーバは、常時稼働しているので、静的 NAT が適しています（1）。LAN 内機器は、必要に応じて稼働するので、動的 NAT が適しています（2）。あらかじめ決

11-6　午後試験の解説　**587**

められた固定のポートを使う場合は、静的 NAT が適しています（3）。したがって、動的 NAT が適しているのは（2）だけであり、選択肢エが正解です。

設問 2　a　正解ーエ

DNS64 は、IPv6 機器からアクセスされるので、IPv6 のネットワークに置かれます。したがって、空欄 a1 は、IPv6 です。

DNS64 は、IP アドレスの問合せに対して、対応する IPv6 アドレスがあれば、それを返します。したがって、空欄 a2 は、IPv6 です。

DNS64 は、IP アドレスの問合せに対して、対応する IPv6 アドレスがない場合、IPv4 アドレスを IPv6 アドレスに変換して返します。したがって、空欄 a2 は、IPv4 です。

以上のことから、選択肢エが正解です。

設問 2　b　正解ーウ

IPv4 パケットの宛先 IP アドレスは、IPv4 機器の IP アドレスであり、192.168.0.2 です。したがって、選択肢ウが正解です。

設問 2　c　正解ーイ

IPv4 パケットの送信元は、実際には IPv6 機器ですが、それが NAT64 ルータの IPv4 の IP アドレスである 192.168.0.1 に変換されます。したがって、選択肢イが正解です。

設問 2　d　正解ーカ

IPv6 パケットの送信元は、実際には IPv4 機器ですが、それが NAT64 ルータに記録された IPv6 の IP アドレスの 64:ff9b::c0a8:2 に変換されます。したがって、選択肢カが正解です。

588　第 11 章　令和元年度 秋期 基本情報技術者試験 問題と解答

問5　ソフトウェア設計　ストレスチェックの検査支援を行うシステム

設問1　a　正解－ア

　領域Bの合計点をチェックして、空欄aの条件に該当するなら、他のチェックを行うことなく高ストレス者でないと判別されます。したがって、空欄aは63点未満であり、それと同じ意味の選択肢アの62点以下が正解です。

設問1　b　正解－オ

　空欄bは、領域Bの合計点が、77点以上と空欄aの62点以下の間にある場合なので、63点以上76点以下です。したがって、選択肢オが正解です。

設問1　c　正解－ク

　空欄cの条件に該当すると、高ストレス者と判別されます。したがって、空欄cは、領域AとCの合計点の和が76点以上であり、選択肢クが正解です。

設問1　d　正解－キ

　空欄dは、高ストレス者と判別されない条件なので、領域AとCの合計点の和が75点以下です。したがって、選択肢キが正解です。

設問2　e　正解－オ

　図1の①は、領域Bの合計点が77点以上です。図1の②は、領域Bの合計点が63点以上かつ76点以下で、さらに領域AとCの合計点の和が76点以上です。①、②、およびそれ以外の場合を判別できるかどうかをテストするには、それぞれだけに該当するテストデータを使えばよいことになります。それぞれのテストデータは、以下に該当します。

・テストデータ1・・・それ以外
・テストデータ2・・・①
・テストデータ3・・・それ以外
・テストデータ4・・・①
・テストデータ5・・・それ以外
・テストデータ6・・・②

第11章　令和元年度秋期　基本情報技術者試験 問題と解答

11-6　午後試験の解説　**589**

解答群の中で、①、②、およびそれ以外をすべて含んでいて、テストデータの件数が最も少ないのは、選択肢オの「4、5、及び6」です。選択肢オが正解です。

設問2 f 正解－ク

図2の流れ図で、分岐によるすべてのパスを通るテストをするには、以下のデータが必要であり、それぞれ以下のテストデータが該当します。

・領域Bの合計点が77点以上……テストデータ2、テストデータ4
・領域Bの合計点が62点以下……テストデータ5
・領域Bの合計点が63点以上かつ76点以下で、さらに領域AとCの合計点の和が76点以上……テストデータ6
・領域Bの合計点が63点以上かつ76点以下で、さらに領域AとCの合計点の和が75点以下……テストデータ1、テストデータ3

解答群の中で、上記をすべて含んでいて、テストデータの件数が最も少ないのは、選択肢クの「1、4、5、及び6」です。選択肢クが正解です。

問6　プロジェクトマネジメント　販売管理システム開発の結合テストにおける進捗及び品質管理

設問1 a 正解－ア

表2に示された担当者A～Eの消化済テスト項目数（実績値）の合計は、210＋390＋400＋450＋300＝1750件です。テスト項目数は、全部で3500件あるので、未消化テスト項目数は、3500－1750＝1750件です。これは、表1および図1に示された1400件より大きくなっています。したがって、選択肢アが正解です。

設問1 b 正解－ア

表2に示された担当者A～Eの累積バグ検出数（実績値）の合計は、4＋9＋8＋11＋13＝45件です。これは、表1および図1に示された26件より大きくなっています。したがって、選択肢アが正解です。

590　第11章　令和元年度 秋期 基本情報技術者試験 問題と解答

設問1 c 正解－エ

実績値として 1750 件のテストが消化されています。これに、バグ検出数の標準値である 0.02 を乗じると 1750 × 0.02 ＝ 35 件になります。累積バグ検出数の実績値は、45 件であり、35 件の± 25％ の 26.25 件～ 43.75 件の範囲を超えています。したがって、選択肢エが正解です。

設問2 d 正解－エ

担当者 B の消化済テスト項目数の計画値は、60％ 経過時点での消化済テスト項目数の計画値が 3500 － 1400 ＝ 2100 件なので、以下のように 420 件になります。したがって、選択肢エが正解です。

担当するテストの項目数の計画値×（60％ 経過時点での消化済テスト項目数の計画値／結合テスト全体のテスト項目数の計画値）＝ 700 ×（2100 ／ 3500）＝ 420

設問2 e 正解－イ

問題文に示された A さんの状況をまとめると以下になります。これらと照らし合わせて、解答群の中から適切な対策を選んでみましょう。

・A さんが担当するテストの進捗が遅れている。
・A さんのテスト項目の内容は適切である。
・A さんのテスト手順は正しい。
・A さんの報告書は適切に記載されている。
・A さんはテストデータの作成に時間を要している。

選択肢アの「テスト項目を再度洗い出す」は、「A さんのテスト項目の内容は適切である」なので不適切です。

選択肢イの「テスト要員を追加する」は、「A さんはテストデータの作成に時間を要している」の対策になるので適切です。

選択肢ウの「テストデータを再作成する」は、「A さんはテストデータの作成に時間を要している」に、さらに時間がかかることになるので、不適切です。

選択肢エの「テスト証跡の記載を一部省略する」は、時間短縮にはなりますが、テストの品質を下げることになるので、不適切です。

選択肢オの「テストの結果をＡさんの結合テスト完了後に確認する」は、Ａさんの作業の時間短縮にならないので、不適切です。

以上のことから、選択肢イが正解です。

設問3　f　正解－イ

問題文でポイントとなる部分を以下に示します。これらと照らし合わせて、解答群の中から適切な対策を選んでみましょう。

・機能２のバグの検出数が多く、バグの原因調査に時間がかかっている。
・その原因は、機能２の"詳細設計書の論理誤り"が多いことである。
・機能２のその他の機能は、いずれも結合テストの開始前である。
・このままで、その他の機能の結合テストを行うと、同じように時間がかかるおそれがある。

選択肢アの「Ｅさんがテストを担当した機能の詳細設計書の再レビュー」は、「その原因は、機能２の"詳細設計書の論理誤り"が多いことである」でバグの原因（詳細設計書の誤り）がわかっているので、不適切です。

選択肢イの「機能２担当者が担当した機能の詳細設計書の再レビュー」は、「機能２のその他の機能は、いずれも結合テストの開始前である」および「このままで、その他の機能の結合テストを行うと、同じように時間がかかるおそれがある」に照らし合わせて適切です。

選択肢ウの「全機能の詳細設計書の再レビュー」は、「その原因は、機能２の"詳細設計書の論理誤り"が多いことである」であり、全機能を再レビューする必要はないので、不適切です。

選択肢エの「販売管理システムの要件を理解するための勉強会」は、テストに時間がかかることの対策にはならないので、不適切です。

592　第11章　令和元年度 秋期 基本情報技術者試験 問題と解答

以上のことから選択肢イが正解です。

問7　経営戦略・企業と法務　製品別の収益分析

設問1　a　正解ーイ

　営業利益率は、「営業利益÷売上高」という計算で求められます。営業利益は、「売上高－営業費用」という計算で求められます。製品Xの営業利益率を、営業費用を2100百万円のままで、16%にするには、「(売上高－2100百万円)÷売上高＝0.16」という方程式を解いて、「売上高＝2500百万円」にする必要があります。前年度の売上高が2200百万円なので「2500百万円ー2200百万円＝300百万円」増やす必要があります。したがって、選択肢イが正解です。

設問1　b　正解ーイ

　売上高が前年度と同額の2200百万円の場合は、「(2200百万円－営業費用)÷2200百万円＝0.16」という方程式を解いて、「営業費用＝1848百万円」にする必要があります。前年度の営業費用が2100百万円なので「2100百万円ー1848百万円＝252百万円」減らす必要があります。したがって、選択肢イが正解です。

設問2　c　正解ーア

　製品Xの安全余裕率は、以下の手順で求められます。

限界利益率＝(売上高－変動費)÷売上高
＝(2200百万円ー1100百万円)÷2200百万円
＝0.5

損益分岐点売上高＝固定費÷限界利益率
＝1000百万円÷0.5
＝2000百万円

安全余裕率＝(売上高－損益分岐点売上高)÷売上高
＝(2200百万円－2000百万円)÷2200百万円
≒0.0909

安全余裕率を 20%（0.2）にするには、「0.2 ＝（2200 百万円－損益分岐点売上）÷ 2200 百万円」という方程式を解いて「損益分岐点売上＝ 1760 百万円」にする必要があります。そのためには、「1760 百万円＝固定費÷ 0.5」という方程式を解いて「固定費＝ 880 百万円」にする必要があります。現状の固定費は、1000 百万円なので「1000 百万円－ 880 百万円＝ 120 百万円」の削減が必要です。したがって、空欄 c1 は、120 です。

　製品 X の固定費の 120 百万円を製品 Z の人件費に追加しますが、製品 Z の売上高を 1000 百万円にできるとしているので、製品 Z の安全余裕率は、以下の手順で求められます。

限界利益率＝（売上高－変動費）÷売上高
＝（1000 百万円－ 400 百万円×（1000 ÷ 800））÷ 1000 百万円
＝ 0.5

損益分岐点売上高＝固定費÷限界利益率
＝（280 ＋ 120）百万円÷ 0.5
＝ 800 百万円

安全余裕率＝（売上高－損益分岐点売上高）÷売上高
＝（1000 百万円－ 800 百万円）÷ 1000 百万円
＝ 0.2（20%）

　したがって、空欄 c2 は、20 です。

　以上のことから、c の正解は、選択肢アです。

設問 3　d　正解－イ

　12% の値引きなしで同じ売上高を達成した場合は、売上数量が 12% 少ないことになり、変動費も 12% 少なくなります。現状の変動費は、1100 百万円であり、それより 12% 少ない変動費は「1100 百万円× 0.88 ＝ 968 百万円」です。したがって、空欄 d の正解は、選択肢イです。

設問3 e 正解－ウ

　ここまでに、売上高が2200百万円で、変動費が968百万円であることがわかっています。固定費は、1000百万円のままです。営業利益率は、以下の手順で求められます。

営業利益＝2200百万円－（1000百万円＋968百万円）＝232百万円
営業利益率＝232百万円÷2200百万円≒0.105（11％）

　したがって、空欄eの正解は、選択肢ウです。

問8　データ構造及びアルゴリズム　Bitap法による文字列検索

設問1 b 正解－ア 　※説明の都合で、空欄aより先に空欄bと空欄cを取り上げます

　プログラムの説明に「Mask[]のすべての要素を "0"B に初期化」とあり、それがプログラムの空欄bに該当します。さらに、プログラムに、「/* 初期化 */」というコメントも付けられています。空欄bの正解は、選択肢アです。

設問1 c 正解－ア

　プログラムの説明を見ると、空欄cに入るのは「下位から数えてi番目のビットを1にした値」であり、iが1なら0000000000000001、iが2なら0000000000000010、iが3なら0000000000000100、……、と思われます。0000000000000001をi - 1だけ左論理シフトすればよいでしょう。ところが、プログラムを見ると「空欄cとMask[Index(Pat[i])とのビットごとの論理和」になっています。

　具体例を見ると、"ACABAB" の先頭（i＝1）の "A" に対応するビットマスクが0000000000000001ではなく、0000000000010101になっています。このことから、"ACABAB" の中に "A" が3個あるので、それらを論理和で重ね合わせていることがわかります。空欄cは、0000000000000001をi - 1だけ論理左シフトするだけでなく、それまでに得られているビットマスクと論理和で重ね合わせるのです。したがって、正解は選択肢アです。

第11章　令和元年度　秋期　基本情報技術者試験　問題と解答

11-6　午後試験の解説　　595

設問1　a　正解ーイ

　先に、空欄bと空欄cを解いたことで、ビットマスクを作る方法がわかりました。空欄aには、"B" に対応するビットマスクが入ります。問題に示された "ACABAB" では、先頭から4番目と6番目に "B" が登場します。したがって、0000000000001000 と 0000000000100000 を論理和で重ね合わせた 0000000000101000 が "B" に対応するビットマスクです。正解は、選択肢イです。

設問2　d　正解ーイ、e　正解ーキ、f　正解ーカ

　プログラムをi＝1〜9までトレースすれば、空欄d、e、fを埋められます。変数の値をトレースするのは、βの直後の値であることに注意してください。トレースした結果を以下に示します。空欄d、空欄e、空欄fの正解は、選択肢イ、選択肢キ、選択肢カです。

i	Mask[Index(Text[i])]	Status
1	"10101"B	"1"B
2	"10101"B	"1"B（空欄d）
3	"10"B	"10"B
4	"101000"B	"0"B
5	"101000"B	"0"B
6	"10101"B	"1"B
7	"10101"B	"1"B
8	"10"B	"10"B
9	"10101"B（空欄e）	"101"B（空欄f）

設問3　h　正解ーイ　※説明の都合で、空欄gより先に空欄hを取り上げます

　Modeの初期値は0で、Mode＝0なら1文字処理するごとにPatLenの値を1増やしています。"[" を処理すると、PatLenを1増やし、Modeを1にします。そして、"]" を処理すると、Modeを0に戻します。これは、"[" と "]" で囲まれた部分では、その間に何文字あってもPatLenが1だけ増えるということです。したがって、問題に示された "AC[BA]A[ABC]A" という具体例を処理したときのPatLenは、"AC" で2増えて、"[BA]" で1増えて、"A" で1増えて、"[ABC]" で1増えて、"A" で1増えるので、全部で6になります。したがって、空欄hの正

596　第11章　令和元年度 秋期 基本情報技術者試験 問題と解答

解は、選択肢イです。

設問 3 g 正解ーカ

"AC[BA]A[ABC]A" において、"A" は 5 回登場し、"[" と "]" で囲まれた部分では、その間に何文字あっても PatLen が 1 だけ増えるのですから、"ACAAAA" を想定してビットマスクを求めればよいことになります。"A" は、1 文字目、3 文字目、4 文字目、5 文字目、6 文字目に登場するので、それらの桁位置を 1 とした "111101"B というビットマスクになります。したがって、空欄 g の正解は、選択肢カです。

設問 3 i 正解ーウ

誤って Pat[] に "AC[B[AB]AC]A" が与えられた場合には、"[B[A" の部分で PatLen が 2 増えてしまうので、"A" のビットマスクは、"ACBAACA" を想定して求められます。"A" は、1 文字目、4 文字目、5 文字目、7 文字目に登場するので、それらの桁位置を 1 とした "1011001"B というビットマスクになります。したがって、空欄 i の正解は、選択肢ウです。

問9 ソフトウェア開発（C） 入力ファイルの内容を文字及び16進数で表示

設問 1 a 正解ーア

空欄 a がある for 文では、ファイルからデータを読み出す前に、tblC[0x00] 〜 tblC[0xFF] に 0x00 〜 0xFF に対応する文字（0x20 〜 0x7E でない場合は '.'）を格納し、tblH[0x00] 〜 tblH[0xFF] に 0x00 〜 0xFF の上位 4 ビットを格納し、tblL[0x00] 〜 tblL[0xFF] に 0x00 〜 0xFF の下位 4 ビットを格納しています。空欄 a は、変数 chr で与えられる 0x00 〜 0xFF の下位 4 ビットを取り出す処理なので、選択肢アの chr & 0x0F が適切です。

設問 1 b 正解ーイ

ファイルを読み出す条件は、「末尾に達していない、かつ、読み出す範囲内である」です。したがって、空欄 b1 には「かつ」を意味する && が入ります。to がマイナスなら（to < 0）末尾まで読み出し、そうでなければ、to まで読み出しま

11-6 午後試験の解説 **597**

す。読み出し位置は、cnt にあるので、to までは cnt <= to です。これらのいずれかなので、空欄 b には「または」を意味する || が入ります。したがって、選択肢イが正解です。

設問1　c　正解―ア

　空欄 c の条件が真の場合、データの表示が行われています。これは、現在の読み出し位置 cnt が from 以降である場合です。from は先頭を 0 で指定しますが、cnt は読み出した文字数をカウントしているため先頭が 1 になります。したがって、cnt >= from ではなく、cnt >= from + 1 ですが、これは選択肢にないので、解答群の中では、同じ意味になる選択肢アの cnt > from が適切です。

設問1　d　正解―オ

　printf を使ったデータの表示処理は、while 文の中だけでなく、while 文を抜けた後にもあります。これは、60 バイトを 3 行 1 組で表示するので、while 文の中で 60 バイトごとに表示して、最後に 60 バイトに満たないデータが残ったら、while 文を抜けた後で表示するからです。空欄 d には、表示するデータが 60 バイトになったことをチェックする処理が入ります。表示するデータの数は、pos で表されます。したがって、空欄 d は、pos == 60 ですが、解答群では、60 を WIDTH という定数で表しているので、選択肢オの pos == WIDTH が正解です。

設問2　e　正解―オ

　ファイルサイズが 100 バイトで、99 バイト目～ 99 バイト目（先頭を 0 バイトとする）の 1 文字なので、ファイルを最後まで読み出して chr が EOF となるので、END OF DATA で 1 バイトを読み出したことが表示されます。したがって、選択肢オが正解です。

設問2　f　正解―ウ

　ファイルサイズが 0 バイトでは、chr が EOF になるので、END OF DATA が表示され、cnt が 0 のままで from が 0 なので、cnt - from = 0 - 0 になり 0 が表示されます。したがって、選択肢ウが正解です。

598　第 11 章　令和元年度 秋期 基本情報技術者試験 問題と解答

問10　ソフトウェア開発（COBOL）　スーパーマーケットの弁当の販売データの集計

　この問題は弁当の販売ファイルを読んで、販売リストを出力するプログラムです。販売ファイルを読込んでソートファイルに渡し、ソート後に出力手続きで販売リストに出力しています。店舗番号と弁当種別でソートし、それをキーとしてコントロールブレイク処理を行うCOBOLとしては基本的な処理です。

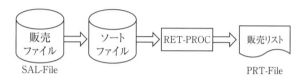

設問1　a　正解－エ

　コントロールブレイク処理のブレイクのタイミングを問う条件式です。この条件が真の時にPRT-PROCに飛ぶからです。ブレイクキーは店舗番号と弁当種別です。このどちらか、もしくは両方で、保存しておいたキーと読込んだレコードのキーが異なったら印字処理を行います。空欄aには、
「SRT-STOR NOT ＝ CR-STOR OR SRT-CODE NOT ＝ CR-CODE（選択肢エ）」
が入ります。

設問1　b　正解－オ、c　正解－イ

　空欄bはブレイクした時に行う処理の一つです。ブレイクした時に行う処理は、出力処理、キーを保存する処理、そして小計などをクリアする処理です。空欄bにはゼロクリアする変数が入ります。52行目以降を見てみましょう。52行目で、SRT-DSCT ＝ 100の時、つまり廃棄した時はW-DSPNOに1を加算しています。W-DSPNOは廃棄した個数です。SRT-DSCT ＝ 100ではない時はW-SALNOに1を加算しています。W-SALNOは販売個数です。この2つの変数は、ブレイクした時にはゼロクリアしなければなりません。この時点で空欄bは選択肢オであることがわかります。

空欄 c には平均割引率を求めるための割引率の加算処理が入るはずです。割引率は SRT-DSCT に入っています。加算先は、出力処理で平均割引率を計算している命令で確認しましょう。65 行目です。COMPUTE W-DSCT = W-TOTAL / W-SALNO なので、加算先は W-TOTAL です。したがって、空欄 c には、
「ADD SRT-DSCT TO W-TOTAL（選択肢イ）」
が入ります。

この割引率合計も 48 行目でゼロクリアする必要がありますので、空欄 b は、
「W-SALNO W-DSPNO W-TOTAL（選択肢オ）」
が入ります。

設問1 d　正解―イ

空欄 d が真の時に、印字処理を行います。この PRT-PROC に飛ぶのは、基本的にはブレイクした時、つまり保存したキーと読込んだデータが異なった時です。逆にいうとブレイクしているのに、印字処理を行わないのはどういう時でしょうか。それは 1 件目のデータを読込んだ時です。24 行目で CR-STOR に初期値としてゼロを入れています。そこで 1 件目を読込んだとき、1 件目の CR-STOR と SRT-STOR は異なるので、PRT-PROC に飛びます。しかしこの時点では印字処理をする必要はないので、この IF 文で印字処理を行わないようにしているわけです。したがって、印字処理を行うのは、
「CR-STOR NOT = ZERO（選択肢イ）」
の時となります。

設問2 e　正解―ウ

設問 2 は、販売リストに文字で描いたグラフを追加するためのプログラムの変更です。EVALUATE 命令で SRT-DISCT（値引率）によって処理を分けています。これは 1 レコード読込むごとに実行する処理です。キーブレイクしていても、していなくても、やらなければいけません。しかし SRT = 100 の時、つまり廃棄した時はやる必要がありません。したがって、52 行目の IF 文の ELSE の位置、選択肢の中でいえば「行番号 56 と 57 の間（選択肢ウ）」が適切です。

設問2 f　正解―ア

空欄 f は、W-DSC00、W-DSC20、W-DSC50 に何を加算するかが入ります。

600　第 11 章　令和元年度 秋期 基本情報技術者試験 問題と解答

その下の「行番号 68 と 69 の間に追加」される印字処理を見ると、次のような命令があります。

MOVE ALL "0" TO PRT-GRAPH(W-POS:W-DSCT00)

これは、参照変更といって、データ項目の左端の文字位置 (開始桁) とそのデータ項目の長さを指定することによってデータ項目を定義する書き方です。PRT-GRAPH の W-POS から W-DSCT00 個分の "0" を MOVE する、という意味になります。

したがって、W-DSC00、W-DSC20、W-DSC50 にはそれぞれ、正価で販売した個数、20% 引きで販売した個数、50% 引きで販売した個数が入っていなければなりません。1 ずつカウントアップすることになりますから、空欄 f には「1 (選択肢ア)」が入ります。

問11　ソフトウェア開発（Java）　通知メッセージ の配信システム

設問1　a　正解－イ

プログラムの説明に「Notifier クラスのインスタンスは、シングルトン（Java 仮想計算機内で唯一の存在）である」と示されています。Notifier クラスの getInstance メソッドは、その名前から、インスタンスの参照を返すものであることがわかります。Notifier クラスは、static final な、INSTANCE フィールドに new Notifier() で得られた Notifier クラスのインスタンスを保持しています。したがって、getInstance メソッドが返すのは、INSTANCE フィールドの値であり、選択肢イが正解です。

設問1　b　正解－オ

空欄 b がある if ブロックは、devices == null（利用者名に対する携帯端末名のリストが作成されていない）という条件が真のとき実行されます。この場合には、divices = new ArrayList<>(); で携帯端末名のリストを新たに作成し、userMobileDivices に user（利用者名）と divices を登録します。したがって、空欄 b の行で行う処理は、userMobileDivices.put(user, devices) であり、選択肢オが正解です。

設問 1　c　正解−イ

空欄 c がある if ブロックは、messageList == null（デバイス名に対するメッセージのリストが作成されていない）という条件が真のとき実行されます。この場合には、messageList = new ArrayList<>(); でメッセージのリストを新たに作成し、messagesToDeliver に device（携帯端末名）と messageList を登録します。したがって、空欄 c の行で行う処理は、messagesToDeliver.put(device, messageList) であり、選択肢イが正解です。

設問 1　d　正解−オ

メソッド名 () [空欄 d] 例外クラス名 { } という構文なので、空欄 d に入るのは、throws です。したがって、選択肢オが正解です。

設問 1　e　正解−ウ

図 1 に示された実行結果の例を見ると、"phone: [You have a message]" や "tablet: [You have a message]" という形式で表示が行われています。したがって、空欄 e に入るのは、携帯端末名です。createUserMobileDevice メソッドの説明を見ると、「利用者名と携帯端末名を登録して」と示されているので、このメソッドの引数 user が利用者名であり、引数 name が携帯端末名です。したがって、空欄 e は name であり、選択肢ウが正解です。

設問 2　正解−オ

a の前で notifier.shutdown(); という処理が行われています。プログラムの説明に「メソッド shutdown は、通知システムを停止する。未配信の全メッセージ、全利用者名及び全携帯端末名の登録情報を削除し、登録されている全携帯端末の待ち受け状態を解除する」と示されています。この状態で、a の位置で notifier.send("Taro", "You have 2 messages."); を実行すると、全利用者名の登録情報が削除されているので、send メソッドの if (userMobileDevices.containsKey(user)) が偽となり、if ブロックの処理が行われません。devices も空のままになるので、その後にある for (MobileDevice device : devices) の処理も行われません。send メソッドは、何もせずに終了することになります。例外も発生しません。したがって、選択肢オが正解です。

602　第 11 章　令和元年度 秋期 基本情報技術者試験 問題と解答

問12　ソフトウェア開発（アセンブラ）　パック10進数の加算

設問1　a　正解−ア

　空欄 a の次の行に、ST GR1, RESULT という処理があり、「符号部を退避」というコメントあります。このコメントと処理内容から、GR1 と GR2 に格納されているパック 10 進数の符号部は同じなので、代表して GR1 に格納されているパック 10 進数を RESULT に退避していることがわかります。符号部は、16 ビットのパック 10 進数の下位 4 ビットにあるので、#000F と AND 演算をすることで取得できます。したがって、空欄 a は、AND GR1, =#000F であり、選択肢アが正解です。

設問1　b　正解−ア

　ラベル LOOP 以降では、GR1 と GR2 に 2 つのパック 10 進数から 1 桁（4 ビット）ずつ取り出して、GR1 と GR2 を加算しています。ADDL GR1, GR2 で加算結果を GR1 に得た後、CPL GR1, =10 という比較処理があり「10 以上の場合は桁上げ」というコメントがあります。空欄 b の次の行を見ると、SUBL GR1, =10 で GR1 から 10 を引いて、LAD GR0, 1 で GR0 に 1 を格納しています。これは、桁上げの処理です。たとえば、GR1 が 13 なら、13 から 10 を引いた 3 が GR1 に格納され、桁上がりの 1 が GR0 に格納されます。このことから、空欄 b には、桁上げでないなら桁上げの処理をスキップする、という処理が入ることがわかります。これは、GR1 が 10 より小さいならラベル MERGE にジャンプする、という処理なので、JMI MERGE が適切であり、選択肢アが正解です。

設問1　c　正解−イ

　空欄 c の次の行に OR GR1, RESULT という処理があり、「中間結果との併合」というコメントがあります。空欄 c の前までで、1 桁（4 ビット）の加算結果が GR1 の下位 4 ビットに格納されています。したがって、空欄 c は、GR1 の下位 4 ビットを適切な桁位置に左シフトする処理が入ることがわかります。このシフトは、4 ビット、8 ビット、12 ビットと、4 ビットずつ行います。空欄 a の 1 行前で GR3 に 4 を格納し、空欄 c の 2 行後で GR3 に 4 を足しています。これらから、GR3 がシフトするビット数であることがわかります。したがって、空欄 c は、GR1 を GR3 の値だけ左に論理シフトする SLL GR1, 0, GR3 であり、選択

11-6　午後試験の解説　**603**

肢イが正解です。

設問2　d　正解―エ

　副プログラム ADDP2 では、GR1 と GR2 の符号が異なります。これには、GR1
が正で GR2 が負の場合と、GR1 が負で GR2 が正の場合があります。空欄 d の
前で GR1 と GR2 を比較しています。空欄 d の後にある 3 行の処置では、GR1
と GR2 の値を交換しています。空欄 e の 2 行前の処理では、GR1 から GR2 を
引いています。引き算に統一するには、GR1 を正に GR2 を負にする必要があり
ます。したがって、空欄 d は、GR1 が正で GR2 が負なら両者の値の交換をスキッ
プしてラベル INI にジャンプする JPL INI であり、選択肢エが正解です。

設問2　e　正解―エ

　足し算の場合には桁を上げる処理が必要でしたが、引き算の場合には桁を借り
る処理が必要です。空欄 e の次の行で GR1 に上位桁から借りた 10 を足している
ので、桁を借りる必要がない場合は、この処理をスキップすることになります。空
欄 e の 1 行前で GR1 から GR2 を引いています。この結果がプラス、またはゼロ
なら、処理をスキップします。空欄 e の 1 行前の JPL MERGE で、プラスなら
スキップしています。したがって、空欄 e は、ゼロならスキップする JZE MERGE
であり、選択肢エが正解です。

設問2　f　※IPAから、選択肢が誤り、という発表があったため、解説を省略します。

設問3　g　正解―オ

　符号の情報は、GR1 と GR2 の下位 4 ビットにあります。両者が同じなら
ADDP1 を CALL し、異なるなら ADDP2 を CALL します。それを調べるため
に、GR1 と GR2 で演算を行うと、GR1 の値が変化してしまい後で足し算ができ
なくなってしまうので、空欄 g の 1 行前で GR1 の値を GR0 にコピーしていま
す。したがって、空欄 g は、GR0 と GR2 を演算する処理です。

　空欄 g の後にある SRL GR0, 1 で GR0 を 1 ビット右シフトしていることに注
目してください。これは、最下位ビットが 1 なら、それをオーバーフローで検出
する処理です。演算する GR0 と GR1 は、下位 4 ビットが 1100 ならプラスで、
1101 ならマイナスです。これらの違いは最下位の 1 ビットだけなので、GR0 と
GR2 を XOR 演算して、演算結果の GR0 の最下位ビットが 1 なら両者は異なり、

0 なら両者は同じです。したがって、空欄 g には、XOR GR0, GR2 であり、選択肢オが正解です。

設問3 h 正解ーウ

空欄 h の 1 行前にある SRL GR0, 1 でオーバーフローが生じた場合は、加算する 2 つのパック 10 進数の符号が異なるので、ADDP2 を CALL するラベル P2 にジャンプします。したがって、空欄 h は、JOV P2 であり、選択肢ウが正解です。

問13 ソフトウェア開発（表計算） メロンの仕分

設問1 a 正解ーエ

セル E2 にはメロンの等級が入ります。等級については、問題文中に「形状と表皮色の低い方が、そのメロンの等級となる」という記述があります。たとえば形状が"並"で表皮色が"良"だったら、"並"ということです。フローチャートだと次のようになります。

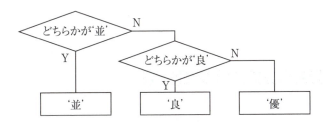

「どちらかが'並'」は「論理和（C2='並', D2='並'）」ですから、セル E2 には、
「IF(論理和（C2='並', D2='並'）, '並',
　　　IF(論理和（C2='良', D2='良'）, '良', '優'))（選択肢エ）」
が入ります。

設問1 b 正解ーエ

セル F2 は算出価格が入ります。空欄 b は等級が"並"以外のときの単価が入りますので、図1の単価表から算出します。E2 に入った"優"または"良"を単価表の B1 から D2 の範囲で水平に探します。見つかったら、その範囲の上から 2 つめを取得します。したがって空欄 b には「水平照合(E2, 単価表 !B1:D2, 2, 0)」

が入ります。あとは複写する際の相対参照・絶対参照を考えましょう。F2はF3
～F1001に複写されます。検索範囲である「単価表!B1:D2」の行番号は変化さ
せたくありません。そこで空欄bには
「水平照合（E2,単価表!B$1:D$2,2,0）（選択肢エ）」
が入ります。

　なお、「照合一致」は、値ではなく、何番目に見つかったかの「位置」を返しま
すから不適切です。「表引き」は表の左上から数えた位置を引数とするので、不適
切です。

設問1　c　正解－ウ

　セルG2は販売価格が入ります。空欄cはA2がnullではなく、E2が"並"で
はない時の販売価格が入りますので、「算出価額を50円単位で切り上げた値」で
す。一番上の行のF2とG2の例でいえば、「2,431.5」が「2,450」になればよい
わけです。

　2431.5 ÷ 50 = 48.63　となり、これを整数値に切上げると49です。49*50
= 2450　となります。したがって空欄cには
「切上げ(F2/50,0,0) * 50　（選択肢ウ）」
が入ります。

設問2　d　正解－キ、e　正解－キ、f　正解－イ

　設問2はワークシート"集計表"の"並"の等級のメロンのIDをワークシート
"重量計算表"に割り振るマクロPackingの穴埋めです。変数の役割がわかると、
マクロが読みやすくなります。

i	"集計表"を1行ずつ見ていくための変数（縦に動く）
j	"重量計算表"に上から格納していくための変数（縦に動く）
CurrentColumn	"重量計算表"の適切な列にIDを格納するための変数（横に動く）

　空欄dの直前の処理で"集計表"のIDを"重量計算表"に転記しています。そ
こで空欄dには該当するIDのメロンの重量を"重量計算表"のF列に加算する
処理が入らなければなりません。加算される合計重量はF1から数えて、j行下の
セルですから、「相対(F1,j,0)」です。加算するメロンの重量は、集計表のB1か
ら数えて、i行下のセルですから、「相対(集計表!B1,i,0)」です。したがって空

606　第11章　令和元年度 秋期 基本情報技術者試験 問題と解答

欄 d には
「相対 (F1, j, 0) ← 相対 (F1, j, 0) + 相対 (集計表 !B1, i, 0)　（選択肢キ）」
が入ります。

　空欄 e は j を 1 加算する、つまり "重量計算表" の次の行に処理を移し、CurrentColumn を 0 に戻すための条件式が入ります。これは問題文中の「"メロンの合計重量が 5kg 以上" または "メロンの個数が 4 個" のどちらかを満たす」の条件が該当します。メロンの合計重量は「相対 (F1, j, 0)」に入っています。現在の行のメロンの個数は CurrentColumn です。したがって、空欄 e には
「論理和 (相対 (F1, j, 0) ≧ 5, CurrentColumn = 4)　（選択肢キ）」
が入ります。

　空欄 f は繰り返し処理の後にあります。ここは何をしている処理でしょうか。繰り返し処理が終わっているということは、"集計表" にあるメロンの処理がすべて終わったということです。その後の条件式「相対 (F1, j, 0) ≠ null」は、"重量計算表" の重量に値が入っていることを示します。これは問題文の「(4) 割り振った結果、出荷条件を満たさない大箱に関する情報は、表示しないようにする」を実行するための処理です。すでに該当行の A 列から F 列までの幾つかには値が入っていますので、それを null にするための処理といえます。そこで、変数 k を使って 6 回繰り返しています。k は列を動かす変数です。空欄 f には
「相対 (A1, j, k) ← null　（選択肢イ）」
が入ります。

第11章

令和元年度 秋期
基本情報技術者試験 問題と解答

11-6　午後試験の解説　**607**

巻末付録01

試験によく出る問題と用語
TOP100 ランキング

令和3年度版

巻末付録01では、試験によく出る問題と用語のTOP100ランキングを紹介するとともに、それぞれの問題例を示し、用語の意味を解説します。試験には、同じテーマの問題や用語が、何度も出題されています。これらを学習すれば、得点を確実にアップできます！

- **01** なぜ試験によく出る問題と用語 TOP100 が大事なのか？
- **02** 発表！試験によく出る問題と用語 TOP100 ランキング
- **03** 試験によく出る問題を一気見！
- **04** 試験によく出る問題の解答・解説
- **05** 試験によく出る用語の解説

巻末付録01

01 なぜ試験によく出る問題と用語TOP100が大事なのか?

同じテーマの問題が何度も出題されている!

基本情報技術者試験には、**過去の試験と同じテーマの問題が、何度も出題されています**。それらの中には、用語の意味がわかれば正解できる問題も、数多くあります。したがって、試験によく出る問題と用語を学んでおけば、得点を確実にアップできます。

表1は、令和元年度秋期試験の午前問題のうち、過去の試験（平成21年度春期以降の試験）と同じテーマの問題が出題された数を示したものです。どの分野でも、過去の試験と同じテーマの問題が数多く出題されていて、**午前試験全体の約71%になっています**。

●**表1　過去の試験と同じテーマの問題が出題された数**

分野（問題数）	同じテーマの問題（割合）
テクノロジ系（全50問）	36問（72%）
マネジメント系（全10問）	7問（70%）
ストラテジ系（全20問）	14問（70%）
午前試験全体（全80問）	57問（約71%）

> どの分野でも、
> 同じテーマの問題が数多く
> 出題されています！

※令和元年度秋期試験の午前試験の問題を調査した結果です。

試験によく出る問題と用語TOP100の調査結果

P.612から始まる「02 発表！試験によく出る問題と用語TOP100ランキング」は、平成21年度春期から令和元年度秋期の午前試験の問題全22回分を、独自に調査したものです。

同じテーマの問題が出題された回数をカウントし、5回以上取り上げられたもの、および4回以上取り上げられたものから厳選して、よく出るとしました。**ランキング表の「掲載」欄に用語と示してあるものは、用語の意味がわかれば正解**

610　【巻末付録01】試験によく出る問題と用語TOP100ランキング

できる問題です。

必見! 試験によく出る問題を総ざらい!

P.618 から始まる**「03 試験によく出る問題を一気見！」**では、「試験によく出る問題と用語 TOP100 ランキング」の中から、出題された回数の多い順に、典型的な問題の例を紹介しています。

問題の解答は P.637 から始まる**「04 試験によく出る問題の解答・解説」**に掲載していますが、すぐに解答を見ずに、本書を学習した後の力試しとして、すべての問題を解いてから、答え合わせをしてください。本書の中で取り上げていないテーマの問題も少しだけあります。もしも、できなかった問題があれば、解説をよく読んで、繰り返し練習してください。

試験によく出る用語を覚えよう!

試験によく出る用語を学んでおくことも、確実に得点アップにつながります。P.659 から始まる**「05 試験によく出る用語の解説」**では、「試験によく出る問題と用語 TOP100 ランキング」の中から、出題された回数の多い順に、用語の意味を解説しています。もしも、知らない用語があれば、解説をよく読んで覚えてください。

ここで示す解説の内容は、過去問題に示された説明文をやさしい表現に変えて、少しだけ加筆したものです。　同じ用語を別の角度から説明している過去問題がある場合は、複数の解説を並べて示してあります。

01　なぜ試験によく出る問題と用語 TOP100 が大事なのか?　**611**

発表! 試験によく出る問題と用語 TOP100ランキング

試験によく出る問題と用語TOP100の調査結果（1位～10位）

順位	出題数	問題テーマ	分野[*1]	掲載[*2]	ページ
①	19回	アローダイアグラムの使い方	M	問題1	618
②	19回	稼働率の計算	T	問題2	618
③	17回	MIL記号による論理回路	T	問題3	619
④	16回	リピータ、ブリッジ、ルータの説明	T	用語1	659
⑤	14回	SQLのSELECT文	T	問題4	640
⑥	13回	工数の計算	M	問題5	641
⑦	13回	伝送時間の計算	T	問題6	642
⑧	11回	MIPSの計算	T	問題7	642
⑨	11回	再帰呼出しの仕組み	T	問題8	643
⑩	11回	著作権の対象	S	問題9	643

（11位〜30位）

順位	出題数	問題テーマ	分野*1	掲載*2	ページ
11	10回	エンタープライズアーキテクチャの説明	S	用語2	659
12	9回	DRAMの特徴	T	問題10	644
13	9回	LRU方式の説明	T	用語3	660
14	9回	RFIDの説明	S	用語4	660
15	9回	WBSの説明	M	用語5	660
16	9回	トランザクション処理の説明	T	用語6	661
17	9回	プロダクトライフサイクルの説明	S	用語7	661
18	9回	音声のサンプリングの計算	T	問題11	644
19	8回	CIOの説明	S	用語8	662
20	8回	SOAの説明	S	用語9	662
21	8回	キャッシュメモリの計算	T	問題12	645
22	8回	ディジタルディバイドの説明	S	用語10	662
23	8回	ファンクションポイント法の説明	M	用語11	663
24	8回	プロセッサの割込みの分類	T	問題13	645
25	8回	公開鍵暗号方式の鍵の取り扱い	T	問題14	645
26	8回	先入先出法の計算	S	問題15	646
27	7回	E-R図の説明	T	用語12	663
28	7回	MIMEの説明	T	用語13	663
29	7回	RAIDの説明	T	用語14	663
30	7回	SQLインジェクション攻撃の説明	T	用語15	663

*1 分野：T=テクノロジ系、M=マネジメント系、S=ストラテジ系
*2 掲載：問題は「03 試験によく出る問題を一気見！」(P.618〜P.636)に、解答と解説は「04 試験によく
　 出る問題の解答・解説」(P.637〜658)に掲載しています。用語の解説は、「05 試験によく出る用語の解
　 説」(P.659〜675)に掲載しています。

02　発表！試験によく出る問題と用語 TOP100 ランキング　**613**

(31位～50位)

順位	出題数	問題テーマ	分野*¹	掲載*²	ページ
31	7回	SWOT分析の説明	S	用語16	664
32	7回	システム監査人の独立性	M	問題16	646
33	7回	ディジタル署名の目的	T	問題17	647
34	7回	ファイアウォールの設定	T	問題18	647
35	7回	フラッシュメモリの説明	T	用語17	664
36	7回	リスクアセスメントの説明	T	用語18	664
37	7回	リバースエンジニアリングの説明	T	用語19	664
38	7回	関係データベースの操作の説明	T	用語20	664
39	7回	非機能要件の説明	S	用語21	664
40	6回	ABC分析の説明	S	用語22	665
41	6回	IPアドレスの割り当て	T	問題19	648
42	6回	IPアドレスの表記方法	T	問題20	648
43	6回	Javaプログラムの種類の説明	T	用語23	665
44	6回	MRPの説明	S	用語24	665
45	6回	NAPTの説明	T	用語25	666
46	6回	コアコンピタンスの説明	S	用語26	666
47	6回	スタックの操作	T	問題21	649
48	6回	タスクスケジューリングの図解	T	問題22	649
49	6回	バランススコアカードの説明	S	用語27	666
50	6回	ブラックボックステストの説明	T	用語28	666

614 【巻末付録 01】試験によく出る問題と用語 TOP100 ランキング

（51位〜70位）

順位	出題数	問題テーマ	分野*¹	掲載*²	ページ
51	6回	共通フレーム2007の企画プロセス	S	問題23	651
52	6回	組織形態の説明	S	用語29	666
53	5回	2分探索木	T	問題24	651
54	5回	MTBFとMTTRの説明	T	用語30	667
55	5回	NTPの説明	T	用語31	667
56	5回	SaaSの説明	S	用語32	667
57	5回	UMLのクラス図	T	問題25	651
58	5回	WAFの説明	T	用語33	668
59	5回	アドレス指定方式の種類	T	問題26	652
60	5回	インシデント管理の説明	M	用語34	668
61	5回	オブジェクト指向のカプセル化の説明	T	用語35	668
62	5回	キャッシュメモリの説明	T	用語36	668
63	5回	グリーン調達の説明	S	用語37	668
64	5回	コンパイラの最適化の説明	T	用語38	669
65	5回	スプーリングの説明	T	用語39	669
66	5回	スラッシングの説明	T	用語40	669
67	5回	ディスク装置の計算	T	問題27	652
68	5回	ハッシュ値の計算	T	問題28	653
69	5回	パレート図の説明	TMS	用語41	669
70	5回	フォールトトレラントシステムの説明	T	用語42	670

*1 分野：T＝テクノロジ系、M＝マネジメント系、S＝ストラテジ系
*2 掲載：問題は「03 試験によく出る問題を一気見！」（P.618〜P.636）に、解答と解説は「04 試験によく
　出る問題の解答・解説」（P.637〜P.658）に掲載しています。用語の解説は、「05 試験によく出る用語の
　解説」（P.659〜P.675）に掲載しています。

02　発表！試験によく出る問題と用語 TOP100 ランキング　　**615**

(71 位～ 90 位)

順位	出題数	問題テーマ	分野*1	掲載*2	ページ
71	5回	プロダクトポートフォリオマネジメントの説明	S	用語43	670
72	5回	逆ポーランド記法の変換	T	問題29	653
73	5回	競争上のポジションの説明	S	用語44	671
74	5回	産業財産権の説明	S	用語45	671
75	5回	条件網羅と分岐網羅	T	問題30	654
76	5回	貸借対照表の説明	S	用語46	672
77	4回	BPMの説明	S	用語47	672
78	4回	BYODの説明	S	用語48	672
79	4回	CSSの説明	T	用語49	672
80	4回	DNSキャッシュポイズニングの説明	T	用語50	672
81	4回	IoTの説明	S	用語51	672
82	4回	OSI基本参照モデルのネットワーク層の役割	T	問題31	654
83	4回	SLAの計算	M	問題32	654
84	4回	SRAMの仕組み	T	問題33	655
85	4回	SQLのビュー	T	問題34	655
86	4回	XMLの説明	T	用語52	673
87	4回	クイックソートの手順	T	問題35	655
88	4回	サプライチェーンマネジメントの説明	S	用語53	673
89	4回	スループットの説明	T	用語54	673
90	4回	セル生産方式の説明	S	用語55	673

616 【巻末付録 01】試験によく出る問題と用語 TOP100 ランキング

(91 位～100 位)

順位	出題数	問題テーマ	分野*1	掲載*2	ページ
91	4回	データベースの排他制御の説明	T	用語56	674
92	4回	ファイルの関連	T	問題36	656
93	4回	ロングテールの説明	S	用語57	674
94	4回	加算器の仕組み	T	問題37	656
95	4回	結合テストの仮のモジュールの説明	T	用語58	674
96	4回	最大利益の計算	S	問題38	657
97	4回	三層クライアントサーバシステムの説明	T	用語59	674
98	4回	散布図の説明	S	用語60	675
99	4回	第3正規形の定義	T	問題39	657
100	4回	符号化に必要なビット数	T	問題40	658

*1 分野：T＝テクノロジ系、M＝マネジメント系、S＝ストラテジ系
*2 掲載：問題は「03 試験によく出る問題を一気見！」(P.618～P.636)に、解答と解説は「04 試験によく
　出る問題の解答・解説」(P.637～P.658)に掲載しています。用語の解説は、「05 試験によく出る用語の
　解説」(P.659～P.675)に掲載しています。

03 試験によく出る問題を一気見！

19回出題されたテーマ

● 問題1　アローダイアグラムの使い方（R01 秋 問52）

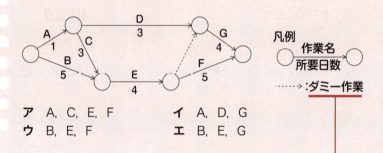

問52　あるプロジェクトの日程計画をアローダイアグラムで示す。クリティカルパスはどれか。

ア　A, C, E, F　　イ　A, D, G
ウ　B, E, F　　　エ　B, E, G

ダミー作業（時間ゼロの作業）に注意しよう！

● 問題2　稼働率の計算（H26 秋 問14）

問14　東京〜大阪及び東京〜名古屋がそれぞれ独立した通信回線で接続されている。東京〜大阪の稼働率は0.9，東京〜名古屋の稼働率は0.8である。東京〜大阪の稼働率を0.95以上に改善するために，大阪〜名古屋にバックアップ回線を新設することを計画している。新設される回線の稼働率は，最低限幾ら必要か。

ア　0.167　　イ　0.205　　ウ　0.559　　エ　0.625

東京、名古屋、大阪を結ぶ通信回線の絵を描いてみよう！

17回出題されたテーマ

● 問題3　MIL記号による論理回路（H23 特別 問24）

問24　4ビットの入力データに対し，1の入力数が0個又は偶数個のとき出力が1に，奇数個のとき出力が0になる回路はどれか。

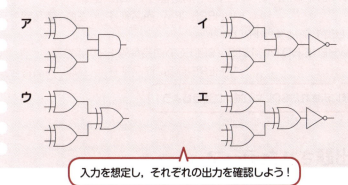

入力を想定し，それぞれの出力を確認しよう！

14回出題されたテーマ

● 問題4　SQLのSELECT文（H26 春 問28）

問28　"商品"表，"在庫"表に対する次のSQL文の結果と同じ結果が得られるSQL文はどれか。ここで，下線部は主キーを表す。

　　SELECT 商品番号 FROM 商品
　　　WHERE 商品番号 NOT IN（SELECT 商品番号 FROM 在庫）

商品

商品番号	商品名	単価

在庫

倉庫番号	商品番号	在庫数

ア SELECT 商品番号 FROM 在庫
　　WHERE EXISTS（SELECT 商品番号 FROM 商品）
イ SELECT 商品番号 FROM 在庫
　　WHERE NOT EXISTS（SELECT 商品番号 FROM 商品）
ウ SELECT 商品番号 FROM 商品
　　WHERE EXISTS（SELECT 商品番号 FROM 在庫
　　　　　　　　　　WHERE 商品.商品番号 ＝ 在庫.商品番号）
エ SELECT 商品番号 FROM 商品
　　WHERE NOT EXISTS（SELECT 商品番号 FROM 在庫
　　　　　　　　　　WHERE 商品.商品番号 ＝ 在庫.商品番号）

選択肢に示されたSQL文の違いに注目しよう！

■ 13回出題されたテーマ

●問題5　工数の計算（H30 秋 問54）

問54　ある新規システムの機能規模を見積もったところ，500FP（ファンクションポイント）であった。このシステムを構築するプロジェクトには，開発工数のほかに，システムの導入と開発者教育の工数が，合計で10人月必要である。また，プロジェクト管理に，開発と導入・教育を合わせた工数の10%を要する。このプロジェクトに要する全工数は何人月か。ここで，開発の生産性は1人月当たり10FPとする。

ア　51　　　　イ　60　　　　ウ　65　　　　エ　66

FPを人月に換算することから計算を始めよう！

620　【巻末付録01】試験によく出る問題と用語 TOP100 ランキング

● **問題6　伝送時間の計算（H28 春 問31）**

問 31　64k ビット／秒の回線を用いて 10^6 バイトのファイルを送信するとき, 伝送におよそ何秒掛かるか。ここで, 回線の伝送効率は80%とする。

ア 19.6　　　　**イ** 100　　　　**ウ** 125　　　　**エ** 156

> ビットとバイトの単位を揃えて計算しよう！

■ 11回出題されたテーマ

● **問題7　MIPSの計算（H27 秋 問9）**

問 9　50MIPS のプロセッサの平均命令実行時間は幾らか。

ア 20 ナノ秒　　　　　　　　**イ** 50 ナノ秒
ウ 2 マイクロ秒　　　　　　　**エ** 5 マイクロ秒

> MIPSの意味がわかれば計算できます！

● **問題8　再帰呼出しの仕組み（H24 秋 問7）**

問 7　$n!$ の値を, 次の関数 F(n) によって計算する。乗算の回数を表す式はどれか。

$$F(n) = \begin{cases} 1 & (n = 0) \\ n \times F(n-1) & (n > 0) \end{cases}$$

ア $n-1$　　　　**イ** n　　　　**ウ** n^2　　　　**エ** $n!$

> $n = 0$ のとき、F(n) の戻り値は1であり、
> $n > 0$ のとき、F(n) の戻り値は $n \times F(n-1)$ です！

●問題9　著作権の対象（H28 春 問79）

問 79　著作権法において，保護の対象とならないものはどれか。

ア　インターネットで公開されたフリーソフトウェア
イ　ソフトウェアの操作マニュアル
ウ　データベース
エ　プログラム言語や規約

> 保護の対象とならない理由も覚えておこう！

■ 9回出題されたテーマ

●問題10　DRAM の特徴（H27 春 問22）

問 22　SRAM と比較した場合の DRAM の特徴はどれか。

ア　主にキャッシュメモリとして使用される。
イ　データを保持するためのリフレッシュ又はアクセス動作が不要である。
ウ　メモリセル構成が単純なので，ビット当たりの単価が安くなる。
エ　メモリセルにフリップフロップを用いてデータを保存する。

> 選択肢をSRAMの特徴とDRAMの特徴に分けてみよう！

●問題11　音声のサンプリングの計算（H24 春 問26）

問 26　60 分の音声信号（モノラル）を，標本化周波数 44.1 kHz，量子化ビット数 16 ビットの PCM 方式でディジタル化した場合，データ量はおよそ何 M バイトか。ここで，データの圧縮は行わないものとする。

ア　80　　　　　**イ**　160　　　　　**ウ**　320　　　　　**エ**　640

> バイト単位の答えを得ることに注意しよう！

622　【巻末付録 01】試験によく出る問題と用語 TOP100 ランキング

8回出題されたテーマ

●問題12　キャッシュメモリの計算（H26 春 問10）

問 10　主記憶のアクセス時間が 60 ナノ秒，キャッシュメモリのアクセス時間が 10 ナノ秒であるシステムがある。キャッシュメモリを介して主記憶にアクセスする場合の実効アクセス時間が 15 ナノ秒であるとき，キャッシュメモリのヒット率は幾らか。

ア 0.1　　　**イ** 0.17　　　**ウ** 0.83　　　**エ** 0.9

> ヒット率を未知数として方程式を立てよう！

●問題13　プロセッサの割込みの分類（H30 春 問10）

問 10　内部割込みに分類されるものはどれか。

ア　商用電源の瞬時停電などの電源異常による割込み
イ　ゼロで除算を実行したことによる割込み
ウ　入出力が完了したことによる割込み
エ　メモリパリティエラーが発生したことによる割込み

> 選択肢を内部割込みと外部割込みに分けてみよう！

●問題14　公開鍵暗号方式の鍵の取り扱い（H21 春 問40）

問 40　ある商店が，顧客からネットワークを通じて注文（メッセージ）を受信するとき，公開鍵暗号方式を利用して，注文の内容が第三者に分からないようにしたい。商店，顧客のそれぞれが利用する，商店の公開鍵，秘密鍵の適切な組合せはどれか。

	商店が利用する	顧客が利用する
ア	公開鍵	公開鍵
イ	公開鍵	秘密鍵
ウ	秘密鍵	公開鍵
エ	秘密鍵	秘密鍵

> 誰が作った鍵を、誰が利用するのか、間違えないように注意しよう！

●問題15　先入先出法の計算（H26 秋 問78）

問78　部品の受払記録が表のように示される場合, 先入先出法を採用したときの4月10日の払出単価は何円か。

取引日	取引内容	数量(個)	単価(円)	金額(円)
4月 1日	前月繰越	2,000	100	200,000
4月 5日	購入	3,000	130	390,000
4月10日	払出	3,000		

ア　100　　　　イ　110　　　　ウ　115　　　　エ　118

「先入先出法」という言葉の意味を考えよう！

7回出題されたテーマ

●問題16　システム監査人の独立性（H24 春 問58）

問58　システム監査人の独立性が保たれている状況はどれか。

ア　営業部門の要員を監査チームのメンバに任命し, 営業部門における個人情報保護対策についての監査を行わせる。

イ　監査法人からシステム監査人を採用して内部監査人に位置付け, 社内の業務システム開発についての監査を行わせる。

ウ　システム部門の要員を監査部門に異動させ, システム部門に所属していたときに開発に参加したシステムの保守についての監査を担当させる。

エ　社内の業務システム運用を委託しているITベンダの監査部門に依頼し, 社内の業務システム運用についての外部監査を担当させる。

「独立性」という言葉の意味に合った答えを選ぼう！

●問題17　ディジタル署名の目的（H29 秋 問40）

問40　ディジタル署名における署名鍵の使い方と，ディジタル署名を行う目的のうち，適切なものはどれか。

ア　受信者が署名鍵を使って，暗号文を元のメッセージに戻すことができるようにする。

イ　送信者が固定文字列を付加したメッセージを署名鍵を使って暗号化することによって，受信者がメッセージの改ざん部位を特定できるようにする。

ウ　送信者が署名鍵を使って署名を作成し，その署名をメッセージに付加することによって，受信者が送信者を確認できるようにする。

エ　送信者が署名鍵を使ってメッセージを暗号化することによって，メッセージの内容を関係者以外に分からないようにする。

選択肢の誤っている部分に×を付けてみよう！

●問題18　ファイアウォールの設定（H21 秋 問44）

問44　社内ネットワークとインターネットの接続点にパケットフィルタリング型ファイアウォールを設置して，社内ネットワーク上の PC からインターネット上の Web サーバ（ポート番号 80）にアクセスできるようにするとき，フィルタリングで許可するルールの適切な組合せはどれか。

		送信元	あて先	送信元ポート番号	あて先ポート番号
ア	発信	PC	Webサーバ	80	1024以上
	応答	Webサーバ	PC	1024以上	80
イ	発信	PC	Webサーバ	1024以上	80
	応答	Webサーバ	PC	80	1024以上
ウ	発信	Webサーバ	PC	80	1024以上
	応答	PC	Webサーバ	80	1024以上
エ	発信	Webサーバ	PC	1024以上	80
	応答	PC	Webサーバ	80	1024以上

送信元とあて先がPCとWebサーバのどちらになるかに注意しよう！

6回出題されたテーマ

● 問題19　IPアドレスの割り当て（H28 秋 問33）

問33　2台のPCにIPv4アドレスを割り振りたい。サブネットマスクが255.255.255.240のとき，両PCのIPv4アドレスが同一サブネットに所属する組合せはどれか。

ア　192.168.1.14 と 192.168.1.17
イ　192.168.1.17 と 192.168.1.29
ウ　192.168.1.29 と 192.168.1.33
エ　192.168.1.33 と 192.168.1.49

> 同一ネットワークなら、ネットワークアドレスが同じになります！

● 問題20　IP アドレスの表記方法（H21 秋 問39）

問39　IPアドレス 10.1.2.146，サブネットマスク 255.255.255.240 のホストが属するサブネットワークはどれか。

ア　10.1.2.132/26	イ　10.1.2.132/28
ウ　10.1.2.144/26	エ　10.1.2.144/28

> まず、/26 と /28 のどちらが正しいかを考えよう！

● 問題21　スタックの操作（H29 秋 問5）

問5　A，B，C，D の順に到着するデータに対して，一つのスタックだけを用いて出力可能なデータ列はどれか。

ア　A, D, B, C
イ　B, D, A, C
ウ　C, B, D, A
エ　D, C, A, B

> 紙の上に手順を書いてみよう！

626　【巻末付録 01】試験によく出る問題と用語 TOP100 ランキング

●問題22　タスクスケジューリングの図解 （H25 春 問18）

問 18　三つのタスクの優先度と，各タスクを単独で実行した場合の CPU と入出力装置（I/O）の動作順序と処理時間は，表のとおりである。三つのタスクが同時に実行可能状態になってから，全てのタスクの実行が終了するまでの，CPU の遊休時間は何ミリ秒か。ここで，I/O は競合せず，OS のオーバヘッドは考慮しないものとする。また，表の（　）内の数字は処理時間を示す。

優先度	単独実行時の動作順序と処理時間（単位　ミリ秒）
高	CPU（3）→I/O（5）→CPU（2）
中	CPU（2）→I/O（6）→CPU（2）
低	CPU（1）→I/O（5）→CPU（1）

ア 1　　　　**イ** 2　　　　**ウ** 3　　　　**エ** 4

> 優先度に注意して、タスクスケジューリングの図を描いてみよう！

●問題23　共通フレーム2007の企画プロセス （H24 秋 問66）

問 66　共通フレーム2007によれば，企画プロセスで定義するものはどれか。

ア　新しい業務の在り方や業務手順，入出力情報，業務を実施する上での責任と権限，業務上のルールや制約などの要求事項

イ　業務要件を実現するために必要なシステムの機能や，システムの開発方式，システムの運用手順，障害復旧時間などの要求事項

ウ　経営事業の目的，目標を達成するために必要なシステムに関係する経営上のニーズ，システム化，システム改善を必要とする業務上の課題などの要求事項

エ　求められているシステムを実現するために必要なシステムの機能，能力，ライフサイクル，信頼性，安全性，セキュリティなどの要求事項

> 「企画」という言葉にふさわしい選択肢を選ぼう！

5回出題されたテーマ

●問題24　2分探索木（H28 秋 問6）

問6　2分探索木になっている2分木はどれか。

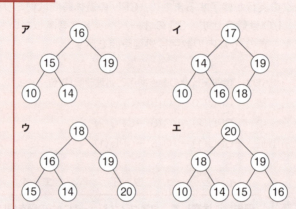

2分探索木は、左側に小さい値、右側に大きい値をつないだ木です！

●問題25　UMLのクラス図（H23 特別 問29）

問29　UMLを用いて表した図のデータモデルの多重度の説明のうち，適切なものはどれか。

　　　組織　1　1..*　社員

ア　社員が1人も所属しない組織は存在しない。
イ　社員は必ずしも組織に所属しなくてもよい。
ウ　社員は複数の組織に所属することができる。
エ　一つの組織に複数の社員は所属できない。

正しくない選択肢に×を付けてみよう！

問題26 アドレス指定方式の種類（H28 秋 問9）

問9 主記憶のデータを図のように参照するアドレス指定方式はどれか。

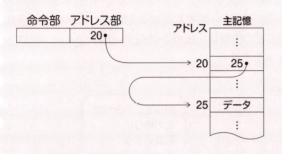

ア　間接アドレス指定　　　イ　指標アドレス指定
ウ　相対アドレス指定　　　エ　直接アドレス指定

> アドレス指定方式とは、メモリの格納場所を指定する方式のことです！

問題27 ディスク装置の計算（H22 秋 問14）

問14 表に示す仕様の磁気ディスク装置において，1,000バイトのデータの読取りに要する平均時間は何ミリ秒か。ここで，コントローラの処理時間は平均シーク時間に含まれるものとする。

回転数	6000回転／分
平均シーク時間	10ミリ秒
転送速度	10Mバイト／秒

ア　15.1　　　イ　16.0　　　ウ　20.1　　　エ　21.0

> データの転送時間に、平均待ち時間を加えた値を求めます！

● 問題28 ハッシュ値の計算（R01 秋 問10）

問10　10進法で5桁の数 $a_1a_2a_3a_4a_5$ を，ハッシュ法を用いて配列に格納したい。ハッシュ関数を mod $(a_1 + a_2 + a_3 + a_4 + a_5, 13)$ とし，求めたハッシュ値に対応する位置の配列要素に格納する場合，54321 は配列のどの位置に入るか。ここで，mod $(x, 13)$ は，x を 13 で割った余りとする。

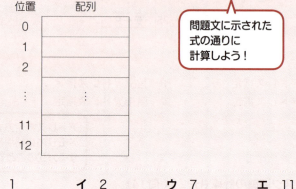

ア　1　　　イ　2　　　ウ　7　　　エ　11

● 問題29 逆ポーランド記法の変換（H24 春 問4）

問4　後置記法（逆ポーランド記法）では，例えば，式 Y ＝ (A − B) × C を YAB − C× ＝ と表現する。次の式を後置記法で表現したものはどれか。
　　Y ＝ (A + B) × (C − D÷E)

ア　YAB + C − DE ÷ × ＝　　イ　YAB + CDE ÷ − × ＝
ウ　YAB + EDC ÷ − × ＝　　エ　YAB + CD − E ÷ × ＝

●問題30　条件網羅と分岐網羅（H29 春 問49）

問49 流れ図において，判定条件網羅（分岐網羅）を満たす最少のテストケース数は幾つか。

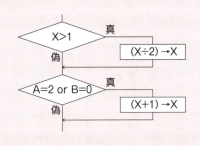

ア　1　　イ　2　　ウ　3　　エ　4

> 分岐網羅とは，すべての分岐の流れを網羅することです！

4回出題されたテーマ

●問題31　OSI基本参照モデルのネットワーク層の役割（H25 春 問33）

問33 OSI基本参照モデルにおけるネットワーク層の説明として，適切なものはどれか。

ア　エンドシステム間のデータ伝送を実現するために，ルーティングや中継などを行う。
イ　各層のうち，最も利用者に近い部分であり，ファイル転送や電子メールなどの機能が実現されている。
ウ　物理的な通信媒体の特性の差を吸収し，上位の層に透過的な伝送路を提供する。
エ　隣接ノード間の伝送制御手順（誤り検出，再送制御など）を提供する。

> 選択肢ア～エは、いずれかの階層の説明になっています！

●問題32　SLAの計算（H30 秋 問57）

問57　次の条件で IT サービスを提供している。SLA を満たすことができる，1 か月のサービス時間帯中の停止時間は最大何時間か。ここで，1 か月の営業日数は 30 日とし，サービス時間帯中は，保守などのサービス計画停止は行わないものとする。

〔SLA の条件〕
・サービス時間帯は，<u>営業日の午前 8 時から午後 10 時まで</u>とする。
・可用性を 99.5% 以上とする。

ア　0.3　　　　　イ　2.1　　　　　ウ　3.0　　　　　エ　3.6

> 午前8時から午後10時までが何時間になるかを間違わないように！

●問題33　SRAMの仕組み（H31 春 問21）

問21　メモリセルにフリップフロップ回路を利用したものはどれか。

ア　DRAM　　　イ　EEPROM　　　ウ　SDRAM　　　エ　SRAM

> SRAMとDRAMの仕組みの違いを覚えてください！

●問題34　SQLのビュー（H24 秋 問29）

問29　"商品"表のデータが次の状態のとき，〔ビュー定義〕で示すビュー"収益商品"の行数が減少する更新処理はどれか。

商品

商品コード	品名	型式	売値	仕入値
S001	T	T2003	150,000	100,000
S003	S	S2003	200,000	170,000
S005	R	R2003	140,000	80,000

〔ビュー定義〕

```
CREATE VIEW 収益商品
    AS SELECT * FROM 商品
        WHERE 売値－仕入値 >= 40000
```

ア 商品コードが S001 の売値を 130,000 に更新する。
イ 商品コードが S003 の仕入値を 150,000 に更新する。
ウ 商品コードが S005 の売値を 130,000 に更新する。
エ 商品コードが S005 の仕入値を 90,000 に更新する。

> それぞれ更新後に何行のデータが得られるかを書き出してみよう！

問題35　クイックソートの手順（H27 秋 問7）

問 7　整数アルゴリズムの一つであるクイックソートの記述として，適切なものはどれか。

ア 対象集合から基準となる要素を選び，これよりも大きい要素の集合と小さい要素の集合に分割する。この操作を繰り返すことによって，整列を行う。
イ 対象集合から最も小さい要素を順次取り出して，整列を行う。
ウ 対象集合から要素を順次取り出し，それまでに取り出した要素の集合に順序関係を保つよう挿入して，整列を行う。
エ 隣り合う要素を比較し，逆順であれば交換して，整列を行う。

> 選択肢は、どれも有名なソートの説明になっています！

問題36　ファイルの関連（H26 秋 問24）

問 24　ある企業では，顧客マスタファイル，商品マスタファイル，担当者マスタファイル及び当月受注ファイルを基にして，月次で受注実績を把握している。各ファイルの項目が表のとおりであるとき，これら四つのファイルを使用して当月分と直前の 3 か月分の出力が可能な受注実績はどれか。

> ファイルを結び付けて3か月分の情報が得られるかチェックしよう！

ファイル	項目	備考
顧客マスタ	顧客コード,名称,担当者コード,前月受注額,2か月前受注額,3か月前受注額	各顧客の担当者は1人
商品マスタ	商品コード,名称,前月受注額,2か月前受注額,3か月前受注額	———
担当者マスタ	担当者コード,氏名	———
当月受注	顧客コード,商品コード,受注額	当月の合計受注額

ア　顧客別の商品別受注実績　　　イ　商品別の顧客別受注実績
ウ　商品別の担当者別受注実績　　エ　担当者別の顧客別受注実績

● 問題37　加算器の仕組み（H29 春 問22）

問22　図に示す1桁の2進数 x と y を加算して，z（和の1桁目）及び c（桁上げ）を出力する半加算器において，AとBの素子の組合せとして，適切なものはどれか。

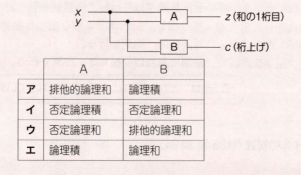

	A	B
ア	排他的論理和	論理積
イ	否定論理積	否定論理和
ウ	否定論理和	排他的論理和
エ	論理積	論理和

ANDやORなどの論理演算を日本語で何と呼ぶかを覚えておこう！

●問題38　最大利益の計算（H28 秋 問71）

問71　ある工場では表に示す3製品を製造している。実現可能な最大利益は何円か。ここで，各製品の月間需要量には上限があり，また，製造工程に使える工場の時間は月間200時間までで，複数種類の製品を同時に並行して製造することはできないものとする。

	製品X	製品Y	製品Z
1個当たりの利益（円）	1,800	2,500	3,000
1個当たりの製造所要時間（分）	6	10	15
月間需要量上限（個）	1,000	900	500

ア　2,625,000　　　　イ　3,000,000
ウ　3,150,000　　　　エ　3,300,000

常識的に考えて、利益が高い製品を優先して製造します！

●問題39　第3正規形の定義（H22 春 問30）

問30　"発注伝票"表を第3正規形に書き換えたものはどれか。ここで，下線部は主キーを表す。

発注伝票（注文番号, 商品番号, 商品名, 注文数量）

ア　発注（注文番号, 注文数量）
　　商品（商品番号, 商品名）
イ　発注（注文番号, 注文数量）
　　商品（注文番号, 商品番号, 商品名）
ウ　発注（注文番号, 商品番号, 注文数量）
　　商品（商品番号, 商品名）
エ　発注（注文番号, 商品番号, 注文数量）
　　商品（商品番号, 商品名, 注文数量）

主キーから他の項目へ、従属性の線を引いてみよう！

● 問題40　符号化に必要なビット数（H25 春 問2）

問2　1秒間に一定間隔で16個のパルスを送ることができる通信路を使って，0〜9，A〜Fの16種類の文字を送るとき，1秒間に最大何文字を送ることができるか。ここで，1ビットは1個のパルスで表し，圧縮は行わないものとする。

ア 1　　　**イ** 2　　　**ウ** 4　　　**エ** 8

> パルスは，1ビットのデータに相当します。16種類の文字の符号化に必要なビット数を求めてください！

試験によく出る問題の解答・解説

19回出題されたテーマ

● 問題1　アローダイアグラムの使い方（R01 秋 問52）

解答　ウ

解説　図1（1）は、**アローダイアグラム**を左から右に向かってたどり、各結合点の四角形の下段に、**最早開始日**（いつから始められるか）を記入したものです。図1（2）は、アローダイアグラムを右から左に向かってたどり、各結合点の四角形の上段に、**最遅開始日**（いつまでに始めなければならないか）を記入したものです。最早開始日と最遅開始日が同じになった作業をつないだ B、E、F が**クリティカルパス**です。ここでは、クリティカルパスを太線で示しています。

● 図1　アローダイアグラムからクリティカルパスを求める

(1) 各結合点に最早開始日を記入する

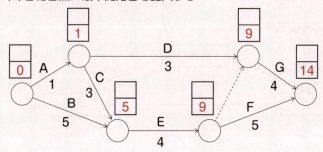

(2) 各結合点に最遅開始日を記入する

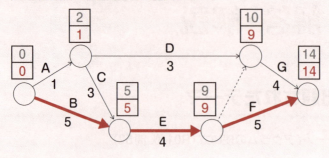

● 問題2　稼働率の計算 (H26 秋 問14)

解答　エ

解説　大阪～名古屋のバックアップ回線の稼働率をRとすると、東京～名古屋～大阪の回線の稼働率は、0.8×Rです。もともとある東京～大阪の回線の稼働率は、0.9です。これらのいずれかが利用できる確率が0.95以上であればよいことは、100%から両方が利用できない確率を引いて、1 － (1 － 0.8 × R) × (1 － 0.9) ≧ 0.95 という不等式で表せます。この不等式を解くと、R ≧ 0.625 です（図2）。

● 図2　各回線の稼働率

17 回出題されたテーマ

● 問題 3　MIL 記号による論理回路（H23 特別 問 24）

解答　エ

解説　図 3（1）に示したように、0、0、0、0 を入力した場合の出力は、アとウが 0 で、イとエが 1 です。1 の入力数が 0 個のとき出力が 1 になる回路を選ぶので、アとウは正解ではありません。
正解の候補をイとエに絞って、他の入力データで出力を確認すると、図 3（2）に示したように、0、1、0、1 を入力した場合の出力は、イが 0 で、エが 1 です。1 の入力数が偶数個のとき出力が 1 になる回路を選ぶので、イは正解ではありません。したがって、残ったエが正解です。

● 図 3　入力に対する出力を確認する

（1）入力が 0、0、0、0 の場合の出力

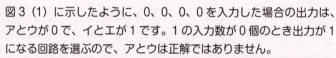

● 図3　入力に対する出力を確認する（続き）

(2) 入力が0、1、0、1の場合の出力

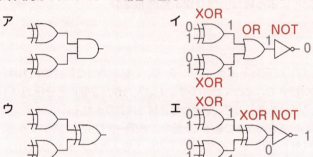

🔀 14回出題されたテーマ

● 問題4　SQLのSELECT文（H26 春 問28）

解答　エ

解説　選択肢に示されたSQL文の違いに注目して、消去法で答えを選んでみましょう。選択肢アとイは、FROM 在庫となっていて、選択肢ウとエは、FROM 商品となっています。問題文に示されたSQL文は、FROM 商品なので、これと同じ結果を得るには、FROM 商品でなければなりません。したがって、選択肢アとイは、×です。残った2つの選択肢を比較すると、選択肢ウの条件は、**EXISTS**（存在する）であり、選択肢エの条件は、**NOT EXITSTS**（存在しない）です。問題文に示されたSQL文の条件は、"在庫"表の中に商品番号が存在しないので、選択肢エが正解です（図4）。

● 図4　選択肢の違いに注目して消去法で答えを選ぶ

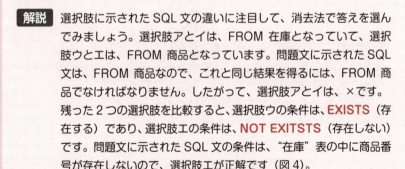

＜選択肢に示された SQL 文＞

ア　SELECT 商品番号 FROM 在庫
　　　　WHERE EXISTS（SELECT 商品番号 FROM 商品）

イ　SELECT 商品番号 FROM 在庫
　　　　WHERE NOT EXISTS（SELECT 商品番号 FROM 商品）

ウ　SELECT 商品番号 FROM 商品
　　　　WHERE EXISTS（SELECT 商品番号 FROM 在庫
　　　　　　　　　WHERE 商品.商品番号 = 在庫.商品番号）

エ　SELECT 商品番号 FROM 商品
　　　　WHERE NOT EXISTS（SELECT 商品番号 FROM 在庫
　　　　　　　　　WHERE 商品.商品番号 = 在庫.商品番号）

13 回出題されたテーマ

● 問題 5　工数の計算（H30 秋 問 54）

解答　エ

解説　開発の生産性は 1 人月当たり 10FP なので、500FP という開発規模のシステムの開発工数は、500 ÷ 10 = 50 人月です。開発工数の他に、システムの導入や開発者教育の工数が 10 人月必要になるので、合わせて 50 + 10 = 60 人月です。さらに、プロジェクト管理に、60 人月の 10% の 6 人月の工数を必要とするので、全工数は、60 + 6 = 66 人月になります。

● 問題6　伝送時間の計算（H28 春 問31）

解答　エ

解説　単位をビットに揃えて計算すると、伝送するデータのサイズは、10^6 バイト＝8×10^6 ビットです。64×10^3 ビット／秒の回線の**伝送効率**が80％なので、1秒間に伝送できるデータは、$64 \times 10^3 \times 0.8 = 51.2 \times 10^3$ ビットです。したがって、伝送にかかる時間は、$(8 \times 10^6) \div (51.2 \times 10^3) = 156.25$ 秒です。選択肢の中に156.25という値はありませんが、問題文に「およそ」とあるので、選択肢エの156が正解です。

🔁 11 回出題されたテーマ

● 問題7　MIPSの計算（H27 秋 問9）

解答　ア

解説　**MIPS**は、Million Instructions Per Second（百万命令／秒）という意味です。50MIPSのプロセッサは、1秒間に 50×10^6 個の命令を実行できます。したがって、1つの命令の平均実行時間は、1秒÷$(50 \times 10^6) = 0.02 \times 10^{-6} = 20 \times 10^{-9} = 20$ ナノ秒です。

●問題8　再帰呼出しの仕組み（H24 秋 問7）

解答　イ

解説　関数 F(n) は、n の階乗を求める関数です。n > 0 のとき、n × F(n − 1) という処理を行います。たとえば、5 の階乗を求めるときは、5 × F(4) という処理を行います。5 の階乗 = 5 × 4 の階乗だからです。このように、関数の処理の中で同じ関数を呼び出すことを、**再帰呼出し**と呼びます。
　n = 0 のとき、F(n) の値は 1 です。これは、数学の定義で、0 の階乗は 1 だからです。この決まりで、5 の階乗を求めると、5 × 4 × 3 × 2 × 1 × 1 = 120 になります。乗算は、5 回あります。5 の階乗を求めるのに 5 回の乗算が行われるので、n の階乗を求めるには n 回の乗算が行われます。

●問題9　著作権の対象（H28 春 問79）

解答　エ

解説　**著作権法**において、プログラム言語や規約は、保護の対象になりません。なぜなら、もしも、著作権が発生するなら、それらを使って作成したプログラムにも権利が及ぶことになり、結果として、誰もプログラム言語や規約を使えないことになってしまうからです。

9回出題されたテーマ

●問題10　DRAMの特徴（H27 春 問22）

解答 ウ

解説 SRAM（Static RAM）とDRAM（Dynamic RAM）の特徴を表2に示します。選択肢の中で適切なのは、選択肢ウの「メモリセル構成が単純なので、ビット当たりの単価が安くなる」です。
DRAMは、**コンデンサ**という小さな充電素子を使って情報を記憶します。コンデンサは、自然に放電してしまうので、定期的に記憶の再書き込みが必要になります。この動作を**リフレッシュ**と呼びます。

●表2　SRAMとDRAMの特徴

種類	速度	価格	仕組み	リフレッシュ	主な用途
SRAM	速い	高い	フリップフロップ（複雑な回路）	不要	キャッシュメモリ
DRAM	遅い	安い	コンデンサ（単純な回路）	必要	主記憶

●問題11　音声のサンプリングの計算（H24 春 問26）

解答 ウ

解説 **標本化周波数** 44.1kHzは、1秒間に 44.1×10^3 回のデータを取り込むという意味です。**量子化ビット数** 16ビットは、1つのデータのサイズが16ビット＝2バイトという意味です。60分＝3600秒＝ 3.6×10^3 秒の音声信号を取り込むので、全体のデータ量は、$3.6 \times 10^3 \times 44.1 \times 10^3 \times 2 = 317.52 \times 10^6 = 317.52$ Mバイトです。選択肢の中に317.52という値はありませんが、問題文に「およそ」とあるので、選択肢ウの320が正解です。

8回出題されたテーマ

● 問題12　キャッシュメモリの計算（H26 春 問10）

解答 エ

解説 キャッシュメモリのヒット率を H とすると、主記憶をアクセスする確率は 1 − H と表せます。アクセス時間 10 ナノ秒のキャッシュメモリと 60 ナノ秒の主記憶による実効アクセス時間が 15 ナノ秒なので、10 × H + 60 ×（1 − H）= 15 という方程式が成り立ちます。この方程式を解いて、H = 0.9 です。

● 問題13　プロセッサの割込みの分類（H30 春 問10）

解答 イ

解説 プロセッサ（CPU）には、実行中のプログラムを一時的に中断して、別のプログラムに切り替える割込みという機能があります。割込みは、プロセッサ外部の装置の動作によって生じる外部割込みと、プロセッサ内部で実行されたプログラムの動作によって生じる内部割込みに分類できます。
選択肢ア（電源装置）、選択肢ウ（入出力装置）、選択肢エ（メモリ装置）は、プロセッサ外部の装置の動作なので、外部割込みです。選択肢イ（ゼロ除算）は、プロセッサ内部のプログラムの動作なので、内部割込みです。

● 問題14　公開鍵暗号方式の鍵の取り扱い（H21 春 問40）

解答 ウ

解説 公開鍵暗号方式による暗号化通信では、受信者が鍵のペアを作成し、一方を暗号化用の公開鍵として送信者に送り、もう一方を復号用の秘密鍵として受信者が保持します。この問題では、商店が受信者で、顧客が送信者です。したがって、商店が利用するのは秘密鍵であり、顧客が利用するのは公開鍵です。

04　試験によく出る問題の解答・解説　645

● 問題15　先入先出法の計算（H26 秋 問78）

解答　イ

解説　先入先出法とは、先に購入した部品を先に払い出して販売することです。4月1日の時点で、単価100円の部品が2,000個あります。そこに新たに単価130円で部品を3,000個購入しました。この時点で、5,000個の部品があります。
4月10日に部品を3,000個払い出しする際に、先入先出法なので、先に購入していた単価100円の部品を2,000個払い出し、後から購入した単価130円の部品を1,000個払い出します。払い出し単価は、部品1個の平均値として求めて、(100 × 2,000 + 130 × 1,000) ÷ 3,000 = 110円です。

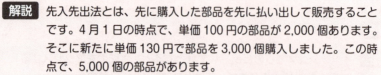 7 回出題されたテーマ

● 問題16　システム監査人の独立性（H24 春 問58）

解答　イ

解説　**システム監査人**の独立性とは、監査対象から独立していること、すなわち仲間であってはならないということです。
選択肢アは、「営業部門の要員」という仲間を監査チームのメンバにするので、独立性が保たれていません。
選択肢イは、社外の「監査法人」からシステム監査人を採用するので、独立性が保たれています。
選択肢ウは、「システム部門の要員」という仲間を監査部門に異動させるので、独立性が保たれていません。
選択肢エは、「社内の業務システムの運用を委託しているITベンダ」という仲間の監査部門に依頼するので、独立性が保たれていません。

●問題17　ディジタル署名の目的（H29 秋 問40）

解答　ウ

解説　選択肢の誤っている部分に、×を付けてみましょう。選択肢アの「暗号文を元のメッセージに戻す」は、元のメッセージではなく元のハッシュ値に戻すので、×です。選択肢イの「改ざん部位を特定できる」は、改ざんがあることを検出できても部位の特定はできないので、×です。選択肢ウの内容に、誤りはありません。選択肢エの「メッセージの内容を関係者以外に分からないようにする」は、暗号化の目的であって、ディジタル署名の目的（送信者の確認、改ざんの検出）ではないので、×です。以上のことから、選択肢ウが正解です。

●問題18　ファイアウォールの設定（H21 秋 問44）

解答　イ

解説　Webサーバのポート番号は、問題文に示されているように80番です。PC上で動作するアプリケーションの**ポート番号**は、問題文に示されていませんが1024番以上になります。これらに該当するのは、選択肢イだけです。

6回出題されたテーマ

● 問題19　IPアドレスの割り当て（H28 秋 問33）

解答　イ

解説　選択肢を見ると、どれも上位の 192.168.1（上位 24 ビット）が同じで、下位の 8 ビットだけが異なります。255.255.255.240 というサブネットマスクの下位 8 ビットの部分は 240 であり、それを 2 進数で表すと 11110000 です。したがって、選択肢の下位 8 ビットを 2 進数で表して、その上位 4 ビットが同じなら、同一ネットワークに所属しています。
選択肢アの 14 と 17 は、00001110 と 00010001 なので、上位 4 ビットが同じではありません。選択肢イの 17 と 29 は、00010001 と 00011101 なので、上位 4 ビットが同じです。選択肢ウの 29 と 33 は、00011101 と 00100001 なので、上位 4 ビットが同じではありません。選択肢エの 33 と 49 は、00100001 と 00110001 なので、上位 4 ビットが同じではありません。したがって、選択肢イが正解です。

● 問題20　IPアドレスの表記方法（H21 秋 問39）

解答　エ

解説　255.255.255.240 という を 2 進数で表すと、11111111.11111111.11111111.11110000 になります。上位に 28 個の 1 が並んでいるので、上位 28 ビットがサブネットワークのアドレスです。これを CIDR 表記 すると /28 なので、正解は、選択肢イかエのどちらかです。
32 ビットでサブネットワークのアドレスを示す場合は、下位 4 ビットのホストアドレスの部分をすべて 0 にします。選択肢イは、下位桁が 132 です。これを 2 進数で表すと 10000100 になり、下位 4 ビットがすべて 0 ではありません。選択肢エは、下位桁が 144 です。これを 2 進数で表すと 10010000 になり、下位 4 ビットがすべて 0 です。したがって、選択肢エが正解です。

● 問題21　スタックの操作（H29 秋 問5）

解答　ウ

解説　正解である選択肢ウのC、B、D、Aの順にデータを取り出す手順を、図5に示します。選択肢アは、Dを取り出した時点でスタックの最上部にあるのがCなので、Bを取り出せません。選択肢イは、D取り出した時点でスタックの最上部にあるのがCなので、Aを取り出せません。選択肢エは、Cを取り出した時点でスタックの最上部にあるのがBなので、Aを取り出せません。

● 図5　C、B、D、Aの順にデータを取り出す手順

(1) Aを積む　(2) Bを積む　(3) Cを積む　(4) Cを取り出す

		C	
	B	B	B
A	A	A	A

(5) Bを取り出す　(6) Dを積む　(7) Dを取り出す　(8) Aを取り出す

| | D | | |
| A | A | A | |

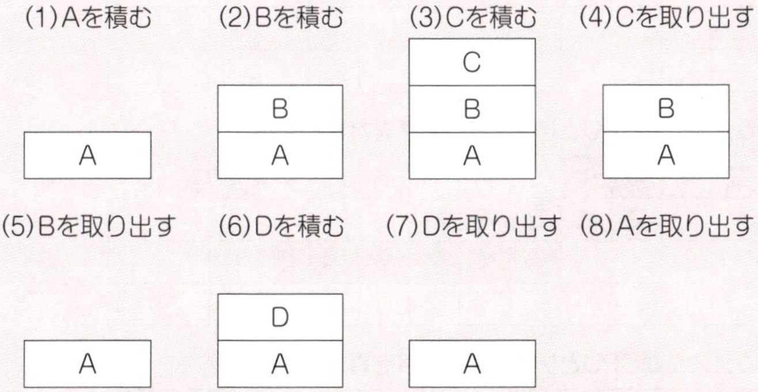

● 問題22　タスクスケジューリングの図解（H25 春 問18）

解答　ウ

解説　OSは、複数のタスク（プログラム）を同時に実行できます。それぞれのタスクは、実行において、CPUやI/Oなどのコンピュータ資源の使用を要求します。OSは、タスクにコンピュータ資源を割り当てる順序を管理し、これを**タスクスケジューリング**と呼びます。問題文にI/Oは競合しないとあるので、競合するのはCPUだけです。競合とは、複数のタスクが同時に、1つしかないコンピュータ資源の使用を要求することです。ここでは、タスクに優先度があるので、優先度が高い順に、CPUが割り当てられます。
1枠を1ミリ秒として、タスクスケジューリングの図を描いてみま

しょう。まず、優先度高のタスクが CPU と I/O を使う順序を図に描き込みます（図6（1））。次に、優先度中のタスクが CPU と I/O を使う順序を図に描き加えます（図6（2））。最後に、優先度低のタスクが CPU と I/O を使う順序を図に描き加えます（図6（3））。できあがった図を見ると、すべてのタスクの実行が終了するまでの CPU の遊休時間は、3ミリ秒だとわかります（図6（3）で＊を付けた部分）。

●図6 タスクスケジューリングの図

(1)優先度高のタスクがCPUとI/Oを使う順序を書き込む

CPU	高	高	高						高	高				
I/O				高	高	高	高	高						

(2)優先度中のタスクがCPUとI/Oを使う順序を書き加える

CPU	高	高	高	中	中				高	高		中	中	
I/O				高	高	高	高	高						
						中	中	中	中	中				

(3)優先度低のタスクがCPUとI/Oを使う順序を書き加える

CPU	高	高	高	中	中	低	＊	＊	高	高	＊	中	中	低
I/O				高	高	高	高	高						
						中	中	中	中	中				
						低	低	低	低	低				

● 問題23　共通フレーム2007の企画プロセス（H24 秋 問66）

解答　ウ

解説　企画プロセスの「企画（何かをするための計画）」という言葉にふさわしい選択肢を、消去法で選んでみましょう。
選択肢アの「責任、ルール、制約」は、企画にふさわしくありません。選択肢イの「機能、開発方式、運用手順、障害復旧時間」は、企画にふさわしくありません。選択肢ウの「目的、ニーズ、課題」は、初期工程で定義する全体的なことなので、他の選択肢より企画にふさわしいでしょう。選択肢エの「機能、能力、ライフサイクル、信頼性、安全性、セキュリティ」は、企画にふさわしくありません。

5回出題されたテーマ

● 問題24　2分探索木（H28 秋 問6）

解答　イ

解説　左側に小さい値、右側に大きい値をつないだ2分探索木になっているのは、イだけです。アは、15の右側に15より小さい14があります。ウは、16の右側に16より小さい14があります。エは、18の右側に18より小さい14があり、20の右側に20より小さい19、15、16があります。したがって、ア、ウ、エは、2分探索木ではありません。

● 問題25　UMLのクラス図（H23 特別 問29）

解答　ア

解説　UMLの**クラス図**を使って、組織と社員の多重度を示しています。「1」は、1を表します。「1..*」は、1以上の多を表します。したがって、このクラス図は、「1つの組織に、1人以上の社員がいること」と「社員は、1つだけの組織に所属していること」を表しています。正解は、選択肢アの「社員が1人も所属しない組織は存在しない」です。

●問題26　アドレス指定方式の種類（H28 秋 問9）

解答　ア

解説　メモリには、データの格納場所を示す番号が付けられていて、これを**アドレス**と呼びます。プログラムの命令でメモリのアドレスを指定する方式の種類には、「25番地を読め」のように指定する**直接アドレス方式**、「20番地を起点として、そこから5個先の25番地を読め」のように指定する**指標アドレス方式**、およびこの問題で取り上げられている「20番地を読み、その中にある25という値をアドレスとして、最終的に25番地を読め」のように指定する**間接アドレス指定**があります。

●問題27　ディスク装置の計算（H22 秋 問14）

解答　ア

解説　ディスクの読み取り時間は、データの転送時間と待ち時間を合計して求めます。待ち時間は、**平均シーク時間**（ディスクを読み書きするヘッドが目的の位置に移動する時間）と**平均回転待ち時間**（ヘッドの下に目的のデータが回ってくるまでの時間）の合計です。
平均シーク時間は、問題文に示されているとおり10ミリ秒です。平均回転待ち時間は、ディスクが半回転する時間にする約束になっています。回転数が6,000回転／分なので、1回転には、60秒÷6,000＝10ミリ秒かかります。したがって、平均回転待ち時間は、10÷2＝5ミリ秒です。データを読み取る時間は、データのサイズが1,000バイトで、転送速度が10Mバイト／秒なので、1,000÷10M＝0.1ミリ秒です。以上を合計して、ディスクの読み取り時間は、0.1＋10＋5＝15.1ミリ秒です。

●問題28　ハッシュ値の計算（R01 秋 問10）

解答　イ

解説　54321のハッシュ値は、mod(5 + 4 + 3 + 2 + 1, 13) = mod(15, 13) = 15を13で割った余り = 2です。したがって、54321は、配列の2番目の位置に格納します。

●問題29　逆ポーランド記法の変換（H24 春 問4）

解答　イ

解説　逆ポーランド記法（後置記法）では、数学的記法のA＋B（値・演算子・値）という式を、演算子を後ろに置いてAB＋（値・値・演算子）と表します。逆ポーランド記法では、演算の優先を示すカッコが不要になります。値・値・演算子と並んだ部分は、必ず演算が行われるので、カッコで囲まれているのと同様だからです。問題文に示されたY＝(A＋B)×(C－D÷E)という数学的記法の式を徐々に逆ポーランド記法に変換して行くと、図7のようになります。

●図7　数学的記法の式を徐々に逆ポーランド記法に変換して行く

①Y=(A+B)×(C-D÷E)	変換前の式
②Y=(AB+)×(C-D÷E)	A+Bの+を後ろに置く
③Y=(AB+)×(C-DE÷)	D÷Eの÷を後ろに置く
④Y=(AB+)×(CDE÷-)	C-DE÷の-を後ろに置く
⑤Y=(AB+)(CDE÷-)×	(AB+)×(CDE÷-)の×を後ろに置く
⑥Y(AB+)(CDE÷-)×=	Y=(AB+)(CDE÷-)×の=を後ろに置く
⑦YAB+CDE÷-×=	不要なカッコを取る（変換完了）

● 問題30　条件網羅と分岐網羅（H29 春 問49）

解答　イ

解説　テストケースには、すべての条件の組合せを網羅する条件網羅と、すべての分岐の流れを網羅する分岐網羅があります。ここでは、分岐網羅の最小のテストケース数を求めます。たとえば、「X ＞ 1」という条件が真で「A ＝ 2 or B ＝ 0」が真というテストケースと、「X ＞ 1」という条件が偽で「A ＝ 2 or B ＝ 0」が偽というテストケースがあれば、すべての分岐の流れを網羅できます。したがって、最小のテストケース数は、2つです。

4 回出題されたテーマ

● 問題31　OSI基本参照モデルのネットワーク層の役割（H25 春 問33）

解答　ア

解説　選択肢アは、「ルーティングや中継」ということから、ネットワーク層の説明です。選択肢イは、「最も利用者に近い部分」ということから、アプリケーション層の説明です。選択肢ウは、「物理的な通信媒体」ということから、物理層の説明です。選択肢エは、「隣接ノード間」ということから、データリンク層の説明です。

● 問題32　SLAの計算（H30 秋 問57）

解答　イ

解説　SLA（Service Level Agreement）は、ITサービス事業者が、契約者に対して、どの程度の品質を保証するかを示したものです。サービス時間帯が営業日の午前8時から午後10時なので、1日に14時間です。1か月の営業日の30日は、30 × 14 ＝ 420 時間です。可用性を 99.5% 以上とするので、停止できる最大時間は 0.5% であり、420 × 0.005 ＝ 2.1 時間です。

● 問題33　SRAMの仕組み（H31 春 問21）

解答　エ

解説　メモリセルとは、記憶の最小単位を構成する電子回路です。メモリセルとして、SRAMはフリップフロップ回路（高速だが高価）を使い、DRAMはコンデンサ（安価だが低速）を使っています。

● 問題34　SQLのビュー（H24 秋 問29）

解答　ア

解説　問題文に示されたSQLは、「商品表から、売値と仕入値の差が40,000以上のデータを取り出し、それを収益商品ビューにする」という意味です。更新処理を行わない時点では、該当する商品は、商品コードS001とS005の2行です。選択肢アの更新処理を行うと、S001の商品が選ばれなくなるので、収益商品ビューが1行に減少します。したがって、選択肢アが正解です。
念のため他の選択肢も見ておきましょう。選択肢イの更新処理を行うと、収益商品ビューが3行に増加します。選択肢ウの更新処理を行うと、収益商品ビューは2行のまま変わりません。選択肢エの更新処理を行うと、収益商品ビューは2行のまま変わりません。

● 問題35　クイックソートの手順（H27 秋 問7）

解答　ア

解説　選択肢アは、「基準となる要素を選び」「大きい要素の集合と小さい要素の集合に分割する」ということから、クイックソートの説明です。正解は、選択肢アです。
選択肢イは、「最も小さい要素を順次取り出して」ということから、ヒープソートの説明です。選択肢ウは、「順序関係を保つよう挿入して」ということから、挿入ソートの説明です。選択肢エは、「隣り合う要素を比較し」「逆順であれば交換して」ということから、バブルソートの説明です。

04　試験によく出る問題の解答・解説　655

●問題36　ファイルの関連（H26 秋 問24）

解答　エ

解説　ファイルを結び付けて、3か月分の情報が得られるどうか、選択肢ごとにチェックしてみましょう。
選択肢アの「顧客別の商品別受注実績」は、顧客マスタの中にある3か月分の受注額を商品と結び付けられるのは、当月受注の中にある1か月分だけなので、×です。
選択肢イの「商品別の顧客別受注実績」は、商品マスタの中にある3か月分の受注額を顧客と結び付けられるのは、当月受注の中にある1か月分だけなので、×です。
選択肢ウの「商品別の担当者別受注実績」は、商品マスタの中にある3か月分の受注額を顧客マスタ経由で担当者マスタと結び付けられるのは、当月受注の中にある1か月分だけなので、×です。
選択肢エの「担当者別の顧客別受注実績」は、顧客マスタの中にある3か月分の受注額を1対1で担当者マスタに結び付けられるので、○です。

●問題37　加算器の仕組み（H29 春 問22）

解答　ア

解説　半加算器では、和の1桁目を排他的論理和（XOR）で求め、桁上がりを論理積（AND）で求めます。

●問題38　最大利益の計算（H28 秋 問71）

解答　エ

解説　時間が月間 200 時間＝ 12,000 分に限られているので、時間当たりの利益が大きい製品の順に製造を行えば、最も大きな利益を得られます。それぞれの製品の 1 分当たりの利益は、製品 X が 1,800 円÷ 6 分＝ 300 円、製品 Y が 2,500 円÷ 10 分＝ 250 円、製品 Z が 3,000 円÷ 15 分＝ 200 円です。したがって、製品 X、Y、Z の順に製造を行えばよいことがわかります。

まず、製品 X を月間需要上限の 1,000 個作ります。これによって、利益は、1,800 円× 1,000 個＝ 1,800,000 円です。残り時間は、12,000 分－ 6 分× 1,000 個＝ 6,000 分です。

次に、製品 Y を月間需要上限の 900 個作ると、時間をオーバーしてしまうので、残り時間の 6,000 分を使って、6,000 分÷ 10 分＝ 600 個作ります。これによって、利益は、2,500 円× 600 個＝ 1,500,000 円です。

この時点で、時間がなくなりました。利益の合計は、1,800,000 円＋ 1,500,000 円＝ 3,300,000 円です。

●問題39　第 3 正規形の定義（H22 春 問30）

解答　ウ

解説　問題文に示された発注伝票表に従属性（○○が決まれば、△△が決まるという関係）の線を引くと、図 8 になります。

●図 8　発注伝票表に従属性の線を引く

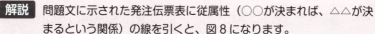

ここでは、注文番号と商品番号をセットにした複合キーを、主キーとしています。注文番号と商品番号で、商品名、注文数量は決まりますが、商品番号だけで商品名を決めることもできます。これは、**部分従属性**です。この部分従属性を排除すれば、第 3 正規形になり

ます。したがって、注文番号と商品番号をセットにした複合キーで
注文数量が決まる発注表と、商品番号で商品名が決まる商品表に分
けた、選択肢ウが正解です。
　他の選択肢が誤りであることも、確認しておきましょう。第3正規形
では、主キーから他のすべての項目に従属性の線が引かれ、それら以
外に余分な線がない状態になります。選択肢ア～ウに従属性の線を引
くと、図9になります。これによって、発注表と商品表のどちらも第3
正規形になっているのが、選択肢ウだけであることを確認できます。

● **図9　選択肢の発注表と商品表に従属性の線を引く**

ア　発注（<u>注文番号</u>,注文数量）　　　　…注文数量に、従属性の線が引けません。

　　商品（<u>商品番号</u>,商品名）　　　　　　…第3正規形です。

イ　発注（<u>注文番号</u>,注文数量）　　　　…注文数量に、従属性の線が引けません。

　　商品（<u>注文番号</u>,<u>商品番号</u>,商品名）　…部分従属性があります。

ウ　発注（<u>注文番号</u>,<u>商品番号</u>,注文数量）…第3正規形です。

　　商品（<u>商品番号</u>,商品名）　　　　　　…第3正規形です。

エ　発注（<u>注文番号</u>,<u>商品番号</u>,注文数量）…第3正規形です。

　　商品（<u>商品番号</u>,商品名,注文数量）　…注文数量に、従属性の線が引けません。

● **問題40　符号化に必要なビット数（H25 春 問2）**

解答 ウ

解説 16種類の文字の符号化に必要なビット数は、4ビットです。4ビッ
トあれば、0000 ～ 1111 の 16 種類の符号を表せるからです。1秒
間に 16 個のパルス（16 ビット）を送るので、最大で 16 ビット÷
4 ビット＝ 4 文字を送ることができます。

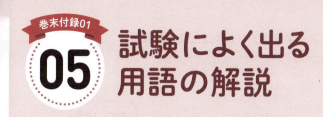

試験によく出る用語の解説

16回出題された用語

用語1 リピータ、ブリッジ、ルータ

OSI基本参照モデルの各階層には、TCPやIPなどのプロトコルだけでなく、リピータ、ブリッジ、ルータなどのLAN間接続装置を対応付けることもできます。リピータは物理層の装置、ブリッジはデータリンク層の装置、ルータはネットワーク層の装置です。

リピータは、信号を増幅することによって伝送距離を延長します。ブリッジは、宛先MACアドレスを見てデータを中継します。ルータは、宛先IPアドレスを見てデータを中継します。

10回出題された用語

用語2 エンタープライズアーキテクチャ（EA = Enterprise Architecture）

業務と情報システムを、**ビジネスアーキテクチャ**、**データアーキテクチャ**、**アプリケーションアーキテクチャ**、**テクノロジアーキテクチャ**という4つの観点で分析し、全体の最適化を図る技法です。

エンタープライズアーキテクチャによる分析の成果物として、表3に示した図表を作成し、業務と情報システムを4つの観点で「見える化」します。

● 表3　エンタープライズアーキテクチャで作成される主な図表

観　点	図　表
ビジネスアーキテクチャ	機能構成図 機能情報関連図
データアーキテクチャ	実体関連ダイアグラム データ定義表
アプリケーションアーキテクチャ	情報システム関連図 情報システム機能構成図
テクノロジアーキテクチャ	ネットワーク構成図 ソフトウェア構成図

観点と図表を
対応付けて
覚えましょう

9回出題された用語

用語 3 LRU方式（Least Recently Used）

実記憶（メモリ）と仮想記憶（ハードディスク）の間でデータを置き換える方式の1つであり、最後に参照されてから最も長い時間が経過したデータを、置き換えの対象にします。

他の方式として、最も利用回数が少ないデータを置き換えの対象とする **LFU**（**Least Frequently Used**）**方式**と、最初にメモリにロードしたデータを置き換えの対象にする **FIFO**（**First In First Out**）**方式**があります。

用語 4 RFID（Radio Frequency ID）

小さな集積回路とアンテナの組合せであり、対象の識別や位置確認などが、無線でできます。RFIDは、電子荷札（ICタグ）に利用されています。

RFIDは、汚れに強く、内部に記憶された情報を梱包の外から読むことができます。

用語 5 WBS（Work Breakdown Structure）

プロジェクトチームが実行すべき作業を、上位の階層から下位の階層へ段階的に分解したものです。図10は、試験問題に示されたWBSの例です。

● 図10　試験問題に示されたWBSの例（H22 秋 問51）

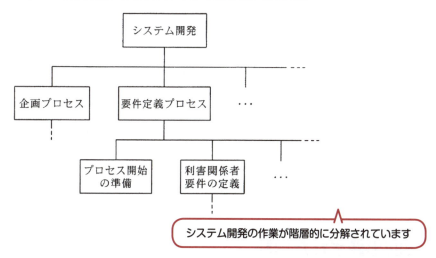

システム開発の作業が階層的に分解されています

用語 6　トランザクション処理

　データベースにおける処理のまとまりを**トランザクション**（transaction）と呼びます。データベースの障害発生時に、トランザクション開始前の状態にデータを復旧させることを**ロールバック**と呼びます。ロールバック完了後に、トランザクション終了後の状態にデータを戻すことを**ロールフォワード**と呼びます。データベースの障害復旧処理のために、データの更新前後の値を書き出して更新記録を取ったものを**ログファイル**や**ジャーナルファイル**と呼びます。

用語 7　プロダクトライフサイクル（product life cycle）

　製品のライフサイクルを、表4に示した4つに分けて、それぞれの時期に適したマーケティング戦略を構築するものです。

●表4　プロダクトライフサイクルとマーケティング戦略

時　期	マーケティング戦略
導入期	需要は部分的であり、新規需要開拓が勝負。特定ターゲットに対する信念に満ちた説得が必要。
成長期	市場が商品の価値を理解し始める。商品ラインもチャネルも拡大しなければならない。この時期は、売上も伸びるが、投資も必要である。
成熟期	需要が大きくなり、製品の差別化や市場の細分化が明確になってくる。競争者間の競争も激化し、新品種の追加やコストダウンが重要となる。
衰退期	需要が減ってきて、撤退する企業も出てくる。この時期の強者になれるかどうかを判断し、代替市場への進出なども考える。

> 導入、成長、成熟、衰退という言葉のイメージ通りの戦略です

8回出題された用語

用語 8　CIO（Chief Information Officer）

情報管理や情報システム統括の戦略立案および執行を任務とする役員です。

CIO の果たすべき役割は、全社的観点から情報化戦略を立案し、経営戦略との整合性の確認や評価を行い、ビジネス価値を最大化させる IT サービス活用を促進することです。

用語 9　SOA（Service Oriented Architecture）

ソフトウェアの機能を再利用可能なサービスという部品とみなし、いくつかのサービスを組み合わせることでシステムを構築するという概念です。

SOA は、再利用可能なサービスとしてソフトウェアコンポーネントを構築し、サービスを活用することで高い生産性と、ビジネス変化に対応しやすいシステムを実現するアーキテクチャです。

用語10　ディジタルディバイド（digital divide）

パソコンやインターネットなどを利用する能力や環境の違いによって、経済的または社会的な格差が生じることです。

ディジタルディバイドの解消のために取り組むべきことは、情報リテラシの習得機会を増やしたり、情報通信機器や情報サービスが一層利用しやすい環境を整備したりすることです。

用語11 ファンクションポイント法

ファンクションポイント（FP = Function Point）法は、システム開発の見積技法の１つです。システムの機能を、入出力データ数やファイル数などによって定量的にポイント付けし、複雑さとアプリケーションの特性による補正を加えて、システムの規模を見積もります。

7回出題された用語

用語12 E-R図

業務で扱う情報を、**エンティティ（Entity、実体）**およびエンティティ間の**リレーションシップ（Relationship、関連）**で表現する図です。リレーションシップの多重度には、１対１、１対多、および多対多があります。

用語13 MIME（Multipurpose Internet Mail Extensions：マイム）

インターネットにおける電子メールのプロトコルを拡張して、文書だけでなく、静止画、動画、音声などの情報も送れるようにしたものです。電子メールを暗号化する**S/MIME（Secure/MIME）**という方式もあります。

用語14 RAID（レイド）

RAID（**Redundant Arrays of Inexpensive Disks** または **Redundant Arrays of Independent Disks**）は、複数台のハードディスクを仮想的な１台のハードディスクとして運用し、冗長性を持たせることで、信頼性と可用性を向上する技術です。

RAIDには、いくつかの手法があります。それらの中で、並列にアクセス可能な複数台のハードディスクに、１つのファイルのデータを一定サイズのブロックに分割して分散配置し、ファイルアクセスの高速化を図る手法を**ディスクストライピング**と呼びます。

用語15 SQLインジェクション攻撃

脆弱性があるWebアプリケーションに、悪意のある問い合せや操作を行うSQL文を送って、データを改ざんしたり不正に取得したりする攻撃です。

SQLインジェクション攻撃を防ぐには、Webアプリケーションに入力された文字列が、データベースへの問い合せや操作において特別な意味を持つSQL文として解釈されないようにします。

05 試験によく出る用語の解説 **663**

用語16 SWOT 分析

経営戦略を立てるために、自社の強み（Strengths）と弱み（Weaknesses）、外部からの機会（Opportunities）と脅威（Threats）を分析する手法です。

自社の強みと弱みは、内部要因です。外部からの機会と脅威は、外部要因です。

用語17 フラッシュメモリ（flash memory）

ディジタルカメラの画像データや、携帯音楽プレーヤーの音楽データの記憶媒体として利用されています。**USB メモリ**や **SD カード**も、フラッシュメモリの一種です。

書き込み、消去とも電気的に行い、一括またはブロック単位で消去します。データを書き換える時には、あらかじめ前のデータを消去してから書き込みを行います。

ワンチップマイコンの内蔵メモリとしてフラッシュメモリが使用されている理由は、マイコンの出荷後もソフトウェアの書き換えが可能だからです。

用語18 リスクアセスメント（risk assessment）

リスクアセスメントとは、損失額と発生確率の予測に基づくリスクの大きさに従うなどの方法で、対応の優先順位を付けることです。リスクアセスメントを構成するプロセスには、リスク特定、リスク分析、リスク評価があります。リスク評価の結果、リスクへの対応が必要となった場合に、保険への加入などで、他者との間でリスクを分散することをリスク共有（リスク移転）と呼びます。

用語19 リバースエンジニアリング（reverse engineering）

既存のソフトウェアを解析し、その仕様や構造を明らかにすることです。たとえば、プログラムから UML のクラス図を生成することや、データベースの定義情報から E-R 図を生成することなどです。

用語20 関係データベースの操作

関係データベースの操作には、表の中から条件に合致した行を取り出す**選択**、表の中から特定の列を取り出す**射影**、2 つ以上の表から 1 つの表を生成する**結合**などがあります。

用語21 非機能要件

業務要件の実現に必要な品質、技術、運用などの要件を非機能要件といいます。

たとえば、システム開発で用いるプログラム言語に合わせた開発基準や標準などは、非機能要件です。

6回出題された用語

用語22 ABC分析

販売金額、粗利益金額などが高い商品から、順番に並べて、それらの累計比率によって商品をA群、B群、C群の3つのグループに分け、比率の高いグループに属する売れ筋商品の販売量の拡大を図る技法です。

用語23 Javaプログラムの種類

Javaプログラムには、主に表5のような種類があります。

● 表5 Javaプログラムの主な種類

種類	特徴
Javaアプリケーション	Java VMが稼働している環境があれば、WebブラウザやWebサーバがなくても動作するプログラム
Javaサーブレット	Web環境での動的処理を実現するプログラムであり、Webサーバ上で動作する
JavaBeans	よく使われる機能をまとめて、再利用できるようにコンポーネント化したものである
JDBC（Java Data Base Connectivity）	Javaプログラムがデータベースにアクセスするための標準的なAPI（Application Program Interface）

> サーブレットは、サーバで動作する小さなプログラムという意味です

用語24 MRP（Material Requirements Planning）

製造に必要な資材を管理することをMRPといいます。製造に必要な資材およびその必要量に関する情報が複雑で、発注量の算出を誤りやすく、生産に支障をきたしているような業務は、MRPシステムを導入することで、改善が期待できます。

MRPは、たとえば、以下の①～③の手順で処理を行います。

①今後の一定期間に生産が予定されている製品の種類と数量および部品構成表を

05 試験によく出る用語の解説　665

基にして、構成部品の必要量を計算する。

②引当可能な在庫量から各構成部品の正味発注量を計算する。

③製造や調達リードタイムを考慮して、構成部品の発注時期を決定する。

用語25 NAPT（Network Address Port Translation：ナプト）

プライベート IP アドレスを持つ複数の端末が、1 つのグローバル IP アドレスを使って、インターネット接続を行う仕組みです。

用語26 コアコンピタンス（core competence）

競争優位の源泉となる、他社よりも優越した自社独自のスキルや技術のことです。わかりやすく言うと、自社の「得意技」のことです。

コアコンピタンス経営とは、他社には真似のできない、自社独自のノウハウや技術などの強みを核とした経営を行うことです。

用語27 バランススコアカード（BSC = Balanced Score Card）

財務、顧客、内部ビジネスプロセス、学習と成長という 4 つの視点を基にして、バランスのとれた経営戦略を立てる手法です。

用語28 ブラックボックステスト（black box test）

プログラムの内部構造を考慮することなく、仕様書通りに機能するかどうかをテストする手法です。

ブラックボックステストは、プログラムの内部構造を考慮しないので、プログラムに冗長なコードがあっても検出できません。

プログラムが設計者の意図した機能を実現しているかどうかのテストであり、主にプログラム開発者以外の第三者が実施します。

用語29 組織形態

組織形態には、主に表 6 のような種類があります。

666 【巻末付録 01】試験によく出る問題と用語 TOP100 ランキング

●表6　組織形態の主な種類

組織形態	特　徴
職能別組織	業務を生産、販売、研究開発、経理、人事などの機能別に分け、各機能について部下に命令、指導を行う
事業部制組織	製品や地域などで構成された組織単位に利益責任を持たせる
プロジェクト組織	ある問題を解決するために一定の期間に限って結成され、問題解決とともに解散する
社内ベンチャ組織	プロジェクトを準独立的な事業として遂行し、その成果に対して全面的な責任を負う起業者としての権限と責任が与えられる

職能、事業部、プロジェクト、ベンチャという言葉と特徴を結び付けて覚えましょう

📖 5回出題された用語

用語30　MTBF と MTTR

MTBF（**Mean Time Between Failure** ＝平均故障間隔）が長いほど、信頼性が高いシステムです。**MTTR**（**Mean Time To Repair** ＝平均修理時間）が短いほど、保守性が高いシステムです。

システムの**予防保守**は、MTBF を長くするために行います。

用語31　NTP（Network Time Protocol）

タイムサーバを利用して、ネットワーク上の各コンピュータの時刻を合わせるプロトコルです。

NTP は、下位プロトコルとして **UDP**（**User Datagram Protocol**）を使用しています。

用語32　SaaS（Software as a Service：サース）

利用者がインターネットを経由してサービスプロバイダ側のシステムに接続し、サービスプロバイダが提供するアプリケーションの必要な機能だけを、必要なときにオンラインで利用するものです。

05　試験によく出る用語の解説　**667**

用語33 WAF（Web Application Firewall：ワフ）

Webアプリケーションの脆弱性を悪用した攻撃などから、Webアプリケーションを保護するソフトウェアやハードウェアです。

用語34 インシデント管理

インシデント（incident）とは、IT サービスの利用における何らかの障害のことです。IT サービスマネジメントにおいて、**インシデント管理**の対象となるものは、たとえば、アプリケーションの応答の大幅な遅延です。

IT サービスマネジメントの活動のうち、インシデント管理として行うものは、たとえば、利用者からの障害報告に対し、既知のエラーに該当するかどうかを照合することです。

IT サービスマネジメントのインシデントおよびサービス要求管理プロセスにおいて、インシデントに対して最初に実施する活動は、記録を取ることです。

用語35 オブジェクト指向のカプセル化

カプセル化は、データと処理を 1 つにまとめた**オブジェクト**にして、その仕組みをオブジェクトの内部に隠蔽（いんぺい）することです。

カプセル化の効果として、オブジェクト内部のデータ構造や処理内容を変更しても、他のオブジェクトがその影響を受けにくいことがあります。

用語36 キャッシュメモリ（cache memory）

キャッシュメモリは、プロセッサ（CPU）の内部に用意された高速な記憶装置です。低速な主記憶から読み出した命令をキャッシュメモリに保持し、それを再利用することで、実効アクセス時間を短縮します。

主記憶のアクセス時間とプロセッサの命令実行時間の差が大きいマシンでは、キャッシュメモリを多段の構成にすることで、実効アクセス時間を短縮できます。

書き込み命令を実行したときに、キャッシュメモリと主記憶の両方を書き換える方式と、キャッシュメモリだけを書き換えておき、主記憶の書き換えはキャッシュメモリから当該データが追い出されるときに行う方式とがあります。

用語37 グリーン調達

グリーン調達とは、国や地方公共団体などが、環境への配慮を積極的に行っていると評価されている製品やサービスを選ぶ取組みです。品質や価格の要件を満

たすだけでなく、環境負荷の小さい製品やサービスを、環境負荷の低減に努める事業者から優先して購入します。

用語38 コンパイラの最適化

プログラムのソースコードを解析して無駄な部分を省き、実行時の処理効率が高いオブジェクトコード（マシン語コード）を生成することです。

用語39 スプーリング（spooling）

スプーリングとは、主記憶装置と低速の入出力装置との間のデータ転送を、補助記憶装置（磁気ディスク装置）を介して行うことによって、システム全体の処理能力を高めることです。

スプーリングの代表的な例として、低速なプリンタへの出力データを、いったん高速なハードディスクに格納しておき、後からプリンタのタイミングに合わせて出力することがあります。

用語40 スラッシング（thrashing）

仮想記憶方式において、割り当てられる実記憶の容量が小さいことが原因で、ページアウトとページインが頻発し、処理能力が急速に低下する現象です。**ページアウト**とは、実記憶（メモリ）の内容を仮想記憶（ハードディスク）に移すことです。**ページイン**とは、仮想記憶の内容を実記憶に移すことです。

スラッシングは、仮想記憶システムで主記憶の容量が十分でない場合に、プログラムの多重度を増加させると、発生しやすくなります。

用語41 パレート図（pareto chart）

データをいくつかの項目に分類し、出現頻度の大きさの順に棒グラフとして並べ、累積和を折れ線グラフで描き、問題点を絞り込むものです。

たとえば、システムの品質を向上させるために、発生した障害の原因についてパレート図を用いて分析した場合、障害の主な発生原因と、原因ごとの発生件数が全体に占める割合がわかります（図11）。

●図11 パレート図の例

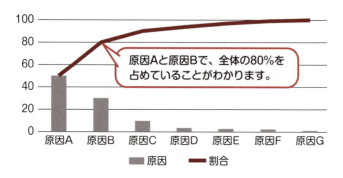

用語42 フォールトトレラントシステム（fault tolerant system）

部分的に故障しても、全体として必要な機能を維持できるシステムです。

フォールトトレラントシステムを実現する上で不可欠なのは、システム構成を多重化して冗長性を持たせ、部品が故障してもその影響を最小限に抑えることで、全体には影響を与えずに処理を続けられるようにすることです。

用語43 プロダクトポートフォリオマネジメント

プロダクトポートフォリオマネジメント（**PPM = Products Portfolio Management**）は、市場成長率と市場占有率から、自社製品を**花形**、**金のなる木**、**問題児**、**負け犬**の4つに分類し、企業がそれぞれの製品に対する経営資源の最適配分を意思決定する技法です（図12）。

花形は、現在は大きな資金の流入をもたらしていますが、同時に将来にわたって資金の投下も必要です。**金のなる木**は、現在は資金の主たる供給源の役割を果たしており、新たに資金を投下すべきではありません。資金を投下しなくても、資金の供給源になるので、金のなる木と呼ばれるのです。**問題児**は、現在は資金の流入が小さいが、資金投下を行えば、将来の資金供給源になる可能性があります。**負け犬**は、事業を継続させていくための資金投下の必要性は低く、将来的には撤退を考えざるを得ません。

●図12　プロダクトポートフォリオマネジメントにおける分類

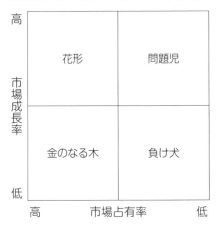

用語44　競争上のポジション

　市場における企業の競争上のポジションは、リーダ（leader）、チャレンジャ（challenger）、フォロワ（follower）、ニッチャ（nicher）に分類できます。リーダは、全市場をカバーし、最大シェアを確保する全方位戦略を取ります。チャレンジャは、シェア追撃など、リーダの攻撃に必要な差別化戦略を取ります。フォロワは、市場チャンスに素早く対応する模倣戦略を取ります。ニッチャは、製品と市場の専門特化を図る特定化戦略を取ります。

用語45　産業財産権

　産業財産権には、表7に示した4つのものがあります。

●表7　産業財産権の種類

> 特許は発明、実用新案はアイディア、意匠はデザイン、商標はマーク、と覚えるとよいでしょう

名　称	説　明
特許権	産業上利用することができる新規の発明を独占的・排他的に利用できる権利
実用新案権	物品の形状・構造・組合せに関するアイディアを独占的・排他的に使用できる権利
意匠権	新規の美術・工芸・工業製品などで、形・色・模様・配置などに加える装飾上の工夫（デザイン）を、独占的・排他的に使用できる権利
商標権	事業者の取り扱う商品やサービスを、他者と区別するための文字、図形、記号などの識別標識（マーク）を独占的・排他的に使用できる権利

用語46　貸借対照表

　財務諸表のうち貸借対照表は、一定時点における企業の資産、負債および純資産を示し、企業の財政状態を明らかにするものです。

4回出題された用語

用語47　BPM（Business Process Management）

　業務プロセスに分析、設計、実行、改善のマネジメントサイクルを取り入れ、業務プロセスの改善を継続的に実施することです。

用語48　BYOD（Bring Your Own Device）

　従業員が個人で所有する情報機器を業務のために使用することであり、セキュリティ設定の不備に起因するウイルス感染などのセキュリティリスクが増大します。

用語49　CSS（Cascading Style Sheets）

　Webページで、文字の大きさ、色、行間などの視覚表現のスタイルを定義する仕組みです（図13）。

●図13　HTMLのh1タグの色を赤に設定するCSSの例

用語50　DNSキャッシュポイズニング

　DNSサーバに、偽のドメイン情報を書き込んで、利用者を偽装されたサーバに誘導する攻撃です。たとえば、攻撃者が用意したサーバXのIPアドレスが、A社のWebサーバのURLに対応するIPアドレスとして、B社のDNSキャッシュサーバに書き込まれた場合、A社のWebサーバにアクセスしようとしたB社の社員は、意図せずサーバXに誘導されてしまいます。

用語51　IoT（Internet of Things）

　様々な物に通信機能を持たせてインターネットに接続し、自動認識や自動制御

を実現することです。「モノのインターネット」とも呼ばれます。実用例として、機械の稼働状況を把握するシステム、電力使用量を自動的に送信する電力メータ、自動車の位置情報を収集して渋滞情報を配信するシステム、などがあります。

用語52 XML（eXtensible Markup Language）

利用者独自のタグを使って、文書の属性情報や論理構造を定義する言語です。

XMLは、ネットワークを介した情報システム間のデータ交換を容易にするために、任意のタグを定義することができます（図14）。

●図14　会社の情報が記述されたXML文書の例

```
< company >
    < name >翔泳社< /name >
    < address >東京都新宿区< /address >
< /company >
```

> <company>は、会社を表すタグです。
> <name>は、会社名を表すタグです。
> <address>は、住所を表すタグです。

用語53 サプライチェーンマネジメント（supply chain management）

購買、生産、販売および物流を結ぶ一連の業務を、企業間で全体最適化の視点から見直して、納期短縮や在庫削減を図ることです。

サプライチェーンマネジメントの改善指標となるものとして、たとえば、不良在庫の減少率があります。

用語54 スループット（throughput）

スループット、コンピュータシステムによって、単位時間当たりに処理される仕事量のことです。

プリンタへの出力を一時的にハードディスクへ保存するスプーリングは、スループットの向上に役立ちます。

用語55 セル生産方式

セル生産方式の特徴は、部品の組立てから完成検査までの全工程を、1人または数人で作業することです。セル生産方式の利点が生かせる対象は、多種類かつフレキシブルな生産が求められるものです。

用語56 データベースの排他制御

データベースの**排他制御**には、**共有ロックと専有ロック**があります。

あるトランザクションが共有ロックをかけている資源に対して、別のトランザクションが共有ロックをかけることは可能ですが、専有ロックをかけることはできません。

あるトランザクションが専有ロックをかけている資源には、別のトランザクションが共有ロックをかけることも専有ロックをかけることもできません。

用語57 ロングテール（long tail）

インターネットショッピングで、売上の全体に対して、あまり売れない商品群の売上合計が無視できない割合になっていることをロングテールと呼びます。インターネットを活用したオンラインショップなどでは、販売機会が少ない商品でもアイテム数を幅広く取り揃えることによって、機会損失のリスクを減らすことができます。

用語58 結合テストの仮のモジュール

結合テストをトップダウンで上位モジュールから行う場合、用意される仮の下位モジュールを**スタブ**（stub）と呼びます。逆に、結合テストをボトムアップで下位モジュールから行う場合、用意される仮の上位モジュールを**ドライバ**（driver）と呼びます。**モジュール**とは、システムの構成要素となる小さなプログラムのことです（図15）。

用語59 三層クライアントサーバシステム

三層クライアントサーバシステムは、プレゼンテーション層（クライアントソフト）、アプリケーション層（アプリケーションサーバ）、データ層（データベースサーバ）の3つの階層から構成されます。業務処理は、サーバ側で実行されるので、クライアント側に必要となるのは、実行結果を表示するクライアントソフト（Webシステムの場合は、Webブラウザ）だけです。

図15　結合テストで使われる仮のモジュール

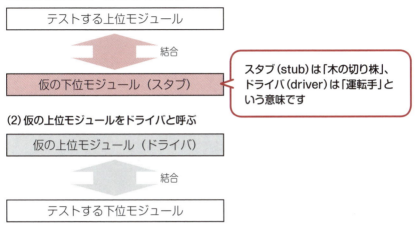

(1) 仮の下位モジュールをスタブと呼ぶ

(2) 仮の上位モジュールをドライバと呼ぶ

スタブ（stub）は「木の切り株」、ドライバ（driver）は「運転手」という意味です

用語60　散布図

横軸と縦軸を使って2つの項目の対応関係を点で示した図です。横軸の項目が増加すると縦軸の項目も増加することを**正の相関**と呼び、横軸の項目が増加すると縦軸の項目が減少することを**負の相関**と呼びます（図16）。

図16　散布図の例

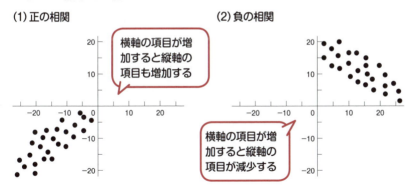

(1) 正の相関　　(2) 負の相関

横軸の項目が増加すると縦軸の項目も増加する

横軸の項目が増加すると縦軸の項目が減少する

午後問題の解法と擬似言語の読み方

巻末付録02では、午後問題の解法のポイントと、午後問題で共通に使用される擬似言語の読み方を説明します。午後問題の構成と配点、選択問題を選ぶコツ、そして解法のポイントを知っておきましょう。擬似言語は、複数の問題で使用されるので、読み方を確実にマスターしてください。

- **01** なぜ午後問題の解法と擬似言語の読み方を学ぶのか？
- **02** 午後問題の解法
- **03** 擬似言語の読み方
- **04** 擬似言語の練習問題
- **05** 擬似言語の練習問題の解答・解説

01 なぜ午後問題の解法と擬似言語の読み方を学ぶのか？

巻末付録02

■ 午前試験と午後試験の両方が 60点以上で合格です

　第1章の受験ガイダンスでも説明しましたが、基本情報技術者試験は、午前試験と午後試験から構成されていて、**それぞれが100点満点であり、それぞれで60点以上を取れば合格です。** 本書では、これまでに午前問題（午前試験の問題）を取り上げてきましたが、実際の試験を受ける前に、午後問題（午後試験の問題）も十分に練習しておく必要があります。

　午後試験の問題構成を図1に示します。この問題構成は、令和2年度の試験から採用されたものです。問題は、問1〜問5の前半部と、問6〜問11の後半部に大きく分けることができます。前半部は、それぞれの分野の事例（架空の事例です）を題材にした問題です。後半部は、擬似言語およびプログラミング言語に関する問題です。

●図1　午後試験の問題構成

問題番号	内容	配点	
1	情報セキュリティ	20点	前半部
2〜5	ソフトウェア・ハードウェア、データベース、ネットワーク、ソフトウェア設計から3問出題 マネジメント系、ストラテジ系から1問出題	各15点	
6	データ構造およびアルゴリズム	25点	後半部
7〜11	ソフトウェア開発（C言語、Java、Python、アセンブラ言語、表計算ソフトが各1問出題）	25点	

※問1と問6は、必須です。
※問2〜問5は、2問を選択します。問7〜問11は、1問を選択します。

　前半部は、午前知識の応用問題と呼べるものであり、午前問題で得た知識があれば解くことができます。その際のポイントを「02 午後問題の解法」で解説しま

678　【巻末付録 02】午後問題の解法と擬似言語の読み方

す。**後半部は、擬似言語およびプログラミング言語で記述されたプログラムを読み取る練習が必要になります。** 擬似言語に関しては「03 擬似言語の読み方」以降で解説します。プログラミング言語に関しては、本書では取り上げませんので、受験の前に、C言語、Java、Python、アセンブラ言語、表計算ソフトのいずれかを学習して、過去問題を練習してください。**プログラミング言語の習得には、多くの時間がかかるので、長期的な学習計画を立ててください。**

◼ アルゴリズムの問題以外でも 擬似言語が使われます

擬似言語は、基本情報技術者試験独自のものなので、**午後試験の問題用紙には、図2に示した擬似言語の仕様書が掲載されています。**

仕様書のタイトルが**「共通に使用される擬似言語の記述形式」**となっていることに注目してください。これは、擬似言語が、問6の「データ構造およびアルゴリズム」以外の問題でも使われるからです。後半部の「表計算」では、マクロ（ワークシートと連携して動作するプログラム）を擬似言語で記述した問題が出ます。前半部では、「ソフトウェア」の分野で、OSやコンパイラの機能に関するプログラムを擬似言語で表記した問題が出ています。したがって、**午後問題で合格点を取るには、擬似言語を読めることが必須です。** 仕様書の内容は、擬似言語で記述されたプログラムの具体例が示されていないので、わかりにくいかもしれません。そこで、「03 擬似言語の読み方」では、簡単な具体例を示して、擬似言語の読み方を解説します。

●図2　午後試験の問題用紙に掲載されている擬似言語の仕様書

共通に使用される擬似言語の記述形式

　擬似言語を使用した問題では，各問題文中に注記がない限り，次の記述形式が適用されているものとする。

〔宣言，注釈及び処理〕

記述形式		説明
○		手続，変数などの名前，型などを宣言する。
/* 文 */		文に注釈を記述する。
処理	・変数 ← 式	変数に式の値を代入する。
	・手続(引数, …)	手続を呼び出し，引数を受け渡す。
	▲ 条件式 　　処理 ▼	単岐選択処理を示す。 　条件式が真のときは処理を実行する。
	▲ 条件式 　　処理1 ――― 　　処理2	双岐選択処理を示す。 　条件式が真のときは処理1を実行し，偽のときは処理2を実行する。
	■ 条件式 　　処理 ■	前判定繰返し処理を示す。 　条件式が真の間，処理を繰り返し実行する。
	■ 　　処理 ■ 条件式	後判定繰返し処理を示す。 　処理を実行し，条件式が真の間，処理を繰り返し実行する。
	■ 変数: 初期値, 条件式, 増分 　　処理 ■	繰返し処理を示す。 　開始時点で変数に初期値（式で与えられる）が格納され，条件式が真の間，処理を繰り返す。また，繰り返すごとに，変数に増分（式で与えられる）を加える。

〔演算子と優先順位〕

演算の種類	演算子	優先順位
単項演算	+, −, not	高
乗除演算	×, ÷, %	↑
加減演算	+, −	
関係演算	>, <, ≧, ≦, =, ≠	
論理積	and	↓
論理和	or	低

注記　整数同士の除算では，整数の商を結果として返す。％演算子は，剰余算を表す。

〔論理型の定数〕

true, false

午後問題の解法

前半部（問1～問5）のポイント

　問1～問5は、午前試験で出題される様々な用語や概念を、架空の事例に仕立てたものです。そのため、問題の冒頭が「A社では」や「B社のシステムにおいて」のような書き出しになっているものが多くあります。一見して難しそうに感じるかもしれませんが、設問を見ると、そこで問われていることは、午前試験と同様だとわかります。したがって、**午後試験の前半部は、午前試験の同じ分野の過去問題を数多く学習することで対処できます。**

> **アドバイス**
> 午後試験の前半部は、午前試験の同じ分野の過去問題を数多く学習することで対処できます。

　問1の情報セキュリティは、必須問題ですが、問2～5は、2問を選択しなければなりません。少し手を付けてから「やっぱりやめた」では、時間を無駄にしてしまうので、慎重に選択してください。**選択するコツは、問題の冒頭にある事例の文書ではなく、設問と選択肢を見ることです。**設問と選択肢に、自分の知っている言葉が並んでいるなら、選択してください。そうでないなら、選択しない方が無難でしょう。

> **アドバイス**
> 問題の冒頭にある事例の文書ではなく、設問と選択肢を見て選択するかどうかを判断しましょう。

　例をお見せしましょう。図3は、ソフトウェアの分野で仮想記憶方式をテーマ

にした問題の冒頭の一部を抜粋したものです。長々とした文書と、複雑そうな図が示されていて、いかにも難しそうです。もしも、この文書と図を見ただけで判断するなら、この問題を選択しないでしょう。ところが、**この問題は、決して難しくないのです。**

●図3　午後問題の冒頭に示された事例の文書の例（H25春午後問2の一部を抜粋）

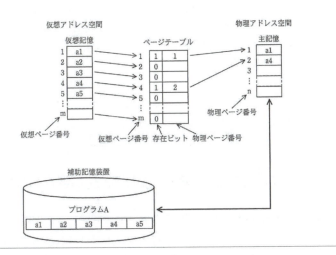

図4は、問題の設問と選択肢の一部を抜粋したものです。選択肢に注目してください。「ア　LFU」「イ　LIFO」「ウ　LRU」という略語の意味は、きちんと午前問題を学習しているなら知っているはずです。LFU = Least Frequently Used、LIFO = Last In First Out、LRU = Least Recently Used です。これらの中で「参照されていない時間が最も長いページを置き換え対象とする」に該当するのは LRU なので、[b]は、選択肢ウが正解です。

　「エ　仮想アドレス空間」と「オ　物理アドレス空間」の意味もわかるでしょう。物理アドレス空間とは、実際のメモリであり、仮想アドレス空間は、メモリの代用として使われるハードディスクです。プログラムの実行に必要なページが物理アドレス空間に存在しないときに、ページフォールトという割込みが発生し、仮想アドレス空間とページの置き換え処理が行われます。したがって、[a]は、選択肢オが正解です。

●図4　午後問題の設問と選択肢の例（H25春午後問2の一部を抜粋）

設問1　次の記述中の［　　　　　］に入れる正しい答えを，解答群の中から選べ。

　　　プログラムの実行過程で存在ビットを調べ，プログラムの実行に必要なページが［　a　］に存在していないときには，ページフォールトという割込みが発生する。ページフォールトが発生すると，ページアウトやページインなどのページ置換え処理が実行される。ページ置換え処理のアルゴリズムには，ページインしてから最も時間が経過しているページを置換え対象とする FIFO アルゴリズムや，参照されていない時間が最も長いページを置換え対象とする［　b　］アルゴリズムなどがある。

解答群
ア　LFU　　　　　　　　イ　LIFO　　　　　　　ウ　LRU
エ　仮想アドレス空間　　オ　物理アドレス空間

■ データ構造およびアルゴリズム（問6）のポイント

　問6のデータ構造およびアルゴリズムは、必須問題です。出題者オリジナルのアルゴリズム、もしくは、やや高度で有名なアルゴリズムが出題されます。いずれの場合も、**午前試験で出題される基本的なデータ構造（配列、リスト、キュー、スタック、二分探索木、ヒープなど）とアルゴリズム（バブルソート、選択法、挿**

入法、マージソート、クイックソート、線形探索、二分探索など）を十分に理解していることを想定している内容なので、それらをしっかりマスターしておく必要があります。

> **ここが大事**
>
> 基本的なデータ構造とアルゴリズムをしっかりマスターしておくこと！

　問6のデータ構造およびアルゴリズムでは、擬似言語で示されたプログラムを読まねばなりません。午後試験の問題用紙に、擬似言語の仕様が示されていますが、それを試験当日に見ていたのでは、時間が足りなくなってしまいます。**あらかじめ、擬似言語の読み方をしっかりとマスターしておきましょう。**

> **ここが大事**
>
> 擬似言語の読み方をしっかりマスターしておくこと！

プログラミング言語（問7〜問11）の選択のポイント

　問7〜問11では、C言語、Java、Python、アセンブラ言語、表計算ソフトの問題の中から1つを選びます。経験のある言語や、得意な言語を選ぶと思いますので、選択で悩むことはないでしょう。もしも、**まったくプログラミング言語の経験がなく、かつプログラミング言語の学習時間を多く取れないなら、表計算ソフトを選ぶことをお勧めします。**C言語、Java、Python、アセンブラ言語と比べて、問題を解くレベルになるまでの学習時間が短くて済むからです。

　表計算ソフトの問題の前半部は、セルに入れる数式を選ぶ問題です。実際に何らかの表計算ソフトを使ったことがあるなら、問題の意味がわかるはずです。後半部は、擬似言語で示されたマクロの問題です。問6のデータ構造およびアルゴリズムの学習でマスターした擬似言語の知識があれば、内容がわかるはずです。ただし、**他のプログラミング言語と比べて、表計算の問題の内容が簡単なわけではありません。学習時間が短くて済むだけです。**

巻末付録02

03 擬似言語の読み方

■ 変数と関数

　擬似言語は、架空のプログラミング言語ですが、C言語によく似ています。C言語では、データの入れ物を**変数**で表し、処理のまとまりを**関数**で表します。これらは、擬似言語でも同様です。擬似言語で処理の流れを表す表記方法も、C言語によく似ています。

　この付録の冒頭で、擬似言語の仕様を示しましたが、そこに示されている用語は、厳密なものではありません。仕様では、関数のことを手続と呼んでいますが、試験問題では関数と呼ぶことも、副プログラムと呼ぶこともあります。**仕様にはない表現が使われることもあります。**したがって、「たぶん、こういう意味だろう」と気軽に考えてください。

　変数と関数の例を示しましょう。リスト1は、キー入力された2つの数値の平均値を画面に表示するプログラムを、擬似言語で記述した例です。このプログラムでは、A、B、Aveという変数と、Input()、Print()という関数が使われています。

●リスト1　変数と関数の例

```
/* 2つの数値の平均値を画面に表示するプログラム */
○整数型：A, B, Ave
・A ← Input()
・B ← Input()
・Ave ← (A + B) ÷ 2
・Print(Ave)
```

　プログラムの内容を、1行ずつ説明しましょう。1行目にある /* と */ で囲まれた文は、**コメント**です。コメントとは、プログラムの中に任意に書き込んだ説

明文です。実用的なプログラムでは、誰にでもプログラムの内容がわかるように、多くのコメントがありますが、**試験問題のプログラムでは、制限時間内に問題を解くためのヒントとして、少しだけコメントがあります。**擬似言語の仕様では、コメントのことを**注釈**と呼んでいます。

2行目の先頭にある○は、この行が「〜せよ」という処理ではなく、変数や関数の**宣言（declare）**であることを示しています。「この先、こういう変数を使います」や「これから、こういう関数を記述します」と宣言してから、それ以降の行に処理を記述するのです。ここでは、「○整数型：A, B, Ave」という表現で、「この先、整数型のAとBとAveという変数を使います」と宣言しています。

3行目以降では、行の先頭に**ドット（・）**が付いています。これは、これらの行が「〜せよ」という処理であることを示しています。ドットが付けられた行が4行あるので、4つの処理が行われます。**処理は、基本的に、上から下に向かって進みます。**

3行目の「・A ← Input()」は、「Input()という関数を呼び出し、その戻り値を、変数Aに代入せよ」という意味です。Input()は、キー入力された整数値を返す関数として、あらかじめ用意されているとします。**どのような関数が用意されているかに関しては、まったく決まりがないので、気にする必要はありません。**試験問題ごとに、「あらかじめ、このような機能の関数が用意されている」という説明があります。

関数の機能を使うことを呼び出す**（call）**と言います。呼び出された関数が処理結果として返す値を**戻り値（return value）**と呼びます。試験問題によっては、戻り値のことを**返却値**と呼ぶ場合もあります。

4行目の「・B ← Input()」は、「Input()という関数を呼び出し、その戻り値を、変数Bに代入せよ」という意味です。

5行目の「・Ave ← (A + B) ÷ 2」は、「AとBを足して2で割った値を、Aveに代入せよ」という意味です。これによって、AとBの平均値が、Aveに格納されます。

6行目の「・Print(Ave)」は、「Aveという引数を渡して、Print()という関数を呼び出せ」という意味です。Print()は、データの値を画面に表示する関数として、あらかじめ用意されているとします。**引数（argument）**とは、関数に渡して処理させるデータのことです。引数は、関数のカッコの中に置きます。

擬似言語を読む練習とトレースの練習

ここまでの説明がわかったら、リスト1のプログラムを読んでみましょう。**プログラムを読むとは、プログラミング言語（ここでは、擬似言語）で表記された宣言や処理を、自分にわかる言葉に置き換えることです。**図5に、プログラムを読んだ例を示します。擬似言語に慣れるまでは、プログラムの1行ごとに、このような言葉を書き込む練習をするとよいでしょう。やがて、言葉を書き込まなくても、擬似言語を読めるようになります。

●図5　擬似言語の表記を自分にわかる言葉に置き換える

/* 2つの数値の平均値を画面に表示するプログラム */

○整数型：A, B, Ave　← 整数型の変数AとBとAveを用意する

・A ← Input()　← キー入力された数値をAに代入する

・B ← Input()　← キー入力された数値をBに代入する

・Ave ← (A + B) ÷ 2　← AとBの平均値をAveに代入する

・Print(Ave)　← Aveの値を画面に表示する

試験問題のテーマは、「擬似言語が読めますか？」ということではありません。「擬似言語で記述されたアルゴリズムを読み取れますか？」ということです。したがって、**擬似言語を読めるようになったら、次のステップとして、アルゴリズムを理解する練習が必要です。**練習の手段として、プログラムを**トレース**するとよいでしょう。**トレースとは、具体的な値を想定して、処理の流れにおけるデータの値の変化を書き出すことです。**

リスト1のプログラムのトレースを行った結果を、図6に示します。ここでは、1回目のキー入力で5が入力され、2回目のキー入力で8が入力されたことを想定しています。試験問題を解くときにも、具体的な値を想定することで、アルゴリズムを理解しやすくなります。**「この値を想定するとわかりやすいですよ」という**ヒントとして、試験問題に具体的な値が示される場合もあります。

● **図6　具体的な値を想定してプログラムをトレースする**

/* 2つの数値の平均値を画面に表示するプログラム */	A	B	Ave
○整数型：A, B, Ave			
・A ← Input()	5		
・B ← Input()	5	8	
・Ave ← (A + B) ÷ 2	5	8	6
・Print(Ave)	5	8	6

処理の流れ

処理の流れにおけるデータの
値の変化を書き出します

■ データ型

　図6のトレースで、注目してほしい部分があります。ここでは、Aに5が代入され、Bに8が代入されることを想定しているので、AとBの平均値であるAveの値は、(5 + 8) ÷ 2 = 6.5になるはずです。ところが、トレースでは、Aveの値を6にしています。なぜでしょうか？

　それは、「○整数型：A, B, Ave」という変数の宣言で、A、B、Aveのデータ型を整数型にしているからです。**整数型の演算結果では、小数点以下がカットされます**。(5 + 8) ÷ 2 = 6.5の小数点以下カットで、結果が6になり、Aveに6が代入されます。

　データ型は、データの種類を示します。過去の試験問題で使われたデータ型には、整数を格納する**整数型**、実数（小数点以下がある数）を格納する**実数型**、文字列を格納する**文字列型**、true（真）かfalse（偽）という定数だけを格納できる**論理型**などがあります。これらのデータ型は、擬似言語の仕様には、示されていません。試験問題に示されたデータ型の名前を見て、「たぶん、こういう意味だろう」と判断してください。

■ 分岐

　プログラムで記述する処理の流れの種類は、**順次**、**分岐（選択とも呼ぶ）**、**繰り返し**の3つです。順次を表すのに、特殊な表記方法はありません。プログラムに

03　擬似言語の読み方　**689**

記述した処理は、基本的に上から下に進むので、順次になるからです。分岐と繰り返しを表すには、特殊な表記方法を使います。擬似言語は、C言語と似ているので、C言語の表記方法と対応させながら、擬似言語の分岐と繰り返しの表記方法を説明しましょう。

C言語では、分岐を **if ～ else（もしも ～ そうでないなら）** という構文で表記します。if の後に条件を書き、条件が true なら if の後に記述された処理を行い、そうでないなら（条件が false なら）else の後に記述された処理を行います。擬似言語では、同様の表現を▲と▼で囲んで示します。リスト2に分岐の例を示します。ここでは、A＞Bという条件が true なら、処理1を行い、そうでないなら処理2を行います。

● **リスト2　分岐の例**

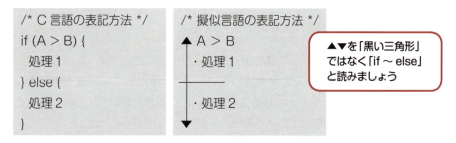

C言語の表記方法と対応させることで、擬似言語を読みやすくなるでしょう。**擬似言語の▲と▼を見たら、「黒い三角」ではなく「if ～ else（もしも ～ そうでないなら）」と読めるようになるからです。** これは、すぐ後で説明する■と■でも同様です。

繰り返し

分岐の次は、繰り返しです。C言語では、繰り返しを **while（～である限り）** という構文で示します。while の後に繰り返しの条件を書き、条件が true である限り処理を繰り返します。擬似言語では、同様の表現を■と■で囲んで示します。リスト3に繰り返しの例を示します。ここでは、A＞Bという条件が true である限り、処理を繰り返します。条件が false なら、繰り返しを終了して、次の行の処理に進みます。

●リスト3　繰り返しの例

```
/* C 言語の表記方法 */
while (A > B) {
  処理
}
```

```
/* 擬似言語の表記方法 */
■ A > B
│　・処理
■
```

> ■■を「黒い四角形」ではなく「while」と読みましょう

　試験問題のプログラムの説明文では、たとえば「A と B が等しくなるまで繰り返す」のように、「～まで」という言葉で、繰り返しの条件を示すことがあります。「～まで」を英語で表すと until です。それに対して、**擬似言語のプログラムでは、繰り返しの条件が while（～である限り）であることに注意してください。**擬似言語で表記するときには、たとえば「A と B が等しくなるまで繰り返す」という条件を、同じ意味の「A と B が等しくない限り繰り返す」と言い換えて、「■ A ≠ B」と記述します。

前判定の繰り返しと後判定の繰り返し

　C 言語には、繰り返しを表す while のバリエーションとして、**do ～ while（やりなさい ～ である限り）**という構文があります。通常の while は、条件をチェックしてから処理を行いますが、do ～ while は処理を行ってから条件をチェックします。通常の while を**前判定の繰り返し**、do ～ while を**後判定の繰り返し**と呼びます。

　擬似言語では、上側の■の後に条件を書けば、前判定の繰り返しになり、下側の■に条件を書けば、後判定の繰り返しになります。リスト4に後判定の繰り返しの例を示します。ここでは、処理を行ってから、A > B という条件のチェックを行い、それが true なら処理を継続します。条件が false なら、繰り返しを終了して、次の行の処理に進みます。

●リスト4　後判定の繰り返しの例

```
/* C 言語の表記方法 */
do {
  処理
} while (A > B);
```

```
/* 擬似言語の表記方法 */
■
│　・処理
■ A > B
```

> ■■を「黒い四角形」ではなく「do ～ while」と読みましょう

03　擬似言語の読み方　**691**

ループカウンタを使った繰り返し

　C言語には、変数を使って回数をカウントしながら繰り返しを行う **for（～の期間）** という構文もあります。繰り返しをカウントする変数を **ループカウンタ** と呼びます。**ループ（loop）** とは、「繰り返し」という意味です。forは、配列を処理するときに、よく使われます。**ループカウンタを配列の要素番号に対応付けることで、配列の要素を先頭から末尾まで、1つずつ順番に読み書きできるからです。**

　リスト5は、ループカウンタを使った繰り返しの例です。ここでは、要素数5個の配列Aの要素を先頭から末尾まで1つずつ順番に読み出して、それらの値を変数Sumに集計しています。配列の要素番号は、0から始まるとします。擬似言語では、代入を←で表しますが、C言語では代入を＝で表します。ループカウンタは、変数iです。

●リスト5　ループカウンタを使った繰り返しの例

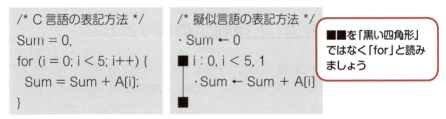

　C言語の for (i = 0; i < 5; i++) は、「はじめにiに0を代入し、i < 5という条件がtrueである限り繰り返しを行い、繰り返しを行うたびにiの値を **インクリメント（1だけ増やすこと、C言語では++で表す）** せよ」という意味です。これによって、ループカウンタの値が0、1、2、3、4と変化して、A[0]、A[1]、A[2]、A[3]、A[4]を順番に処理できます。

　同様のことを、擬似言語では、■i:0, i < 5, 1と表します。これは、「iをループカウンタとする：iの初期値は0であり、i < 5という条件がtrueである限り繰り返しを行い、繰り返しを行うたびにiの値を1だけ増やす」という意味です。これによって、C言語のforと同様にループカウンタの値が変化し、配列の要素を順番に処理できます。

多重ループ

　繰り返しの中に、別の繰り返しがある処理の流れを**多重ループ**と呼びます。多重ループの流れは難しいと思われるかもしれませんが、**日常生活の中にある事物と対応させれば、とてもわかりやすくなります。**実際には、2段階の多重ループがよく使われます。2段階の多重ループの処理の流れを読み取れるようになりましょう。

　日常生活の中にある事物と対応させる例を示しましょう。リスト6は、多重ループではなく、単純なループの例です。ループカウンタである変数 Month が 1 ～ 12 まで 1 つずつ増え、Print(Month ＋ "月") という処理が繰り返されます。これが、日常生活の中にある何を表しているかわかりますか？ Month ＋ "月" は、Month の値の後に "月" を連結した文字列を作るという意味だとします。

●リスト6　日常生活の中にある単純なループの例

```
■ Month：1, Month ≦ 12, 1
   ・Print(Month ＋ "月")
■
```

> 何を表しているかわかりますか？

　答えは、1月～12月と表示する1年分のカレンダーです。このように、単純なループは、日常生活の中にある流れなのです。

　同様に、多重ループの流れも、日常生活の中にあります。たとえば、0時0分～ 23 時 59 分まで繰り返し変化する1日分の時計は、時と分をループカウンタとした多重ループです。

　リスト7は、1日分の時計を表す多重ループの例です。■と■で表された外側のループの中に、別の■と■で表された内側のループが入っています。繰り返される Print(Hour ＋ "時" ＋ Minute ＋ "分") によって、0時0分～ 23 時 59 分が表示されます。ループカウンタの変化は、Hour：0, Hour ＜ 24, 1 および Minute：0, Minute ＜ 60, 1 です。これらを　　a　　と　　b　　のどちらに記述すればよいか、考えてください。

● リスト7　1日分の時計を表す多重ループの例（問題）

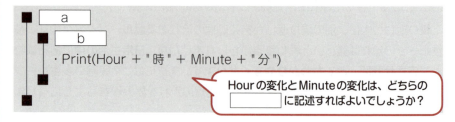

答えを図7に示します。**多重ループであっても、プログラムの処理の流れが、基本的に上から下に向かって進むことに変わりはありません。** したがって、はじめに、外側のループで、時が0に設定されます。次に、内側のループに進み、分が0～59まで変化して、0時0分～0時59分が表示されます。次に、外側のループの先頭に戻って、時が1に更新されます。次に、内側のループに進み、分が0～59まで変化して、1時0分～1時59分が表示されます。以下、同様の処理が繰り返されます。

● 図7　1日分の時計を表す多重ループの例（答え）

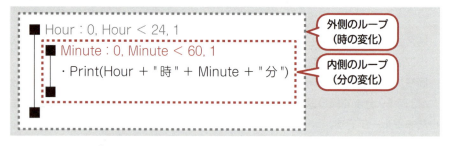

関数の宣言と呼出し

　試験問題では、あらかじめ用意されている何らかの関数を呼び出すプログラムだけでなく、呼び出される側の関数を記述したプログラムが示されることもあります。リスト8は、引数に指定された2つの数値の平均値を返すAverage()関数を記述したものです。

●リスト8　2つの数値の平均値を返すAverage関数

○実数型：Average(実数型：X, 実数型：Y)
○実数型：Ans
・Ans ← (X + Y) ÷ 2
・return Ans

> これは、実用的な関数では
> ありません。あくまでも
> サンプルです

　先頭に○がある1行目は、「これから、こういう構文の関数を記述します」という宣言です。Averageは、関数の名前です。Averageの前にある実数型は、関数の戻り値のデータ型です。Averageの後のカッコの中にある実数型：Xと実数型：Yは、関数の引数のデータ型と名前です。

　2行目の「○実数型：Ans」は、この関数の中だけで使う変数の宣言です。このような変数を**ローカル変数**や**局所的変数**と呼びます。関数の内側で変数を宣言するとローカル変数になります。それに対して、関数の外側で変数を宣言すると、プログラムの全ての部分から使える変数になり、これを**グローバル変数**や**大域的変数**と呼びます。

　3行目の「・Ans ← (X + Y) ÷ 2」では、引数で渡されたXとYの平均値をローカル変数Ansに代入しています。ここでも、**具体的な値を想定すると、処理内容がわかりやすくなるでしょう**。たとえば、Xに5、Yに8が渡された場合は、Ansに6.5が代入されます。先ほど示した例では6でしたが、ここでは6.5です。引数とローカル変数のデータ型が、整数型ではなく、実数型になっているからです。

　4行目の「・return Ans」では、ローカル変数Ansに格納されている6.5という値を、Average()関数の戻り値として返します。擬似言語の仕様には示されていませんが、**return**は、戻り値を返す命令です。C言語でも、returnという命令を使います。

　Average()関数を呼び出す側のプログラムの例も示しておきましょう。リスト9は、キー入力された2つの数値の平均値を画面に表示するプログラムです。処理の内容は、最初の擬似言語のサンプルとして示したリスト1と同様です。

● リスト9　Average()関数を呼び出すプログラムの例

○実数型：A, B, Ave
・A ← Input()
・B ← Input()
・Ave ← Average(A, B)
・Print(Ave)

> 関数を利用することを
> 関数を呼び出すといいます

再帰呼出しによる繰り返し

　関数の処理の中で同じ関数を呼び出すことで、繰り返し処理を実現するテクニックがあります。これを**再帰呼出し（recursive call）**または単に**再帰**と呼びます。**再帰呼出しは、whileやfor（擬似言語では■）の構文を使うより、短く効率的にプログラムを記述できる場合に使われます。**

　再帰呼出しを説明する題材として、引数Nの階乗（factorial）を求めるFact()関数がよく例にあげられます。Nの階乗とは、Nから1までの整数を全て掛け合わせた値です。たとえば、5の階乗は、5×4×3×2×1＝120です。4×3×2×1の部分は、4の階乗なので、5の階乗は、「5×4の階乗」で求めることもできます。つまり、5の階乗は、Fact(5)の処理の中で、Fact(4)を呼び出せば求められます。Fact()関数の処理の中で同じFact()関数を呼び出すので、これが再帰呼出しです。リスト10にFact()関数を示します。

● リスト10　引数Nの階乗を求めるFact()関数

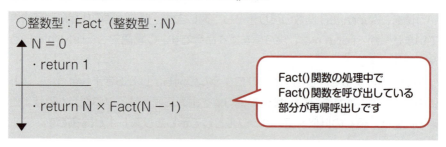

　数学では、0の階乗は、0でなく1であると決められています。Fact()関数の処理で、N＝0という条件がtrueのとき戻り値として1を返しているのは、0の階乗が1だからです。N＝0でない場合は、戻り値としてN×Fact(N−1)を

返しています。N = 5 を想定すれば、この部分は 5 × Fact(4) になり、5 の階乗を「5 × 4 の階乗」で求めるという意味になります。この部分が、再帰呼出しです。

再帰呼出しで 5 の階乗が求められる手順を図 8 に示します。引数を変えながら Fact() 関数が繰り返し呼び出され、引数が 0 になった時点から、戻り値が繰り返し返されるのです。

● 図 8　再帰呼出しで 5 の階乗が求められるまでの手順

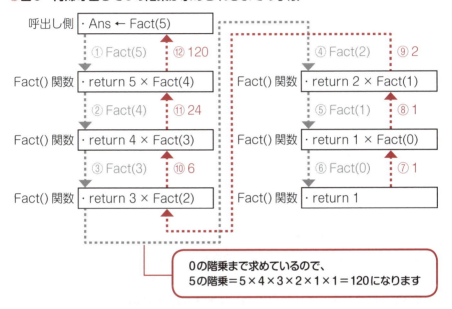

演算子の種類と優先順位

図 9 に、**演算子**の種類を示します。C 言語では、半角文字で演算子を示しますが、擬似言語では、×、÷、≧、≦、≠などの全角文字を使います。**擬似言語以外の問題では、除算の余りを求める演算子を Mod（modulus の略語）と表記することが多いのですが、擬似言語では％で表すことに注意してください。**

●図9　擬似言語の演算子の種類

演算の種類	演算子	意味
単項演算	＋	プラス符号
	－	マイナス符号
	not	～でない（論理否定）
乗除演算	×	乗算
	÷	除算
	％	除算の余り
加減演算	＋	加算
	－	減算
関係演算	＞	より大
	＜	より小
	≧	以上
	≦	以下
	＝	等しい
	≠	等しくない
論理積	and	かつ
論理和	or	または

　演算子には、優先順位が取り決められていますが、覚える必要はありません。優先順位がわかりにくい演算の場合は、演算を優先する部分がカッコで囲まれて示されるからです。ただし、**一般常識である、乗除算の×と÷の方が加減算の＋と－より優先順位が高いことと、「かつ」を意味するand の方が「または」を意味するor より優先順位が高いことを覚えておいてください。**日本語で、and は論理積（論理演算の乗算）であり、or は論理和（論理演算の加算）なので、「論理演算でも乗算（and）の方が加算（or）より優先順位が高い」と考えれば、すぐに覚えられるでしょう。

■ 擬似言語の仕様の注意点

　ここまでの説明で擬似言語の読み方がわかったら、本付録の冒頭（P.680）に示した擬似言語の仕様に一通り目を通してください。そこには、やや難しい言葉で説明している部分があるので、注意点をあげておきます。

▲を使った記述形式の説明に示された**単岐選択処理**とは、if 〜 else の else がないバージョンのことです。「もしも条件が true なら処理を行い、そうでないなら何もしない」という表現です。リスト 12 に例を示します。この例では、A ＞ B という条件が true なら処理を行い、そうでないなら何も行わずに先の処理に進みます。仕様では、この単岐選択処理に対して、通常の if 〜 else を**双岐選択処理**と呼んでいます。通常の分岐は、2 つの処理のいずれかを選ぶことになるからです。

●リスト12　単岐選択処理の例

　演算子の表の下にある注記「整数同士の除算では、整数の商を結果として返す」は、**整数型のデータの除算では、結果の小数点以下がカットされるという意味です**。

　同じ注記のところにある「% 演算子は、剰余算を表す」の「**剰余算**」とは、除算の余りを求める演算という意味です。

擬似言語の練習問題

検査文字を生成する関数

● 練習問題 文字列の誤りの検出（H29秋午後問8の一部を改変）

問8　次のプログラムの説明およびプログラムを読んで、設問に答えよ。

関数 calcCheckCharacter は、引数 input[] で指定された文字列の誤りを検出するための検査文字を返す。文字列は、以下に示した N 種類（ここでは N = 30）の文字から構成され、それぞれに数値が割り当てられている。空白文字は " △ " と表記する。文字列の長さは、引数 len（1 以上とする）で指定される。

文字	△	.	,	?	a	b	c	d	e	f	g	h	i	j	k
数値	0	1	2	3	4	5	6	7	8	9	10	11	12	13	14

文字	l	m	n	o	p	q	r	s	t	u	v	w	x	y	z
数値	15	16	17	18	19	20	21	22	23	24	25	26	27	28	29

[検査文字の生成の手順]
(1) 文字列の末尾の文字を 1 番目の文字とし、文字列の先頭に向かって奇数番目の文字に割り当てた数値を 2 倍して N で割り、商と余りの和を求め、全て足し合わせる。
(2) 偶数番目の文字に割り当てた数値は、そのまま全て足し合わせる。
(3) (1) と (2) の結果を足し合わせる。
(4) N から、(3) で求めた総和を N で割った余りを引く。さらにその結果を、N で割り、余りを求める。求めた数値に対応する文字を検査文字とする。

[検査文字の生成例]
文字列 "ipa△△" に対し、生成される検査文字は " f " である。

[プログラム]
○文字型：calcCheckCharacter(文字型：input[], 整数型：len)
○整数型：N, sum, i, value, check_value
○論理型：is_even
・N ← 30
・sum ← 0
・is_even ← [　a1　]
■ i : len, i > 0, − 1
｜・value ← getValue(input[i])
｜▲ is_even = [　a2　]
｜｜・sum ← sum + value
｜+－－－
｜｜・sum ← sum + (value × 2) ÷ N + (value × 2) % N
｜▼
｜・is_even ← not is_even
■
・check_value ← [　b　]
・return getChar(check_value)

設問　プログラム中の ［　　　］ に入れる正しい答えを、解答群の中から選べ。ここで、a1 と a2 に入れる答えは、a に関する解答群の中から組合せとして正しいものを選ぶものとする。関数 caclCheckCharacter の中で使われている関数 getValue は、引数に与えられた文字に割り当てられた数値を返し、関数 getChar は、引数に与えられた数値に対応する文字を返す。配列の添字は、1 から始まるとする。

a に関する解答群

	a1	a2
ア	false	false
イ	false	true
ウ	true	false
エ	true	true

b に関する解答群

ア　N − sum % N

イ　sum % N

ウ　(N − sum % N) % N

エ　(sum − N) % N

擬似言語の練習問題の解答・解説

検査文字を生成する関数

● **練習問題** 文字列の誤りの検出（H29秋午後問8の一部を改変）

解答 a－イ、b－ウ

解説 この問題を解くには、検査文字の生成の手順の（1）～（4）を正しく解釈できなければなりません。検査文字の生成例が示されているので、それを使って確認してみましょう。この例では、文字列 " ipa △△" に対し、生成される検査文字は " f " です。

【手順（1）】末尾を1番目として "ipa △△ " の奇数番目の文字は、"△"、"a"、"i" です。これらに割り当てた数値は、0、4、12 です。これらを2倍すると、0、8、24 です。N＝30 で割った商と余りは、0と0、0と8、0と24 です。商と余りの和は、0、8、24 です。全て足し合わせると、32 です。

【手順（2）】"ipa △△ " の奇数番目の文字は、"△"、"p" です。これらに割り当てた数値は、0、19 です。そのまま足し合わせると、19 です。

【手順（3）】（1）の32と（2）の19を足し合わせると、51 です。

【手順（4）】N＝30 から、（3）で求めた51をN＝30 で割った余りの21を引くと、9です。さらに9をN＝30 で割った余りを求めると、9です。9に対応する検査文字は、"f" です。

　手順を正しく解釈できたことを確認したら、それぞれの手順とプログラムを対応付けてみましょう。[　a1　] は、変数 is_even（変数名から「偶数か？」を意味することがわかります）に代入する初期値です。「（1）文字列の末尾の文字を1番目の文字とし、文字列の先頭に向かって」とあるので、最初に処理する末尾の文字は1番目であり奇数です。したがって、変数 is_even の初期値は、false だとわかります。

変数 is_even が〔　a2　〕と等しいときに、sum ← sum ＋ value という処理を行います。これは、「(2) 偶数番目の文字に割り当てた数値は、そのまま全て足し合わせる」に該当するので、変数 is_even が true と等しいだとわかります。〔a1　〕が false で、〔　a2　〕が true なので、a の正解は選択肢イです。

　〔　b　〕は、最終的に得られる検査値を変数 check_value に代入しています。その前までの処理で、変数 sum（変数名から「和」を意味することがわかります）の値を集計しているので、ここでは「(4) N から、(3) で求めた総和を N で割った余りを引く。さらにその結果を、N で割り、余りを求める」を行えばよいことがわかります。

　〔　b　〕の選択肢を見てみましょう。この手順に該当するのは、「N から、(3) で求めた総和を N で割った余りを引く」が「N － sum ％ N」であり、「さらにその結果を、N で割り、余りを求める」が「(N － sum ％ N) ％ N」なので、b の正解は選択肢ウです。

索引

記号

μ	42
%	135
%演算子	699
∩	79
∪	79

数字

1 対 1	124
1 対多	124
2 進数	38, 44, 47
2 値ビットマップフォント	353
2 の補数表現	53
7 セグメント LED	50
8 進数	43, 47
10 進数	44
16 進数	43, 47

A

ABC 分析	665
ACID 特性	149
algorithm	260
AND 演算	74, 88
argument	687
array	264
arrow diagram	395
ASC	136
Atomicity	149
availability	246
AVG 関数	138

B

bar	79
BETWEEN	135
binary tree	292
bitmap font	335
block	331
BPM	672
bps	174, 313
bridge	187

C

CA	235, 236
CBT	2
challenger	671
CHAR 型	146, 147
CIDR 表記	198, 348
CIO	662
CLEATE TABLE	145
code	40
coding	425
commit	149
Computer Based Testing	2
confidentiality	246
Consistency	149
COUNT 関数	138
CPI	313
CPU	332
CREATE VIEW	141
critical path	395
CRM	373
CSS	672
C 言語	25

D

DATE 型	146, 147
DBMS	114
DDoS 攻撃	227
dead lock	155
declare	687
DELETE	117, 145
dequeue	296
DESC	136
DHCP	185
DHCP サーバ	177
DISTINCT	135
DMZ	240
DNS	185
DNS キャッシュポイズニング	223, 672

broadcast etc.

broadcast	198
BSC	666
BYOD	672

索引 705

DNS サーバ	177
do 〜 else	691
DoS 攻撃	225
dpi	335
DRAM	327, 644
driver	674
Durability	149
Dynamic RAM	327

E

ECC	321
enqueue	296
Entity	123, 663
ERP	373
E-R 図	123, 663
ethernet	171

F

false	75
FIFO 方式	296, 660
fire wall	238
follower	671
font	335
for	692
foreign key	120
FQDN	257
FROM	82
FTP	181
full adder	98

G

GROUP BY	139

H

half adder	98
HAVING	139
header	186
heap	295
HTTP	181
HTTP Secure	232

Hz	313

I

I/O	332
if 〜 else	690
incident	668
index	264
INNER JOIN	144
INSERT	117, 145
INTEGER 型	146, 147
integrity	246
internet	170
IoT	375, 672
IP	184
IPv4	204
IPv6	204
IP アドレス	173, 189, 194
IP ヘッダ	187
IP マスカレード	202
Isoration	149

J

Java	25
Java Beans	665
Java アプリケーション	665
Java サーブレット	665
Java プログラム	665
JDBC	665
job	355

L

LAN	170
LAN 間接続装置	187
layer	183
leader	671
LFU 方式	660
LIFO 方式	297
LIKE	135
list	288
loop	692
lost update	152

706　索引

LP	410
LRU 方式	660

M

MAC アドレス	189
mask	88
MAX 関数	138
million	42
MIL 記号	94
MIME	663
MIN 関数	138
MIPS	313, 326, 642
mod	284
MRP	375, 387, 665
MTBF	345, 667
MTTR	345, 667

N

NAND 演算	77
NAPT	202, 666
NAT	201
nicher	671
NOR 演算	77
NOT 演算	74
NTP	181, 184, 667
NULL	118

O

ONU	213
Operating System	332
order	283
ORDER BY	136
OR 演算	74, 89
OS	332
OSI 基本参照モデル	183
OUI	212

P

packet	171
paret chart	669

phishing	227
PKI	236
PMBOK	366
pointer	288
pop	297
POP3	181
PPM	670
primary key	117
protocol	171
provider	176
push	297
Python	25

R

RAID	663
recursive call	696
relational database	114
Relationship	120, 123, 663
repeater	187
return	695
return value	687
RFI	372, 386
RFID	376, 660
RFP	372
ROI	402
roll back	149
roll forward	149
router	176

S

S/MIME	663
SaaS	667
scalable font	335
SCM	373, 387
SD カード	664
search	268
sector	331
SELECT	82, 117, 134
shift	59
signature	238
SLA	654

SMTP	181
SOA	662
sort	268
spooling	356, 669
SQL	82, 133
SQL インジェクション攻撃	222, 663
SQL 文	82, 133
SRAM	326, 644
SSH	181
SSL/TLS	232
Static RAM	326
stub	674
SUM 関数	138
SWOT 分析	664

T

TCP	184
TCP/IP	171, 184
TCP セグメント	186
TCP ヘッダ	186
Telnet	181
thrashing	669
TPS	339
trace	262
transaction	148
true	75
turn around time	340

U

UDP	184, 667
UPDATE	117, 145
USB メモリ	664

V

VARCHAR 型	146, 147
view	141

W

WAF	242, 668
WAN	170
WBS	660

Web サーバ	175
WHERE	82, 134
while	690

X

XML	673
XOR 演算	77, 89

あ

アクセス時間	313, 329
アセンブラ言語	25
後判定の繰り返し	691
アドレス	352
アドレスクラス	195
アプリケーションアーキテクチャ	659
アプリケーション層	184
アプリケーションデータ	186
粗利	405
アルゴリズム	260
アローダイアグラム	395
暗号化	217, 228
暗号文	228

い

イーサネット	171, 184
イーサネットフレーム	187
イーサネットヘッダ	187
意匠権	671
位置決め時間	329
一貫性	149
一斉同報	198
インクリメント	692
インシデント	668
インシデント管理	668
インターネット	170
インタプリタ方式	319

う

ウイルス対策ソフト	237
ウイルス定義ファイル	238
ウェルノウンポート番号	192

売上原価	405	関係データベース	114
売上総利益	405	関係データベースの操作	664
売上高	405	緩衝記憶領域	296
		環状リスト	292
え		関数	686
営業外収益	405	間接アドレス指定	352→652
営業外費用	405	完全性	246, 247
営業利益	405	関連	123
エスラム	326		
枝	294	**き**	
エンキュー	296	偽	75
演算子	697	キーロガー	218
エンタープライズアーキテクチャ	659	記憶容量	313, 331
エンティティ	123, 663	ギガ	42
エンドシステム	210	企業活動	376
		擬似言語	688
お		基数	44
オーダ	283	基数変換	44, 322
オブジェクト	668	期待値	317, 392
重み付け	393	機密性	246, 247
		逆ポーランド記法	353→653
か		キャッシュフロー計算書	376, 388
回線	338	キャッシュメモリ	327, 668
回線交換方式	171	キュー	296, 299
回線利用率	174, 338	脅威	217
回転待ち時間	329	共通鍵	228
外部キー	120	共通鍵暗号方式	228, 229, 232
外部割込み	345	共有ロック	153, 154, 674
鍵	228	局所的変数	695
確率	315	キロ	42
確率の加法定理	343		
確率の乗法定理	342	**く**	
加減演算	698	クイックソート	274, 278
仮数部	57	クライアント	175
稼働率	342	クラウドファンディング	34
金のなる木	670	クラスA	195
カプセル化	668	クラスB	195
加法定理	315	クラスC	195
可用性	246, 247	クラス図	349→651
関係演算	698	グリーン調達	668
関係代数	143	繰り返し	85, 128, 689
		クリティカルパス	395

グループ化 …………………………139	サーバ ………………………………175
グローバル IP アドレス ……………201	サービスマネジメント ………………367
グローバル変数 ……………………695	最遅開始日 …………………………396
クロスサイトスクリプティング ………223	最遅結合時刻 ………………………400
クロック周波数 ……………………312	再起 …………………………………696
クロック信号 ………………………312	再帰呼び出し ……………… 643, 696

け

経営戦略マネジメント ………………373	サイクル ……………………………313
計算量 ………………………………282	最早開始日 …………………………396
経常利益 ……………………………405	最早結合時刻 ………………………400
結合 …………………… 143, 144, 664	先入先出法 …………………………409
結合点 ………………………………396	削除 …………………………………116
減価償却 ……………………………394	サブクエリ …………………………142
原子性 ………………………………149	サブネットマスク ………… 196, 348

こ

コアコンピタンス ……………………666	サプライチェーンマネジメント ………673
公開鍵 ………………………… 228, 345	サラミ法 ……………………………221
公開鍵暗号方式…… 228, 230, 232, 345 645	産業財産権 …………………………671
公開鍵基盤 …………………………236	算術シフト …………………………60
公開鍵証明書 ………………………235	算術左シフト ………………………60
降順 …………………………………268	算術右シフト ………………………60
更新 …………………………………116	参照の整合性 ………………………122
工数 …………………………………401	三層クライアントサーバシステム ……674
後置記法 ……………………353 653	散布図 ………………………………675
コーディング ………………………425	サンプリング ………………………336
コード ………………………………40	
個人情報 ……………………………388	

し

固定小数点方式 ……………………55	シーク時間 …………………………329
固定費 ………………………………407	シーザー暗号 ………………………229
コミット ……………………………149	磁気ディスク装置 …………………329
コメント ……………………………686	事業部制組織 ………………………667
コンデンサ …………………………644	シグネチャ …………………………238
コンパイラ方式 ……………………319	シグネチャファイル ………………238
コンパイル …………………………319	次数 …………………………………283
コンピュータウイルス ………………218	指数部 ………………………………57
コンペア法 …………………………237	システム監査 ………………………369
	システム監査人 ……………345 646
	システム企画 ………………………372

さ

	システム戦略 ………………………371
	実効アクセス時間 ………… 328, 645
	実数型 ………………………………689
	実体 …………………………………123
	実用新案権 …………………………671
サーチ ………………………………268	指標アドレス方式 …………………352

652

710 索引

シフト	59	成長期	662
ジャーナルファイル	150, 661	正の相関	675
射影	143, 144, 664	税引前当期純利益	405
社内ベンチャ組織	667	正方フォント	336
修正パッチ	243	整列	268
従属性	119	セキュリティ	216
集約関数	138	セキュリティの三大要素	246
主キー	117	セキュリティホール	243
主記憶	327	セクタ	331
主問い合せ	142	節	294
順次	85, 689	セッション層	184
昇順	268	セッションハイジャック	225
冗長ビット	321	セル生産方式	674
商標権	671	全加算	98
乗法定理	315	全加算器	98, 99
情報漏えい	217	線形	410
剰余演算	698	線形計画法	410
剰余算	699	線形探索法	282, 287
職能別組織	667	宣言	687
ジョブ	355	選択	85, 144, 664, 689
真	75	選択ソート	271, 278
真偽値	75	専有ロック	153, 154, 674
真理値	75		
真理値表	75		

そ

双岐選択処理	699
挿入ソート	272, 278

す

推移従属性	131	双方向リスト	292
衰退期	662	添え字	264
スケーラブルフォント	335	ソーシャルエンジニアリング	219
スタック	93, 297, 299	ソート	268
スタブ	674	組織形態	666
スパイウェア	218	損益計算書	376, 405
スプーリング	356, 669	損益分岐点	408
スラッシング	669		
スループット	673		

た

		ターンアラウンドタイム	340
		第1正規化	128

せ

正規化	127	第1正規形	128, 132
脆弱性	243	第2正規形	129, 132
成熟期	662	第3正規形	131, 132
整数型	689	大域的変数	695

索引 **711**

耐久性……149	データベース論理システム……114
貸借対照表……376, 672	データリンク層……183
代入……264	デキュー……296
多重度……124, 355	テクノロジーアーキテクチャ……659
多重ループ……693	デッドロック……155
タスク……332	テラ……42
タスクスケジューリング……333, 349 *649*	伝送効率……337
多対多……124	伝送速度……174, 313
ダミー作業……424	

と

単岐選択処理……699

ド・モルガンの法則……86

単項演算……698

動的グローバルIP……244

探索……268

導入期……662

単方向リスト……292

登録……116

特別損失……406

ち

特別利益……406

チェックサム……238

独立性……149

チェックサム法……237

特許権……671

チェックデジット……324

ドメイン名……177

チェックポイント……150

ドライバ……674

チャンレジャ……671

トランザクション……148, 339

注釈……687

トランザクション処理……661

帳簿価額……394

トランスポート層……184

直接アドレス方式……352 *652*

トレース……262, 688

直列……344

トロイの木馬……218

著作権法……643

な

つ

内部割込み……345 *645*

追跡……262

流れ図……84

て

ナノ……42

ディーラム……327

に

ディジタル証明書……235

ニッチャ……671

ディジタル署名……233

二分木……292

ディジタルディバイド……662

二分探索木……292, 299

ディスクストライピング……663

二分探索法……279, 287

ディレクトリトラバーサル攻撃……225

人月……401

データアーキテクチャ……659

認証局……235, 236

データ型……689

データ構造……260

データバス幅……321

データベース……114

ぬ

ヌル……………………………………118

ね

ネットワークアドレス ………………195
ネットワークカード …………………189
ネットワーク層 ………………………183

は

葉……………………………………294
バー……………………………………79
排他制御……………………… 152, 674
バイト…………………………………39
ハイブリッド暗号 ……………………232
配列………………………… 264, 299
パケット………………………………171
パケット交換方式 ……………………171
パケットフィルタリング型ファイアウォール
………………………………………238
パターンファイル ……………………238
パターンマッチング法 ………………237
バックドア……………………………218
ハッシュ関数…………………………284
ハッシュ値 …………… 233, 245, 284
ハッシュ表 …………………… 284, 323
ハッシュ表探索法 …………… 284, 287
バッチ処理……………………………340
バッファ………………………………296
花形……………………………………670
バブルソート ………………… 270, 278
バランススコアカード ………………666
パリティビット ………………………110
パレート図……………………………669
半加算…………………………………98
半加算器……………………… 98, 656
販売費及び一般管理費 ………………405

ひ

ヒープ ………………………… 295, 299
ヒープソート ………………… 278, 296
引数……………………………………687
非機能要件……………………………664

ピコ……………………………………42
ビジネスアーキテクチャ ……………659
ビジネスインダストリ ………………375
非正規形……………………… 128, 132
左シフト………………………………59
ビット…………………………………39
ビットマップフォント ………………335
ビット率………………………………327
非武装地帯……………………………240
ビヘイビア法…………………………237
秘密鍵………………………… 228, 345
ビュー…………………………………141
ヒューリスティック法 ………………237
費用……………………………………407
表計算ソフト…………………………25
標本化周波数…………………………644
平文……………………………………228

ふ

ファイアウォール ……………………238
ファンクションポイント値 …………402
ファンクションポイント法 …… 402, 663
フィッシング…………………………227
フォールトレラントシステム ………670
フォロワ………………………………671
フォント………………………………335
復号……………………………………228
複合キー………………………………129
副問い合せ……………………………142
符号……………………………………40
符号あり整数…………………………52
符号化…………………………………324
符号拡張………………………………63
符号なし整数…………………………52
符号ビット……………………………52
符号部…………………………………57
プッシュ……………………… 93, 297
物理層…………………………………183
不等式…………………………………318
浮動小数点方式……………… 55, 57
負の相関………………………………675
部分従属性……………………… 129, 657

索引　713

プライベート IP アドレス ……………201	
ブラックボックステスト ………………666	
フラッシュメモリ ……………… 336, 664	
ブリッジ……………… 187, 188, 659	
プレゼンテーション層 ……………184	
フローチャート …………………… 84	
ブロードキャスト ………………198	
プロキシサーバ………………193	
プロジェクト組織 ………………667	
プロジェクトマネジメント ………366	
プロダクトポートフォリオマネジメント	
…………………………670	
プロダクトライフサイクル …………661	
ブロック……………………331	
プロトコル…………………171	
プロバイダ…………………176	
プロメトリック ID…………… 13	
分岐………………………… 85, 689	

へ

平均アクセス時間 …………………328
平均位置決め時間…………………329
平均回転待ち時間………… 329, 352
平均故障間隔 ………… 345, 667
平均シーク時間……………352
平均修理時間……… 345, 667
並列…………………………344
ページアウト ……………669
ページイン …………………669
ヘッダ………………………186
ヘッド………………………329
ペネトレーションテスト …………249
ヘルツ………………………313
返却値………………………687
ベン図…………………… 79
変数……………… 263, 686
変数名………………………263
ベンダ………………………212
変動費…………………………407
変動費率…………………………407

ほ

ポインタ…………………………288
ポイント…………………………335
方程式…………………………318
法務…………………………377
ポートスキャナ …………………249
ポート番号 …………… 189, 345
補集合…………………… 79
ホスト…………………179
ホストアドレス ……………195
ボット…………………218
ポップ…………………297

ま

マージソート………… 273, 278
マイクロ…………… 42
前判定の繰り返し ……………691
マクロウイルス ………218
負け犬……………………670
交わり………………… 79
マスク………………… 88
待ち時間………………329
マルウェア …………218
マルチタスク………………332

み

右シフト………………… 59
ミリ………………… 42

む

結び………………… 79

め

命題………………… 75
メインクエリ …………………142
メインメモリ …………………327
メールサーバ………………175
メガ………………… 42
メッセージダイジェスト ………233

も

目的関数	412
モジュール	674
文字列型	689
戻り値	687
問題児	670

よ

要素	264
要素番号	264
予防保守	667
読み出し	116

り

リーダ	671
利益	407
リスク	217
リスクアセスメント	247, 664
リスク移転	248
リスクファイナンス	248
リスク保有	248
リスト	288, 299
リバースエンジニアリング	664
リピータ	187, 188, 659
リフレッシュ	644
量子化ビット数	644
リレーションシップ	120, 123, 664

る

ルータ	176, 188, 659

ループ・ループカウンタ

ループ	692
ループカウンタ	692

れ

レイヤ	183
連立方程式	414

ろ

ローカル変数	695
ロールバック	149, 661
ロールフォワード	149, 661
ログファイル	150, 661
ロストアップデート	152
ロック	153
ロングテール	674
論理演算	74, 134
論理回路	94
論理型	689
論理式	81
論理シフト	59
論理積	698
論理値	75
論理左シフト	59
論理右シフト	59
論理和	698

わ

ワーム	218
ワフ	242, 668
割込み	645

＜著者プロフィール＞

矢沢久雄 （やざわ・ひさお）

（株）ヤザワ 代表取締役社長
グレープシティ（株）アドバイザリースタッフ
（株）SE プラス アドバイザリースタッフ

　システム開発を本業としつつ、講師業と著作業も精力的にこなしている。15
年ほど前から、基本情報技術者試験の講師を始めて、現在では、年間 100 回以
上の講座をこなしている。IT を初めて学ぶ受験者のクラスを好んで担当し、わ
かりやすさと楽しさで、抜群の顧客満足度とリピート率を誇る。『基本情報技術
者試験のアルゴリズム問題がちゃんと解ける本』（翔泳社）や『プログラムはな
ぜ動くのか』（日経 BP 社）など、コンピュータやプログラミングに関する著書
が数多くある。

装　　丁　　植竹 裕（UeDESIGN）
本文組版　　クニメディア株式会社

情報処理教科書

出るとこだけ！基本情報技術者
テキスト&問題集 2021 年版

2021 年　2 月 25 日　初版第 1 刷発行

著　者	矢沢 久雄
発行人	佐々木 幹夫
発行所	株式会社 翔泳社　（https://www.shoeisha.co.jp）
印　刷	昭和情報プロセス株式会社
製　本	株式会社国宝社

©2021 Hisao Yazawa

本書は著作権法上の保護を受けています。本書の一部または全部について、
株式会社 翔泳社から文書による許諾を得ずに、いかなる方法においても無断
で複写、複製することは禁じられています。
ソフトウェアおよびプログラムは各著作権保持者からの許諾を得ずに、無断
で複製・再配布することは禁じられています。

本書へのお問い合わせについては、ii ページに記載の内容をお読みください。

落丁・乱丁はお取り替えいたします。03-5362-3705 までご連絡ください。

ISBN978-4-7981-6861-6　　　　　　　　　　　Printed in Japan